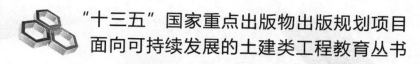

"十三五"国家重点出版物出版规划项目

面向可持续发展的土建类工程教育丛书

SUSTAINABLE

DEVELOPMENT

建设工程施工管理

◎主编　李忠富

◎参编　王丹　姜蕾　等

机械工业出版社

CHINA MACHINE PRESS

本书全面介绍了建设工程施工管理的基本知识,在介绍建设工程施工管理的概念、特点和内容的基础上,阐述建设工程施工管理常用的基本理论与方法,介绍施工规划、施工组织设计和施工准备的要点,全面阐述施工方案,施工进度计划与控制,施工现场布置,施工成本管理,施工质量管理,施工职业健康、安全与环境管理,施工资源管理,施工合同管理,施工管理中的组织、领导与沟通,施工信息管理等,全书力求系统性、理论性与实践性相结合。

　　本书主要作为土木工程和工程管理类专业本科教材或教学参考书,也可作为建造师、监理工程师、造价工程师执业资格考试的应试参考书,还可作为建设工程施工管理从业人员学习参考书。

图书在版编目(CIP)数据

建设工程施工管理/李忠富主编 . —北京:机械工业出版社,2018.7
(2023.6 重印)

"十三五"国家重点出版物出版规划项目　面向可持续发展的土建类工程教育丛书

ISBN 978-7-111-59876-3

Ⅰ. ①建… Ⅱ. ①李… Ⅲ. ①建筑工程 – 施工管理 – 高等学校 – 教材 Ⅳ. ①TU71

中国版本图书馆 CIP 数据核字(2018)第 090608 号

机械工业出版社(北京市百万庄大街22号　邮政编码100037)
策划编辑:冷　彬　责任编辑:冷　彬　于伟蓉
责任校对:肖　琳　封面设计:张　静
责任印制:单爱军
北京虎彩文化传播有限公司印刷
2023 年 6 月第 1 版第 4 次印刷
184mm×260mm · 20.5 印张 · 501 千字
标准书号:ISBN 978-7-111-59876-3
定价:49.80 元

凡购本书,如有缺页、倒页、脱页,由本社发行部调换
电话服务　　　　　　　　　网络服务
服务咨询热线:010-88379833　机 工 官 网:www.cmpbook.com
读者购书热线:010-88379649　机 工 官 博:weibo.com/cmp1952
　　　　　　　　　　　　　教育服务网:www.cmpedu.com
封面无防伪标均为盗版　　金　书　网:www.golden-book.com

前　言

　　建设工程施工管理是土木工程及工程管理类专业的重要专业课，也是这些专业本科学生必备的知识技能。施工管理类课程最初的源头一是20世纪50年代初期苏联的施工组织相关理论与方法，二是50年代末期美国发展起来的以网络计划技术为基础的项目管理相关理论与方法，两种方式各有特点和适用范围。施工组织看似陈旧落后但易于被建筑施工企业及技术管理人员接受；项目管理范围更广，理论性更强，但与建筑施工实际结合不够。历经几十年的发展，目前两种潮流融合，形成了多样化的格局。目前施工管理的相关教材主要还是工程项目管理和施工组织管理两大类，此外还有施工项目管理和工程施工管理学等。各高校依照各自的优势和习惯选用各自适合的教材。

　　本书旨在吸收项目管理和施工组织的优点，将先进的管理方法和技术应用于建设工程施工中，突出理论性与实用性的结合，面向建设项目管理中的规划与准备、技术方案，质量、进度、成本、安全等基本层面的管理，以及施工管理组织与人力资源管理、机械设备管理、信息管理、合同管理等实际问题，主要内容包括：建设工程施工管理的基本知识，施工管理常用的基本理论与方法，施工规划，施工组织设计和施工准备的要点，施工方案，施工进度计划与控制，施工现场布置，施工成本管理，施工质量管理，施工职业健康、安全与环境管理，施工资源管理，施工合同管理，施工管理中的组织、领导与沟通，施工信息管理等，为提高专业技能打好基础。

　　本书是为土木工程和工程管理类专业本科生编写的一本系统性、理论性与实践性相结合的专业课教材，以满足社会对建筑工程管理复合性人才培养以及人才长远发展的需求。除作为本科教材外，本书内容也覆盖了建造师、工程造价师、监理工程师等执业资格考试的"建设项目施工管理"课程的大部分知识点，可为相关人员应试提供帮助。

　　本书由大连理工大学李忠富担任主编，具体编写分工如下：哈尔滨工业大学王丹编写第8章，大连民族大学姜蕾编写第3章和第12章，其余章节由李忠富编写。大连理工大学研究生陈思宇、李龙、张胜昔、袁梦琪、张敏、蔡晋、李晓丹也参与了部分编写工作。全书参考了许多同行专家出版的专著或教材，大部分在参考文献中列出，若有遗漏请多包涵。

　　感谢我的朋友、哈尔滨工业大学杨晓林、冉立平、满庆鹏等对本书编写提出的建议和写作指导，感谢中建总公司各工程局在编写素材及相关工程资料的收集方面给予的帮助与支持。

　　由于编写时间和水平有限，本书难免存在错误和不妥之处，敬请读者和专家批评指正。

编　者

目 录

第1章

建设工程施工管理概述

1.1 建设工程施工管理的概念、特点、模式及发展

1.1.1 工程施工管理的概念

　　建筑施工是一个将建筑材料、设备、人工和技术、管理等要求有机组合在一起，按照计划要求将建设意图和蓝图变成现实的建筑物或构筑物的生产活动。因此，可以将其视为一个投入产出系统，即投入一定资源并经过一系列的转换，最后以建筑物或者构筑物的形式产出并提供给社会的过程。为确保实现预期的产出，需要在转换的过程中对每一个生产环节进行计划、管理、实施、控制以及协调，并且把执行的结果与预期计划进行对比，发现差异，查明原因，采取措施，加以纠正，保证预定目标的实现。图1-1表示施工主体单位将投入的资源，一般包括土地、人员、知识、机械设备、材料、工艺方法、资金、能源、生产计划等，进行一系列转换，再将产出提供给消费者的系列过程。这个过程不仅是一个单纯的物质转化的过程，而且还是一个价值增值的生产活动。

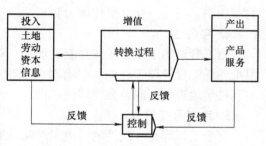

图1-1　建筑产品的"投入—转换—产出"过程

　　工程施工管理是指业主、设计单位、承包商、供应商等工程施工参与方，围绕着特定的建设条件和预期的建设目标，遵循客观的自然规律和经济规律，应用科学的管理思想、管理理论、组织方法和手段，进行从工程施工准备，到竣工验收、回访保修等全过程的组织管理活动，实现生产要素的优化配置和动态管理，以控制投资，确保质量、工期和安全，提高工程建设的经济效益、社会效益和环境效益。工程施工管理学以现代施工管理理论为指导，贯穿于工程施工全过程的各个环节，覆盖了组织、计划、控制、指挥和协调等各项管理职能。它包括施工管理模式的选定、承发包模式选择、组织结构设置等组织职能，施工方案选择、施工现场布置、工程目标管理、生产要素管理、商务管理等计划和控制职能，还包括施工现

场指挥和协调职能。工程施工管理的实质可概括为两点，即对有增值的施工转换过程的有效管理和在技术可行、经济合理基础上的资源高度集成。

1.1.2 工程施工管理的特点

建筑产品的单件性、位置固定、结构复杂和体积庞大等基本特征决定了工程施工具有生产周期长、外部制约性强、协调关系复杂、资源使用品种多、用量大、空间流动性高等单件生产的特点，而工程施工的这些特点又很大程度上决定了施工管理的特点。工程施工管理一般有以下特点。

1. 专业性

工程管理需要对整个工程的建设和运行过程中的规划、勘察、设计，各专业工程的施工和供应，进行决策、计划、控制和协调。工程管理本身有鲜明的专业特点，有很强的技术性。

2. 综合性

工程施工过程，不仅要涉及业主、设计、监理、总承包商、分包商、供应商等工程施工参与方在工程力学、建筑结构、建筑构造、地基基础、水暖电、机械设备、建筑材料和施工技术多专业、多工种当面的分工合作，还要综合考虑技术问题、经济问题、工期问题、合同问题、质量问题、安全和环境问题、资源问题等。工程管理是综合性管理工作，要掌握多学科的知识并且综合运用协调才能胜任工作。

3. 协调性

工程管理与技术工作不同，在施工过程中，还需要城市规划、土地征用、勘察设计、消防、公用事业、环境保护、质量监督、科研实验、交通运输、银行财政、机具设备、物质材料、电水气等社会各部门和各领域的审批、协作与配合。因此，需要有沟通和协调的艺术，需要知识、经验、社会交往能力和悟性。

4. 实务性

施工管理的工作主场就是施工现场，对工程现场不理解，没有足够现场管理经验的人是很难胜任工程管理工作的。只有对施工现场的每一项工作都有充分的了解，才能更加合理地、科学地进行资源整合管理的工作。

5. 动态可变性

每个工程都是一次性的，由于时间、地点、环境、资源等外部条件随施工项目的变化而变化，所以工程管理工作是常做常新的、非恒定的工作，对于管理人员来讲具有一定的挑战性。

1.1.3 工程施工管理模式及其影响因素

工程施工管理模式是指在施工阶段建筑施工企业根据项目的特点和企业内外条件，以工程项目为对象、项目经理为中心、项目成本核算为前提、项目承包为基础、项目各项管理为条件，通过生产诸要素的优化配置和动态管理，以实现工程项目的合同目标、工程经济效益和社会效益而采用的管理模式。区别于一般的项目管理模式的概念，施工管理模式是指从施工的角度来阐述其管理的模式。

施工管理模式按其包含的内容可以分为两类：第一类是项目人员组织结构采用的管理模

式；第二类是生产方式上所采用的管理模式。影响施工管理模式的选定有很多因素，大致有施工工艺和技术的进步、国家及地方政策的推行（如绿色施工和环境保护要求等）、计算机技术的发展、建筑工业化发展阶段以及国外先进管理思想的引进和融合、合同签订内容等几方面。

首先，施工阶段的管理模式是受整个项目的管理模式影响的。根据不同的项目特点需求和实际环境情况，一旦业主和承包方签订了承包合同，项目的管理模式也就随之确定下来，进而承包商会根据已确定的项目管理模式选择符合业主要求且高效的施工管理模式，对项目进行综合管理。

其次，建筑企业普遍采用的是两层分离制度，即管理层与劳务层分离，实行组织分开，管理分开和经济核算分开。然后再根据项目的特点选择合适的组织结构。适宜的组织结构能够更充分地发挥组织的作用，使资源配置更加完善，高效率地实现项目目标。常用的组织结构模式包括职能组织结构、线性组织结构和矩阵组织结构等。组织结构模式和组织分工都是一种相对静态的组织关系，而当组织结构模式和工作流程（包括管理工作流程、信息处理流程以及施工流程）相结合，这就是一种从组织结构角度的施工管理模式。

第三，在我国大力推行建筑工业化的背景下，建筑行业的生产和发展模式逐渐从传统粗放式的施工向工业化生产方式过渡。工业化生产方式可以提高建设工程质量、缩短工期、降低施工复杂性并节约劳动力，达到安全高效和节能环保的目的。在采取工业化生产方式的工程建设中，施工的管理模式也必须在传统生产方式对应的管理模式上做出相应的改变和调整，合理地安排人工，注重施工机械的合理利用，协调好各工序、各参与方的关系，提高生产效率。

此外，信息技术的快速发展也给传统施工管理模式带来了很大变化。依托于 BIM 技术、模拟仿真技术和其他管理信息平台等技术手段，可以在工程施工阶段前发现问题，将项目提前优化并进行可视化，精准预判成本并控制造价，减少施工阶段的返工和资源的浪费。此外，在施工过程中利用管理信息平台，及时通报、反馈现场存在的问题，可以大大提高现场问题解决的效率。

1.1.4　工程施工管理的发展历程

建设工程施工管理起源于 20 世纪 50 年代，并在此后成为土木工程领域的一个重要组成部分。随着建设工程施工管理研究和实践的不断发展，建设工程施工管理发展经历了以下几个阶段。

第一阶段是 1955—1975 年间，一些建设工程施工管理的前沿学者将相邻学科的理论和工具引入到工程管理领域，与我国实际的管理思想相结合后，建立了统筹法的施工管理模式。如将运筹学中的关键路径计算方法应用到建设工程施工过程管理中，合理调整施工工序以保证在既定的工期内按时完成项目。随着建设项目规模的不断扩大，项目参与方数量的增加，建设工程施工管理模式受到新的挑战，数据和知识管理得到进一步发展和推广。同时，计算机平台的研发为工程项目信息化管理提供了可能。通过数据库管理系统，或企业决策支持系统，承包商能够更加有效地应对和管理大型复杂工程项目，在建筑市场的竞争中提高自身能力，从而增强自身盈利能力。

第二阶段是 1975—1995 年间，这个阶段建设工程施工管理在项目的深度、广度和质量三个方面都取得了长足的进步，社会科学领域的相关理论开始广泛应用于理解和解决建设工程施工管理过程中的实际问题。基于计算机的设计和施工管理软件、数据库、专家解决平台等开始应用在工程项目的计划和施工阶段。计算机和互联网的普及使得以往相互独立的工程项目能够更加高效地进行知识转移。

第三阶段是 1995 至今，这一阶段是施工管理体制完善时期。在这阶段建筑工程建设领域推行了项目法人制度、监理制度、招标投标制度和合同管理制度，同时，颁布实施了一系列法律、法规、管理条例，如《合同法》《招投标法》《建筑法》《建筑工程质量管理办法》等，还有对从事工程项目管理人员实行资格认证制、市场准入注册制等。这个时期是我国施工管理活动规范化时期。随着工程项目的规模以及复杂性的进一步增加，PPP 和 EPC 等项目交易模式出现并逐步推广，联营体的出现使得几家大型承包商能够通过合作完成难度更高的大型工程项目，计算机技术和风险管理水平在建设工程施工管理中的重要性得到进一步提升。此外，随着全球范围内对环境保护和资源利用的关注，可持续发展、绿色建筑、全寿命周期管理、精益管理等新的管理模式进入到建筑行业的视野，建筑企业只有快速吸收和掌握这些新型管理模式，才能在建筑市场上掌握优先权和主动权。与此同时，建设工程施工管理从管理学科领域借鉴和学习了许多最新研究成果，如在项目内部建立学习型团体、扁平化项目组织、全面质量管理等，为建设工程施工管理模式的不断改进提供了动力和新鲜血液。

1.2 建设工程施工管理的任务和参与方

1.2.1 建设工程施工管理的任务

1. 施工目标管理

施工目标管理就是为了实现施工的目标而进行的管理。施工的目标有成果性目标和约束性目标。成果性目标是指项目的功能性要求，由一系列技术经济指标来定义，如一栋功能完备的建筑物、一座桥梁、一个水坝、一个机场等建筑产品的物理实体及其具备的使用功能。约束性目标是实现成果性目标的客观条件和人为约束的统称，是项目实施过程中必须遵循的条件，如要求的质量、限定的工期、限定的成本。项目的总目标是二者的统一。合理、科学地确定施工项目的约束条件，对保证项目的完成十分重要。对于工程施工而言，要求的质量、限定的工期、限定的成本这些约束性目标正是施工管理的主要目标。这些目标之间是互相联系、互相制约的，因此通常不应该片面强调某一目标。工程质量、成本、进度三者关系如图

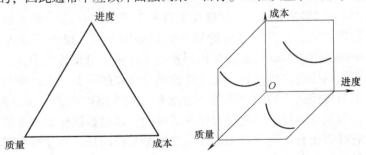

图 1-2　工程质量、成本、进度三者关系

1-2 所示。近年来随着社会经济发展和对安全、环境的关注，安全、节能、环保也成为施工管理的重要约束性目标。

　　建设工程全过程施工管理一定要进行施工目标控制。这种控制的目的在于排除干扰，实现合同目标，因此，工程施工目标控制是实现施工目标的重要手段。工程施工目标控制的意义在于它对排除干扰的能动作用和保证目标实现的促进作用。工程施工目标控制的对象是施工项目，控制行为的主体是施工项目经理部，控制对象的目标构成目标体系。对于施工项目经理部而言，目标体系是实现利润的最大化和让业主满意，而质量控制、进度控制和安全控制是施工项目的约束条件，也是施工效益的体现。

　　施工项目实施目标控制的目的在于排除干扰。在施工项目的施工进展中有许多现实的干扰因素，如人为的干扰因素、材料的干扰因素、机械设备的干扰因素、工艺及技术干扰因素、资金方面的干扰因素、环境干扰因素等。正是由于这些因素的影响，所以必须进行动态控制，以不断排除干扰，实现控制目标。

　　工程施工目标控制问题的要素包括：施工项目、控制目标、控制主体、实施计划、实施信息、偏差数据、纠偏行为。控制者进行控制的过程是：在输入资源转化为建筑产品的过程中，收集工程进展的数据，对受控系统进行检查、监督，并与计划或标准进行比较，对比较后的偏差进行直接纠正，或通过报告等信息反馈修正计划或标准，并开始新一轮控制循环。这个过程就是我们通常所说的 PDCA（计划、实施、检查、处理）循环。施工过程动态控制原理如图 1-3 所示。

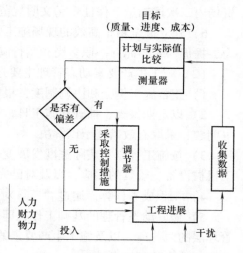

图 1-3　施工过程动态控制原理

2. 施工要素管理

　　资源是生产的物质基础。施工中必须投入的技术方法、人员、材料、机械设备、资金等资源（简称 5M）统称为施工生产要素。将上述要素进行整合、优化配置和动态管理，从而实现合理的建筑产品质量、成本、工期、安全和环境目标是施工管理的重要任务。图 1-4 为建设工程施工投入产出的图示。

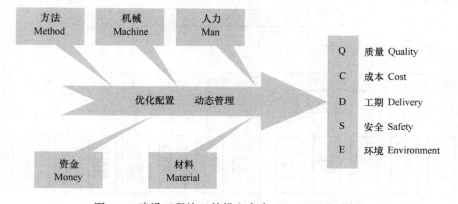

图 1-4　建设工程施工的投入产出（5M-QCDSE 图）

（1）优化资源配置主要是通过施工项目精细化的施工计划来实现的。它包括以下几方面：

1）在满足工期要求的前提下，确定合理适度的施工规模，以减少现场临时设施的数量。

2）应用流水施工等组织方法，实现有节奏的连续均衡施工，尽力避免因组织不善造成窝工，提高作业效率和机械设备利用率。

3）主、辅机械和施工模具的配置，尽可能做到总体综合配套，先进适用，一机多能，周转使用。合理确定进退场时间，避免空置浪费。

4）以技术工艺和施工程序为中心，优化或不断改善施工方案，以保证工程质量，缩短工期和降低工程成本。

5）科学合理地进行施工平面图的规划设计、布置和管理，节约施工用地，减少材料物资场内二次运输量。保证现场文明规范，施工安全和降低成本。

6）建立健全精干高效的现场施工管理组织机构，完善管理制度，提高施工指挥协调能力，提倡一专多能，一职多岗，实行满负荷工作制度和激励机制。

（2）施工生产要素动态管理主要是做好以下几方面：

1）正常施工例会和协调制度，根据施工进展情况和实际问题及时协调施工各方关系。

2）以定期检查、抽查和施工日常巡视相结合方式，及时跟踪发现工程质量、施工安全等问题，采取有效措施予以解决。

3）按施工计划和实际进度发展变化，及时组织劳动力、材料、构配件及工程用品和施工机械设备、模具的供应，以及对已完成施工的劳动力、机械设备的清退工作。

4）工程成本核算，通过"三算对比"动态跟踪分析，及时做好成本纠偏控制。

5）做好动态管理的基础工作，即施工企业实行并完善项目经理负责制，施工作业层和管理层的两分离，以及施工生产要素的内部模拟市场运作机制的建立等，为项目目标的动态管理创造内部环境条件。

3. 施工过程管理

建设工程施工过程包括暂设工程、地下工程、主体工程、设备工程、内外装修工程等，具体内容需要根据工程的类型、性质和完成任务的情况来定。为了便于对施工项目进行计划和控制，需要在计划编制之前对建设工程施工所需要完成的全部工作进行归类和分解，明确工作的内容和先进次序，这个过程称为工作分解结构（WBS）。图 1-5 为某房屋建筑工程项

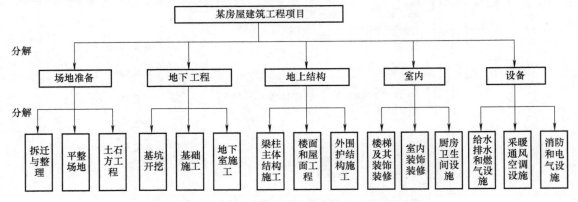

图 1-5　某房屋建筑工程项目的施工过程分解结构图

目的施工过程分解结构图。各分部分项工程又细分为计划、准备、实施、管理、记录等步骤，但在细分管理的同时容易忽视整体工程，容易影响到分包单位的利害关系，因此总包单位不仅要进行分解，更要讲究集成和集成化管理，协调好总包与分包、分包与分包之间的关系，保证各分部分项工程顺利进行和良好衔接。

4. 施工中的商务管理

施工中的商务管理是指施工中技术管理之外的，涉及处理各参与方之间行为关系的管理，包括合同管理与索赔、风险管理、协调与沟通、信息管理等。

5. 施工组织管理

施工组织管理是指建立施工现场的管理组织并依据该组织进行施工管理。工程开工前总包单位要在施工现场设置项目经理部，配备必要的施工管理人员，并明确各自的职责和分工。施工项目的管理组织是一个目标明确、开放的、动态的、自我完善的组织系统。在管理组织机构建立后，各人员按照职责分工各司其职，完成各自的工作任务并互相协作，推进施工顺利展开。图 1-6 是某工程项目的施工现场管理组织机构图。

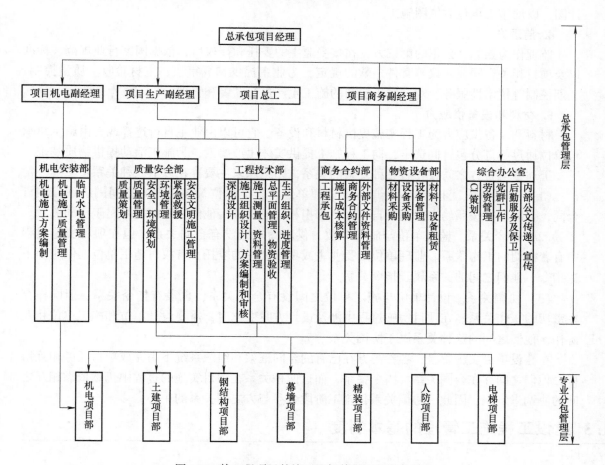

图 1-6　某工程项目的施工现场管理组织机构图

本书的内容涵盖了以上所列施工管理的大部分内容。

1.2.2　工程施工各参与方

1. 业主方

业主是工程建设项目的投资人或投资人专门为工程建设项目设立的独立法人，扮演着工程施工生产各项资源的总集成者和总组织者的角色。在中国传统的基本建设投资与建设行政管理体系中，业主也被称为建设单位。

2. 承包方

承包方是指施工承包合同中的乙方，它受项目发包人委托实施合同规定的施工项目，是具有项目施工承包主体资格的当事人或取得该当事人资格的合法继承人，包括施工总承包方、施工分包方、施工劳务方等不同层次结构。

3. 设计方

设计方是指为项目进行提供建筑设计方案和工程设计图的单位，一般是建筑设计院所。通常情况下，业主选择设计单位后与其签订委托设计合同，设计单位负责提供设计方案和设计图，以便施工承包方依图施工。

4. 监理方

监理作为独立、公正的第三方，在接受业主的委托和授权后，依据国家行业规范、标准以及项目相关合同、协议等文件条款的规定，为业主提供预算审核、主材验收、质量控制、工期控制等技术性服务，对合同承包商的施工生产进行监督和管理。

5. 材料和设备供应方

材料和设备供应方为工程实施提供材料和设备。它可以由业主自行选择或者由施工总承包单位通过签订分包合同选定，向工程施工提供实体生产要素，为施工活动提供物质基础。

上述参与各方之间存在着各种复杂的关系，归纳起来主要存在以下三种关系：

（1）合同关系。业主与设计单位、监理单位、施工单位等各参与方之间围绕项目签订合同，合同双方按照约定行使各自权利，承担相应的义务，他们之间的关系属于合同关系。

（2）指令关系。监理单位与施工单位、供应商之间没有合同关系，但在项目实施过程中有着密切的工作联系。监理单位接受业主或项目公司的委托，有权对施工单位、供应商下达指令，他们之间的关系属于指令关系。

（3）协调关系。设计单位与施工单位之间没有合同关系，也没有指令关系，但同样存在密切的工作关系。在项目实施过程中涉及设计方案变化时，需要设计单位和施工单位相互协作，他们之间的这种关系属于协调关系。

在建设项目实施阶段，各参与方在已有的合同框架和组织系统下为完成项目任务相互协作，他们之间存在合同关系、指令关系，而这两种关系在项目实施的过程中仍然依靠相互之间的协调来实现，因此，协调关系是施工阶段各参与方之间关系的中心。

1.3 | 建设工程施工管理的基本制度

1.3.1　总分包管理制度

施工总分包是项目业主将一项工程的施工安装任务，全部发包给一家资质符合要求的施工企业，他们之间签订施工总承包合同，以明确双方的责任义务和权限；而后总承包施工企业，在法律规定许可的范围内，可以将工程按部位或专业进行分解后再分别发包给一家或多家经营资质、信誉等条件经业主（发包方）或其（监理）工程师认可的分包商。施工总分包如图1-7所示。

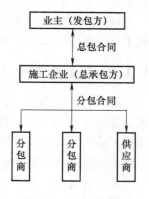

图 1-7　施工总分包图示

总分包关系合约过程主要有以下两种做法：

（1）一种做法是总承包施工单位在工程投标前，即找好自己的分包合作伙伴，或专业分包或按部位综合分包，根据业主方发放的招标文件，委托所联络的分包商提出相关部分的标书报价，经协商达成合作意向后，总包方将各分包商的相关报价进行综合汇总，编制总承包投标报价表。总承包方中标取得总承包合同后再根据双方事先的约定，在总承包合同条件的指导和约束下签订分包合同。

分包方和业主没有合同关系，但在分包合同的履行过程中，必须体现和服从总包合同条件的各项要求和约束，如工期、质量责任和遵守建设法规等。

总包取得合同之后，除了经营秘密部分外，均应让分包商了解总包的合同条件，以便分包方能在总包的指导下制订自己的施工计划，自主开展施工管理活动，更好地协调总分包双方的责任和利益。

（2）另一种做法是总承包方先自行参与投标，取得总承包合同之后，根据合同条件着手制定施工基本方针和管理目标，即质量（Quality）、成本（Cost）、工期（Delivery）和安全（Safety）目标，然后通过编制详尽的施工组织设计文件，按照最经济合理的施工方案编制施工预算，确定工程各部分目标成本的预算价值。

在此基础上将拟分包的部分，委托被联络的分包商，一般两家以上，提出分包价格，经过价格、能力、信誉等条件的比较，择优录用签订分包合同。当然这时总包方应将分包工程的质量、工期、安全等要求作为分包合同条件在分包合同中提出。

1.3.2　两层分离制度

由于建筑工程一次性、离散性和组织临时性的特点，建筑企业普遍采用的是管理层与劳务层分离的方式，即施工总包企业只留有部分技术人员和管理人员，而将大量的操作人员从企业中剥离出来，单独成立分包公司或劳务公司。目前绝大部分大型施工企业都已完成了这一改革措施，为施工总分包体制的实施奠定了基础。

两层分离一方面可以充分发挥企业管理层在工程项目管理中的作用，使施工企业能够向施工总承包或工程总承包的方向发展，提高整体经营资质和综合管理能力；另一方面，使原有的固定工队伍，甚至连同伙伴关系的合同工、外包工队伍，能够按照建筑劳务市场的特点和规律，组建施工劳务机构，从而既可面向本企业所承包的工程项目，也可面向社会、行业招揽工作业任务。

两层分离的主要标志是组织分开、管理分开和经济核算分开。

所谓组织分开，就是使企业经营管理和劳务作业队伍管理成为两个相互独立的企业管理子系统。并按照其任务的不同和特点，设置相应的组织机构、制度和运行机制。

管理分开主要体现在管理职能上的区别，前者从事企业经营、工程承包、项目管理，后者从事劳务队伍建设、作业承包、作业管理。

核算分开是指在工程项目上前者实施以项目成本核算为主体的项目核算管理，后者实行施工作业成本（如人工费、设备租赁费等）核算为主体的施工作业核算。

1.3.3 项目经理责任制

施工项目经理负责制是委托项目经理作为施工企业在项目上的全权代表负责工程的实施，是施工企业进行承建工程项目施工管理的基本组织制度和责任制度。它既符合按建筑产品或工程产品组织生产和管理的原则，也符合建筑业经营先交易后生产、按承发包合同要求组织生产和管理的原则。

施工企业派出的项目经理，是该企业为履行工程承包合同和具体落实本企业对工程的施工经营方针和目标而派出的企业法定代表人的代理者，也是全面组织现场施工和管理的直接指挥者和领导者。因此，施工企业建立和健全施工项目经理负责制，对于强化现场施工的组织管理和目标的控制有着重要的作用。

1.3.4 滚动式施工计划管理

由于建筑工程的特点，建筑工程的施工计划采用的是依据上个阶段的完成情况来确定下一阶段工作进展的滚动计划管理方式。工程项目计划体系，包括项目的施工组织设计和施工企业年、季、月、旬计划两大类。前者用于施工部署和施工进度的控制；后者用于作业管理和进度的控制。按照统筹安排、滚动实施的原理，使两者有机地结合，以保证工程项目的计划工期目标。

除施工管理的时间计划外，还应根据时间进度要求，编制相应的施工技术物资采购供应计划，以保证时间进度目标建立在有物资资源保证的基础上。

1.3.5 全方位的施工监督管理

1. 施工企业内部的监督

施工企业的各职能部门对施工项目相关业务工作的标准、程序等进行监督，以确保企业各项规章制度的贯彻执行，提高管理的标准化、规范化水平。特别是对现场施工的技术、质量和安全工作进行定期或例行的监督检查。包括分项工程施工质量检验、隐蔽工程验收、质量和安全事故的整改监督、施工质量检验评定、竣工验收检查等。

2. 监理工程师的监督

在工程施工阶段，驻现场监理工程师依据建设法规、监理合同、施工承包合同等，按照监理规划和实施细则，对施工全过程进行投资、质量、进度和安全等目标控制和监督。施工单位必须接受监理工程师的监督管理。

3. 质量监督站的监督

工程质量监督站主要是监督建设法规的执行、工程质量的可靠性与安全性、建设公害处理及环境保护措施等方面的问题，主要是监督是否做到基础、主体、竣工施工"三部到位"。施工单位必须严格配合质量监督站的"三部到位"检查监督，对提出的问题认真安排整改，以确保每一阶段的施工质量不留隐患。

1.4 建设工程施工承发包的主要类型

工程施工承发包是一种有目的性的交易行为，业主和承包商为交易的双方，双方签订明确各自权利与义务的承包合同。工程施工承发包模式反映了建筑产品的投资者与生产者之间的合同关系和经济关系。站在业主角度，根据施工签约对象数量以及关系的不同，承发包模式有施工平行承发包、施工总分包、施工联合体承包和施工合作体承包；站在施工方角度，根据施工方承接任务范围的不同，承发包模式分为包清工模式、包清工辅料（半包）模式、包工包料模式、设计-施工总承包（DB）模式、设计-施工-采购总承包（EPC）模式五种。

1.4.1 业主视角下的施工承发包模式

1. 施工平行承发包模式

施工平行承发包模式就是业主把施工任务按照一定方式进行分解，划分成若干个可独立发包的施工标段，分别进行招标发包，并分别与各施工单位签订承包合同。各承包单位独立组织施工，相互之间为平行关系，其合同结构如图 1-8 所示。施工平行承发包模式的重点，是将施工项目进行合理地结构分解和合同打包，以确定每个承发包合同的范围、内容、界面和责任，便于选择专业对口、规模合适的承包商。

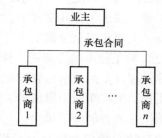

图 1-8 施工平行承发包合同结构示意图

（1）施工平行承发包的特点具体如下。

1）在总体规划统筹的前提下，根据发包任务的分解情况，当施工项目具备发包条件时，分别独立招标发包，最大限度地加大工程实施阶段设计和施工衔接，缩短项目的建设周期。

2）每项发包合同是相互独立的，增加了大量业主组织管理的工作量。同时业主需面对多个施工企业在施工过程中的穿插、配合和协调，整个过程的协调工作比较复杂。

3）工程造价控制难度高。如果招标时间较长，工程的总发包价要等到最后一份合同签订时才能确定，对投资总目标的控制将造成一定的被动性。

4）整个工程施工任务经过分解，分别发包给各承包单位，通过合同约束与相互制约，能够较好地实现质量要求。

（2）施工平行承发包的适用情况具体如下。

1）建设工期比较紧，初步设计完成后就要求组织施工招标。在这种情况下，整个工程的施工详图或招标设计尚未完成，甚至没有开始，不具备施工总承包的条件。为争取尽早开工，可采用分项目、分阶段设计和施工的招标投标。

2）如果工程规模大、技术特别复杂，某些业主更具有工程管理经验，承担风险的能力更强，而施工经验丰富、综合协调能力强的总承包企业相对缺乏，此时业主可选择分别发包的组织模式。

3）业主出于优选承包商、降低中标价的考虑，而且业主也有能力和经验做好项目协调管理工作的情况下，才可以选择平行发包的组织模式。

2. 施工总承包模式

施工总承包模式是业主将一项工程的施工任务，全部发包给一家资质符合要求的施工企业，并与该施工企业签订施工合同，以明确双方的责任义务和权限。而总承包施工企业，在法律规定许可的范围内，可以将工程按部位或专业进行分解后再分别发包给一家或多家满足经营资质、信誉等条件的分包商，形成一个施工总承包合同以及若干个分包合同的结构模式。这一承发包模式的合同结构，如图1-9所示。

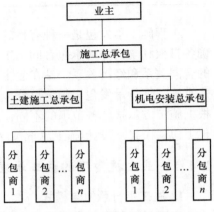

图1-9　施工总承包合同结构示意图

施工总承包的特点如下：

（1）对业主来说，合同结构简单，大大降低业主方对施工现场管理能力的要求，业主对施工的要求全部反映在施工总承包合同文件中，由总承包方对施工工程的质量、工期和安全全面负责。

（2）对工程承包方来说，施工的责任重、风险大，但管理的自主性也大。因此，只要能充分发挥自身的技术与管理综合能力，施工效益的潜力也大。施工总承包企业的资质和能力是在长期工程实践中形成的，除了技术和管理优势之外，还体现在拥有雄厚的资本实力，能够承担总承包的施工风险。

（3）以总承包为核心，有利于施工资源的优选和组合以及施工部署的动态推进。一般情况下，总承包商选择分包施工单位要考虑业主的建议、是否有长期合作关系、施工技术专长和经验、企业信誉和质量保证能力、工程所在地点等因素。

（4）对发包方控制工程造价比较有利。只要在招标和合约过程中能够将发包条件、工程造价及其计价依据和支付方式描述清楚，合同谈判中经过充分协商，且在施工过程中不涉及合同条件以外的工程变更和调整，承包总价一般是固定的一个总价格。在这种情况下，施工过程存在的风险，由总承包方进行预测分析，并采取一切可能的抗风险措施和手段进行消化。

3. 施工联合体承包

大型复杂的施工项目，是难以单独依靠一家施工企业的能力就可以完成的，为了施工的需要，通常可以由多家实力雄厚的施工企业共同组成一个投标联合体（Joint Venture，JV）参与投标。施工联合体是由多家施工企业为承包某项工程施工任务而成立的临时性组织，工程施工任务完成后施工联合体即进行内部清算而解体。施工联合体不具有法人资格，组成施工联合体的目的是提高施工竞争能力，减少施工联合体各方因支付巨额履约保证金而产生的资金负担，分散联合体各方的投标风险，弥补有关各方技术力量的相对不足，提高共同承担的施工项目完工的可靠性。施工联合体通常由一家或多家施工单位发起，经过协商确定各自投入联合资金份额、机械设备等固定资产数量及人员等，签署联合体章程，建立联合体的组织机构，产生联合体代表，以联合体的名义与施工发包方签订施工承包合同。施工联合体承包合同结构如图1-10所示。

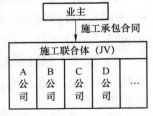

图1-10　施工联合体承包
合同结构示意图

《中华人民共和国招标投标法》规定，两个以上法人或者其他组织可以组成一个联合体，以一个投标人的身份共同投标。联合体各方均应当具备承担招标项目的相应能力。国家有关规定或者招标文件对投标人资格条件有规定的，联合体各方均应当具备规定的相应资格条件。由同一专业的单位组成的联合体，按照资质等级较低的单位确定资质等级。为了规范投标联合体各方的权利和义务，施工联合体各方应当签订书面的共同投标协议，明确各方拟承担的工作，并将共同投标协议连同投标文件提交招标人。施工联合体中标的，联合体各方应当共同与招标人签订合同，就中标项目向招标人承担连带责任。施工联合体中的某一方违反合同，招标人都有权要求其中的任何一方承担全部责任。如果中标的施工联合体内部发生纠纷，可以依据共同签订的协议加以解决。

施工联合体承包模式在日本应用最多。图 1-11 是日本某工程施工现场的 JV 组织机构图。

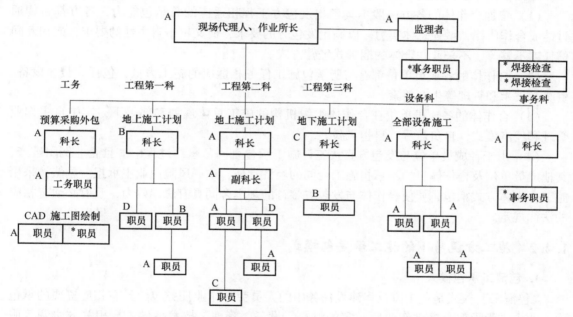

图 1-11　日本某施工现场 JV 组织机构图（A、B、C、D 表示四家公司，＊为外部人员）

施工联合体承包有以下几个显著特点：

（1）联合体可以集中各成员单位在资金、技术、管理等方面的优势，克服单一施工企业难以解决的困难，在实力上取得承包资格和业主的信任，也增强了抗风险能力。

（2）联合体有合同及组建章程、组织机构和代表，可以实行工程的统一经营，明确各方的责任、权利和义务，并按各自的投入比例确定经济利益和风险承担程度。施工联合体是福祸共享的施工承包共同体，各方都关心和重视承包工程经营的成败得失。

（3）业主与施工联合体的合同关系类似于施工总承包，即以业主为一方、施工联合体为另一方的施工总承包合同关系。因此，对业主而言，合同结构和施工过程的组织、管理、协调都比较简单。

4. 施工合作体承包

施工合作体是一种合作承建施工的模式，或因工程类型多、数量大，或因专业配套需要等，当一家施工单位无力实行施工总承包，而发包方又希望施工方有一个统一的施工协调组织的时候，就可能产生由几家施工单位自愿结成合作伙伴，成立的一个施工合作体，由此产生合作体的组织机构及其代表，以合作体的名义与发包方签订施工承包意向合同，主要是对施工发包方式、合同基本条件、施工总体部署、实施协调的原则和方式等做出各自的承诺。这种意向合同也称基本合同。达成协议后，各承包单位再分别与发包方签订施工承包合同，并在合作体的统一计划、指挥和协调下展开施工，各尽其责，各得其利。施工合作体承包合同结构如图 1-12 所示。

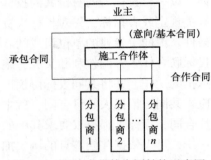

图 1-12　施工合作体合同结构示意图

施工合作体承包模式有以下特点：

（1）参加合作体的各方一般不具备与发包方工程相适应的总承包能力，各方都希望通过结成合作伙伴，增强总体实力。以满足发包方的要求，但又出于自主性的要求，或相互间信任度不够等，不采取联合体的捆绑式经营方式。

（2）合作体的各成员单位都有与所承包施工任务相适应的施工力量，包括人员、设备、资金、技术和管理等生产要素。

（3）合作体的各成员单位在合作体组织机构的施工总体规划和部署下，实施自主作业管理和经济模式，自负盈亏，自担风险。

（4）由于各成员单位与发包方直接签订施工承包合同，履约过程中一旦企业倒闭破产，其他成员单位及合作体机构不承担施工合同的经济责任，这一风险由业主承担。显然，采用施工合作体方式承包，要使合作体与发包方签订的基本合同具有法律效力，政府必须有相应的法律规定。

1.4.2　施工方视角下的施工承发包模式

1. 包清工承包模式

"包清工"模式是业主方只将建设任务中的人员劳务作业任务包给具有相应资质的承包商。业主方为承包商提供作业所必需的材料、设备、管理、技术指导、与相关方协调等服务，承包商只提供符合要求的特种作业和劳务人员。

业主方或者业主方委派的工程师需对整个建设项目的质量、进度和安全负总责，承包商受业主方或业主委派工程师的直接管理。对于一般承包商来说，工程的利润主要是来自工程成本中的材料费和机械费，而人工费的利润较低。所以在该模式下，理论上业主能够将工程的发包的总价格压到最低，但业主方需要承担的职能也最多，对管理人员能力要求也最高。需要业主方对整个项目有完全的掌控能力，对施工质量、进度、费用、安全等具有较好的统筹控制能力，并且需要较大的风险承担能力。此外，在这种模式下承包商由于没有大幅的利润空间，可能会产生一定的拖延或者效率低下的惰性行为，主观能动性较低，需要管理人员重点对劳务人员的工作状态和情绪随时掌控。该模式对业主的人力、物力均有较高的要求并且承包商的利润较低，因此应用较少。

包清工承包模式有以下特点：

（1）适合对工程质量等要求高并且具备丰富的项目现场施工经验和采购经验的业主方。

（2）业主方的项目各职能部门需具有较高的技术水平和管理水平，能够对承包商的作业提供技术支持、工作指导，并有较好的组织协调能力。

（3）业主方还需要承担建设项目所需的机械设备的运用和管理工作。目前在我国在实际的施工项目中应用较少。

2. 包清工辅料承包模式

包清工辅料承包模式也称作"简包""半包"或者"扩大化劳务承包模式"。该模式中承包商需要自带小型机具设备，可以自行购买一些辅助材料，作业也相对具有自主性。业主方只需要对承包商提供主要材料和设备，项目管理人员的工作量相对于采用包清工模式较轻。在该模式下，在施工开始前首先要检验承包商的机具能否满足作业的需要，并对承包商购买的辅助材料做好进场质量控制工作。

包清工辅料承包模式有以下特点：

（1）适用于对工程质量等方面要求较高且施工经验丰富、自行具备一些可靠采购渠道的业主方。业主方的物资采购部门不需要为承包商包购买所有的材料，只需要提供主材即可。

（2）分包商投入了部分工具，会更加主动地参与项目作业，自行协调管理各项工作，业主方的管理工作量也相应地减少，可以适当减少人员配置，有利于控制成本。

（3）由于主材和大型机械设备由业主方提供，业主方在质量控制上能够得到保障，也可控制大部分成本。

3. 包工包料承包模式

包工包料承包模式也称作"大包"模式，是指业主方将工程的施工整体发包给承包商，承包商对所承包施工项目提供人工、材料（一般会约定某些特定材料除外，例如钢材）、机械设备等资源，而业主方只需提供具备施工条件的施工场地，在发包合同中明确承包商所需履行的责任和需要完成的任务目标，监督承包商完成项目的建设施工即可。在这种模式下，项目往往需要承包商具有较高的资质和专业水平，同时也要求承包商具有完整的管理组织架构，对其承揽项目的质量、进度、安全等各方面负责。尽管业主仍然需要对建设项目负总责，但是只要找对了承包商，业主方所承担的风险将大大降低。承包商依托其强大的专业承包能力可以以优势的价格获得项目合同，自主权利也得到了最大化。在该种模式下，可以大大缓解总业主方的管理压力，减少业主方在机械设备上的投入。

包工包料承包模式有以下特点：

（1）适用于业主方的管理人员较少或者业主方管理项目现场施工能力不足的情况。对业主来说，合同结构简单，业主对施工的要求全部反映在合同文件中，由总承包方对施工工程全面负责。

（2）对承包商的内部管理能力和组织能力要求较高，承包商承担全部风险，同时相应的利润也更丰厚。

（3）承包商的自主能动性大大提高。但为了获得更多的收益，承包商会尽量降低项目的成本，需要业主方自行或聘请监理工程师对项目的质量、进度以及成本等进行定期或不定期的监控和审查。

4. 设计-施工总承包（DB）模式

在设计-施工总承包（Design and Build，DB）模式中，承包商除了全面负责工程项目的施工（包括劳务和建材）外，还负责参与项目的设计工作。业主重在产品是否符合需求，而不参与设计与施工之间的关系协调，其与设计-施工-采购总承包（EPC）合同的差别主要是少了一个采购环节。按照 FIDIC 标准合同条件的规定，DB 模式采用三元管理体制，如图 1-13 所示。DB 模式采用由业主、总承包商、监理工程师组成的三元管理体制。其中，业主与总承包商、业主与监理工程师之间是合同关系，而监理工程师与总承包商是监督与被监督之间的关系。

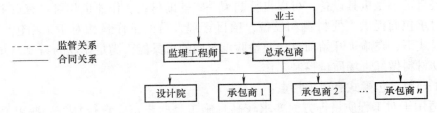

图 1-13 DB 模式下的三元管理体制

DB 模式有以下特点：

（1）DB 模式适用于业主已有较为明确的设计要求和总体规划的情况，DB 承包商一般只需对方案进行细化和优化，以满足施工要求。

（2）业主委托监理工程师对总承包商进行全过程监督管理和严格控制，业主对项目有一定的控制权，包括设计、方案、过程等均采用较为严格的控制机制。

（3）DB 模式以施工为主，依据业主确认的施工图进行施工，受监理工程师的全程监督和管理。

（4）总承包商负责与设计方、供应商等之间的协调。

（5）DB 合同采用可调总价合同。

5. 设计-施工-采购总承包（Engineering-Procurement-Construction）**模式**

设计-施工-采购总承包模式（EPC）相比 DB 模式，施工的承包商不仅负责设计和施工工作，还要负责采购的工作。按照 FIDIC 标准合同条件的规定，EPC 模式采用二元管理体制，即不再设置监理工程师角色，仅要求业主派遣业主代表负责项目的监督管理工作。并不需要聘请监理工程师这一独立的第三方角色实施对工程的监督管理，这是 EPC 模式区别于平行承发包模式的重要方面。在设计施工分离模式下，业主必须要委托独立的第三方实施对工程的监督、管理，即采用三元管理体制，而在 EPC 模式下，业主代表将取代监理工程师这一角色，采用二元管理体制。EPC 模式的二元管理体制如图 1-14 所示，即 EPC 模式采用由业主和总承包商组成的二元管理体制。业主和总承包商之间是合同关系。

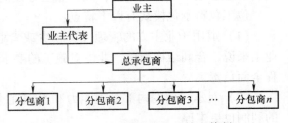

图 1-14 EPC 模式的二元管理体制

EPC 模式特点：

（1）EPC 模式适用于项目规模较大，对于项目的管理能力较差且为风险承受力较低的业主方。由于承包商在行业的多年的积累可能具有价格更低廉的资源购买渠道，并且为了避免施工时的沟通成本，业主方愿意将设计、采购、施工全部交由总承包商处理。

（2）在合同签订以前，业主只对项目提出概念性的、功能性的要求，承包商要能站在业主的角度上提供选择并给出最优的设计方案。业主采用松散的监督机制，业主没有控制权，尽少干预 EPC 项目的实施。

（3）总承包商具有更大的权利和灵活性，尤其在 EPC 项目的设计优化、组织实施、选择分包商等方面，总承包商具有更大的自主权，从而发挥总承包商的主观能动性和优势。总承包商以设计为主导，统筹安排 EPC 项目的采购、施工、验收等，从而达到质量、安全、工期、造价的最优化。

（4）EPC 合同采用固定总价合同。总价合同的计价方式并不是 EPC 模式独有的，但是与其他模式条件下的总价合同相比，EPC 合同更接近于固定总价合同。EPC 模式所适用的工程一般都比较大，工期比较长，且具有相当的技术复杂性，因此，增加了总承包商的风险。

上述五种承包模式的关系如图 1-15 所示。

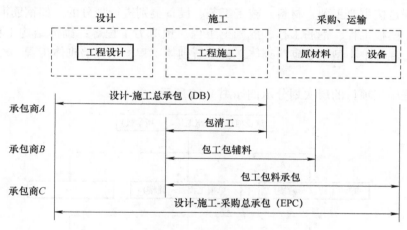

图 1-15　施工方视角下的施工承发包模式

1.5　建设工程项目层次与施工过程

1.5.1　建设工程项目的层次划分

建设工程项目按照范围大小可分为建设项目、单项工程、单位工程、分部工程和分项工程。

1. 建设项目

建设项目是在一个总体设计范围内，由一个或多个单项工程组成，经济上统一核算、具有独立组织形式的建设单位。一座完整的工厂、矿山或一所学校、医院都可以是一个建设项目。

2. 单项工程

单项工程是具有独立的设计文件，竣工后能独立发挥生产能力或投资效益的工程。如工业建筑的一条生产线，市政工程的一座桥梁，民用建筑中的医院门诊楼、学校教学楼等。

3. 单位工程

单位工程是指具备单独设计条件，可独立组织施工，能形成独立使用功能，但完工后不能单独发挥生产能力或投资效益的建（构）筑物。如一栋建筑物的建筑与安装工程为一个单位工程，室外给水排水、供热、煤气等又为一个单位工程，道路、围墙为另一个单位工程。

4. 分部工程

分部工程是按专业性质或建筑部位划分确定的。一般建设工程可划分为九大类分部工程，即：地基与基础工程、主体结构工程、装饰装修工程、屋面工程、给水排水及采暖工程、电气工程、智能建筑工程、通风与空调工程、电梯工程。分部工程较大或较复杂时，可按专业及类别划分为若干子分部工程，如主体结构工程可划分为混凝土结构工程、砌体结构工程、钢结构工程、木结构工程、网架或索膜结构工程等。

5. 分项工程

分项工程是按主要工种、材料、施工工艺、设备类别进行划分的。如钢筋混凝土结构工程可划分为：模板工程、钢筋工程、混凝土工程、预应力工程等；砌体结构工程可划分为：砖砌体工程、混凝土小型空心砌块砌体工程、石砌体工程、填充墙砌体工程、配筋砖砌体工程等。

建设工程施工项目的层次划分示例如图 1-16 所示。

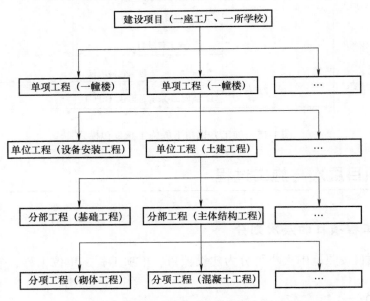

图 1-16　建设工程施工项目的层次划分示例

1.5.2　建设工程施工过程

建设工程施工过程是指从接受施工任务到交工验收所经历的主要阶段和先后次序，通常可分为五个阶段：确定施工任务阶段、施工规划阶段、施工准备阶段、组织施工阶段和竣工验收阶段。其先后顺序和内容如下。

1. 落实施工任务，签订施工合同

建筑施工企业承接施工任务的方式主要有三种：一是国家或上级主管单位统一安排，直接下达任务；二是建筑施工企业自己主动对外接受任务或是建设单位主动委托任务；三是参加社会公开的招标投标而中标得到任务。国家直接下达的任务已很少，在市场经济条件下，建筑施工企业自行承接的方式较多，而采用招标投标方式承发包施工项目是建筑业落实施工任务的普遍方式。

无论采用哪种方式承接施工项目，施工单位均必须同建设单位签订施工合同。签订了施工合同的施工项目，才算落实了的施工任务。施工合同是建设单位与施工单位根据《经济合同法》《建筑安装工程承包合同条例》以及其他有关规定而签订的具有法律效力的文件。双方必须严格履行合同，任何一方不履行合同给对方造成经济损失，都要负法律责任和进行赔偿。

2. 统筹安排，做好施工规划

施工企业与建设单位签订施工合同后，施工总承包单位在调查分析资料的基础上，拟订施工规划，编制施工组织总设计，部署施工力量，安排施工总进度，确定主要工程施工方案，规划整个施工现场，统筹安排，做好全面施工规划。经批准后，便组织施工先遣人员进入现场，与建设单位密切配合，做好施工规划中确定的各项全局性施工准备工作，为建设项目全面正式开工创造条件。

3. 做好施工准备工作，提出开工报告

施工准备工作是建筑施工顺利进行的根本保证。施工准备工作主要有：技术准备、物资准备、劳动组织准备、施工现场准备和施工场外准备。当一个施工项目进行了图纸会审，编制和批准了单位工程施工组织设计、施工图预算和施工预算，组织好材料、半成品和构配件的生产和加工运输，组织好施工机具进场，搭设了临时建筑物，建立了现场管理机构，调遣施工队伍，拆迁原有建筑物，搞好"三通一平"，进行了场区测量和建筑物定位放线等准备工作，这时，施工单位即可向主管部门提出开工报告。

4. 组织全面施工

组织拟建工程的全面施工是建筑施工全过程中最重要的阶段，必须在开工报告批准后才能开始。它是把设计者的意图和建设单位的期望变成确实的建筑产品的加工制作过程，必须严格按着设计图的要求，采用施工组织规定的方法和措施，完成全部的分部分项工程施工任务。这个过程决定了施工工期、产品的质量和成本以及建筑施工企业的经济效益，因此，在施工中要跟踪检查，进行进度、质量、成本和安全控制，保证达到预期的目的。

施工过程中，往往需要多单位、多专业进行共同协作，因此要加强现场指挥、调度，进行多方面的平衡和协调工作。此外，为了在有限的场地上投入大量的材料、构配件、机具和工人，还应进行全面统筹安排，组织均衡连续地施工。

5. 竣工验收，交付使用

竣工验收是对建设项目的全面考核。建设项目施工完成了设计文件所规定的内容，就可以组织竣工验收。工程验收后还要履行保修工作。

建设工程施工程序如图 1-17 所示。

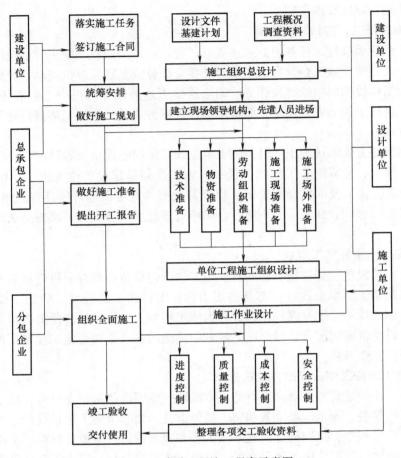

图 1-17 建设工程施工程序示意图

1.6 建设工程施工组织原则

1.6.1 认真贯彻党和国家的建设法规和方针，严格执行工程建设程序

工程建设程序主要划分为计划、设计和施工等主要阶段，这是由基本建设工作客观规律所决定的。我国几十年的建设经历表明：凡遵循上述程序时，基本建设就能顺利进行；当违背这个程序时，不但会造成施工的混乱，影响工程质量，而且还会造成严重的浪费或发生工程事故。因此，认真执行工程建设程序，是保证土木建筑工程施工顺利进行的重要条件。

1.6.2 做好施工项目排队，保证重点，统筹安排

建筑施工企业和建设单位的根本目的是尽快地完成拟建工程的建设任务，使其早日投产或交付使用，尽快发挥基本建设投资的效益。这就要求施工企业的计划决策人员，必须根据拟建工程项目的重要程度和工期要求等，进行统筹安排，分期排队，把有限的资源优先用于国家和建设单位急需的重点工程项目，使其早日建成，投产或使用。同时也应该安排好一般

工程项目，注意处理好主体工程和配套工程，准备工程项目、施工项目和收尾项目之间施工力量的分配，从而获得总体的最佳效果。在空间上可组织立体交叉、搭接施工，在遵循客观规律的基础上，争取时间并且减少消耗。

1.6.3 遵循建筑施工工艺和技术规律，坚持合理的施工程序和施工顺序

建筑施工工艺及其技术规律，是建设工程施工固有的客观规律，分部分项工程施工中的任何一道工序都不能省略或颠倒。因此在组织建设工程施工中必须严格遵循建设工程施工工艺及其技术规律。

建筑施工程序和施工顺序是建筑产品生产过程中阶段性的固有规律和分部分项工程的先后次序。建筑产品生产活动是在同一场地不同空间，同时交叉搭接地进行的，前面的工作不完成，后面的工作就不能开始。这种前后顺序必须符合建筑施工程序和施工顺序。交叉则体现争取时间的主观努力。在建筑安装工程施工中，一般合理的施工程序和施工顺序主要有以下几方面：

先进行准备工作，后正式施工。准备工作是为后续生产活动正常进行创造必要的条件。准备工作不充分就贸然施工，不仅会引起施工混乱，而且还会造成某些资源浪费，甚至中途停工。先进行全场性工程，后进行各项工程施工。平整场地、敷设管网、修筑道路和架设电路等全场性工程先进行，为施工中供电、供水和场内运输创造条件，有利于文明施工，节省临时设施费用。此外还有先地下后地上、地下工程先深后浅的顺序；主体结构工程在前、装饰工程在后的顺序；管线工程先场外后场内的顺序；在安排工种顺序时，要考虑空间顺序等。

1.6.4 采用流水作业法和网络计划组织施工

实践经验证明，采用流水施工方法组织施工，不仅能使拟建工程的施工有节奏、均衡和连续地进行，而且还会带来显著的技术经济效果。网络计划技术具有逻辑严谨、层次清楚、关键问题明确的特点，可进行计划优化、控制和实时调整，并且有利于计算机在计划管理中的应用，最终达到合理使用资源、充分利用空间、缩短施工时间的目的。实践证明，施工企业在工程施工计划管理中，采用网络计划技术，可以缩短工期和节约成本，达到很好的经济效果。

1.6.5 科学地安排冬雨期施工项目，保证全年生产的连续性和均衡性

建筑施工一般都是露天作业，易受气候影响，严寒和下雨的天气都不利于建筑施工的正常进行。对于那些必须进入冬雨期施工的工程，要科学地安排冬雨期的施工措施。可以根据施工项目的具体情况，留有必要的适合冬雨期施工的、不会过多增加施工费用的储备工程，将其安排在冬雨期进行施工，以增加全年施工天数，尽量做到全面均衡、连续地施工。

1.6.6 贯彻工厂预制和现场预制相结合的方针，提高建筑工业化程度

建筑工业化是指通过现代化的制造、运输、安装和科学管理的大工业的生产方式，代替传统建筑业中分散的、低水平的、低效率的手工业生产，以实现建筑设计标准化、构配件生产工厂化、施工机械化和组织管理科学化。将工厂预制和现场预制相结合，既发挥了工厂批

量生产的优势，又可解决运输、起重设备配置方面的主要矛盾，更好地提升了工业化程度。

在选择预制构件加工方法时，应根据构件的种类、运输和安装条件以及加工生产的水平等因素，进行技术经济比较，合理地决定工厂预制和现场预制构件的种类，贯彻工厂预制和现场预制相结合的方针，以获得最佳的效果。

1.6.7 充分发挥机械效能，提高机械化程度

建筑产品生产需要消耗巨大的体力劳动。在建筑施工过程中，尽量以机械化施工代替手工操作，是建筑技术进步的一个重要标志。尤其是大面积的平整场地、大型土石方工程、大批量的装卸和运输、大型钢筋混凝土构件或钢结构构件的制作和安装等繁重施工过程的机械化施工，对于改善劳动条件、减轻劳动强度和提高劳动生产率以及经济效果都有显著的作用。

在选择施工机械时，应考虑能充分发挥机械的效能，并使主导工程的大型机械（如土方机械、吊装机械）能连续作业，以减少机械台班费用；同时，还应使大型机械与中小型机械相结合，机械化与半机械化相结合，扩大机械化施工范围，提高机械化施工程度，最终实现加快进度、减轻劳动强度和提高劳动生产率的目的。

1.6.8 尽可能采用国内外先进的施工技术和管理方法

先进的技术和施工方法相结合，是提高建筑施工企业和工程项目经理部的生产经营管理素质、提高劳动生产率、保证施工质量、加快工程进度、减低工程成本、提高施工安全性的重要途径。但要注意结合工程特点和现场条件，使技术的先进适用性和经济合理性相结合，防止单纯追求先进而忽视经济效益的做法。还要符合施工验收规范、操作规程的要求和遵守有关防火、安保及环卫等规定，确保工程质量和施工安全。

1.6.9 尽量减少暂设工程，合理地储备物资，减少物资运输量，科学地布置施工平面图

暂设工程在施工结束之后就要拆除，其投资有效时间是短暂的，因此在组织工程项目施工时，对暂设工程和大型临时设施的用途、数量和建造方式等方面，要进行技术经济的可行性研究，在满足施工需要的前提下，使其数量最少和造价最低。这对于降低工程成本和减少施工用地都是十分重要的。

建筑产品生产所需要的建筑材料、构（配）件、制品等，种类繁多，数量庞大，各种物资的储存数量、方式都必须科学合理。对物资库存应采用类似 ABC 分类法和经济订购批量法等方法，在保证正常供应的前提下，其储存数额要尽可能减少。这样可以大量减少仓库、堆场的占地面积，对于降低工程成本、提高工程项目经理部的经济效益，都是效果卓越的。建筑材料的运输费在工程成本中所占的比重也是相当可观的，因此在组织工程项目施工时，要尽量采用当地资源，减少其运输量。同时应该选择最优的运输方式、工具和线路，使其运输费用最低。

减少暂设工程的数量和物资储备的数量，为合理地布置施工平面图提供了有利条件。施工平面图在满足施工需要的情况下，应尽可能布局紧凑合理，减少施工用地，这样有利于降低工程成本。

　　上述原则既是建筑产品生产的客观需要，又是加快施工速度、缩短工期、保证工程质量、降低工程成本、提高建筑施工企业和工程项目建设单位的经济效益的需要，所以必须在组织工程项目施工过程中严格地执行。

复习思考题

1. 什么是施工管理？施工管理的特点有哪些？
2. 施工管理的任务是什么？
3. 施工管理的参与各方有哪些？
4. 施工管理基本制度有几种类型？
5. 施工承发包模式的主要类型有哪些？
6. 设计-采购-施工总承包模式的优缺点各有哪些？
7. 建设工程项目的层次是如何划分的？
8. 建设工程施工分为哪些过程？
9. 施工组织原则有哪些？

第2章

建设工程施工管理理论与方法

2.1 项目管理

2.1.1 相关概念

1. 项目

项目是为创造独特的产品、服务或成果而进行的临时性工作。项目的"临时性"是指项目有明确的起点和终点。当项目目标达成时，或当项目因不会或不能达到目标而中止时，或当项目需求不复存在时，项目随即结束。临时性描述的是项目的参与程度及其长度，并不一定意味着项目持续时间短。项目所创造的产品、服务或成果一般不具有临时性，通常大多数的项目都是为了创造持久性的结果。

每个项目都会创造独特的产品、服务或成果，项目的产出可能是有形的，也可能是无形的。持续性工作通常是遵循组织已有流程的重复性过程。相比之下，由于项目具有独特性，所以其创造的产品、服务或成果可能存在不确定性或差异性。项目活动对于项目团队成员来讲可能是全新的，需要比其他例行工作进行更精心的规划。此外，项目可以在组织的任何层面上开展。

项目可以创造：

（1）一个产品，可能是其他产品的组成部分、某个产品的升级，也可能本身就是最终产品。

（2）一种服务或提供某种服务的能力，如支持生产或配送的业务职能。

（3）对现有产品线或服务线的改进，如实施六西格玛项目以降低缺陷率。

（4）一种成果，例如某个结果或文件，如某研究项目所创造的知识，可据此判断某种趋势是否存在，或判断某个新过程是否有益于社会。

2. 项目管理

项目管理通常可以理解为项目管理者在一定资源约束条件下，综合运用系统观点和多学科的理论方法，对项目涉及的全部工作实施有效的管理，在项目的整个生命周期内进行计划、组织、控制、协调、评价等工作，以实现项目的目标。美国项目管理协会（Project Management Institute，PMI）认为，所谓项目管理，就是项目的管理者，在有限的资源约束下，运用系统的观点、方法和理论，对项目涉及的全部工作进行有效地管理，即从项目的投资决策开始到项目结束的全过程进行计划、组织、指挥、协调、控制和评价，以实现项目的目标。

项目管理是将知识、技能、工具与技术应用于项目活动，以满足项目的要求。项目管理通过运用并整合项目管理过程得以实现。可以根据逻辑关系，把所有的过程归类成五大过程组，即启动、规划、执行、监控、收尾。

管理一个项目通常包括（但不限于）：

（1）识别需求。

（2）在规划和执行项目时，处理干系人的各种需要、关注和期望。

（3）为满足项目需求和创建项目可交付成果而管理干系人。

（4）平衡相互竞争的项目制约因素，具体包括项目范围、质量、进度、预算、资源及风险等。

项目的具体特征和所处的具体环境会对制约因素产生影响。制约因素之间存在动态影响关系，任何制约因素的变化都会引起至少一个其他因素的变化。如压缩工期通常会引起成本投入的增多，增加额外资源，从而在较短时间内完成相同的工作量；当成本投入无法增多时，通常会导致缩小完成任务的范围或降低质量，以求在压缩工期的前提下，以同样的成本投入交付项目最终成果。因不同项目干系人对哪个因素最重要会有不同的观点和诉求，项目管理情形会更加复杂。改变项目目标可能引发更多风险，为取得项目成功，项目团队必须正确评估项目状况，平衡要求，并积极主动地与干系人沟通。

项目管理具有不确定性，项目管理实施过程处于不断的变化中，因此，应该在整个项目生命周期中，反复开展制定项目管理计划工作，对计划进行渐进明细。渐进明细是指随着信息越来越详细具体，估算越来越准确，而持续改进和细化计划。渐进明细的方法使项目管理者可以随项目进展，对项目工作进行更为明确的定义和深入的管理。

2.1.2　项目管理概述

1. 发展历程

项目管理是管理学的一个分支科学，近代项目管理起源于美国，是二战后发展起来的新管理技术之一。美国最早将第一颗原子弹的研发作为一个项目来进行，即"曼哈顿计划"。20 世纪 40、50 年代，项目管理主要运用于国防和军工领域。近代项目管理的成熟期是在 20 世纪 50 年代，这期间相继出现了关键路径法（CPM）和计划评审技术（PERT）。20 世纪 60 年代，网络计划技术在阿波罗登月计划中得以运用，并取得了巨大的成功，让本局限于国防、航天、建筑领域的项目管理在全世界范围内得到认识和推广。1965 年，国际项目管理协会（International Project Management Association，IPMA）在瑞士洛桑成立。1969 年，美国项目管理协会（Project Management Institute，PMI）成立。上述致力于项目管理研究的国际性组织推动了项目管理的发展。IPMA 的成员主要为各国的项目管理协会，PMI 是一个有着近 5 万名会员的国际性学会，是项目管理专业领域中最大的由研究人员、学者、顾问和经理组成的全球性专业组织。经过多年的发展，逐步形成了以 IPMA 和 PMI 为首的两大项目管理研究体系。1976 年，PMI 提出了制定项目管理标准的设想，并于 1987 年推出了《项目管理知识体系指南（Project Management Body of Knowledge）》，简称 PMBOK，这被认为是项目管理领域的重大里程碑。至此，项目管理领域将 20 世纪 80 年代以前称为传统项目管理阶段，80 年代以后称为现代项目管理阶段。PMBOK 后经多次修订，目前已更新至第 6 版，使该体系更加成熟和完整。

项目管理在 20 世纪 80 年代传遍世界各国，由华罗庚教授介绍到国内。经过多年发展，中国（双法）项目管理研究委员会推出了中国的项目管理标准文件——《中国项目管理知识体系》（C-PMBOK2006）。随着项目管理研究的深入与发展，项目管理的应用已经遍布冶金、煤炭、石油、石化、化工、电力、水利、核工业、林业、航空航天、建材、铁路、公路、市政、水运、通信和房屋建筑等各行业。

2. 项目管理的特性

（1）普遍性。项目作为一项普遍存在的活动已经遍布于人类生活的各个领域中，逐步成为创造各项物质文化成果的重要方式。人类活动和社会运行所依托的各项设施均可以依靠项目活动建设开发而来，人类的创造行为也可以依托项目开展，项目管理作为项目的实现方式，具有其普遍性。

（2）目标导向性。项目是依托具体的目标而展开的，项目管理以具体的项目目标为导向开展实施。项目管理的目标导向性即通过开展项目管理活动去保证达到或超越项目有关各方明确提出的项目目标或指标和满足项目有关各方未明确规定的潜在需求和追求。

（3）独特性。任何项目均具有其独特的目标、环境和边界条件，项目管理具有其独特性。另一方面，项目管理不同于一般的企业生产运营管理、常规的政府管理以及一部分独特管理内容，项目管理具有其独特的管理方式和管理内容。

（4）系统性。项目管理的系统性是指要综合项目各个要素所涉及的不同专业、技术、管理方法，用系统集成的观念开展管理工作，而非孤立地开展项目各部分的独立管理。

（5）创新性。项目管理的创新性有两层内涵：第一层内涵是指项目管理没有一成不变的模式或方法，需要通过管理创新实现项目的有效管理；第二层内涵是指项目管理包含了对于工作创新的管理。

（6）临时性。项目本身是一项临时性工作，会因为目标的设立而开启，因目标的达成而结束。项目管理同样会因项目的开始而开始，随项目的结束而结束。

3. 项目管理的内容

根据 PMI 的界定，项目管理所属的知识领域分为十大类，即整合管理、范围管理、时间管理、成本管理、质量管理、人力资源管理、沟通管理、风险管理、采购管理、干系人管理。每一领域均包括一定的实施步骤，项目管理知识体系如图 2-1 所示。

4. 项目管理的适用范围

项目管理产生于工程建设行业，成熟于军工行业，现在它已经成为一种现代化的管理理论与方法，应用于社会生产生活的各个方面。各个不同的行业均可以通过项目管理实施运作与建设。从所属的管理类别来讲，项目管理与开发管理（Development Management）、设施管理（Facility Management）同属于项目管理工程的分支，项目管理又可以细分为信息项目管理、工程项目管理、投资项目管理等。通常来讲，任何满足具有资源约束、一次性工作、具有特定目标、具有特定的管理实施组织的行业活动均可以实施项目管理。

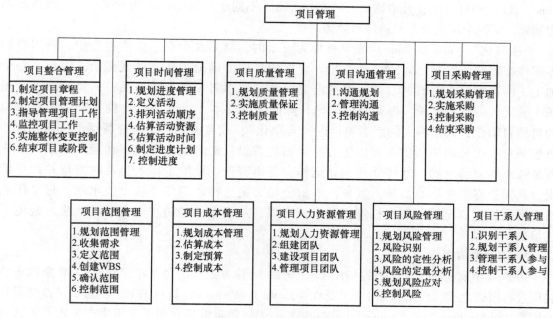

图 2-1　项目管理知识体系

2.1.3　项目管理的新发展

现代项目管理进入 21 世纪之后有了新的长足进步。在适应迅猛变化、竞争加剧、经济全球化和一体化的过程中，项目管理更加注重人的因素，更加注重多学科交叉领域的探索与发展，更加注重项目用户和柔性管理，力求在变革中谋求更好的生存和发展。在这个阶段，项目管理的应用领域进一步扩大和深化，通信、软件、信息、金融、医药等现代项目管理任务已不仅限于执行任务，而且要开发项目、经营项目，并为项目完成后形成的设施、产品及其他成果提供长期的服务管理。

在项目管理新的发展形势下，跨学科、多专业、高集成度、高技术含量及管理附加价值的项目层出不穷。复杂工程项目管理、巨项目管理、项目管理成熟度、项目组合管理、项目集管理、政府工程项目管理等越来越多，为项目管理的理论方法与实际应用带来了机遇与挑战。

2.2 ｜ 精益管理

2.2.1　精益的起源与演变

1. 精益的起源

精益（Lean）、精益思想（Lean Thinking）、精益管理（Lean Management）是衍生自丰田生产方式（又称为丰田生产体系 Toyota Production System，TPS）的一种管理哲学。丰田生产方式是日本丰田汽车公司在大野耐一的带领下所创造的生产管理方式和方法。它以消除浪费、顾客满意为目的，达到高质量、低成本和快速响应的目标。它以准时化（Just In Time，JIT）和自働化（日语词，有特定的含义，不同于自动化）为两大支柱，以改善活动为基础，受到全球企业界的追捧与效仿。

"准时化"（Just In Time）最早被称为三及时，就是在企业的生产过程中，所需要的零部件在需要的时候，以需要的数量、合格的品质准确地送到生产线旁边。因此，每个加工工序都能够在需要的时候，按照需要的数量取得需要的合格产品，从而消除生产现场中的无效劳动和浪费，提高总体效率，降低生产成本。所谓的"自働化"并不是单纯的机械自动化，而是将人的因素包括进"自动化"，或者说是将人的智慧赋予机器。这种思想来自丰田公司的创始人丰田佐吉。丰田佐吉设计的自动织布机，在经纱断了一个或者是纬纱用完的时候，能够立即停止运转，发出警告，提醒工作人员及时发现并纠正错误，从而提高了产品的品质。后来，丰田公司又把这种思想用于整个流水线，每个作业员在发现异常情况时，都有权停止整个流水线，从而有效地防止了次品的产生，避免了过量生产。

2. 精益的演变

1990 年由麻省理工学院教授组织 17 个国家 53 位专家，历经 5 年，对超过 90 家汽车总装厂进行研究之后，由詹姆斯 P. 沃麦克（James P. Womack）教授主笔，出版了《改变世界的机器 The Machine That Changed the World》一书，向全世界介绍了丰田生产方式并将其命名为"精益生产"（Lean Production），介绍了在世界范围内取代大量生产方式的精益生产方式的由来、具体应用及其将对全世界产生的深远影响。

随着精益生产在汽车企业的不断推广，演变出了"精益企业"和"精益管理"的概念。精益生产的提出者詹姆斯、丹尼尔等人在协助欧美一些国家的企业实施精益生产的过程中认识到，尽管应用精益生产能够给某些公司或某些专门化活动带来巨大的改进，但这些单个公司或单项活动的改进远非精益生产所要达到的目的。如果能将这些个体的改进或突破扩展至某类产品价值创造过程的各个环节，使之相互连接，形成包括产品开发、制造、销售和服务的价值创造流，无疑会极大地提高整个产品生产过程的绩效，并且使消费者获得的价值最大化。如何使产品价值创造过程的所有环节有机地连接起来，则需要建立一种新的企业组织模式，即精益企业（Lean Enterprise）。精益管理则是一种系统化的管理思想。1992 年芬兰学者 Lauri Koskela 在斯坦福大学集成设施工程中心（Center for Integrated Facility Engineering，CIFE）所做报告 "Application of the New Production Philosophy to Construction" 中，首次提出精益可以应用于建设领域，从而开启了精益建造（Lean Construction）的研究。1996 年 James P. Womack 和 Daniel T. Jones 的名著《精益思想》中提出了"精益思想"一词。该书在《改变世界的机器》的基础上，更进一步集中、系统地阐述了关于精益的一系列原则和方法，使之更加理论化。精益思想的提出将精益的概念超越了生产制造，从此以后，更多基于精益思想的新概念开始不断出现，如"精益供应链""精益物流""精益采购""精益设计"等，并渗透到各领域和日常生产中。精益理论体系的发展路径如图 2-2 所示。经过近 30 年的发展，精益思想已经形成了一套完整的理论体系，并广泛运用于各行各业，例如机械制造、航空航天、电子、软件、建筑、农业、服装、食品、生活消费品和运输业等领域。

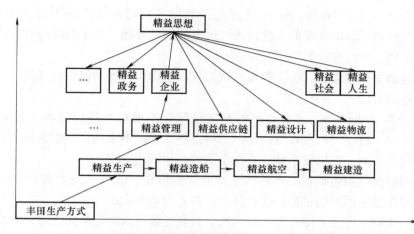

图 2-2　精益理论体系的发展路径图

2.2.2　丰田生产方式的核心理念

1. 丰田生产方式定义的七大浪费

丰田生产方式认为，不产生附加价值的一切作业都是浪费，杜绝浪费是精益的核心思想，要识别出浪费并消除浪费。生产过程中常见的浪费分为七大类。

（1）过量生产（Over-Production）。过量生产的定义是生产多于所需和快于所需。特征是物料堆积、多余设备、多余货架、多余人力、多余空间。产生过量生产的原因是加工能力不够、沟通不够、换型时间长、工时利用率低、缺乏稳定的生产计划。

过量生产的解决对策包括：①顾客为中心的弹性生产系统；②单件流生产线；③看板管理的贯彻；④快速换线换模；⑤少人化的作业方式；⑥均衡化生产。

（2）库存浪费（Inventory）。库存浪费的定义是任何超过加工必需的物料供应。特征是有多余的场地、物流呆滞、响应顾客时间太慢。产生库存浪费的原因是加工能力不足、换型时间长、管理决策失当、局部优化不到位、预测不准。

库存浪费的解决对策包括：①库存意识的改革；②U 型设备配置；③均衡化生产；④生产流程调整顺畅；⑤看板管理的贯彻；⑥快速换线换模；⑦生产计划安排时考虑库存消化。

（3）搬运（Conveyance）。搬运的定义是不符合精益生产的一切物料搬运活动。特征是多余的铲车和空间、不确定的库位、不正确的库存分类。产生搬运的原因有计划不当、换型时间长、缺乏现场管理、布局不当、缓冲区过大。

搬运的解决对策包括：①U 型设备配置；②单件流生产方式；③站立作业；④避免重新堆积、重新包装。

（4）返工或缺陷（Correction or Defect）。返工的定义是为了满足顾客要求而对有缺陷的产品进行返工。特征是花更多的时间、打乱生产节奏、耽搁交货。产生返工的原因是能力不足、操作不当、培训不足、管理不善。

产生返工的解决对策包括：①自働化、防误装置、标准作业；②在工程内做出"不接受不良品，不制造不良品，不交付不良品"的品质保证"三不政策"；③单件流的生产方式；④品保制度的确立及运行；⑤定期的设备、模治具保养。

（5）过度加工（Over-Processing）。过度加工的定义是对最终产品不增加价值的过程。特征是不必要的精加工、不必要的审批过程、过度的信息处理。产生的原因有设计和工艺不当、决策层次不当、管理流程不当。

过度加工的解决对策包括：①工程设计适正化；②作业内容的修正；③治具改善及自働化；④标准作业的贯彻。

（6）多余动作（Motion）。多余动作的定义是任何不增加产品价值的人员和设备的动作。特征是找工具、过度的弯腰转身动作、物料设备太远。多余动作产生的原因有场地布局不合理、现场管理不力、人机效率低、人机学原理运用不当。

多余动作的解决对策包括：①单件流生产方式的形成；②生产线 U 型配置；③标准作业的落实；④动作经济原则的贯彻；⑤加强培训教育与动作训练。

（7）等待（Waiting）。等待的定义是当两个关联要素间未能完全同步时所产生的空闲时间。特征是人等机、机等人、这人等那人、负荷不均、故障停机。产生等待的原因有工作方法不一、换型时间长、资源缺乏、人员设备效率低。

等待的解决对策包括：①采用均衡化生产；②单件流生产、设备保养加强；③实施目视管理；④加强进料控制，标准手持设定；⑤明确人员分工。

2. 丰田生产方式的十四项管理原则

丰田生产方式要求员工投入与参与，这是一种文化。如图 2-3 所示，丰田生产方式包含十四项管理原则，归纳为四大类：第一类是指长期理念；第二类是指正确的流程方能产生正确的结果；第三类是指借助员工与合作伙伴的发展，为组织创造价值；第四类是指持续解决根本问题是组织学习的驱动力。

第一类：长期理念
（1）管理决策以长期理念为基础，即使因此牺牲短期财务目标也在所不惜。
第二类：正确的流程方能产生正确的结果
（2）建立连续的作业流程以使问题浮现。
（3）使用拉动式生产方式以避免生产过剩。
（4）使工作负荷平均（生产平衡化），工作应该像龟兔赛跑中的乌龟一样。
（5）建立立即暂停以解决问题，从一开始就重视质量控制的文化。
（6）工作的标准化是持续改善与授权员工的基础。
（7）通过可视化管理使问题无所隐藏。
（8）使用可靠以及充分测试的技术以协助员工及生产流程。
第三类：借助员工与合作伙伴的发展，为组织创造价值
（9）培养深谙公司理念的领袖，使他们能教导其他员工。
（10）培养与发展信奉公司理念的杰出人才与团队。
（11）重视合作伙伴与供应商，激励并助其改善。
第四类：持续解决根本问题是组织学习的驱动力
（12）亲临现场，彻底了解情况。
（13）制定决策时要稳健，穷尽所有选择，并征得一致意见，实施决策时要迅速。
（14）通过不断反省与持续改善以成为一个学习型组织。

图 2-3　丰田生产方式十四项管理原则

2.2.3 精益管理理论简述

1. 精益管理的三个层面

通过总结精益的起源与后来演化而来的精益思想，可以将精益管理分为三个层面——价值观、原则（方法论）和实践。价值观层面是从丰田生产方式的十四项管理原则总结提炼而来，包括持续改进和尊重人。方法论层面是五个原则，即定义价值、识别价值流、让价值持续流动、用户价值拉动、精益求精。实践层面，各行各业各不相同，比如对于生产制造也就是丰田生产屋，包含它的支柱、目标和一系列实践。这三个层面越向上，通用性越高，越往下，对实践的指导越强，如图 2-4 所示。

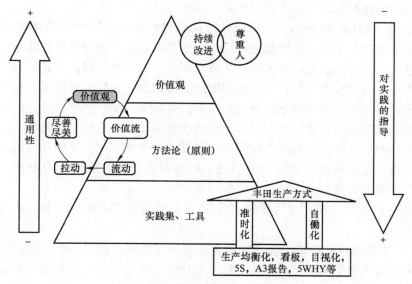

图 2-4　精益管理的三个层面

2. 精益管理的五大原则

精益思想系统阐述了关于精益的一系列原则和方法论。精益思想要求企业找到最佳的方法来确立提供给顾客的价值，明确每一项产品的价值流，使产品在从最初的概念到到达顾客的过程中流动顺畅，让顾客成为生产的拉动者，在生产管理中精益求精、尽善尽美。如图 2-5 所示，精益管理包含五大原则或者步骤：①树立价值观，定义顾客价值；②定义流程和价值流；③建立连续的作业流；④拉动式生产方式；⑤努力追求卓越，尽善尽美。

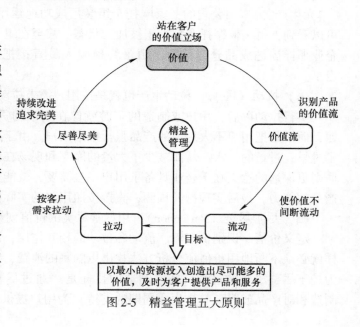

图 2-5　精益管理五大原则

（1）价值（Value）。精益思想认为产品的价值须由最终的用户来确定，价值只有满足特定的用户需求才有存在的意义。

精益思想重新定义了价值观，它同传统的制造思想，即主观高效率地大量制造既定产品向用户推销，是完全对立的。举例来说，一家钢管铸造厂，从粗钢到达企业的那一刻起，工作就展开了——企业需要动用叉车把粗钢搬运进原材料仓库。那么，这种搬运工作是有价值的吗？如果询问搬运工的话，搬运工一定会回答："当然有价值！我就是干这个工作的！"。然而仔细想一想，仅仅把粗钢从一个地方搬运到另一个地方，粗钢就增值了吗？当然没有！顾客不会因此而多付给企业一分钱。正确地确定价值就是以客户的观点来确定企业从设计到生产到交付的全部过程，实现客户需求的最大满足。以客户的观点确定价值就必须把生产的全过程中的多余消耗减至最少，不将额外的花销转嫁给用户。

（2）价值流（Value Stream）。价值流是指从原材料到成品赋予价值的全部活动。识别价值流是精益生产的起步点，并按照最终用户立场寻求全过程的整体最佳状态。

精益思想的企业价值创造过程包括：从概念到投产的设计过程；从订货到送货的信息过程；从原材料到产品的转换过程；全生命周期的支持和服务过程。价值流分析最终形成三种基本活动方式：有很多明确的能创造价值的步骤；有很多虽然不创造价值，但是现有的技术与生产条件下不可避免的其他步骤；很多不创造价值而且可以立即去掉的步骤。

识别价值流的含义是在价值流中找到哪些是真正增值的活动，哪些是可以立即去掉的不增值活动。精益思想将所有业务过程中消耗了资源而不增值的活动称为浪费。"识别价值流"就是发现浪费和消灭浪费。

（3）流动（Flow）。精益生产强调各个创造价值的活动需要流动起来，强调的是不间断的动。

"价值流"本身的含义就是"流动"的，但是由于根深蒂固的传统观念和做法，例如部门的分工、大批量生产等阻断了本应流动起来的价值。精益生产将所有的停滞看作是企业的浪费，号召所有的人都必须和部门化的、批量生产的思想做斗争。斗争的最有力工具就是"单元生产"。本田公司的一家摩托车组装厂成功地运用单元生产实现了流动。在生产现场可以看到，每一辆摩托车都处于被加工状态。甚至在组装工作结束以后，摩托车也不像一般企业那样运进成品仓库，而是由最终检验人员直接把摩托车开进运输车，然后很快就运走了。

（4）拉动（Pull）。拉动生产也就是按用户需求拉动生产，而不是把产品强行推给用户。

实行拉动以后，用户或制造的下游就像在超市的货架上取货一样取到他们所需要的东西，而不是把用户不太想要的产品强行推给用户。由于生产和需求直接对应，拉动原则消除了过早、过量的投入，从而减少了大量的库存和现场在制品，大大地压缩了生产周期。拉动原则更深远的意义在于企业具备了用户一旦需要，就能立即进行设计和制造用户真正需要的产品的能力，最后实现抛开预测，直接按照用户的实际需要进行生产。

（5）尽善尽美（Perfection）。用尽善尽美的价值创造过程为用户提供尽善尽美的价值。

定义价值、识别价值流、流动和拉动的相互作用，结果就是价值流动速度显著加快。这样就必须不断地用价值流分析方法找出更隐藏的浪费，作进一步的改进。这样的良性循环成为趋于尽善尽美的过程。精益制造的目标是"通过尽善尽美的价值创造过程（包括设计、制造和对产品或服务整个生命周期的支持）为用户提供尽善尽美的价值"。

2.2.4　精益管理相关技术、方法和工具

1. 5S 现场管理

5S 是指整理、整顿、清扫、清洁、素养，这 5 个单词在日语中都是以"S"开头，所以简称 5S。其具体含义如下：

（1）整理（Seiri）：在工作现场中把需要的物品跟不需要的物品分开，将不需要的物品做适当处理。

（2）整顿（Seiton）：给现场的每个物品都设定合理位置，做好标识，并将使用后的物品仍放回原位。

（3）清扫（Seiso）：定期对现场进行清洁，仔细检查工具和设备，防止异常问题发生。

（4）清洁（Seiketsu）：严格的执行前面三个 S，保持现场清洁有序的状态。

（5）素养（Shitsuke）：养成每天执行前面四个 S 的习惯，提高每个人的素养。

5S 并不是相互独立的，而是有一定的流程。前边的 S 是后边的基础，例如整理是所有后续 4 个 S 的基础，只有通过整理区分了有用和无用的物品，才能便于后续的进一步整顿和规范。后来在原来 5S 的基础上又增加了安全（Safety），形成了"6S"；有的企业再增加了节约（Save），形成了"7S"；也有的企业加上习惯化（Shiukanka）、服务（Service）及坚持（Shikoku），形成了"10S"。5S 管理是精益管理的基础，看起来容易，真正实行起来却有一定的困难，需要全体员工遵守 5S 规定，而且每一个人都能"自主管理"，才能成功。

2. 看板（KanBan）

看板是精益管理中一个非常重要的工具，它最初是由丰田汽车公司于 20 世纪 50 年代从超级市场的运行机制中得到启示，为了达到准时生产方式（JIT）控制现场生产流程，而作为一种生产、运送指令的传递工具被创造出来的。看板中的信息主要包括：零件号码、品名、制造编号、容器形式、容器容量、发出看板编号、移往地点、零件外观等。经过近 50 年的发展和完善，目前已经在很多方面都发挥着重要的功能。看板最重要的三种作用如下：

第一，现场看板的目的是设定目标，让员工了解自己的任务。例如，以前车间员工只知道来上班，却不知道做什么产品，或者要做多少。每天没有任务，就没有了目标。看板管理制令单就是树立标准，下达到管理人员、班组长和车间主任，让他们清晰明了地看到自己当天要做什么样的产品及数量。

第二，进度的控制。看板是按规定时间更新的，在更新的过程中就知道当下要做什么，做完多少，距离目标还差多少数量，让一切都在掌控之中。

第三，生产数量的控制。流水线作业经常会让数据在生产的过程中产生偏差，做多了会超产，做少了不足。本来要生产 A 产品，最后不小心 B 产品做多了，A 产品做少了，如此现象比比皆是。如果实行现场看板，员工就能对生产过程明若观火，产品的数量就能适时有效地控制。

3. 六西格玛管理（6Sigma）

六西格玛（6Sigma）是在 20 世纪 90 年代中期开始从一种全面质量管理方法演变成为一个高度有效的企业流程设计、改善和优化技术的，并提供了一系列同等地适用于设计、生产和服务的新产品开发工具，继而与全球化、产品服务、电子商务等战略齐头并进，成为全世界上追求管理卓越性的企业最为重要的战略举措。"σ"是希腊文的字母，是用来衡量一个

总数里标准误差的统计单位。如果企业不断追求品质改进，达到六西格玛的程度，绩效就几近于完美地达成顾客要求，在 100 万个机会里，只找得出 3.4 个瑕疵。六西格玛逐步发展成为以顾客为主体来确定企业战略目标和产品开发设计的标尺，追求持续进步的一种质量管理哲学。

六西格玛与精益思想中的其他模型和工具可以结合起来使用。例如与丰田生产体系创建人新江滋生先生首创的"防差错系统"（POKA-YOKE）的概念结合以获得零缺陷。日本质量专家 Kano 把质量依照顾客的感受及满足顾客需求的程度分成三种质量：理所当然质量、期望质量和魅力质量。Kano 模型三种质量的划分，为六西格玛改进提供了方向。质量功能展开（Quality Function Deployment，QFD）是把顾客或市场的要求转化为设计要求、零部件特性、工艺要求、生产要求的多层次演绎分析方法，它体现了以市场为导向、以顾客要求为产品开发唯一依据的指导思想。质量功能展开技术占有举足轻重的地位，它是开展健壮设计的先导步骤，可以确定产品研制的关键环节、关键的零部件和关键工艺，从而为稳定性优化设计的具体实施指出了方向。

4. PDCA 循环

PDCA 循环即 Plan-Do-Check-Act，分别代表计划、实施、检查、行动。W. Edwards Deming 于 20 世纪 50 年代把 PDCA 循环这个概念引入日本之后，也常称之为戴明环（Deming Cycle or Deming Wheel）。PDCA 循环有四个阶段：①计划——确定一个过程的目标，以及实现目标所需要采取的改革方案；②实施——实施这些方案；③检查——根据执行效果来评价改进结果；④行动——将改革后的程序更加标准化，然后再次开始这个循环。

这四个阶段中的计划和行动阶段可以进一步细分，最终得出八个步骤，如图 2-6 所示。以下对计划和行动中的若干步骤进行介绍。

（1）找问题。在做计划之前，需要分析一下现状是什么样子的、问题在哪里。可以分析质量问题、交期的问题、安全的问题以及效率的问题。第一步找到问题，就像医生看病一样。

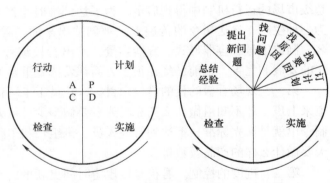

图 2-6　PDCA 循环的四个阶段和八个步骤

（2）找原因。第一步是把脉。第二步把完脉了，分析各种问题中的影响因素，这个时候就可以用到很多方法，比方说鱼骨图、5W1H（Why、What、Where、Who、When、How）、4M（人、机、料、法）等。用这些方法来分析到底有哪些因素。

（3）找要因。把所有的因素分析完了以后，再来分析主要因素是什么。每一个问题的产生，都有少数主要的因素，比方说影响这个问题产生的有十个因素，按照二八原则，大概有两个到三个是主要因素。找到主要因素才能够彻底解决问题，如果找不到主要因素，那问题是没办法解决的。

（4）订计划。分析到主要原因以后，针对主要原因采取措施。在采取措施的时候，通过这些 5W1H（Why、What、Where、Who、When、How）来制订合理的计划。

（5）总结经验。把成功的经验总结出来，制定相应的标准。

（6）提出新问题，转入下一个 PDCA 循环中去解决。每个问题不一定靠一个 PDCA 循环就能够解决掉，有时候一次能解决掉，有时候可能要转几次。看病也是一样，最好的方法是保持自己的健康，不要去看病。换句话说，不出问题最好，出了问题就要解决问题，而有时候问题不是一次两次就能解决得掉的。

5. 作业成本分析法（Activity Based Costing，ABC）

作业成本分析法又称 ABC 成本法、作业成本计算法、作业成本核算法，它是一种通过对所有作业活动进行动态追踪反映，计量作业和成本对象的成本，评价作业业绩和资源的利用情况的成本计算和管理方法。ABC 成本法的产生，最早可以追溯到 20 世纪杰出的会计大师、美国人埃里克·科勒（Eric Kohler）教授。科勒教授在 1952 年编著的《会计师词典》中，首次提出了作业、作业账户、作业会计等概念。

作业成本法的理论基础是认为生产过程应该描述为：生产导致作业发生，产品耗用作业，作业耗用资源，从而导致成本发生。这与传统的制造成本法中产品耗用成本的理念是不同的。这样，作业成本法就以作业成本的核算追踪了产品形成和成本积累的过程，对成本形成的"前因后果"进行追本溯源：从"前因"上讲，由于成本由作业引起，对成本的分析应该是对价值链的分析，而价值链贯穿于企业经营的所有环节，所以成本分析首先从市场需求和产品设计环节开始；从"后果"上讲，要搞清作业的完成实际耗费了多少资源，这些资源是如何实现价值转移的，最终向客户（即市场）转移了多少价值、收取了多少价值，成本分析才算结束。由此出发，作业成本计算法使成本的研究更加深入，成本信息更加详细化、更具有可控性。

6. 问题分析与解决的工具——5WHY 分析法

所谓 5WHY 分析法，又称 5 问法，也就是对一个问题点连续以 5 个"为什么"来自问，以追究其根本原因。5WHY 法的关键在于：解决问题的人要努力避开主观或自负的假设和逻辑陷阱，从结果着手，沿着因果关系链条，顺藤摸瓜，直至找出原有问题的根本原因。沿着"为什么——为什么"的因果路径逐一提问，先问第一个"为什么"，获得答案后，再问为何会发生，以此类推，问 5 次"为什么"，或者更多，以此来挖掘出问题的真正原因。虽为 5 个"为什么"，但使用时不限定只做 5 次"为什么的探讨"，主要是必须找到根本原因，因此，有时可能只要 3 次，有时也许要 10 次。

较为经典的案例是大野耐一通过运用 5WHY 法来找到工厂设备停机的根本原因。

问题一：为什么机器停了？答案一：因为机器超载，保险丝烧断了。

问题二：为什么机器会超载？答案二：因为轴承的润滑不足。

问题三：为什么轴承会润滑不足？答案三：因为润滑泵失灵了。

问题四：为什么润滑泵会失灵？答案四：因为它的轮轴耗损了。

问题五：为什么润滑泵的轮轴会耗损？答案五：因为杂质跑到里面去了。

经过连续五次不停地问"为什么"，才找到问题的真正原因和解决的方法，在润滑泵上加装滤网。

7. A3 报告

A3 报告（A3 Report）是一种由丰田公司开创的方法，通常用图形把问题、分析、改正措施以及执行计划囊括在一张大的（A3）纸上。在丰田公司，A3 报告已经成为一个标准方法，用来总结解决问题的方案，进行状态报告，以及绘制价值流图。A3 报告依照改善计划的不同阶段，可细分为建议报告、现况报告和结论报告。A3 报告中通常包括以下几个部分：

1）背景：介绍业务背景和此问题的重要性。

2）当前情况：描述当前所了解的情况。

3）目的/目标：确定期望获得的结果。

4）分析：分析造成现状和期望结果之间的差距和潜在原因。

5）建议和对策：提议处理问题、缩小差距或达到目标的一些整改措施或对策。

6）计划：行动计划，包括谁来做、做什么、什么时间做。

7）跟进：建立跟踪/学习的流程，并计划遗留问题的解决。

8. 价值流图（Value Stream Mapping, VSM）

价值流图是丰田生产系统框架下的一种用来描述物流和信息流的形象化工具。它运用精益制造的工具和技术来帮助企业理解和精简生产流程。价值流程图的目的是辨识和减少生产过程中的浪费。浪费在这里被定义为不能够为终端产品提供增值的任何活动，并经常用于说明生产过程中所减少的"浪费"总量。价值流图可以作为管理人员、工程师、生产制造人员、流程规划人员、供应商以及顾客发现浪费、寻找浪费根源的起点。

价值流图通过形象化地描述生产过程中的物流和信息流，来达到上述目的。从原材料购进的那一刻起，价值流图就开始工作了，它贯穿于生产制造的所有流程、步骤，直到终端产品离开仓储。

对生产制造过程中的周期时间、当机时间、在制品库存、原材料流动、信息流动等情况进行描摹和记录，有助于形象化当前流程的活动状态，并有利于对生产流程进行指导，朝向理想化方向发展。价值流图通常包括"当前"和"未来"两个状态，通过前后对比来改善价值流。

9. 末位计划系统（Last Planner System, LPS）

末位计划系统产生于工程建造领域，是一个基于项目计划的精益管理系统，主要是在项目运作的组织和管理中应用精益原理，对项目在成本、工期、质量和安全四个方面同时进行改善。

在精益建造理论中，工程项目的交付是一个系统的过程，在改善局部之前必须优化整体。Ballard 和 Howell 提出了精益项目交付系统（Lean Project Delivery System, LPDS），将项目交付过程划分为精益设计、精益供应、精益安装及交付使用四个阶段，各个阶段又有部分工作相互重叠。这种方式与传统的项目交付方式不同，它为整个交付系统设置了一系列目标，在项目层为顾客最大化绩效，把产品设计和过程设计集成在一起，并在项目全寿命周期中施行控制。精益项目交付系统的核心思想就是末位计划系统。

末位计划系统直接面向作业，由作业的执行者根据其自身的能力与资源等因素的限制而制订一个作业计划，这个计划应该说是可以执行的计划。它可以减少施工计划的不确定性，因为它是一个环形控制体系。他们根据材料的供应情况、天气情况、工作组的能力以及他们完成工作的可信度来制订短期的详细计划。这些计划由于是根据现场的实际情况制订的，所以它有很高的可信度，可以提高建造的速度，并且可以减少现场的问题。

2. 3 目标管理

2.3.1 目标管理概述

1. 发展简史

目标管理的概念最早由美国管理学大师彼得·德鲁克（Peter F. Drucker）于 1954 年在其著作《管理实践》中最先提出，之后他又提出了"目标管理与自我控制"的相关主张。随着持续的探索，目标管理的理论体系得以建立并推广到实际应用中。目标管理是伴随着工业化大生产而发展与推广的。在二战后西方经济寻求恢复并转向迅速发展的大背景下，目标管理一经提出便在美国迅速推广，美国通用电气公司最先采用并取得了显著效果，各行业企业纷纷采用以求调动员工积极性提高竞争力。之后，目标管理在美国、日本及欧洲一些国家作为一种加强计划管理的先进科学管理方法而被广泛运用。20 世纪 80 年代初，目标管理在我国的企业层面开始推广，企业所采取的干部任期目标制、层层承包制等，都是目标管理方法的具体运用。

目标管理最广泛的应用领域是企业管理，企业通过对战略目标、策略目标以及具体方案、任务进行层层分解，将目标转化为部门或个人的具体分目标，再根据分目标的完成情况进行考核、评价和奖惩，以实现管理的优化。通过目标管理，企业和每一个成员建立了有效的关联关系，将计划的实施建立在了成员的主观能动性上。

2. 基本概念与特点

（1）目标管理的概念。目标管理（Management By Objects）简称 MBO，经典管理理论认为目标管理是以目标为导向，以人为中心，以成果为标准而使组织和个人取得最佳业绩的现代管理方法。目标管理也称成果管理，在一些企业实践中俗称为责任制。是指通过自上而下地确定工作目标，引导企业成员积极参与，在工作执行过程中实施自我控制，自下而上地保证目标实现。

目标管理的形式会因具体应用背景的不同而不同，但基本内容是一致的。目标管理强调的是一种过程或程序，通过组织中上下级的协商，根据组织总目标来确定某一时期的目标，从而界定上下级之间的责任和分目标，这些分目标也是组织经营、评估和奖惩成员的依据和标准。

（2）目标管理的特点。目标管理的管理学指导思想是以 Y 理论为基础的，与传统管理方式相比具有鲜明的特点。

1）重视人的因素。目标管理充分考虑人的社会属性，是一种把人的需求与组织目标有效结合的，强调自我控制和有效参与的管理制度。目标由上下级共同商定，依次确定各级目标。

2）自我管理。目标管理的精神内涵是自我控制，目标的具体实施由责任人自己负责，通过自身监督与优化，不断修正自身的行为以达到管理目标的要求。自我管理还包括自我评价，强调管理过程中员工对自身的评价与改进。

3）强调目标体系。目标管理强调整体与个体之间的目标连接关系，通过整体目标的逐层分解，目标任务落实到各部门与成员，在这个过程中，责、权、利得到了明确与对应。通过这种方式建立了目标一致、环环相扣、动态连接且相互协调的目标体系，通过各成员目标任务的完成，最终实现整体目标的完成。

4）重视成果。目标管理的重心在于工作成效，并不过多干预完成工作的过程、方法及途径。工作成果是评估目标完成度的标准，也是考核成员的依据。

3. 目标管理的优缺点

（1）目标管理的优点。具体如下：

1）有助于提高绩效。目标管理能对组织内易于度量和分解的目标带来良好绩效。对于技术可分的工作，由于目标管理体系下职责和任务明确常常会起到立竿见影的效果，而对于技术不可分的工作则较难实施目标管理。

2）职责分工明确。目标管理能有效改进组织结构从而明确职责分工。组织目标的成果和责任均趋向于划归某一职位或部门，管理过程中易于确定职责不清或授权不足等缺陷。

3）提高了组织能动性。目标管理充分调动了组织的主动性、创造性、积极性，由于强调自我控制与自我调节，因而能够有效地将组织利益和个人利益联系起来，提高了组织的主观能动性。

4）优化了组织人际关系。目标管理强调组织内部的意见沟通和相互了解，有效改善了组织内部的人际关系。

（2）目标管理的缺点。具体如下：

1）目标难以清晰界定与分解。在企业运作或项目实施的过程中，目标并不都能清晰地界定与分解。随着组织所处环境的可变因素越来越多且变化越来越快，组织活动日趋复杂，项目的不确定性、许多工作在技术上的不可分解，使目标的确定与分解十分困难，进而为实施目标管理带来了很大的难度。目标管理通常能有效分解短期目标，相对抽象的长期目标则难以分解。

2）哲学假定的可靠性。目标管理的哲学假定并不具有绝对的可靠性。目标管理的管理学基础是 Y 理论对人的活动动机的乐观假设，这种假设本身并不完全准确。在实践过程中，人均具有一定的机会主义本性，需要有效的监督，目标管理过度依靠人的自觉而相对忽视监督机制的作用，使得目标管理所要求的自控机制很难实施。

3）管理成本较高。目标管理要求组织上下级之间共同协商确定统一的目标，客观上增加了沟通协调的工作量，导致管理成本增加。而且目标管理的引导周期较长，尤其在实施初期，需要组织持续的培训来推动目标管理的实施。

4）动态性较差。为避免组织混乱，目标管理在执行过程中目标是不可以改变的，很难实施动态调整，降低了管理效果。

鉴于目标管理的优点和局限性，在实施目标管理的过程中，在掌握理论方法的基础上要充分考虑管理工作的性质，确定目标分解和量化的可行性，提高组织的综合管理水平，使目标管理建立在科学管理的基础上。

2.3.2　目标管理的实施

目标管理的实施是由目标管理组织催动的，通常包含目标设置、目标分解、目标实施、目标成果评价四个主要步骤，这四个步骤是相互连接并循环递进的，一轮目标管理实施过程的结束也是下一轮目标实施过程的开始，通过不断的循环持续改进目标管理水平。目标管理的实施流程如图 2-7 所示。

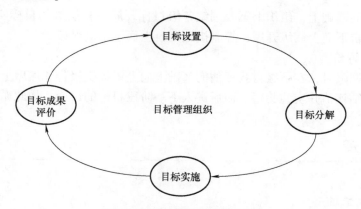

图 2-7 目标管理的实施流程

1. 目标设置

目标设置阶段是目标管理的第一阶段，也是后续阶段工作的基础，通常可以分为以下几个步骤：

（1）高层管理预定目标。高层管理预定的目标通常作为一个拟订的目标预案，在讨论协商过程中可以改动，高层应从企业战略高度或项目宏观层面提出总体的预定目标。

（2）议定组织结构和职责分工。目标管理要求任一分目标均划分到具体的责任主体，预定目标后应重新议定组织结构和职责分工。

（3）确定各级目标。在明确组织规划和目标的基础上，商定各级分目标，分目标要尽可能便于量化和考核，各个分目标之间应相对一致。

（4）奖惩机制的确定。组织上下级之间就实现各项目标所需资源条件及实现目标后的奖惩事宜建立确定的机制。

鉴于组织运行是一个复杂过程，不同组织的目标设置会因组织具体情况差异而各不相同，但均大致遵循上述目标设置步骤。

2. 目标分解

在确定目标并实施分解后，各级组织按目标划分具体实施，目标管理注重结果并强调自我控制并不意味着领导者可以放手不管，相反要求领导者在组织内部建立有效的逐级控制机制，保证沟通信息的自然传达，并帮助下级成员解决实施过程中的困难。目标分解如图 2-8 所示。

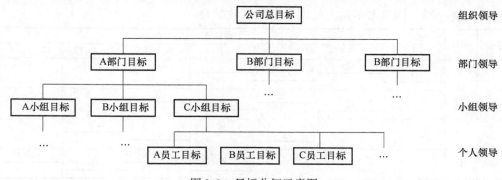

图 2-8 目标分解示意图

3. 目标实施

在目标分解的基础上，组织上下要围绕各级目标开展各自层级的目标实施与控制工作。目标实施工作要自下而上逐级开展，控制措施则自上而下逐级保证。

4. 目标成果评价

在达到预定期限时，在下级自我评估的基础上向上级提交报告，然后上下级共同就目标完成情况进行总结评估并实施奖惩，而后进入下一阶段目标的讨论，如此循环往复直至完成整体目标。

2.4 | 流水施工原理

2.4.1 流水施工概述

1. 流水施工基本概念

作为组织产品生产的理想方法，流水作业一直被广泛地运用于各个生产领域中，实践证明，流水施工也是建筑安装工程施工中最有效的科学组织方法。鉴于建筑施工的经济技术特点和建筑产品本身的特点，流水作业的组织方法也与一般工业生产有所区别。一般工业生产是工人和机械设备固定、产品流动，而建筑施工是产品固定，工人连同机械设备流动。

流水施工的概念从流水作业中衍生而来，建筑施工流水作业即流水施工，是指将建筑工程项目划分为若干施工区段，组织若干个专业施工队（班组），按照一定的施工顺序和时间间隔，先后在工作性质相同的施工区域中依次连续地工作的一种施工组织方式。流水施工能使工地的各种业务组织安排比较合理，充分利用工作时间和操作空间，保证工程连续和均衡施工，缩短工期，还可以降低工程成本和提高经济效益。流水施工是施工组织设计中编制施工进度计划、劳动力调配、提高建筑施工组织与管理水平的理论基础。流水施工的表示方法通常有横道图、垂直图表和网络图三种，其中最直观的且易于接受的是横道图。

2. 横道图简介

横道图即甘特图（Gantt Chart），是建筑工程中安排施工进度计划和组织流水施工时常用的表达方式。横道图中横向表示时间进度，纵向表示施工过程或施工队编号，带有编号的圆圈表示施工项目或施工段的编号。表中的横道线条的长度表示计划中的各项工作（施工过程、工序或分部工程、工程项目等）的作业持续时间，横道线条所处的位置表示各项工作的作业开始和结束时刻，以及它们之间相互配合的关系。图 2-9 是用横道图表示的某分项工程施工进度计划。横道图本质上是图和表的有效结合。

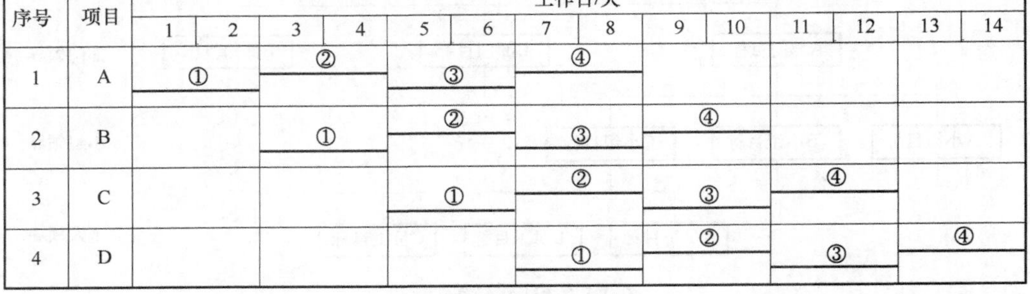

序号	项目	工作日/天													
		1	2	3	4	5	6	7	8	9	10	11	12	13	14
1	A	①		②		③		④							
2	B			①		②		③		④					
3	C					①		②		③		④			
4	D							①		②		③		④	

图 2-9 横道图示例

横道图具有显著的特点和局限性，横道图的特点主要有：

1）能够清楚表达各项工作的开始时间、结束时间和持续时间，计划内容排列整齐有序，形象直观，计划的工期一目了然。

2）不但能够安排工期，还可以在横道图中加入各分部、分项工程的工程量、机械需求量、劳动力需求量等，从而与资金计划、资源计划、劳动力计划相结合。

3）横道图使用方便、制作简单、易于掌握。

4）不容易分辨计划内部工作之间的逻辑关系，一项工作的变动对其他工作或整个计划的影响不能清晰地反映出来。

5）不能表达各项工作的重要性，不能反映出计划任务内在的矛盾和关键环节。

6）不能利用计算机对复杂工程进行处理和优化。

横道图是计划工作者表达施工组织计划思想的一种简易工具，由于其简单形象、易学易用等优点，至今仍是工程实践中应用最普遍的计划表达方式之一。同时，其局限性又限制了应用范围。横道图的应用范围主要是：①直接运用于一些简单的小项目的施工进度计划；②项目初期由于复杂工程活动尚未展现出来，可以采用横道图以供决策；③网络分析程序具有横道图输出功能，所以横道图可以作为网络分析的输出结果。

3. 三种施工组织方式

建筑工程施工的组织方式是受其内部施工工序、施工场地、空间等因素影响和制约的，如何将这些因素有效地组织在一起，按照一定的顺序、时间、空间展开，是建筑施工组织的核心问题。常用的施工组织方式有依次施工、平行施工和流水施工三种，这三种方法组织方式不同，工作效率有别，使用范围各异。

依次施工是按照建筑工程内部各分部分项工程的内在联系和必须遵循的施工顺序，不考虑后续施工过程在时间上和空间上的相互搭接，而依照顺序组织施工的方式。依次施工往往是前一个施工完成后，下一个施工过程才开始，一个工程全部完成后，另一个工程才开始施工。

平行施工是将同类的工程任务，组织几个施工队，在同一时间、不同空间上，完成同样的施工任务的施工组织方式。一般在拟建工程任务十分紧迫、工作面允许及资源保证供应的条件下可以采取平行施工的方式。

流水施工是将拟建工程的整个建造过程分解为若干个不同的施工过程，也就是划分成若干个工作性质不同的分部、分项工程或工序；同时将拟建工程在平面上划分成若干个劳动量大致相等的施工段，在竖向上划分成若干个施工层；按照施工过程成立相应的专业施工队；各专业施工队按照一定的施工顺序投入施工，在完成一个施工段的施工任务后，在专业施工队的人数、使用的机具和材料均不变的情况下，依次地、连续地投入到下一个施工段，在规定时间内，完成同样的施工任务；不同的专业施工队在工作时间上最大限度地、合理地搭接起来；一个施工层的全部施工任务完成后，专业施工队依次地、连续地投入到下一个施工层，保证施工全过程在时空上均能有节奏、连续、均衡地进行下去直至完成全部工程。

流水施工组织方式综合了依次施工和平行施工组织方式的优点，克服了它们的缺点。与依次施工和平行施工组织方式相比，流水施工组织方式科学地利用了工作面，争取了时间，工期相对合理；施工队实现了专业化生产，提高了劳动生产率，保证工程质量，相邻专业施工队之间实现了最大限度的、合理的搭接；资源供应较为均衡。以一个三栋房屋基础施工组织为例，三种施工组织方式的对比如图 2-10 所示。

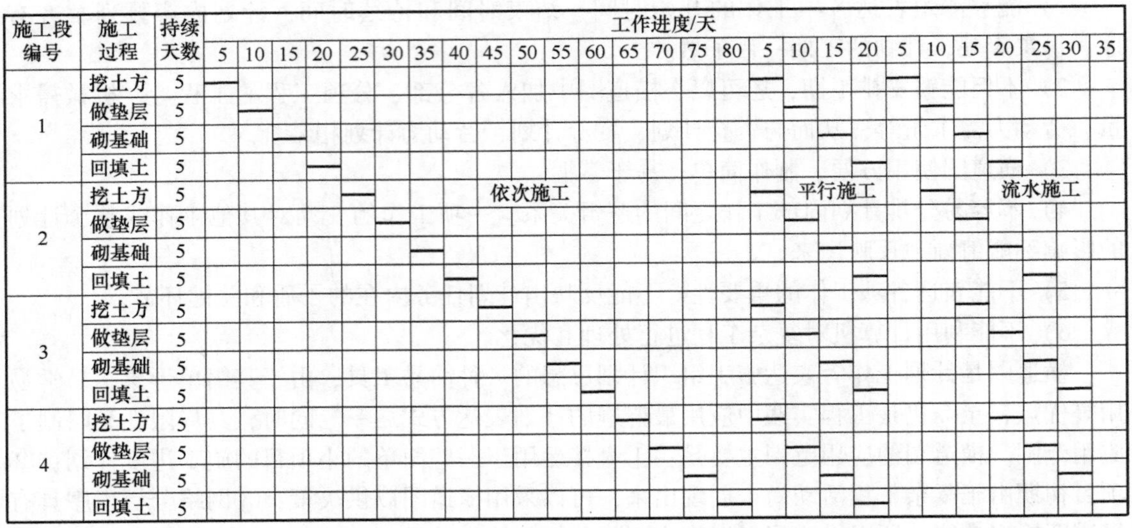

施工段编号	施工过程	持续天数	工作进度/天
1	挖土方	5	
	做垫层	5	
	砌基础	5	
	回填土	5	
2	挖土方	5	依次施工　　平行施工　　流水施工
	做垫层	5	
	砌基础	5	
	回填土	5	
3	挖土方	5	
	做垫层	5	
	砌基础	5	
	回填土	5	
4	挖土方	5	
	做垫层	5	
	砌基础	5	
	回填土	5	

图 2-10　三种施工组织方式比较图

2.4.2　流水施工的基本参数

流水施工参数是影响流水施工组织的节奏和效果的重要因素，是用以表达流水施工在工艺流程、时间安排及空间布局方面开展状态的参数。在施工组织设计中，一般把流水施工的基本参数分为三类，即工艺参数、空间参数和时间参数。

1. 工艺参数

工艺参数是用以表达流水施工在施工工艺方面开展状态的参数，一般包括施工过程和流水强度。

（1）施工过程。建筑物的施工通常可以划分为若干个施工过程。施工过程所包含的内容，既可以是分部分项工程，也可以是单位工程或单项工程。施工过程数与建筑物的复杂程度及施工工艺等因素有关，通常用 n 来表示。根据工艺性质的不同，施工过程通常会分为制备类施工过程、运输类施工过程、砌筑安装类施工过程。

（2）流水强度。流水强度是指流水施工的每一施工过程在单位时间内完成工程量的数量，又称为生产能力，通常用 σ 表示。它主要与选择的施工机械或参与作业的人数有关，通常分为机械作业施工过程的流水强度和人工作业施工过程的流水强度。

1）机械作业施工过程的流水强度。其计算式为

$$\sigma = \sum_{i=1}^{\lambda} R_i S_i \tag{2-1}$$

式中　R_i——某种主导施工机械的台数；

　　　S_i——该种主导施工机械的产量定额；

　　　λ——该施工过程所主导施工机械的类型数。

2）人工作业施工过程的流水强度。其计算式为

$$\sigma = RS \tag{2-2}$$

式中 R——参加作业的人数；

    S——人工产量定额。

流水强度关系到专业工作队的组织，合理确定流水强度有利于科学地组织流水施工，对工期的优化有重要作用。

2. 空间参数

空间参数是指组织流水施工时，用以表达流水施工在空间上开展状态的参数，主要包括工作面、施工段和施工层。

（1）工作面。工作面是指安排专业工人进行操作或布置机械设备进行施工所需要的活动空间。工作面根据专业工种的计划产量定额和安全施工技术规程确定，反映了工人操作、机械运转在空间布置上的具体要求。工作面有一个最小数值的规定，最小工作面对应能够安排的施工人数和机械数的最大数量，它决定了专业施工队人数的上限。工作面确定的合理与否将直接影响专业施工队的生产效率。

（2）施工段。施工段是指将施工对象在平面上划分为若干个劳动量大致相等的施工区段。在流水施工中，用 m 表示施工段数。划分施工段是组织流水施工的基础。同一时间内，一个施工段只容纳一个专业施工队施工，不同的专业施工队在不同的施工段上平行作业。施工段数量的多少，将直接影响流水施工的效果。合理划分施工段，一般应遵循以下原则：

1）为保证流水施工的连续、均衡，划分的各施工段上，同一专业施工队的劳动量应大致相等，相差幅度不宜超过 10% ~ 15%。

2）为充分发挥机械设备和专业工人的生产效率，应考虑施工段对机械台班、劳动力的容量大小，满足专业工种对工作面的空间需求，尽量做到劳动资源的优化组合。

3）为保证结构整体性，施工段的界限应尽可能与结构界限相吻合，或设在对结构整体性影响较小的部位，如温度缝、沉降缝、单元分界或门窗洞口处。

4）为便于组织流水施工，施工段数目的多少应与主要施工过程相协调。

（3）施工层。对于多层的建筑物、构筑物，应既划分施工段，又划分施工层。

施工层是指为组织多层建筑物的竖向流水施工，将建筑物划分为在垂直方向上的若干区段，用 r 来表示施工层的数目。通常以建筑物的结构层作为施工层，有时为方便施工，也可以按一定高度划分一个施工层。在多层建筑物分层流水施工中，总的施工段数等于 mr。为了保证专业工作队不但能够在本层的各个施工段上连续作业，而且转入下一个施工层的施工段时，也能够连续作业，划分的施工段数目 m 必须大于或等于施工过程数 n，即满足

$$m \geqslant n \tag{2-3}$$

式中 m——分层流水施工时的施工段数目；

    n——流水施工时的施工过程数或专业施工队数。

3. 时间参数

时间参数是指在组织流水施工时，用以表达流水施工在时间上开展状态的参数。主要包括流水节拍、流水步距、间歇时间和搭接时间。

（1）流水节拍。流水节拍是指某一专业施工队，完成一个施工段的施工过程所必需的持续时间。一般用 t_j^i 来表示某专业施工队在施工段 i 上完成施工过程 j 的流水节拍。流水节拍表明流水施工速度和节奏。流水节拍小、施工流水速度快、施工节奏快，而单位时间内的资源供应量大。流水节拍是流水施工的基本时间参数，是区别流水施工组织方式的主要特

征。影响流水节拍的主要因素包括：所采用的施工方法，投入的劳动力、材料、机械，以及工作班次的多少。对于比较熟悉的施工过程，已有了劳动定额、补充定额或实际经验数据，其流水节拍可以由下式确定

$$t_j^i = \frac{Q_j^i}{S_j^i R_j^i N_j^i} = \frac{Q_j^i H_j^i}{R_j^i N_j^i} = \frac{P_j^i}{R_j^i N_j^i} \tag{2-4}$$

式中　　t_j^i——某专业施工队在施工段 i 上完成施工过程 j 的流水节拍；

Q_j^i——施工过程 j 在施工段 i 上的工程量；

R_j^i——施工过程 j 在施工段 i 上的专业施工队人数或机械台班数；

N_j^i——施工过程 j 在施工段 i 上的专业施工队的每天工作班次；

S_j^i——施工过程 j 在施工段 i 上的人工或机械的产量定额；

H_j^i——施工过程 j 在施工段 i 上的人工或机械的时间定额；

P_j^i——施工过程 j 在施工段 i 上的劳动量（工日或台班）。

除了公式计算，确定流水节拍还应考虑下列要求：

1）专业施工队人数要符合施工过程对劳动组合的最少人数要求和工作面对人数的限制条件。

2）考虑各种机械台班的工作效率或机械台班的产量大小。

3）考虑各种建筑材料、构件制品的供应能力、现场堆放能力等相关限制因素。

4）满足施工技术的具体要求。

5）数值宜为整数，最好为半个工作班次的整数倍。

（2）流水步距。流水步距是指两个相邻的专业施工队相继开始投入施工的时间间隔。一般用 $K_{j,j+1}$ 来表示专业施工队投入第 j 和第 $j+1$ 个施工过程之间的流水步距。流水步距是流水施工主要的时间参数之一。在施工段不便的情况下，流水步距越大，工期越长。若有 n 个施工过程，则有 $(n-1)$ 个流水步距。每个流水步距的值是由两个施工过程在各施工段上的流水节拍确定的。

确定流水步距时，一般要满足：①流水步距满足相邻两个专业施工队在施工顺序上的制约关系；②流水步距保证相邻两专业施工队在各施工段上能够连续作业；③流水步距保证相邻两个专业施工队在开工时间上实现最大限度和最合理的搭接。

（3）间歇时间。间歇时间是指组织流水施工时，由于施工过程之间工艺上或组织上的需要，相邻两个施工过程在时间上不能衔接而必须留出的时间间隔。根据原因的不同，间歇时间又分为技术间隙时间和组织间歇时间。技术间歇时间是某些施工过程完成后要有合理的工艺间隔时间，一般用 t_g 来表示。技术间歇时间与材料的性质和施工方法有关。组织间歇时间是指某些施工过程完成后有必要的检查验收时间或为下一个施工过程做准备的时间，一般用 t_z 表示。

（4）搭接时间。组织流水施工时，在某些情况下，如果工作面允许，为了缩短工期，前一个专业施工队在完成部分作业后，空出一定的工作面，使得后一个专业施工队能够提前进入这一施工段，在空出的工作面上进行作业，形成两个专业施工队在同一施工段的不同空间上同时搭接施工，后一个专业施工队提前进入前一个施工段的时间间隔即是搭接时间，一般用 t_d 表示。

2.4.3　流水施工的基本组织方式

1. 组织方式的分类

建筑工程流水施工的节奏由流水节拍决定的，流水节拍的规律不同，流水施工的流水步距、施工工期的计算方法也有所不同，各个施工过程对应的需成立的专业施工队数目也可能受到影响，从而形成不同节奏特征的流水施工组织方式。按照流水节拍和流水步距，流水施工分类如图 2-11 所示。

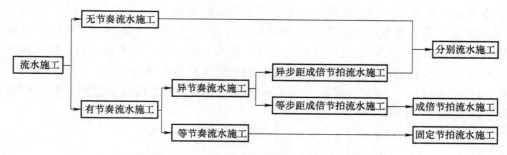

图 2-11　流水施工按流水节拍和流水步距的分类

流水施工分为无节奏流水施工和有节奏流水施工两大类。有节奏流水施工是指在组织流水施工时，每一项施工工程在各个施工段上的流水节拍都各自相等，又可分为等节奏流水施工和异节奏流水施工。等节奏流水施工是指有节奏流水施工中，各施工过程之间的流水节拍都各自相等，也称为固定节拍流水施工或全等节拍流水施工；异节奏流水施工是指有节奏流水施工中，各施工过程的流水节拍各自相等而不同施工过程之间的流水节拍不尽相等。异节奏流水施工通常存在两种组织方式，即异步距成倍节拍流水施工和等步距成倍节拍流水施工。等步距成倍节拍流水施工是按各施工过程流水节拍之间的比例关系，成立相应数量的专业施工队，进行流水施工，也称为成倍节拍流水施工。当异节奏流水施工，各施工过程的流水步距不尽相同时，其组织方式属于分别流水施工组织的范畴，与无节奏流水施工相同。无节奏流水施工是指在组织流水施工时，全部或部分施工过程在各个施工段上的流水节拍各不相等。

在建筑过程流水施工中，常见的、基本的组织方式可归纳为：固定节拍流水施工、成倍节拍流水施工和分别流水施工。

2. 固定节拍流水施工

固定节拍流水施工是指各个施工过程在各个施工段上的流水节拍彼此相等的流水施工组织方式。这种组织方式一般是在划分施工工程时，将劳动量较小的施工过程进行合并，使各施工过程的劳动量相差不大，然后确定主要施工过程专业施工队的人数，并计算流水节拍；再根据流水节拍确定其他施工过程专业施工队的人数，同时考虑施工段的工作面和合理劳动组合，适当地进行调整。

（1）组织特点。固定节拍流水施工的组织特点如下：

1）各个施工过程在各个施工段上的流水节拍彼此相等，即 $t_j^i = t$（t 为常数）。

2）各施工过程之间的流水步距彼此相等，且等于流水节拍，即 $K_{j,j+1} = K = t$。

3）每个施工过程在每个施工段上均由一个专业施工队独立完成作业，即专业施工队数连续。

4）专业施工队能够连续作业，没有闲置的施工段，使得流水施工在时间和空间上都连续。

5）各个施工过程的施工速度相等，均等于 mt。

固定节拍流水施工，一般只适用于施工对象结构简单，工程规模较小，施工过程数不多的房屋工程或线性工程，如道路工程、管道工程等。由于固定节拍流水施工的流水节拍和流水步距是定值，局限性较大，且建筑工程多数施工较为复杂，因而在实际建筑工程中采用这种组织方式的并不多见，通常只用于一个分部工程的流水施工中。

（2）工期计算。流水施工的工期是指从第一个施工过程开始施工，到最后一个施工过程结束施工的全部持续时间。对于所有施工过程都采取流水施工的工程项目，流水施工工期即为工程项目的施工工期。固定节拍流水施工的工期计算分为两种情况。

1）不分层施工。当固定节拍流水施工不分施工层时，施工段数目按照工程实际情况划分即可，工期按下式计算

$$T = (m + n + 1)t + \sum t_g + \sum t_z - \sum t_d \qquad (2\text{-}5)$$

式中　T——流水施工工期；

　　　t——流水节拍；

　　　m——施工段数目；

　　　n——施工过程数目；

　　$\sum t_g$——技术间歇时间总和；

　　$\sum t_z$——组织间歇时间总和；

　　$\sum t_d$——搭接时间总和。

2）分层施工。当分施工层进行流水施工时，为了保证在跨越施工层时，专业施工队能连续施工而不产生窝工现象，施工段数目的最小值 $m_{\min}$ 应满足相关要求。

无技术间歇时间和组织间歇时间时，$m_{\min} = n$。

有技术间歇时间和组织间歇时间时，为保证专业施工队能连续施工，应取 $m > n$，此时，每层施工段空闲数为 $m - n$，每层空闲时间则为

$$(m - n)t = (m - n)K$$

若一个楼层内各施工过程间的技术间歇时间和组织间歇时间之和为 Z，楼层间的技术间歇时间和组织间歇时间之和为 C，当为保证专业施工队能连续施工，则有

$$(m - n)K = Z + C$$

由此，可得出每层的施工段数目 $m_{\min}$ 应满足

$$m_{\min} = n + \frac{Z + C - \sum t_d}{K} \qquad (2\text{-}6)$$

式中　K——流水步距；

　　　Z——施工层内各施工过程间的技术间歇时间和组织间歇时间之和，即 $Z = \sum t_g + \sum t_z$

　　　C——施工层间的技术间歇和组织间歇时间之和。

其他符号含义同前。

如果每层的 Z 并不均等，各层间的 C 也不均等时，则应取各层中最大的 Z 和 C，将式（2-6）改为

$$m_{\min} = n + \frac{Z_{\max} + C_{\max} - \sum t_{\mathrm{d}}}{K} \qquad (2\text{-}7)$$

分施工层组织固定节拍流水施工时，其流水施工工期可按下式计算

$$T = (mr + n - 1)t + Z_1 - \sum t_{\mathrm{d}}$$

式中　r——施工层数目；

Z_1——第一施工层内各施工过程间的技术间歇时间和组织间歇时间之和，即 $Z_1 = \sum_{r=1}(t_{\mathrm{g}} + t_{\mathrm{z}})_r$；

其他符号含义同前。

从流水施工工期的计算公式中可以看出，施工层数越多，施工工期越长；技术间歇时间和组织间歇时间的存在，也会使施工工期延长；在工作面和资源供应能保证的条件下，一个专业施工队能够提前进入这一施工段，在空出的工作面上进行作业，这样产生的搭接时间可以缩短施工工期。

3. 成倍节拍流水施工

在组织流水施工时，通常在同一施工段的固定工作面上，由于不同的施工过程的施工性质、复杂程度各不相同，从而使得其流水节拍很难完全相等，不能形成固定节拍流水施工。但是，如果施工段划分得恰当，可以使同一施工过程在各个施工段上的流水节拍均等。这种各施工过程的流水节拍均等而不同施工过程之间的流水节拍不尽相等的流水施工组织方式属于异节奏流水施工。

在异节奏流水施工中，当同一施工过程在各个施工段上的流水节拍彼此相等，且不同施工过程的流水节拍为某一数的不同整数倍时，每个施工过程均按其节拍的倍数关系成立相应数目的专业施工队，组织这些专业施工队进行流水施工的方式，即为等步距成倍节拍流水施工。

（1）组织特点。成倍节拍流水施工的组织特点如下：

1）同一施工过程在各个施工段上的流水节拍彼此相等，即 $t_j^i = t_j$，不同施工过程在同一施工段上的流水节拍之间存在一个最大公约数，各流水节拍等于该最大公约数的不同整数倍，即 $k = $ 最大公约数 $\{t_1, t_2, \cdots, t_n\}$。

2）各专业施工队之间的流水步距彼此相等，且等于流水节拍的最大公约数 k。

3）专业施工队总数目 n' 大于施工过程数 n。

4）专业施工队能够连续作业，没有闲置的施工段，使得流水施工在时间和空间上都连续。

5）各个施工过程的持续时间之间也存在公约数 k。

成倍节拍流水施工适用于一般房屋建筑施工，也适用于线性工程（如道路、管道）的施工。

（2）专业施工队数目。成倍节拍流水施工的每个施工过程由数目不等的专业施工队共同完成施工，每个施工过程成立专业施工队数目可由下式确定

$$b_j = \frac{t_j}{k} \qquad (2\text{-}8)$$

式中　t_j——施工过程 j 的流水节拍；

$\quad\quad b_j$——施工过程 j 的专业施工队数目；

$\quad\quad k$——各专业施工队之间的流水步距，k = 最大公约数 $\{t_1, t_2, \cdots t_n\}$。

专业施工队总数目 n' 大于施工过程数 n

$$n' = \sum_{j=1}^{n} b_j > n \qquad (2\text{-}9)$$

（3）工期计算。成倍节拍流水施工不分施工层时，对施工段数目，按照 2.4.2 节中相关要求确定即可；当分施工层进行流水施工时，施工段数目的最小值 $m_{\min}$ 应满足下式要求

$$m_{\min} = n' + \frac{Z_{\max} + C_{\max} - \sum t_d}{k} \qquad (2\text{-}10)$$

式中　n'——专业施工队总数；

其他符号含义同式（2-7）。

成倍节拍流水施工工期可按下式计算

$$T = (mr + n' - 1)k + Z_1 - \sum t_d \qquad (2\text{-}11)$$

式中　T——流水施工工期；

$\quad\quad m$——施工段数目；

$\quad\quad r$——施工层数；

$\quad\quad n'$——专业施工队总数；

$\quad\quad k$——各专业施工队之间的流水步距；

$\quad\quad Z_1$——第一施工层内各施工过程间的技术间歇时间和组织间歇时间之和；

$\quad\quad \sum t_d$——搭接时间总和。

4. 分别流水施工

分别流水施工是指无节奏流水施工或异节奏异步距流水施工的组织方式，各施工过程在各个施工段上的流水节拍无特定规律。由于没有固定节拍、成倍节拍的时间约束，在进度安排上比较自由、灵活。分别流水施工是实际工程中最常见，应用最普遍的一种流水施工组织方式。

组织分别流水施工时，先将拟建工程分解为若干个施工过程，每个施工过程成立一个专业施工队，然后按划分施工段的原则，在工作面上划分出若干施工段，用一般流水施工方法组织流水施工。

（1）组织特点。分别流水施工的组织特点如下：

1）各个施工过程在各个施工段上的流水节拍彼此不等，也无特定规律。

2）所有施工过程之间的流水步距彼此不等，流水步距与流水节拍的大小及相邻施工过程的相应施工段节拍差有关。

3）每个施工过程在每个施工段上均由一个专业施工队独立完成作业，即专业施工队数目 n' 等于施工过程数 n。

4）专业施工队能够连续作业，施工段可能有闲置。

5）各个施工过程的施工速度不一定相等，也无特定规律。

一般来说，固定节拍、成倍节拍流水施工通常只适用于一个分部或分项工程中。对于一个单位工程或大型复杂工程，往往很难要求按照相同的或成倍的时间参数组织流水施工。而分别流水施工的组织方式没有固定约束，允许某些施工过程的施工段闲置，因此能够适应结构各异、规模不等、复杂程度不同的工程对象，具有更广泛的应用范围。

（2）确定流水步距。分别流水施工中，流水步距的大小是没有规律的，彼此不等。流水步距的计算方法有很多，主要有图上分析法、分析计算法和潘特考夫斯基法，其中潘特考夫斯基法比较简捷实用。

潘特考夫斯基法又称为"累加数列错位相减取最大差法"，是由潘特考夫斯基首先提出的。这种方法概括为：首先把每个施工过程在各个施工段上的流水节拍依次累加，逐段求和，得出各施工过程流水节拍的累加数列；再将相邻的两个施工过程的累加数列的后者均向后错一位，分别相减，得到一个新的差数列；差数列中的最大数值即为这两个相邻施工过程的流水步距。潘特考夫斯基法的计算方法如下。

1）计算各施工过程在各个施工段上流水节拍的累加数列。其计算式为

$$a_{j,i} = \sum_{i=1}^{m} t_j^i \quad (1 \le j \le n, 1 \le m) \tag{2-12}$$

式中　$a_{j,i}$——第 j 个施工过程的累加数列第 i 项的值，当 $j = 1$，2，…，n，分别取 $i = 1$，2，…，m，即可得施工过程 j 的累加数列。

2）求相邻两个累加数列的错位相减差数列。其计算式为

$$\Delta a_{j,j+1}^i = a_{j,i} - a_{j+1,i-1} \quad (1 \le j \le n-1, 1 \le m) \tag{2-13}$$

式中　$\Delta a_{j,j+1}^i$——流水节拍累加数列 j 和 $j+1$ 相减的差数列的第 i 项值；

$a_{j,i}$——流水节拍累加数列 j 的第 i 项值；

$a_{j+1,i-1}$——流水节拍累加数列 $j+1$ 的第 $i-1$ 项值，当 $i = 1$ 时，$a_{j+1,0} = 0$。

3）确定相邻两个施工过程的流水步距。其计算式为

$$K_{j,j+1} = \max \Delta a_{j,j+1}^i \quad (1 \le j \le n-1, 1 \le m) \tag{2-14}$$

式中　$K_{j,j+1}$——施工过程 j 和 $j+1$ 之间的流水步距；

$\Delta a_{j,j+1}^i$——流水节拍累加数列 j 和 $j+1$ 相减的差数列的第 i 项值。

（3）计算工期。分别流水施工的工期可按下式计算

$$T = \sum_{j=1}^{n-1} K_{j,j+1} + \sum_{i=1}^{m} t_n^i + \sum t_g + \sum t_z - \sum t_d \tag{2-15}$$

式中　T——流水施工工期；

m——施工段数目；

n——施工过程数目；

$K_{j,j+1}$——施工过程 j 和 $j+1$ 之间的流水步距；

$\sum t_n^i$——最后一个施工过程在各个施工段上的流水节拍之和；

$\sum t_g$——技术间歇时间总和；

$\sum t_z$——组织间歇时间总和；

$\sum t_d$——搭接时间总和。

2.5 网络计划技术

2.5.1 网络计划概述

1. 发展简史

网络计划技术是 20 世纪 50 年代后期发展起来的一种科学的计划管理方法。1956 年，美国的杜邦·来莫斯公司的摩根·沃克为寻求充分利用公司 Univac 计算机的方法，与莱明顿·兰德公司内部建筑计划小组的詹姆斯 E. 凯利合作，开发了一种面向计算机描述工程项目的合理安排进度计划的方法。该法最初被称为沃克-凯利法，后来被称为关键路径法（CPM）。自 1957 年起网络计划技术的关键路线法得以推广应用。

1958 年，美国在实施大型工程项目的过程中又研究创造出一种网络计划方法——计划评审技术（PERT）。该方法不仅能有效控制计划，协调各方面关系，而且在成本控制上也取得了显著效果，因此得以推广。稍后的一种方法是搭接网络计划法（OLN）和图示评审技术（GERT）。随着计算机技术的突飞猛进，边缘学科的不断发展，应用领域的不断拓宽，又产生多种网络计划技术，如决策网络计划法（DN），风险评审技术（VERT），仿真网络计划法和流水网络计划法等，使得网络计划技术作为一种现代计划管理方法，广泛应用于工业、农业、建筑业、国防和科学研究各个领域。

1965 年，网络计划技术由华罗庚教授介绍到我国，20 世纪 70 年代后期，在我国得到广泛重视和研究，取得了一定的效果。现今随着计算机的普及，应用网络计划技术编制建筑安装工程生产计划和施工进度计划已成为一种有效的方法并得以广泛应用。

2. 基本原理

网络图是表达工作之间相互联系、相互制约的逻辑关系的图解模型，由箭线和节点组成。常见的网络图分为单代号网络图和双代号网络图两种。网络图上加注工作的时间参数而编制成的进度计划，称为网络计划。用网络计划对任务的工作进度进行安排和控制，以保证实现预定目标的科学的计划管理技术，称为网络计划技术。这里所说的任务是指计划所承担的有规定目标及约束条件（时间、资源、成本、质量等）的工作总和，例如规定有工期和投资额的一个工程项目即可称为一项任务。

在建设工程计划管理中，可以将网络计划技术的基本原理归纳为：应用网络图表示出某项工程中各施工过程的开展顺序和相互制约、相互依赖的关系；通过网络图各种时间参数计算，找出关键工作和关键线路；利用最优化原理，改进初始方案，寻求最优网络计划方案；在网络计划执行过程中，进行有效监督与控制，以最少的消耗，获取最佳的经济效益。

3. 网络计划技术的优缺点

与传统的横道图计划管理方法相比，网络计划技术具有以下的特点：

（1）从工程整体出发，统筹安排，明确表示工程中各个工作间的先后顺序和相互制约、相互依赖关系。

（2）通过网络时间参数计算，找出关键工作和关键线路，显示各工作的机动时间，从而使管理人员胸中有数，抓住主要矛盾，确保该控制计划总工期，合理安排人力、物力和资源，从而降低成本，缩短工期。

（3）通过优化，可在若干可行方案中找出最优方案。

（4）在网络计划执行过程中，由于可通过时间参数计算预先知道各工作提前或推迟完成对整个计划的影响程度，管理人员可以采取技术组织措施对计划进行有效控制和监督，从而加强施工管理工作。

（5）网络计划技术可以利用计算机进行实践参数的计算、优化和调整。

另一方面，网络计划技术也存在一些缺点，如果不利用计算机进行计划的时间参数计算、优化和调整，那么实际的计算量会很大，调整复杂，对无时间坐标网络图，绘制劳动力和资源需要量曲线较为困难。此外，网络计划也不像横道图易学易懂，对计划人员的素质要求较高。

4. 网络计划的分类

按照不同的分类原则可以将网络计划分成不同的类型。

（1）按性质分类。网络计划按性质可分为肯定型网络计划和非肯定型网络计划。

1）肯定型网络计划是指工作、工作与工作之间的逻辑关系以及工作持续时间都肯定的网络计划。在这种网络计划中，各项工作的持续时间都是确定的、单一的数值，整个网络计划有确定的计划总工期。

2）非肯定型网络计划是指工作、工作与工作之间的逻辑关系和工作持续时间三者中的一项或多项不肯定的网络计划。在这种网络计划中，各项工作的持续时间只能按照概率方法确定出三个值，整个网络计划无确定计划总工期。计划评审技术和图示评审技术就属于非肯定型网络计划。

（2）按表示方法分类。网络计划按表示方法可分为单代号网络计划和双代号网络计划。

1）单代号网络计划是以单代号表示法绘制的网络计划。网络图中，每个节点表示一项工作，箭杆仅用来表示各项工作间相互制约、相互依赖关系。图示评审技术和决策网络计划等就是采用的单代号网络计划。

2）双代号网络计划是以双代号表示法绘制的网络计划。网络图中，箭杆用来表示工作。目前，施工企业多采用这种网络计划。

（3）按目标分类。网络计划按目标可分为单目标网络计划和多目标网络计划。

1）单目标网络计划是只有一个终点节点的网络计划，即网络图只具有一个最终目标。如一个建筑物的施工进度计划是只具有一个工期目标的网络计划。

2）多目标网络计划是终点节点不止一个的网络计划。多目标网络计划具有若干个独立的最终目标。

（4）按有无时间坐标分类。网络计划按有无时间坐标可分为时标网络计划和非时标网络计划。

1）时标网络计划是以时间坐标为尺度绘制的网络计划。网络图中，每项工作箭杆的水平投影长度，与其持续时间成正比。如编制资源优化的网络计划即为时标网络计划。

2）非时标网络计划是不按时间坐标绘制的网络计划。网络图中，工作箭杆长度与持续时间无关，可按需要绘制。通常绘制的网络计划都是非时标网络计划。

（5）按层次分类。网络计划按层次分为总网络计划和局部网络计划。

1）总网络计划是以整个计划任务为对象编制的网络计划，如群体网络计划或单项工程网络计划。

2）局部网络计划是以计划任务的某一部分为对象编制的网络计划，如分部工程网络计划。

（6）按工作衔接特点分类。网络计划按工作衔接特点分为普通网络计划、搭接网络计划和流水网络计划。

1）普通网络计划是工作间关系均按首尾衔接关系绘制的网络计划，如单代号、双代号和概率网络计划。

2）搭接网络计划是按照各种规定的搭接时距绘制的网络计划，网络图中既能反映各种搭接关系，又能反映相互衔接关系，如前导网络计划。

3）流水网络计划是充分反映流水施工特点的网络计划，包括横道流水网络计划、搭接流水网络计划和双代号流水网络计划。

2.5.2　双代号网络图的绘制

1. 双代号网络图的组成

双代号网络图主要由工作、节点和线路三个要素组成。

（1）工作。工作（也可称为工序或活动）是指计划任务按需要粗细程度划分而成的一个消耗时间也消耗资源的子项目或子任务。它表示的范围可大可小，主要根据工程性质、规模大小和客观需要来确定。一般来说，建筑安装工程施工进度计划中的控制性计划，工作可分解到分部工程，而实施性计划分解到分项工程。

工作根据其完成过程中需要消耗时间和资源的程度不同可分为三种类型：

1）需要消耗时间和资源的工作，如砌筑安装、运输类、制备类施工过程，这类工作称为实工作。

2）需要消耗时间但不消耗资源的工作，如混凝土养护，也是实工作（又称空工作）。

3）既不消耗时间也不消耗资源的工作，这种工作称虚工作，即为表达相邻前后工作之间的逻辑关系而虚设的工作。

工作的表示方法如图 2-12 所示。

工作由两个标有编号的圆圈和箭杆表达，箭尾表示工作开始，箭头表示工作结束。在非时标网络计划中，箭杆长度按美观和需要而定，其方向尽可能由左向右画出。在时标网络计划中，箭杆长度的水平投影长度应与工作持续时间成正比例画出。

图 2-12　工作的表示方法
a）实工作　b）虚工作

按网络图中工作之间的相互关系可将工作分为以下几种类型：①进前工作——紧排在本工作之前的工作；②紧后工作——紧排在本工作之后的工作；③起始工作——没有紧前工作的工作；④结束工作——没有紧后工作的工作。

（2）节点。节点是指双代号网络图中工作开始或完成的时间点，即网络图中箭线两端标有编号的封闭图形，它表示前面若干项工作的结束，也表示后面若干项工作的开始。

对于一个完整的网络计划而言，标志着网络计划开始的节点，称为起点节点，是网络图的第一个节点，表示一项任务的开始。标志网络计划结束的节点，称为终点节点，是网络图的最后一个节点，表示一项任务的完成。节点关系如图 2-13 所示。

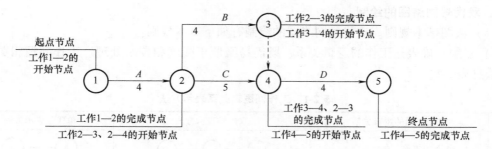

图 2-13　节点关系示意图

节点表示的是工作开始或完成的时刻，因此它既不消耗时间也不消耗资源，仅标志其紧前工作的结束或限制其结束，也标志着其紧后工作的开始或限制其开始。在双代号网络图中，为了检查和识别各项工作，计算各项时间参数，以及利用计算机，必须对每个节点进行编号，从而利用工作箭杆两端节点的编号来代表一项工作。

节点编号方法如图 2-14 所示，按照编号方向可分为沿水平方向编号和沿垂直方向编号两种；按编号是否连接可分为连续编号和间断编号两种。

（3）线路。网络图中从起点节点开始，沿箭线方向连续通过一系列箭线与节点，最后到达终点节点所经过的通路，称为线路。对于一个网络图而言，线路的数目是确定的。完成某条线路的全部工作所必需的总持续时间，称为线路时间，它代表该线路的计划工期，可按下式计算

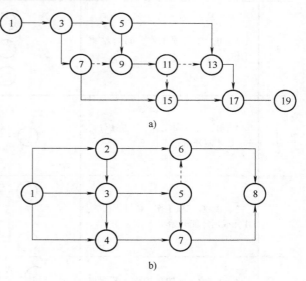

图 2-14　节点编号方法示意图

a）水平编号（间断编号）　b）垂直编号（连续编号）

$$T_s = \sum D_{i-j} \qquad (2\text{-}16)$$

式中　T_s——第 s 条线路的线路时间；

　　　D_{i-j}——第 s 条线路上某项工作 i—j 的持续时间。

根据时间的不同，可将线路分为关键线路和非关键线路两种，线路时间最长的称为关键线路，其余线路称为非关键线路。

1）关键线路的性质：①关键线路的线路时间，代表整个网络计划的总工期；②关键线路上的工作，称为关键工作，均无时间储备；③在同一网络计划中，关键线路至少有一条；④当计划管理人员采取技术组织措施，缩短某些关键工作持续时间，有可能将关键线路转化为非关键线路。

2）非关键线路的性质：①非关键线路的线路时间仅代表该条线路的计划工期；②非关键线路上的工作，除关键工作外均为非关键工作；③非关键工作均有时间储备可利用；④因计划管理人员工作疏忽，拖延了某些非关键工作的持续时间，非关键线路可能转化为关键线路。

2. 双代号网络图的绘制

（1）绘图基本规则。双代号网络图的绘制有如下基本规则：

1）必须正确表达工作的逻辑关系，既简易又便于阅读和技术处理。工作间逻辑关系表示方法见表2-1。

表2-1　工作间逻辑关系表示方法

序号	工作之间的逻辑关系	双代号表示方法	单代号表示方法
1	A、B 两项工作，依次施工	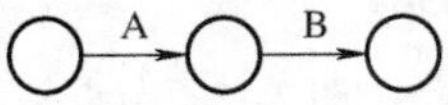	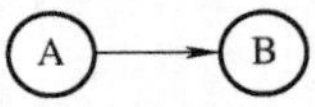
2	A、B、C 三项工作，同时开始工作	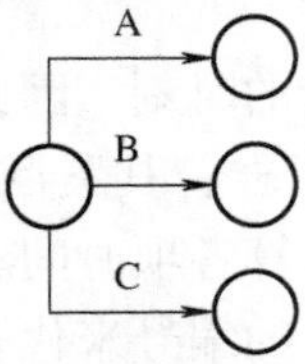	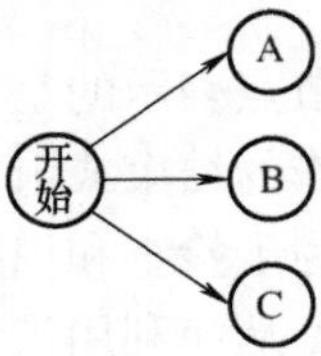
3	A、B、C 三项工作，同时结束工作	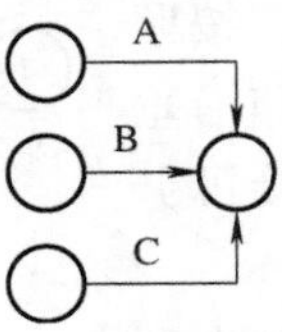	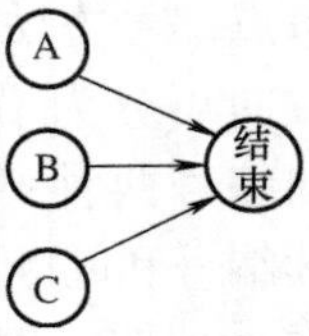
4	A、B、C 三项工作，A 完成后，B、C 才能开始	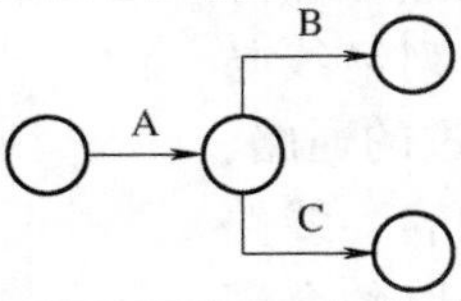	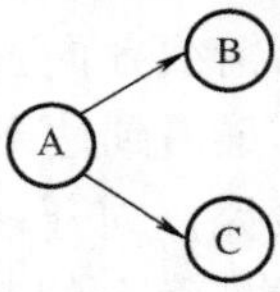
5	A、B、C 三项工作，C 只能在 A、B 完成后才能开始	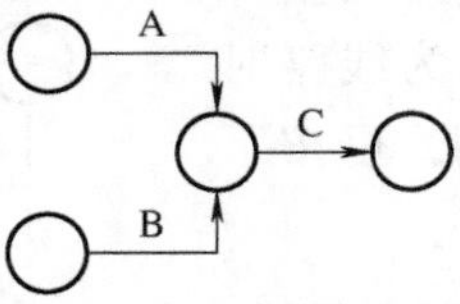	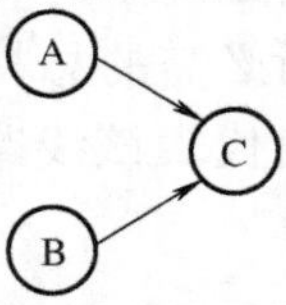
6	A、B、C、D 四项工作，A 完成后，C 才能开始，A、B 完成后，D 才能开始	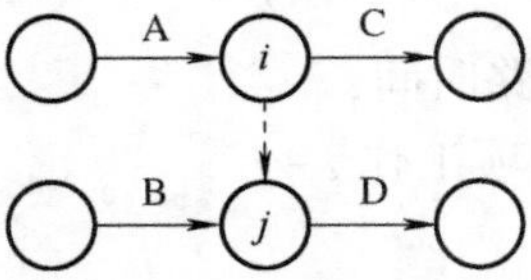	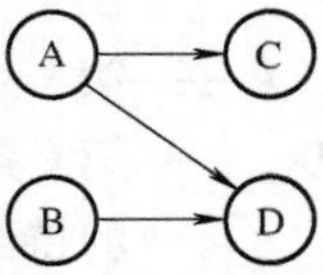
7	A、B、C、D 四项工作，只有 A、B 完成后，C、D 才能开始工作	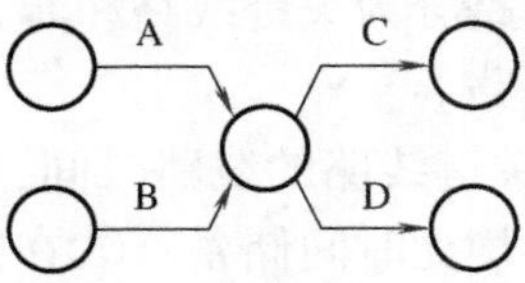	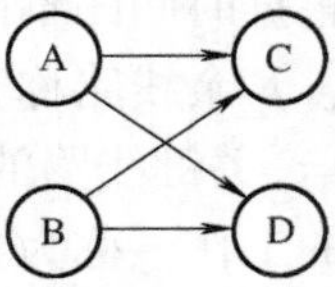
8	A、B、C、D、E 五项工作，A、B 完成后，C 才能开始，B、D 完成后，E 才能开始	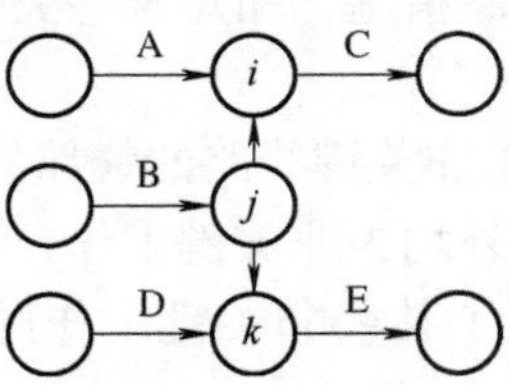	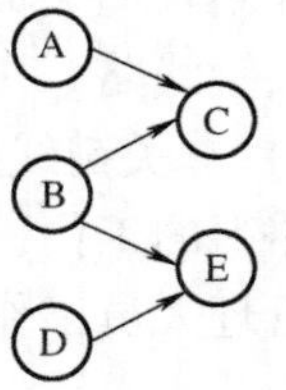

（续）

序号	工作之间的逻辑关系	双代号表示方法	单代号表示方法
9	A、B、C、D、E 五项工作，A、B、C 完成后，D 才能开始工作，B、C 完成后，E 才能开始工作		
10	A、B 两项工作，分成三个施工段，进行平行搭接流水施工		

2）网络图必须具有能够表明基本信息的明确标识，数字或字母均可，如图 2-15 所示。

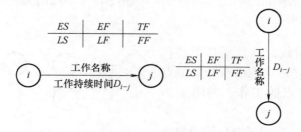

图 2-15　双代号网络图标识

3）工作或节点的字母代号或数字编号，在同一项任务的网络图中，不允许重复使用，或者说，网络图不允许出现编号相同的不同工作，如图 2-16 所示。

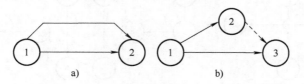

图 2-16　重复编号示意图
a）错误　b）正确

4）在同一网络图中，只允许有一个起点节点和一个终点节点，不允许出现没有紧前工作的"尾部节点"或没有紧后工作的"尽头节点"，如图 2-17 所示。因此，除起点节点和终点节点外，其他所有节点，都要根据逻辑关系，前后用箭线或虚箭线连接起来。

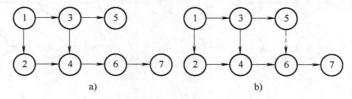

图 2-17　终点节点示意图
a）错误　b）正确

5）在肯定型网络计划的网络图中，不允许出现封闭循环回路。所谓封闭循环回路是指从一个节点出发沿着某一条线路移动，又回到原出发节点，即在网络图中出现了闭合的循环线路，如图 2-18 所示。

6）网络图的主方向是从起点节点到终点节点的方向，在绘制网络图时应优先选择由左至右的水平走向。因此，工作箭线方向必须优先选择与主方向相应的走向，或选择与主方向垂直的走向，如图 2-19 所示。

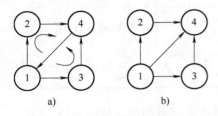

图 2-18　循环回路示意图
a）错误　b）正确

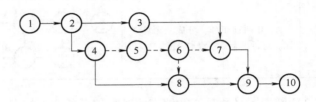

图 2-19　工作箭线画法示意图

7）代表工作的箭线，其首尾必须都有节点，即网络图中不允许出现没有开始节点的工作或没有完成节点的工作，如图 2-20 所示。

8）绘制网络图时，应尽量避免箭线的交叉。当箭线的交叉不可避免时，通常选用"过桥"画法或"指向"画法，如图 2-21 所示。

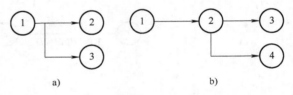

图 2-20　无开始节点示意图
a）错误　b）正确

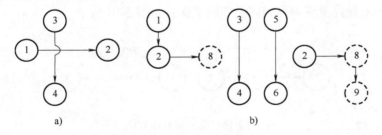

图 2-21　箭线交叉画法
a）过桥画法　b）指向画法

9）网络图应力求减去不必要的虚工作，如图 2-22 所示。

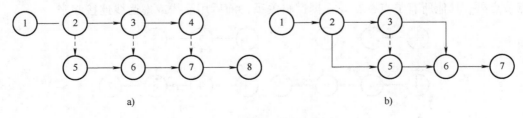

图 2-22　虚工作示意图
a）有多余虚工作　b）无多余虚工作

（2）绘图步骤。双代号网络图的绘图步骤如下：

1）按选定的网络图类型和已确定的排列方式，决定网络图的合理布局。

2）从起始工作开始，由左至右依次绘制，只有当先行工作全部绘制完成后，才能绘制本工作，直至结束工作全部绘制完成为止。

3）检查工作和逻辑关系有无错漏并进行修正。

4）按网络图绘图规则的要求完善网络图。

5）按网络图的编号要求将节点编号。

2.5.3　双代号网络计划时间参数计算

1. 概述

网络计算的目的在于确定各项工作和各个节点的时间参数，从而确定关键工作和关键线路，为网络计划的执行、调整和优化提供必要的时间概念。时间参数计算的内容主要包括：工作持续时间；节点最早时间和最迟时间；工作最早开始时间和最早完成时间、最迟开始时间和最迟完成时间；工作的总时差、自由时差、相关时差和独立时差。

时间参数计算的方法有很多种，如分析计算法、图算法、矩阵法、表上计算法和电算法等。本书主要对分析计算法、图算法加以介绍。

2. 分析计算法

分析计算法是根据各项时间参数计算公式，列式计算时间参数的方法。

（1）工作持续时间的计算。在肯定型网络计划和非肯定型网络计划中，工作持续时间分别按下述方法计算。

在肯定型网络计划中，工作的持续时间是采用单时计算法计算的，计算式为

$$D_{i-j} = \frac{Q_{i-j}}{S_{i-j}R_{i-j}N_{i-j}} = \frac{P_{i-j}}{R_{i-j}N_{i-j}} \tag{2-17}$$

式中　D_{i-j}——工作 i—j 的持续时间；

Q_{i-j}——工作 i—j 的工程量；

S_{i-j}——完成工作 i—j 的计划产量定额；

R_{i-j}——完成工作 i—j 所需工人数或机械台数；

N_{i-j}——完成工作 i—j 的工作班次；

P_{i-j}——工作 i—j 的劳动量或机械台班数量。

在非肯定型网络计划中，由于工作的持续时间受很多变动因素影响，无法确定出肯定数值，因此只能凭计划管理人员的经验和推测，估计出三种时间，据以得出期望持续时间计算值，即按三时估计法计算，计算式为

$$D_{i-j}^{e} = \frac{a_{i-j} + 4m_{i-j} + b_{i-j}}{6} \tag{2-18}$$

式中　D_{i-j}^{e}——工作 i—j 的期望持续时间计算值；

a_{i-j}——工作 i—j 的最短估计时间；

b_{i-j}——工作 i—j 的最长估计时间；

m_{i-j}——工作 i—j 的最可能估计时间。

由于网络计划中持续时间确定方法的不同，双代号网络计划就被分成了两种类型。采用

单时估计法时属于关键线路法（CPM），采用三时估计法时则属于计划评审技术（PERT）。这一节主要针对关键线路法进行介绍。

（2）节点时间参数的计算。节点时间参数包括节点最早时间 ET 和节点最迟时间 LT。

1）节点最早时间是指该节点所有紧后工作的最早可能开始时间。它应是以该节点为完成节点的所有工作最早全部完成的时间。

由于起点节点代表整个网络计划的开始，为计算简便，可令 $ET_1=0$，实际应用中，可将其换算为日历时间。其他节点的最早时间可用下式计算

$$ET_j = \max\{ET_i + D_{i-j}\} \quad (i<j) \tag{2-19}$$

式中　ET_j——工作 i—j 的完成节点 j 的最早时间；

　　　ET_i——工作 i—j 的开始节点 i 的最早时间；

　　　D_{i-j}——工作 i—j 的持续时间。

综上所述，节点最早时间应从起点节点开始计算，令 $ET_1=0$，然后按节点编号递增的顺序进行，直到终点节点为止。

2）节点最迟时间是指该节点所有紧前工作最迟必须结束的时间，它是一个时间界限。它应是以该节点为完成节点的所有工作最迟必须结束的时间。若迟于这个时间，紧后工作就要推迟开始，整个网络计划的工期就要延迟。

由于终点节点代表整个网络计划的结束，因此要保证计划总工期，终点节点的最迟时间应等于此工期。若总工期有规定，可令终点节点的最迟时间 LT_n 等于规定总工期 T，即 $LT_n=T$；若总工期无规定，则可令终点节点的最迟时间 LT_n 等于按终点节点最早时间计算出的计划总工期，即 $LT_n=ET_n$。而其他节点的最迟时间可用下式计算

$$LT_i = \min\{LT_j - D_{i-j}\} \tag{2-20}$$

式中　LT_i——工作 i—j 开始节点 i 的最迟时间

　　　LT_j——工作 i—j 完成节点 j 的最迟时间；

　　　D_{i-j}——工作 i—j 的持续时间。

综上所述，节点最迟时间的计算是从终点节点开始，首先确定 LT_n，然后按照节点编号递减的顺序进行，直到起点节点为止。

节点最早时间和节点最迟时间的计算规律可用图 2-23 来表示。

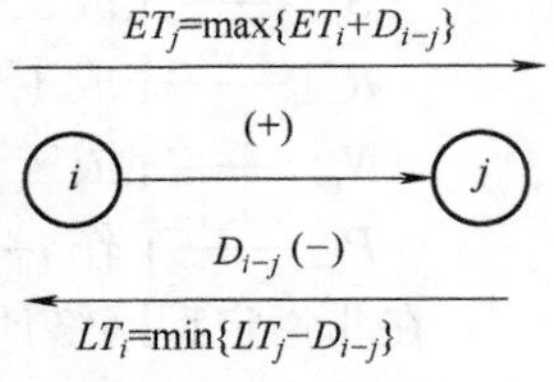

（3）工作时间参数的计算。工作的时间参数包括工作最早开始时间 ES 和最早完成时间 EF、工作最迟开始时间 LS 和最迟完成时间 LF。

对于任何工作 i—j 来说，其各项时间参数计算，均受到该工作开始节点的最早时间 ET_i、工作完成节点的最迟时间 LT_j 和工作持续时间 D_{i-j} 的控制。

图 2-23　节点时间参数计算规律示意图

由于工作最早开始时间 ES_{i-j} 和最早完成时间 EF_{i-j} 反映 i—j 与前面工作的时间关系，受开始节点 i 的最早时间限制，因此，ES_{i-j} 和 EF_{i-j} 的计算应以开始节点的时间参数为基础；工作的最迟开始时间 LS_{i-j} 和最迟完成时间 LF_{i-j} 反映 i—j 工作与其后面工作的时间关系，受完成节点 j 的最迟时间的限制，因此 LS_{i-j} 和 LF_{i-j} 的计算应以完成节点的时间参数为基础。各工作时间参数的计算方法如下

$$\left.\begin{array}{l} ES_{i\rightarrow j} = ET_i \\ EF_{i\rightarrow j} = ES_{i\rightarrow j} + D_{i\rightarrow j} \end{array}\right\} \tag{2-21}$$

$$\left.\begin{array}{l} LF_{i\rightarrow j} = LT_{i\rightarrow j} \\ LS_{i\rightarrow j} = LF_{i\rightarrow j} - D_{i\rightarrow j} \end{array}\right\} \tag{2-22}$$

（4）工作时差的确定。时差反映工作在一定条件下的机动时间范围，可分为总时差、自由时差、相关时差和独立时差。

1）工作的总时差。工作的总时差是指在不影响工期和有关时限的前提下，一项工作可以利用的机动时间，即在保证本工作以最迟完成时间完工的前提下，允许该工作推迟其最早开始时间或延长其持续时间的幅度。i—j 工作的总时差可按下式计算

$$TF_{i\rightarrow j} = LT_j - ET_i - D_{i\rightarrow j} = LF_{i\rightarrow j} - EF_{i\rightarrow j} = LS_{i\rightarrow j} - ES_{i\rightarrow j} \tag{2-23}$$

由式（2-23）看出，对于任何一项工作 i—j，可以利用的最大时间范围为 $LT_j - ET_i$，其总时差可能有三种情况：

$LT_j - ET_i > D_{i\rightarrow j}$，即 $TF_{i\rightarrow j} > 0$，说明该项工作存在机动时间，为非关键工作。

$LT_j - ET_i = D_{i\rightarrow j}$，即 $TF_{i\rightarrow j} = 0$，说明该项工作不存在机动时间，为关键工作。

$LT_j - ET_i < D_{i\rightarrow j}$，即 $TF_{i\rightarrow j} < 0$，说明该项工作有负时差，计划工期长于规定工期，应采取技术组织措施予以缩短，确保计划总工期。

2）工作的自由时差。工作的自由时差是指在不影响其紧后工作最早开始和有关时限的前提下，一项工作可以利用的机动时间，即在不影响紧后工作按最早开始时间开工的前提下，允许该工作推迟其最早开始时间或延长其持续时间的幅度。工作 i—j 的自由时差 $FF_{i\rightarrow j}$ 可按下式计算

$$FF_{i\rightarrow j} = ET_j - ET_i - D_{i\rightarrow j} = ET_j - EF_{i\rightarrow j} \tag{2-24}$$

由式（2-24）看出，对于任何一项工作 i—j，可以自由利用的最大时间范围为 $ET_j - ET_i$，其自由时差可能出现下面三种情况：

$ET_j - ET_i > D_{i\rightarrow j}$，即 $FF_{i\rightarrow j} > 0$，说明工作有自由利用的机动时间。

$ET_j - ET_i = D_{i\rightarrow j}$，即 $FF_{i\rightarrow j} = 0$，说明工作无自由利用的机动时间。

$ET_j - ET_i < D_{i\rightarrow j}$，即 $FF_{i\rightarrow j} < 0$，说明计划工期长于规定工期，应采取措施予以缩短，以保证计划总工期。

3）工作的相关时差。工作的相关时差是指可以与紧后工作共同利用的机动时间，即在工作总时差中，除自由时差外，剩余的那部分时差。工作 i—j 的相关时差 $IF_{i\rightarrow j}$ 可按下式计算

$$IF_{i\rightarrow j} = TF_{i\rightarrow j} - FF_{i\rightarrow j} = LT_j - ET_j \tag{2-25}$$

4）工作的独立时差。工作的独立时差是指为本工作所独有而其紧前、紧后工作不可能利用的时差，即在不影响紧后工作按照最早开始时间开工的前提下，允许该工作推迟其最迟开始时间或延长其持续时间的幅度，可按下式计算

$$DF_{i\rightarrow j} = ET_j - LT_i - D_{i\rightarrow j} \tag{2-26}$$
$$= FF_{i\rightarrow j} - IF_{h\rightarrow i} \qquad (h < i)$$

式中　$DF_{i\rightarrow j}$——工作 i—j 的独立时差；

　　　$IF_{h\rightarrow i}$——紧前工作 h—i 的相关时差。

对于任何一项工作 i—j，它可以独立使用的最大时间范围为 $ET_j - LT_i$，其独立时差可能有以下三种情况：

$ET_j - LT_i > D_{i-j}$，即 $DF_{i-j} > 0$，说明工作有独立使用的机动时间。

$ET_j - LT_i = D_{i-j}$，即 $DF_{i-j} = 0$，说明工作无独立使用的机动时间。

$ET_j - LT_i < D_{i-j}$，即 $DF_{i-j} < 0$，此时取 $DF_{i-j} = 0$。

综上所述，四种工作时差的形成条件和相互关系如图 2-24 所示。

① 工作的总时差与自由时差、相关时差和独立时差之间具有如下式所示的关系，总时差对其紧前工作与紧后工作均有影响。

$$TF_{i-j} = FF_{i-j} + IF_{i-j} = IF_{h-i} + DF_{i-j} + IF_{i-j}$$

$$(2-27)$$

② 一项工作的自由时差只限于本工作利用，不能转移给紧后工作利用，对紧后工作的时差无影响，但对其紧前工作有影响，如动用，将使紧前工作时差减少。

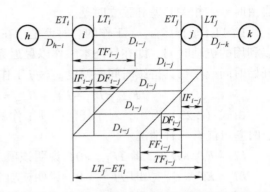

图 2-24　四种工作时差的形成条件和相互关系示意图

③ 一项工作的相关时差对其紧前工作无影响，但对紧后工作的时差有影响，如动用，将使紧后工作的时差减少或消失。它可以转让给紧后工作，变为其自由时差被利用。

④ 一项工作的独立时差只能被本工作使用，如动用，对其紧前工作和紧后工作均无影响。

（5）关键线路的确定。关键工作和关键线路的确定方法有如下几种：

1）通过计算所有线路的线路时间 T_s 来确定。线路时间最长的线路即为关键线路，位于其上的工作即为关键工作。

2）通过计算工作的总时差来确定。若 $TF_{i-j} = 0$（$LT_n = ET_n$ 时）或 $TF_{i-j} =$ 规定工期 – 计划工期（$LT_n =$ 规定工期时），则该项工作 i—j 为关键工作，所组成的线路为关键线路。

3）通过计算节点时间参数来确定。若工作 i—j 的开始节点时间 $ET_i = LT_i$，完成节点时间 $ET_j = LT_j$，且 $ET_j = LT_i = D_{i-j}$，则该项工作为关键工作，所组成的线路为关键线路。

通常在网络图中用粗实线或双线箭杆将关键线路标出。

3. 图算法

图算法是按照各项时间参数计算公式的程序，直接在网络图上计算时间参数的方法。

（1）各种时间参数在图上的表示方法。节点时间参数通常标注在节点的上方或下方，其标注方法如图 2-18 所示。工作时间参数通常标注在工作箭杆的上方或左侧。

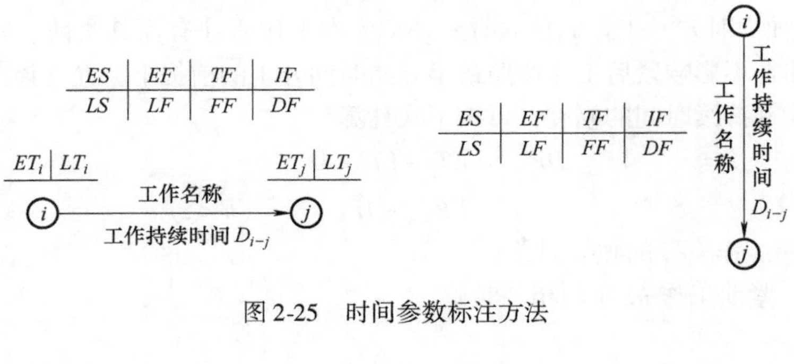

ES	EF	TF	IF
LS	LF	FF	DF

$ET_i \mid LT_i$　工作名称　$ET_j \mid LT_j$

i　——　j

工作持续时间 D_{i-j}

ES	EF	TF	IF
LS	LF	FF	DF

i

工作名称

工作持续时间 D_{i-j}

j

图 2-25　时间参数标注方法

（2）计算方法。图算法的计算方法与顺序同分析计算法相同，计算时随时将计算结果填入图中相应位置。

2.5.4 单代号网络计划

1. 单代号网络图的组成

单代号网络图又称为工作节点网络图，是网络计划的另一种表示方法，具有绘图简便、逻辑关系明确、易于修改等优点。它由工作和线路两个基本要素组成。

工作用节点来表示，通常画成一个大圆圈或方框形式，其内标注工作编号、名称和持续时间等内容，如图 2-26 所示。工作之间的关系用实箭杆表示，它既不消耗时间，也不消耗资源，只表示各项工作间的网络逻辑关系。相对于箭尾和箭头来说，箭尾节点称为紧前工作，箭头节点称为紧后工作。

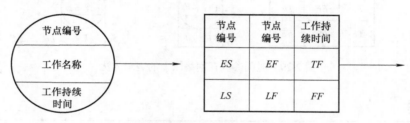

图 2-26　单代号网络图表示方法示意图

由网络图的起点节点出发，顺着箭杆方向到达终点，中间经由一系列节点和箭杆所组成的通道，称为线路。同双代号网络图一样，线路也分为关键线路和非关键线路，其性质和线路时间的计算方法均与双代号网络图相同。

2. 单代号网络图的绘制

由于单代号网络图和双代号网络图所表达的计划内容是一致的，两者的区别仅在于绘图的符号不同。因此，在双代号网络图中所说明的绘图规则，对单代号网络图原则上都使用。所不同的是，单代号网络图中有多项开始和多项结束工作时，应在网络图的两端分别设置一项虚工作，作为网络图的起点节点和终点节点，如图 2-27 所示，其他再无任何虚工作。

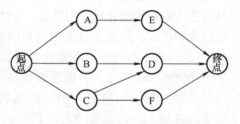

图 2-27　单代号网络图示意图

3. 单代号网络图的时间参数计算

因为单代号的节点代表工作，所以它的时间参数计算的内容、方法和顺序等与双代号网络图的工作时间参数计算相同。

（1）分析计算法。单代号网络图工作时间参数关系示意如图 2-28 所示。

单代号网络图时间参数计算公式如下

$$\left. \begin{array}{l} ES_j = \max\left[ES_i + D_i \right] = \max\left[EF_i \right] \\ EF_j = ES_j + D_j \quad (i < j) \end{array} \right\}$$

（2-28）

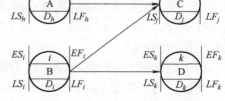

图 2-28　单代号网络图工作时间参数关系示意图

$$LF_i = \min[LS_j] \quad (i < j) \atop LS_i = LF_i - D_i \qquad\qquad \Big\} \tag{2-29}$$

$$TF_i = LS_i - ES_i = LF_i - EF_i \atop FF_i = \min[ES_j] - EF_i \quad (i < j) \Big\} \tag{2-30}$$

$$IF_i = TF_i - FF_i = LF_i - \min[ES_j] \atop DF_i = FF_i - \max[IF_h] \quad (h < i < j) \Big\} \tag{2-31}$$

上述公式中，各种符号的意义和计算规则与双代号网络计划完全相同。

（2）图算法。单代号网络计划时间参数在网络图上的表示方法一般如图 2-29 所示。

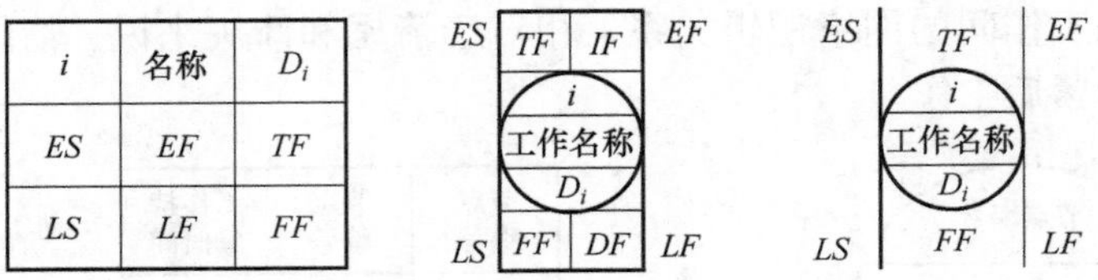

图 2-29　时间参数在网络图上的表示方法

2.6 | 并行工程

2.6.1　并行工程概述

1. 发展简史

并行工程（Concurrent Engineering, CE）的理念最早产生于制造业，是对传统的串行产品开发的突破与创新。在并行工程的概念正式提出之前，已经有一些对并行工程理论方法的形成具有重大影响的研究和应用进展，如波音公司建立的基于集成产品开发团队的集成化产品开发组织管理模式，起源于日本的用户驱动式的质量功能展开模式（Quality Function Deployment, QFD），形成于 20 世纪 80 年代的产品数据管理（Product Data Management, PDM）等。

20 世纪 80 年代，美国制造业受到日本制造业的严峻挑战，为保住世界制造业霸主地位，美国开始就如何提高产品开发能力及新产品开发的 TQSCE（开发周期、质量、成本、服务和环境）等制造业核心问题进行深入探索。1987 年 12 月，美国国防先进研究计划局（Defense Advanced Research Projects Agency, DARPA）首次提出并行工程的概念并制定发展并行工程的 DICE 计划（DARPA's Initiative in Concurrent Engineering, DICE），其后，经过多个专项研究，并行工程开始作为一种新的产品开发模式及产品开发组织与管理哲理开始得到认识，并在制造业得到广泛应用。并行工程关注产品开发过程的集成与优化，制造企业通过并行工程，可以更加有效地提高新产品开发能力，使新产品的开发周期（Time to Market）、质量（Quality）、成本（Cost）、服务（Service）和环境（Environment）得到全面的优化，即提升产品的 TQSCE。

并行工程反映了全球化市场经济对制造业产品创新及对提升产品 TQSCE 的迫切需求，在世界多国引起了高度关注。日本于 1991 年 1 月发起 IMS 国际合作研究计划，将并行工程列为一项重要的研究课题。德国、法国、英国和加拿大等工业发达国家相继开始并行工程的研究和应用，将其作为抢占国际市场的重要手段。并行工程的概念于 1992 年传入我国，当即引起了国家科委、研究机构和航空、航天、机械、电子等领域企业的高度关注，组织多项攻关课题并取得了显著成果，至 20 世纪末，并行工程的研究和应用已在我国多个行业广泛开展。

2. 并行工程的定义

并行工程最具代表性并被广泛接受的定义是由 R. I. Winner 于 1988 年在美国国家防御分析研究所（Institute of Defense Analyze，IDA）的 R-338 研究报告中提出的，即：并行工程是一种集成产品及其相关过程（包括制造过程和支持过程）并行设计的系统化方法，这种方法试图使产品开发人员在设计伊始就考虑到产品生命周期中从概念形成到产品报废处理的所有因素，包括质量、成本、进度、计划和用户的要求。并行工程有许多不同的提法，如并行设计（Concurrent Design）、生命周期工程（Life-cycle Engineering）、同步工程（Simultaneous Engineering）等。这些提法虽然不尽相同，但均是从不同的角度对产品开发提出了一体化、并行化和综合优化的要求。并行工程经过长期的发展与实践，在建设领域也逐步推广应用。Chimay J. Aunmba 教授的认为，建设领域的并行工程可称为并行建设，旨在优化设计和施工过程，通过集成设计、制造、施工和安装活动以最大限度地达到各项工作活动的并行和协同，实现缩短工期、提高质量和降低成本的目标。

3. 并行工程的特点

并行工程的本质追求就是通过集成化和并行化的方式缩短整个产品开发周期、降低开发成本、提高产品质量、优化产品服务并提高用户满意度。并行工程的主要特点如下。

（1）并行性。并行设计是并行工程的主要组成部分，并行工程是设计相关过程并行化、一体化、系统化的工作模式。并行性要求产品设计过程并行进行的同时，强调设计过程与评价过程的并行，保证产品设计质量和工作效率。

（2）协同性。协同性是由并行工程的实质决定的。并行不仅强调开发过程，更重要的是意味着产品及相关过程设计的协同一体化。"并行"的英文单词 Concurrent 除了具有"并行、平行"的含义，还具有"协同、协作"的意义。并行工程强调集成、协同、一体化，消除串行模式中各部门间的壁垒，使各部门协调一致，提高团体效益。

（3）集成性。并行工程是一种系统集成方法，它以信息集成为基础，逐步向产品开发过程集成的方向发展。并行工程的集成性是指将产品开发的各个环节有机地组织结合，统一各种信息的描述和传递，协调各环节有效运行。并行工程集成性的特点主要体现在信息集成、功能集成、过程集成、人员集成等方面。

2.6.2　并行工程的实施

1. 实施并行工程的关键要素

并行工程的实施要依托四类核心要素之间的互相作用。四类核心要素为管理（组织）要素、过程要素、产品要素、环境要素。上述四类核心要素不是孤立存在的，而是通过信息沟通与物质连接集成在一起，共同推动并行工程的运行。各要素之间的关系如图 2-30 所示。

（1）管理要素。并行工程的运行需要高效、柔性的组织管理，具体包括产品开发队伍、过程和工作的组织。

图 2-30　并行工程的关键影响因素

并行工程提倡运用集成开发团队式的组织模式，由来自各专业领域的开发人员共同组成并行工作团队实施开发。这种模式打破传统部门划分的壁垒，更有利于开发工作的协同和并行优化。

（2）过程要素。并行工程面向产品开发过程，需要实行面向并行、高效、敏捷和精良设计的过程集成，过程集成是并行工程最重要的技术特征。

（3）产品要素。并行过程的最终目标是产品，在并行工程中，各产品开发活动既要协同和并行，又要实现产品的综合优化。

（4）环境要素。并行工程的实施需要一个支持协同、一体化、并行的设计集成环境，同时需要高效、可靠、功能完备的数据通信和知识共享环境。

2. 实施并行工程的关键技术

（1）集成产品开发团队。集成产品开发团队式是并行工程的组织模式，这种组织模式的思想包括四个方面：

1）在产品形成的不同阶段，具有不同专业背景的技术人员，组成一个集成化的开发团队。

2）所有人员在统一的规划和组织下，共同完成产品及相关过程的设计；

3）集成产品开发团队作为一个独立的团体，获得企业授权，负责整体产品的开发；

4）不同专业背景的技术人员在分管各自专业领域有关产品或相关过程开发的同时，也关注其他产品及相关过程的开发与设计，提出反馈意见并及时协商解决。

（2）产品开发过程建模。并行工程与传统产品开发方式在本质上的区别就是将产品开发的全部活动视为一个集成的过程，从整体优化的理念出发对全过程进行管理与控制，并在全过程内实施持续改进，这需要借助面向全过程的建模作为支撑。

（3）产品生命周期数字化定义。产品生命周期数字化定义即数字化产品建模，是将开发人员头脑中的设计开发构思转化为计算机能识别的符号、图形、算式等，形成产品的计算机内部数据模型并存储。不同专业技术背景的人员可以基于统一的数字化产品模型并行地开展产品及相关过程的开发。

（4）产品数据管理。数字化定义的基础上，产品开发设计的整个过程会产生大量与产品相关的信息，需要存储于计算机。产品数据管理则是对这些信息进行高效、系统、自动化地组织和管理，并支持对这些信息进行再利用或进一步的处理。

（5）面向全过程的设计。并行工程的工作模式强调从一开始就充分考虑产品的整个生命周期的全部因素，通过全过程内面向质量的设计、面向成本的设计、面向可维修性的设计等，使开发人员能够在早期的产品设计阶段充分考虑后续阶段的各种影响因素，实现产品及相关过程设计的协同及一体化。

具体到不同的运用背景，并行工程的关键技术呈现更多的特点。在具体的运用过程中，并行工程的关键技术还需要跟持续发展的管理方法和技术手段相结合，以达到最好的效果。

2.7 | 全面质量管理

2.7.1 全面质量管理理论概述

1. 发展概况

20 世纪 50 年代，戴明博士在日本工业振兴实践过程中开展了关于质量提升的相关研究，逐渐形成一套质量管理的理念，虽然没有正式提出全面质量管理的概念，但对日本的工业制造业发展起到了推动作用。全面质量管理理论（Total Quality Management Theory，TQM）最早由美国学者菲根堡姆于 1961 年提出，全面质量管理理论产生于美国，发展于日本。20 世纪 70 年代，日本企业从质量管理中获得巨大收益，全面质量管理理论得到了广泛的应用与发展。随着全面质量管理理论的推广，国际标准化组织 ISO 于 1986 年对全面质量管理的内容进行了标准化，并于 1987 年正式颁布了 ISO9000 系列标准。随着全面质量管理的思想理念和方法的应用和发展，该理论逐步在全世界范围内的企业经营层面得以广泛运用。

2. 全面质量管理的概念

关于全面质量管理的概念，不同行业领域的认识与理解略有不同，ISO9000 将全面质量管理界定为"一个企业或组织达到长期成功的一种管理途径，该管理途径的思想就是把质量作为工作中心和重点，以全部员工的参与为基础，满足客户的需要，使企业或组织全部员工及社会受益"。实施全面质量管理的组织以质量为中心，以全员参与为基础，全面质量管理的理念与全部管理目标的实现都有关系。

在菲根堡姆的《全面质量管理》一书中，全面质量管理则定义为"为了能够在最经济的水平上并考虑到充分满足顾客要求的条件下进行市场研究、设计、制造和售后服务，把企业内各部门的研制质量、维持质量和提高质量的活动构成为一体的一种有效的体系"。

结合上述两种定义，全面质量管理应用于建筑企业时，可以将全面质量管理理解为：通过对建筑企业的行政管理、生产管理、成本管理、技术管理、项目管理等方法和资源高度集成，建立一套完整的质量管理体系，对整个生产过程进行控制，以达到交付适用、经济、可靠、安全的建筑产品的目标，并使企业从中获得长期收益。

2.7.2　全面质量管理的基本思想

全面质量管理的思想源于生产经营者关于质量在整个生产经营过程中地位的思考，其思想本质就是突破单纯从技术水平角度看待质量的局限性，而是从产品综合水平、用户需求和企业发展等更广泛的角度看待质量。在此基础上，再从整个社会需求的角度确立明确且可行的质量目标，形成全面提升产品质量的综合管理体系，通过全面质量管理的过程使企业一切与产品质量相关的人员均集成到质量管理过程中，运用这种现代管理思想综合提升企业生产经营与管理水平。

在上述思想理念下，全面质量管理主要体现出四个主要特性：全面性、服务性、科学性和提前性。全面质量管理的本质特性是全面性。全面性有三层含义：第一层含义指质量管理的全过程，TQM 是针对产品质量从产生、形成到实现的全部环节，管理范围包括从市场调查开始到产品设计、生产、销售等直到产品使用寿命结束为止的全过程；第二层含义是指质量管理的全员参与，所有与生产经营相关的全部环节上的全部人员均要参与到质量管理中去；第三层含义是质量管理的全部内容，这里的质量管理是相对广义质量而言的，不仅要对产品质量实施管理，还要对工作和服务质量进行管理，不仅要对产品性能进行管理，也要对产品安全性、可靠性等进行管理，管理内容包括各个方面。在全面质量管理的过程中，还应注重发挥全面质量管理的服务性、科学性。服务性指产品的全面质量管理应以用户满意为导向。科学性是指实施全面质量管理必须充分利用现代科学技术和先进的科学管理办法，随着产品结构和功能等属性的复杂化，选用和开发适应性的管理方法与技术对产品质量实施针对性管理。全面质量管理还应保证提前性，即全面质量管理应强调预防性的提前管理。相对于一般质量管理过程的事后检查的滞后性，提前管理可以有效实施质量控制。

全面质量管理是依托"质量环"实施的，质量环包含了产品质量形成的全部过程，企业全部参与人员根据质量环对全部管理内容实施管理。全面质量管理质量环如图 2-31 所示。全面质量管理质量环在时间维度上呈螺旋上升的趋势，通过全面质量管理在质量环各环节上的活动，产品质量将会螺旋式上升。

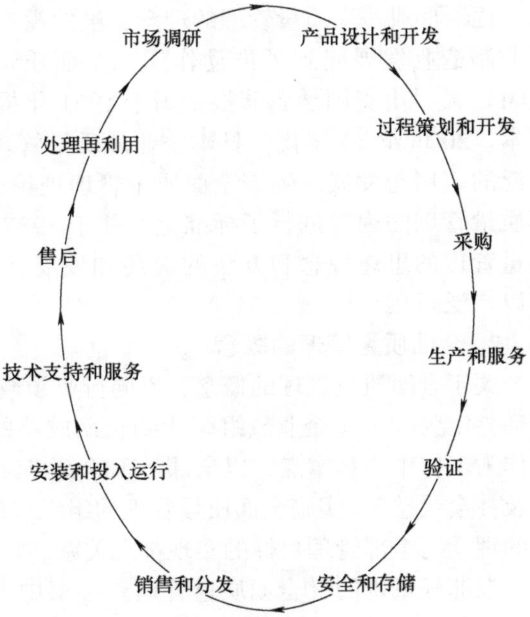

2.7.3 全面质量管理的应用

图 2-31 全面质量管理质量环

全面质量管理作为一项从制造业发展而来的管理方法与技术，在工程建设领域的应用还处于发展和探索过程中。通过结合项目全寿命周期理念与全面质量管理理论，可以将全面质量管理的理念与方法运用到工程建设项目的各个阶段，实现全过程的全面、循环质量控制，提高工程建设管理水平。在具体的建造过程中，PDCA 循环的运用可以全面提高工程质量。PDCA 循环即精益管理中提到的戴明环，是从精益中衍生出来的质量管理工具。需要说明的是，随着 PDCA 循环在工程项目管理与具体建造过程中的运用，逐步暴露出了一定的局限性。因 PDCA 过程只是让人如何完善现有工作而不存在人为创造的内容，容易导致惯性思维的产生。在中国的成长型企业和项目实施中，PDCA 循环被简化为 4Y 管理模式。4Y 即：Y1 计划到位；Y2 责任到位；Y3 检查到位；Y4 激励到位。4Y 管理理论是 PDCA 循环的新发展，是以结果为导向的，结果决定了企业的有效产出。

随着全面质量管理理论在工程建设领域研究应用的发展，全面质量管理的管理理念同样可以推广到其他项目管理目标的管理过程中。全面质量管理理论方法在工程建设领域的应用应尤其注重与项目全寿命周期理念的结合，注重与现代项目管理理论方法及企业管理方法之间的联动，运用科学系统的管理手段将全面质量管理的理念充分发挥。

2.8 6S 管理

2.8.1 6S 管理发展概况

6S 管理是从 5S 管理的基础上发展而来。5S 现场管理方法最早起源于日本，"5S"即整理（Seiri）、整顿（Seiton）、清扫（Seiso）、清洁（Seiketsu）和素养（Shitsuke），简称 5S 管理。20 世纪 50 年代，5S 管理在日本制造业得到了广泛的运用，随着日本制造产品质量的提升，5S 管理开始在世界多国推广应用并取得显著效果。6S 现场管理则是在 5S 的基础上增加了安全（Safety）因素，表示一切现场管理均建立在安全生产的基础上。6S 管理方法旨在为现场管理营造舒心、整洁、安全的工作环境并大大提高员工精神面貌，为精益管理提供高效、低浪费和高素质的团队。

目前，在我国的企业创新管理实践过程中，6S 管理逐步发展为实施精益建造、ISO9000、六西格玛管理的辅助方法和基础，并取得了良好的效果。6S 管理既可以吸收上述管理方法的资源，又可以对其实施起到很好的促进作用。6S 管理与上述管理方法的作用关系如图 2-32 所示。

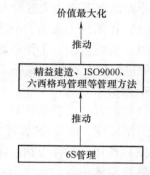

图 2-32　6S 管理与其他现场管理方法的关系

2.8.2　6S 的具体含义

6S 管理本质上就是对生产现场的生产要素进行持续性的 6S 活动，现从内涵、作用、实施步骤这三个方面对每一个 "S" 的具体含义进行诠释。

1. 整理

（1）内容。整理是指明确区为工作过程中的必需与非必需物品，应当舍弃非必需品并将必需品的数量尽可能降低，并放置于合适的地方，形成不产生非必需品的机制。

（2）作用。具体包括：①增大并改善作业面积；②塑造清爽的工作场所；③消除混放、误用等现象；④减少碰撞、保障安全、提高质量；⑤现场畅通，提高工作效率。

（3）实施步骤。具体为：①现场检查，以定点摄影等方式取得数据或历史资料，对现场进行记录以便对改善前后实施对比；②区分必需品和非必需品；③清理非必需品，基本原则是看物品当前有无使用价值，而非关注购买价格；④对非必需品进行处理。

2. 整顿

（1）内容。整顿即定位管理，将所要运用的物品按照使用频率，通过目视管理、颜色管理等手段进行适当的定位安置，形成在不产生非必需品的前提下实现存取方便的机制。

（2）作用。具体包括：①物品各就其位，从而可以快速准确地取得所需物品，提高工作效率；②避免物品混乱误用。

（3）实施步骤。具体为：①分析使用情况，确定使用的方式、时间、频率等；②物品分类，根据相同的特点、性质以及相应的标准与规范，实施归类，编制统一名称与编码；③确定存放方法，实施定位管理。

3. 清扫

（1）内容。通过清扫活动保持工作场所整洁，实现存取方便前提下不产生脏污的机制。

（2）作用。具体包括：①使人与环境更密切的接触，更好地发现细节问题以便后续改善活动的实施；②杜绝污染源；③机械设备保持整洁。

（3）实施步骤。具体为：①对场所全面清扫；②实施定点检查。

4. 清洁

（1）内容。通过清洁达到现场情况一目了然，实施标准化管理，创造良好的工作环境，使作业人员以更好的状态投入工作。清洁还包含对前三项活动成果的巩固。

（2）作用。①现场的干净整洁；②巩固前三项活动的活动成果。

（3）实施步骤。①作业场所全面清洁；②对有无非必需品进行检查；③就物品是否存放方便进行检查；④对现场是否存有脏污进行检查。

5. 素养

（1）内容。素养是指对人员综合素质的提高，使其形成良好的工作习惯，自动创造有利的工作环境，这是6S管理的精髓。

（2）作用。具体包括：①创建高素质高水平的工作团队；②形成有利的团队文化。

（3）实施步骤。具体为：①明确人员责任；②建立针对性的规章制度；③对违反规章制度的行为及时予以纠正。④对前四项活动成果进行检查。

6. 安全

（1）内容。安全是指强调所有的工作均以人员和作业安全为导向。

（2）作用。具体包括：①创造对人员没有安全威胁的工作环境；②将事故率降到最低。

（3）实施步骤。具体为：①及时排查险情，消除隐患；②对作业人员进行安全培训，加强操作人员的安全意识。

2.8.3　6S各要素之间的关系

6S管理的各部分之间存在着系统的关联和递进关系。第一个"S"整理是6S管理的基础，6S管理的全部工作内容均是在对必需品与非必需品区分的基础上实施的。在整理的基础上进行整顿与清扫，对必需品进行定位管理，对非必需品进行清洁，可以保证对物品和设备的有效管理。在清扫与整顿的基础上再实施清洁，完成了对作业环境的改善，保证了设备、物品、环境这些外部因素的整合管理，从而通过第五个"S"对人的因素实施管理。而人的因素也是6S管理的核心，是安全目标的基础。

前四个"S"是对设备、物品、环境的管理，其中第四个"S"是对前三个"S"的整合与检查。第五个"S"是对人素养的管理，第六个"S"则是对人和外部环境的结合。前四个"S"是后两个"S"实施的基础，后两个"S"是对企业和团队文化的体现，是促进前四个"S"发展的基础。

各要素之间的作用关系如图2-33所示。

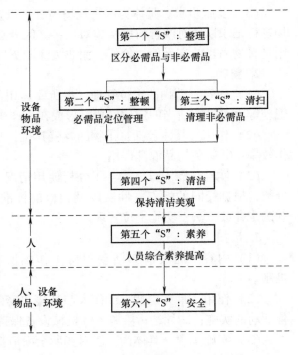

图2-33　6S各要素之间的关系

复习思考题

1. 工程项目管理的特点有哪些？
2. 精益建造的内涵是什么？精益建造如何推动建筑业的发展？
3. 目标管理理论方法如何在建设工程施工过程中运用？
4. 常见的施工组织方式有哪几种？各自有哪些特点？
5. 网络计划的类型如何划分？
6. 并行工程相对于传统串行工程有哪些优异性？
7. 全面质量管理理论如何在建设工程质量管理中运用？
8. 6S 管理各要素之间存在怎样的逻辑关系？

第 **3** 章

建设工程施工项目规划与准备

3.1 建设工程施工项目管理规划

3.1.1 施工项目管理规划概述

按照管理学对规划的定义，规划实质上就是计划，但与传统定义的计划不同的是，规划的范围更大、综合性更强。规划是指一个综合的、完整的、全面的总体计划。它包含目标、政策、程序、任务的分配、采取的步骤、使用的资源以及为完成既定行动所需要的其他因素。

1. 施工项目管理规划的概念

施工项目管理规划是在施工项目管理目标的实现和管理的全过程中，对施工项目管理的全过程中的各种管理职能、各种管理过程以及各种管理要素进行综合的、完整的、全面的总体计划，它是指导施工项目管理工作的纲领性文件。项目管理规划包括两类文件：项目管理规划大纲和项目管理实施规划。项目管理规划大纲是由企业管理层在投标之前编制的，旨在作为投标的依据，以中标和经济效益为目标，带有规划性的，满足招标文件要求及签订合同要求的文件。项目管理实施规划是在开工之前由项目经理主持编制的，旨在指导从施工准备、开工、施工直至竣工验收的全过程，以提高施工效率和效益，带有作业性的项目管理的文件。项目管理规划大纲和项目管理实施规划之间关系密切，前者是后者的编制依据，而后者贯彻前者的相关精神，对前者确定的目标和决策，做出更具体的安排，以指导实施阶段的项目管理。两类项目管理规划文件的区别见表 3-1。

表 3-1 两类项目管理规划文件的区别

种 类	编 制 者	编 制 时 间	服 务 范 围	主 要 特 征	主 要 目 标
项目管理规划大纲	经营管理层	投标书编制前	投标与签约	规划性	中标和经济效益
项目管理实施计划	项目管理层	签约后开工前	施工准备至验收	作业性	施工效率和效益

2. 施工项目管理规划的作用

施工项目管理规划就是在项目管理目标的实现和管理的全过程中，对项目管理全过程的事先安排和规划。它的作用主要有以下几方面：

（1）研究和制定项目管理目标。项目目标确定后，论证和分析目标能否实现以及对项目的工期、所需费用、功能要求进行规划，以达到综合平衡。

（2）项目管理规划是对整个项目总目标进行分解的过程。规划结果是那些更细、更具体目标的组合，是各个组织在各个阶段承担的责任及其进行中间决策的依据。

（3）项目管理规划是相应项目实施的管理规范，也是对相应项目实施控制的依据。通过项目管理规划，可以对整个项目管理的实施过程进行监督和诊断，以及评价和检验项目管理实施的成果。项目管理规划也是考核各层次项目管理人员业绩的依据。

（4）项目管理规划为业主和项目的其他方面（如投资者）提供需要了解和利用的项目管理规划的信息。

在现代工程项目中，没有周密的项目管理规划，或项目管理规划得不到贯彻和保证，就不可能取得项目的成功。

3. 施工项目管理规划的基本要求

施工项目管理规划是对工程项目管理的各项工作进行综合性的、完整的、全面的总体规划，由于项目的特殊性和项目管理规划的独特的作用，其基本要求如下。

（1）目标的分解与研究。项目管理规划是为保证实现项目管理总目标而做的各种安排，因此目标是规划的灵魂，必须研究项目总目标，弄清总任务，并与相关各方就总目标达成共识。如果对目标和任务理解有误，或不完全，必然会导致项目管理规划的失误，这是工程项目管理的最基本要求。

（2）符合实际。项目管理规划要有可行性，所以其在制定和执行过程中应对环境进行充分的调查研究，以保证规划的科学性和实用性。

（3）应着眼于项目的全过程。项目管理规划必须包括项目管理的各个方面和各种要素，必须对项目管理的各个方面做出安排，提供各种保证，形成一个非常周密的多维的系统。特别要考虑项目的设计和运行维护，考虑项目的组织及项目管理的各个方面。与过去的工程项目计划和项目的规划不同，项目管理规划更多地考虑项目管理的组织、项目管理系统、项目的技术定位、功能策划、运行准备和运行维护，以使项目目标能够顺利实现。

（4）内容的完备性和系统性。由于项目管理对项目实施和运营的重要作用，项目管理规划的内容十分广泛，涉及项目管理的各个方面。通常包括项目管理的目标分解、环境调查、项目管理范围和结构分解、项目实施策略、项目组织和项目管理组织设计，以及对项目相关工作的总体安排（如功能策划、技术设计、实施方案和组织、建设、融资、交付、运行的全部）等。

（5）集成化。项目管理规划所涉及的各项工作之间应有很好的衔接。项目管理规划体系应反映规划编制的基础工作，规划包括的各项工作，以及规划编制完成后的相关工作之间的系统联系，主要包括：

1）各个相关计划的先后次序和工作过程关系。

2）各相关计划之间的信息流程关系。

3）计划相关各个职能部门之间的协调关系。

4）项目各参加者（如业主、承包商、供应商、设计单位等）之间的协调关系。

3.1.2 施工项目管理规划的内容

虽然在一个工程项目建设中，不同的人（单位）进行不同内容、范围、层次和对象的项目管理工作，所以不同人（单位）的项目管理规划的内容会有一定的差别。但他们都是针对项目管理工作过程的，所以主要内容有许多共同点，在性质上是一致的，都应该包括相应的建设工程项目管理的目标、项目实施的策略、管理组织策略、项目管理模式、项目管理的组织规划和实施项目范围内的工作所涉及的各个方面的问题。

1. 项目管理目标的分析

项目管理目标分析的目的是为了确定适合建设项目特点和要求的项目目标体系。项目管理规划是为了保证项目管理目标的实现，所以目标是项目管理规划的灵魂。

项目立项后，项目的总目标已经确定。通过对总目标的研究和分解即可确定阶段性的项目管理目标。在这个阶段还应确定编制项目管理规划的指导思想或策略，使各方面的人员在计划的编制和执行过程中有总的指导方针。

2. 项目实施环境分析

项目环境分析是项目管理规划的基础性工作。在规划工作中，掌握相应的项目环境信息，是开展各个工作的前提和重要依据。通过环境调查，确定项目管理规划的环境因素和制约条件，收集影响项目实施和项目管理规划执行的宏观和微观的环境因素的资料，特别要注意尽可能地利用以前同类工程项目的总结和反馈信息。

3. 项目范围的划定和工作结构分解（WBS）

（1）根据项目管理目标分析划定的范围。

（2）对项目范围内的工作进行研究和分解，即项目的系统结构分解。

工作结构分解在国外称为 WBS（Work Breakdown Structure），指把工作对象（工程、项目、管理等过程）作为一个系统，将它们分解为相互独立、相互影响（制约）和相互联系的活动（或过程）。通过分解，有助于项目管理人员更精确地把握工程项目的系统组成，并为建立项目组织、进行项目管理目标的分解、安排各种职能管理工作提供依据。

进行工程施工和项目管理（包括编制计划、计算造价、工程结算等），应进行工作结构分解；进行施工项目目标管理，也必须进行工作结构分解。编制施工项目管理规划的前提就是项目结构分解。

4. 项目实施方针和组织策略的制定

项目实施方针和组织策略的制定就是确定项目实施和管理模式总的指导思想和总体安排，具体内容包括：

（1）如何实施该项目，业主如何管理项目，控制到什么程度。

（2）采用的发包方式，采取的材料和设备供应方式。

（3）由自己组织内部完成的管理工作，由承包商或委托管理公司完成的管理工作，准备投入的管理力量。

5. 工程项目实施总规划

工程项目实施总规划包括：

（1）工程项目总体的时间安排，重要的里程碑事件安排。

（2）工程项目总体的实施顺序。

（3）工程项目总体的实施方案，如施工工艺、设备、模板方案；给水排水方案；各种安全和质量的保证措施；采购方案；现场运输和平面布置方案；各种组织措施等。

6. 工程项目组织设计

工程项目组织设计的主要内容是确定项目的管理模式和项目实施的组织模式，建立建设期项目组织的基本架构和责权利关系的基本思路。

（1）项目实施组织策略，包括采用的分标方式、工程承包方式、项目可采用的管理模式。

（2）项目分标策划，即对项目结构分解得到的项目活动进行分类、打包和发包，考虑哪些工作由项目管理组织内部完成，哪些工作需要委托出去。

（3）招标和合同策划工作，这里包括两方面的工作，包括招标策划和合同策划两部分。

（4）项目管理模式的确定，即业主所采用的项目管理模式，如设计管理模式，施工管理模式是否采用监理制度等。

（5）项目管理组织设置，主要包括：

1）按照项目管理的组织策略、分标方式、管理模式等构建项目管理组织体系。

2）部门设置。管理组织中的部门，是指承担一定管理职能的组织单位，是某些具有紧密联系的管理工作和人员所组成的集合，它分布在项目管理组织的各个层次上。部门设计的过程，实质就是进行管理工作的组合过程，即按照一定的方式，遵循一定的策略和原则，将项目管理组织的各种管理工作加以科学的分类及合理组合，进而设置相应的部门来承担，同时授予该部门从事这些管理业务所必需的各种职权。

3）部门职责分工。绘制项目管理责任矩阵，针对项目组织中某个管理部门，规定其基本职责、工作范围、拥有权限、协调关系等，并配备具有相应能力的人员来满足项目管理的需要。

4）管理规范的设计。为了保证项目组织机构能够按照设计要求正常地运行，需要设计项目管理规范，这是项目组织设计制度化和规范化的过程。管理规范包含内容较多，在大型建设项目管理规划阶段，管理规范设计主要着眼于项目管理组织中各部门的责任分工以及项目管理主要工作的流程设计。

5）主要管理工作的流程设计。在项目管理规划中，管理工作的流程设计主要是研究部门之间在具体管理活动中的流程关系。项目中的工作流程，按照其涉及的范围大小可以划分为不同层次。

6）项目管理信息系统的规划。对新的大型的项目必须对项目管理信息系统做出总体规划。

7）其他。根据需要，项目管理规划还会有许多内容，但它们因不同对象而异。

建设工程项目管理规划的各种基础资料和规划结果应形成文件，并具有可追溯性，以便沟通。

3.1.3　施工项目管理规划的编制

1. 编制原则

项目管理规划的编制都应以实施目标管理为原则。项目管理规划大纲根据招标文件的要求，确定造价、工期、质量、三材用量等主要目标以参与竞争。签订合同的关键是在上述目标上双方达成一致。工程项目管理规划大纲的目的是实现合同目标，故以合同目标来规划施工项目管理班子的控制目标。施工项目管理实施规划是在项目总目标的约束下，规划子项目的目标并提出实施的规划。综上所述，编制施工项目管理规划的过程，实际上就是各类目标制定和目标分解的过程，也是提出项目目标实现的办法的规划过程，这样就必须遵循目标管理的原则，使目标分解得当，决策科学，实施有法。

2. 编制要求

项目管理规划作为工程项目管理的一项重要工作，在项目立项后（对建设项目在可行性研究批准后）进行编制。由于项目的特殊性和项目管理规划独特的作用，它的编制应符合如下要求：

（1）管理规划是为保证实现项目管理总目标，弄清总任务。如果对目标和任务理解有误，或不完全，必然会导致项目管理规划的失误。

（2）符合实际。管理规划要有可行性，不能纸上谈兵。符合实际主要体现在如下方面：

1）符合环境条件。大量的环境调查和充分利用调查结果，是制订正确计划的前提条件。

2）反映项目本身的客观规律性。按工程规模、复杂程度、质量水平、工程项目自身的逻辑性和规律性做计划，不能过于强调压缩工期和降低费用。

3）反映项目管理相关各方面的实际情况。包括：业主的支付能力、设备供应能力、管理和协调能力、资金供应能力；承包商的施工能力、劳动力供应能力、设备装备水平、生产效率和管理水平、过去同类工程的经验等；承包商现有工程的数量，对本工程能够投入的资源数量；所属的设计单位、供应商、分包商等完成相关的项目任务的能力和组织能力等。

所以在编制项目管理规划时必须经常与业主商讨，必须向生产者（承包商、工程小组、供应商、分包商等）做调查，征求意见，一起安排工作过程，确定工作持续时间，切不可闭门造车。

（3）全面性要求。项目管理规划必须包括项目管理的各个方面和各种要素，做出安排，提供各种保证，形成一个非常周密的多维的系统。

由于规划过程又是资源分配的过程，为了保证规划的可行性，人们还必须注意项目管理规划与项目规划和企业计划的协调。

（4）管理规划要有弹性，必须留有余地。项目管理规划在执行中可能会由于受到许多方面的干扰而需要改变：

1）由于市场变化，环境变化，气候影响，原目标和规划内容可能不符合实际，必须做调整。

2）投资者的情况变化，有了新的主意、新的要求。

3）其他方面的干扰，如政府部门的干预，新的法律的颁布。

4）可能存在计划和设计考虑不周、错误或矛盾，造成工程量的增加、减少和方案的变更，以及由于工程质量不合格而引起返工。

5）规划中必须包括相应的风险分析的内容，对可能发生的困难、问题和干扰做出预计，并提出预防措施。

3. 编制程序

项目管理规划都大致按施工组织设计的编制程序进行编制。具体说来大致是：施工项目组织规划—施工准备规划—施工部署—施工方案—施工进度计划—各类资源计划—技术组织措施规划—施工平面图设计—指标计算与分析。违背上述程序，将会给施工项目管理规划工作造成困难，甚至很难开展工作。

4. 编制对象

在一个工程项目中，不同的对象有不同层次、内容、角度的项目管理。在项目的具体实施中，对工程项目的实施和管理最重要和影响最大的是业主、承包商、监理工程师三个方面，他们都需要做相应的项目管理规划。

（1）业主的项目管理规划。业主的任务是对整个工程项目进行总体的控制，在工程项目被批准立项后，业主应根据工程项目的任务书对项目进行规划，以保证全面完成工程项目任务书规定的各项任务。

业主的项目管理规划的内容、详细程度、范围，与业主所采用的管理模式有关。如果业主采用"设计-施工-供应"总承包模式，则业主的项目管理规划就是比较宏观的、粗略的。如果业主采用分专业分阶段平行发包模式，那么业主必须做详细、具体、全面的项目管理规划。通常业主的项目管理规划是大纲性质的，对整个项目管理有规定性。业主的项目管理规划可以由咨询公司协助编制。

（2）工程承包商的项目管理规划。承包商与业主签订工程承包合同，承接业主的工程施工任务，则承包商就必须承担该合同范围内的工程施工项目的管理工作。按照我国现行的《建设工程项目管理规范》，项目管理规划应包括两类文件：

1）施工项目管理规划大纲。施工项目管理规划大纲必须在施工项目投标前由投标人进行编制，用以指导投标人进行施工项目投标和签订施工合同。

当承包人以编制施工组织设计代替项目管理规划时，施工组织设计应满足项目管理规划的要求。

2）施工项目管理实施规划。施工项目管理实施规划必须由施工项目经理组织施工项目经理部在工程开工之前编制完成，用以策划施工项目目标、管理措施和实施方案，以确保施工项目合同目标的实现。

（3）监理单位（或项目管理公司）的项目管理规划。监理单位（项目管理公司）为业主提供项目的咨询和管理工作。他们经过投标，与业主签订合同，承接业主的监理（项目管理）任务。按照我国现行的《建设工程监理规范》，监理单位在投标文件中必须提出本工程的监理大纲，在中标后必须按照监理规划大纲和监理合同的要求编制监理实施规划。由于监理单位是为业主进行工程项目管理，因此它所编制的监理大纲就是相关工程项目的管理大纲，监理实施规划就是项目管理的实施规划。

5. 编制责任

通常项目管理规划大纲由企业经营管理层编制，项目管理实施规划都应由项目经理主持编制。然而，由于项目管理规划内容繁多，难以靠一个人或一个部门完成，需要进行责任分工。具体说来应按以下要求进行分工：由项目经理亲自主持项目组织和施工部署的规划；由技术部门（人员）负责施工方案的编制；由生产计划部门（人员）或工程部门（人员）负责施工进度计划的编制和施工平面图的规划；由各相关部门（人员）分别负责施工技术组织措施和资源计划中相关的内容；由项目经理负责协调各部门并使之相互创造条件，提供支持；指标的计算与分析也由各部门分别进行。

3.1.4 施工项目管理规划的管理与执行

1. 施工项目管理规划的管理

（1）项目管理实施策划应经会审后，由项目经理签字并报企业主管领导人审批。

（2）项目管理规划应经总监理工程师认可，如有不同意见，经协商后可由项目经理主持修改。

2. 施工项目管理规划的执行

（1）项目管理规划执行的目标管理。主要包括以下内容：

1）设置管理点，即施工项目管理规划的关键环节。要把每项规划内容的管理点都找出来，制定保证实现的办法。

2）落实执行责任，原则上是谁制定的规划内容，由谁来组织实施。

3）实施施工项目管理规划是个系统工程，各部门有主要责任也有次要责任；明确责任以后，还要定出检查标准和检查方法，必要的资源保证必须及时提出。

（2）执行施工项目管理规划要贯彻全面履行的原则，但它的关键是目标控制，因此要围绕质量、进度、成本、安全、施工现场五大目标，实现规划中所确定的技术组织措施，加强合同管理、信息管理和组织协调，确保目标实现。

（3）在执行施工项目管理规划时要进行检查与调整，否则便无法进行控制。检查与调整的重点是质量体系、施工进度计划、施工项目成本责任制、安全保证体系和施工平面图。

（4）对施工项目管理规划执行的结果要进行总结分析，其目的是找出经验与教训，为提高以后的规划工作和目标控制水平服务，并整理档案资料。

3.2 建设工程施工组织设计

施工组织设计是以施工项目为对象编制的，用以指导施工全过程各项活动的技术、经济和管理的综合性文件。施工组织设计是指导工程投标与签订承包合同、指导施工准备和施工全过程的全局性的技术经济文件，也是对施工活动的全过程进行科学管理的重要依据。

3.2.1 施工组织设计的编制依据、编制原则及其作用

1. 施工组织设计的编制依据

（1）与工程建设有关的法律、法规和文件。

（2）国家现行有关标准、定额、规范和技术经济指标。

（3）工程所在地区行政主管部门的批准文件，建设单位（业主）对施工的要求。

（4）工程施工合同或招标投标文件。

（5）工程设计文件。

（6）工程施工范围内的现场条件，工程地质及水文地质、气象等自然条件。

（7）与工程有关的资源供应情况。

（8）施工企业的生产能力、机具设备状况、企业技术水平等。

2. 施工组织设计的编制原则

（1）符合施工合同或招标文件中有关工程进度、质量、安全、环境保护、造价等方面的要求。

（2）积极开发、使用新技术和新工艺，推广应用新材料和新设备。

（3）坚持科学的施工程序和合理的施工顺序，采用流水施工和网络计划等方法，科学配置资源，合理布置现场，采取季节性施工措施，实现均衡施工，达到合理的经济技术指标。

（4）采取技术和管理措施，推广建筑节能和绿色施工。

（5）与质量、环境和职业健康安全三个管理体系有效结合。

3. 施工组织设计的作用

标前施工组织设计的主要作用，是指导工程投标与签订工程承包合同，并作为投标书（技术标）的一项重要内容和合同文件的一部分。实践证明，在工程投标阶段编好施工组织设计，充分反映施工企业的综合实力，是实现中标，提高市场竞争力的重要途径。标后施工组织设计的主要作用是，指导施工前的准备工作和工程施工全过程，并作为项目管理的规划性文件，制定出工程施工中进度控制、质量控制、成本控制、安全控制、现场管理、各项生产要素管理的目标及技术组织措施，提高综合效益。实践证明，在工程施工阶段编好施工组织设计，是实现科学管理、提高工程质量、降低工程成本、加速工程进度、预防安全事故的可靠保证。施工组织设计的编制应具有科学性、针对性、操作性，以保证工程质量、进度、安全并减少对施工现场周边环境的影响，对提升生产力、规避风险、减少工程建设投资，对提高企业经济效益具有重要意义。

3.2.2　施工组织设计的分类

1. 按编制的目的和阶段分类

根据编制的目的与编制阶段的不同，施工组织设计可划分为两类：一类是投标前编制的施工组织设计（简称标前设计），另一类是签订工程承包合同后编制的施工组织设计（简称标后设计）。两类施工组织设计的区别见表3-2。

表3-2　两类施工组织设计的区别

种　类	服务范围	编制时间	编制者	主要特征	主要目标
标前设计	投标与签约	经济标书编制前	经营管理层	规划性	中标和经济效益
标后设计	施工准备至验收	签约后开工前	项目管理层	作业性	施工效率和效益

2. 按编制对象的不同分类

施工组织设计按照所针对的工程规模大小，建筑结构的特点，技术、工艺的难易程度及施工现场的具体条件，可分为施工组织总设计、单项（或单位）工程施工组织设计和分部（分项）工程施工组织设计三类。

（1）施工组织总设计。施工组织总设计是以整个建设项目或群体工程为对象编制的。它是对整个建设工程的施工过程和施工活动进行全面规划，统筹安排，据以确定建设总工期、各单位工程开展的顺序及工期、主要工程的施工方案、各种物资的供需计划、全工地性暂设工程及准备工作、施工现场的布置，同时也是编制年度计划的依据。由此可见，施工组织总设计是总的战略部署，是指导全局性施工的技术、经济纲要。

（2）单项（或单位）工程施工组织设计。单项（或单位）工程施工组织设计是以单项（或单位）工程为对象编制，用以指导单项（或单位）工程的施工准备和施工全过程的各项活动；它还是施工单位编制作业计划和制订季、月、旬施工计划的依据。单位工程施工组织设计根据工程规模、技术复杂程度不同，其编制内容的深度和广度亦有所不同。对于简单的单位工程，一般只编制施工方案并附以施工进度计划和施工平面图，即"一案、一图、一表"。

（3）分部（或分项）工程施工组织设计。对于施工难度大或施工技术复杂的大型工业厂房或公共建筑物，在编制单项（或单位）工程施工组织设计之后，还应编制主要分部工程的施工组织设计，用来指导各分部工程的施工。如复杂的基础工程、钢筋混凝土框架工程、钢结构安装工程、大型结构构件吊装工程、高级装修工程、大型土石方工程等。分部（分项）工程施工设计突出作业性。其中，针对某些特别重要的、专业性较强的、技术复杂的、危险性高的，或采用新工艺、新技术施工的分部（分项）工程，还应当编制专项安全施工组织设计（也称为专项施工方案），并采取安全技术措施。如针对深基坑开挖工程、无黏结预应力混凝土工程、特大构件的吊装工程、大量土石方工程、冬雨期施工等为对象编制的专项安全施工组织设计，其内容具体、详细，可操作性强，是直接指导分部（分项）工程施工的依据。

3. 按编制的时间和深度分类

对于工程施工项目的投标人或承包商而言，施工组织设计文件根据编制的时间和深度要求不同，可以划分为投标项目的施工组织设计（或规划）大纲和承建项目的施工组织设计两类。

（1）投标项目的施工组织设计（或规划）大纲。投标项目的施工组织设计（或规划）大纲，是投标企业根据招标文件的要求和所提供的工程背景资料，结合本企业的技术和管理特点，考虑投标竞争的因素，对工程施工组织与管理，提出战略性的总体构想。其重点是施工技术方案、资源配置、施工程序、质量保证和工期进度目标的控制措施等。投标项目的施工组织设计（或规划）大纲，构成投标文件的技术标书，是施工投标竞争的重要内容，其施工技术方案的优势和特色，体现其施工成本的优势，并为其商务标书的竞争力提供有力的支撑。

（2）承建项目的施工组织设计。施工项目承包商，在工程施工前必须根据投标时编制的施工组织设计（或规划）大纲，在施工合同评审的基础上，根据施工企业所确定的该项目的施工指导方针和项目管理目标要求，编制详细的施工组织设计文件，作为现场施工的组织与计划管理文件。承包人的详细施工组织设计必须在充分理解工程特点、施工内容、合同条件、现场条件和法律法规的基础上编制，应满足施工准备和施工需要。

3.2.3　施工组织设计的内容

施工组织设计的种类不同，其编制的内容也有所差异。但都要根据编制的目的与实际需要，结合工程对象的特点、施工条件和技术水平进行综合考虑，做到切实可行、经济合理。各种施工组织设计的主要内容均要包含以下几个方面。

1. 工程概况

工程概况主要概括地说明工程的性质、规模，建设地点，结构特点，建筑面积，施工期限，合同的要求；工程平面组成、层数、层高和建筑面积，并附以平面、立面和剖面图；结构特点、复杂程度和抗震要求，并附以主要工种工程量一览表；本地区地形、地质、水文和气象情况；施工力量；劳动力、机具、材料、构件等供应情况；施工环境及施工条件等。

2. 施工部署及施工方案

全面部署施工任务，合理安排施工顺序，确定主要工程的施工方案。施工方案的选择应技术可行，经济合理，施工安全。应结合工程实际，拟定可能采用的几种施工方案，进行定性、定量的分析，通过技术经济评价，择优选用。制定施工方案的要点如下。

（1）确定施工起点流向。施工起点流向是指单项工程在平面上和竖向上施工开始部位和进展方向，它主要解决施工项目在空间上施工顺序合理的问题。

（2）确定施工程序。施工程序是指单项工程不同施工阶段之间所固有的、密切不可分割的先后施工次序。它既不可颠倒，也不能超越。

单项（位）工程施工总程序包括：签订工程施工合同、施工准备、全面施工和竣工验收。此外，其施工程序还有：先场外后场内、先地下后地上、先主体后装修和先土建后设备安装。在编制施工方案时，必须认真研究单项工程施工程序。

（3）确定施工顺序。施工顺序是指单项（位）工程内部各个分部（项）工程之间的先后施工次序。施工顺序合理与否，将直接影响工种间配合、工程质量、施工安全、工程成本和施工速度，必须科学合理地确定单项工程施工顺序。

（4）确定施工方法。在选择施工方法时，要重点解决影响整个单项（位）工程施工的主要分部（项）工程。对于人们熟悉的、工艺简单的分项工程，只要加以概括说明即可。

（5）确定安全施工措施。安全施工措施包括：预防自然灾害措施、防火防爆措施、劳动保护措施、特殊工程安全措施、环境保护措施。

（6）制定施工方案。根据项目的具体情况，进行土石方、砌筑、脚手架、垂直运输、模板、混凝土浇筑等工程的施工方案选择，以及起重机和安全施工方案选择。

（7）评价施工方案的主要指标。评价施工方案的指标分定性评价指标和定量评价指标两大类。

定性评价指标主要有：施工操作难易程度和安全可靠性；为后续工程创造有利条件的可能性；利用现有或取得施工机械的可能性；施工方案对冬雨期施工的适应性；为现场文明施工创造有利条件的可能性。

定量评价指标主要有：单项（位）工程施工工期；单项（位）工程施工成本；单项（位）工程施工质量；单项（位）工程劳动消耗量；单项（位）工程主要材料消耗量。

3. 施工进度计划

施工进度计划反映了最佳施工方案在时间上的安排。其主要作用有：确定出合理可行的计划工期，并使工期、成本、资源等通过计算和调整达到优化配置，符合目标的要求；使工程有序地进行，做到连续和均衡施工。施工进度计划编制要点如下。

（1）确定施工起点流向和划分施工段。按照正确方法确定施工起点流向，按照流水参数确定方法划分施工段和施工层。

（2）计算工程量。如果工程项目划分与施工图预算一致，可以采用施工图预算的工程量数据。工程量计算要与所采用施工方法一致，其计算单位要与所采用定额单位一致。

（3）确定分项工程劳动量或机械台班数量。分项工程劳动量或机械台班数量的计算式为

$$P_i = Q_i / S_i = Q_i \cdot H_i \tag{3-1}$$

式中　P_i——某分项工程劳动量或机械台班数量；

　　　Q_i——某分项工程的工程量；

S_i——某分项工程计划产量定额；

H_i——某分项工程计划时间定额。

（4）确定分项工程持续时间。分项工程持续时间的计算式为

$$t_i = \frac{P_i}{R_i N_i} \tag{3-2}$$

式中　t_i——某分项工程持续时间；

　　　R_i——某分项工程工人数或机械台数；

　　　N_i——某分项工程工作班次；

其他符号同前。

（5）安排施工进度。同一性质主导分项工程尽可能连续施工；非同一性质穿插分项工程，要最大限度搭接起来；计划工期要满足合同工期要求；要满足均衡施工要求；要充分发挥主导机械和辅助机械生产效率。

（6）调整施工进度。如果工期不符合要求，应改变某些分项工程施工方法，调整和优化工期，使其满足进度控制目标要求。

如果资源消耗不均衡，应对进度计划初始方案进行资源调整。如网络计划的资源优化和施工横道计划的资源动态曲线调整。

4. 施工平面图

施工平面图是施工方案及进度计划在空间上的全面安排。它是把投入的各种资源——材料、机具、设备、构件、道路、水电网路和生产、生活临时设施等，合理地排布在施工场地上，使整个现场能井然有序、方便高效、确保安全，实现文明施工。

施工平面图上的内容包括：建筑总平面图上的全部地上、地下建筑物、构筑物和管线；地形等高线；测量放线标桩位置；各类起重机械停放场地和开行路线位置；生产性、生活性施工设施和安全防火设施位置。设计施工平面图步骤如下。

（1）确定起重机械数量和位置。

1）确定起重机械数量。起重机械数量按下式计算

$$N = \sum Q/S \tag{3-3}$$

式中　N——起重机台数；

　　$\sum Q$——垂直运输高峰期每班要求运输总次数；

　　　S——每台起重机每班运输次数。

2）确定起重机械位置。固定式起重机械位置，如龙门架和井架等，要根据机械性能、建筑物平面尺寸、施工段划分状况和材料运输去向具体确定。自行有轨式起重机械位置，如塔式起重机，要根据建筑物平面尺寸、吊物重量和起重机能力具体确定。自行无轨式起重机械位置，如轮胎式和履带式起重机，要根据建筑物平面尺寸、构件重量、安装高度和吊装方法具体确定。

（2）确定搅拌站、材料堆场、仓库和加工场位置。当采用固定式起重机械时，搅拌站及其材料堆场要靠近起重机械；当采用自行有轨式起重机械时，搅拌站及其材料堆场应在其起重半径范围内；当采用自行无轨式起重机械时，应将其沿起重机械开行路线和起重半径范围内布置。

施工现场仓库位置，应根据其材料使用地点优化确定。各种加工场位置，要根据加工品使用地点和不影响主要工种工程施工的原则，通过不同方案优选来确定。

（3）确定运输道路位置。施工现场应优先利用永久性道路，或者先建永久性道路路基，作为施工道路使用，在工程竣工前再铺路面。运输道路要沿生产性和生活性施工设施布置，使其畅通无阻，并尽可能形成环形路线。道路宽度不小于 3.5m，转弯半径不大于 10m；道路两侧要设排水沟，保持路面排水畅通；道路每隔一定距离要设置一个回车场，每个施工现场至少要有两个道路出口。

（4）行政管理和文化福利设施布置。行政管理和文化福利设施包括：办公室、工人休息室、食堂、烧水房、收发室和门卫室等。要根据方便生产、有利于生活、安全防火和劳动保护要求，具体确定它们各自位置。

（5）确定水电管网位置。具体如下：

1）施工给水和排水。在布置施工给水管网时，应力求给水管网总长度最短，供水管径大小要根据计算确定，并按建设地区特点，确定管网埋设方式。在确定施工项目生产和生活用水同时，还要确定现场消防用水及其设施的布设。

为排除现场地面水和地下水，要接通永久性地下排水管道，同时做好地面排水工作，在雨期到来之前修筑好排水明沟。

2）施工供电设施。通常单项（位）工程施工用电，要与建设项目施工用电综合考虑，如属于独立的单项（位）工程，要先计算出施工用电总量，并选择相应变压器，然后计算支路导线截面面积，并确定供电网的形式。施工现场供电线路，通常要架空铺设，并尽量使其线路最短。

5. 各种资源需要量计划

在进度计划编制后就要统计各种资源，如劳动力、机械设备、材料、成品或半成品的需要时间、数量、规格型号等，制成资源需要量计划表，为及时供应提供依据。单项（位）工程施工资源计划内容包括：劳动力需要量计划、建筑材料需要量计划、预制加工品需要量计划、施工机具需要量计划、生产工艺设备需要量计划和施工设施需要量计划。

（1）劳动力需要量计划。劳动力需要量计划是根据施工方案、施工进度和施工预算，依次确定专业工种、进场时间、劳动量和工人数，然后汇集成表格形式。它可作为现场劳动力调配的依据。

（2）建筑材料需要量计划。建筑材料需要量计划是根据施工预算工料分析和施工进度，依次确定的材料名称、规格、数量和进场时间，并汇集成表格形式。它可作为备料、确定堆场和仓库面积以及组织运输的依据。

（3）预制加工品需要量计划。预制加工品需要量计划是根据施工预算和施工进度计划而编制的，它可作为加工订货、确定堆场面积和组织运输依据。

（4）施工机具需要量计划。施工机具需要量计划是根据施工方案和施工进度计划而编制的，它可作为落实施工机具来源和组织施工机具进场的依据。

（5）生产工艺设备需要量计划。生产工艺设备需要量计划是根据生产工艺布置图和设备安装进度而编制的，它可作为生产设备订货、组织运输和进场后存放的依据。

（6）施工设施需要量计划。根据项目施工需要，确定相应施工设施，编制施工设施需要量计划。相关施工设施通常包括：施工安全设施、施工环保设施、施工用房屋、施工运输设施、施工通信设施、施工供水设施、施工供电设施和其他设施。

6. 主要技术经济指标

施工组织设计的技术水平和综合经济效益如何，需通过技术经济指标加以评价。施工组织设计的主要技术经济指标包括施工工期、施工质量、施工成本、施工安全、施工环保、施工效率和其他技术经济指标。

（1）项目施工工期。项目施工工期包括：建设项目总工期；独立交工系统工期；以及独立承包项目和单项工程工期。

（2）项目施工质量。项目施工质量包括：分部工程质量标准；单位工程质量标准；以及单项工程和建设项目质量水平。

（3）项目施工成本。项目施工成本包括：建设项目总造价、总成本和利润；每个独立交工系统总造价、总成本和利润；独立承包项目造价、成本和利润；每个单项工程、单位工程的造价、成本和利润。

（4）项目施工消耗。项目施工消耗包括：建设项目总用工量；独立交工系统用工量；每个单项工程用工量，以及它们各自平均人数、高峰人数和劳动力不均衡系数、劳动生产率；主要材料消耗量和节约量；主要大型机械使用数量、台班量和利用率。

（5）项目施工安全。项目施工安全包括：施工人员伤亡率、重伤率、轻伤率和经济损失四项。

（6）项目施工其他指标。项目施工其他指标包括：施工设施建造费比例、综合机械化程度、工厂化程度和装配化程度，以及流水施工系数和施工现场利用系数。

3.2.4 施工组织设计文件的编制与执行

1. 施工组织设计文件的编制

施工组织设计文件编制与管理的流程如图 3-1 所示。

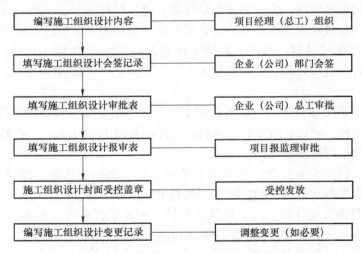

图 3-1　施工组织设计文件编写与管理流程

2. 施工组织设计文件的贯彻执行

施工组织设计的编制只是为实施拟建工程施工提供了一个可行的理想方案。要使这个方案得以实现,必须在施工实践中认真贯彻、执行施工组织设计。项目施工前应进行施工组织设计逐级交底,目的是使项目主要管理人员对建筑概况、工程重难点、施工目标、施工部署、施工方法与措施等方面有一个全面的了解,以便在施工过程的管理及工作安排中做到目标明确、有的放矢。

(1)经过批准的施工组织设计文件,应由负责编制该文件的主要负责人,向参与施工的有关部门和有关人员进行交底,说明该施工组织设计的基本方针,分析决策过程、实施要点,以及关键性技术问题和组织问题。交底的目的在于使基层施工技术人员和工人心中有数,形成人人把关的局面。

(2)项目施工组织设计经审批后,项目总工程师(技术负责人)应组织项目技术工程师等参与编制人员就施工组织设计中的主要管理目标、管理措施、规章制度、主要施工方案及质量保证措施等对项目全体管理人员及分包主要管理人员进行交底并编写交底记录。

(3)施工方案经审批后,项目负责编制该方案的技术工程师或责任工程师应就方案中的主要施工方法、施工工艺及技术措施等向相关现场管理人员及分包方进行方案交底并编写方案交底记录。

(4)经过审批的施工组织设计,项目计划部门应根据具体内容制订出切实可行且严密的施工计划,项目技术部门拟定科学合理的、具体的技术实施细则,保证施工组织设计的贯彻执行。

(5)交底应全面、及早进行。在交底中,应特别重视本单位当前的施工质量通病、安全隐患或事故,做到防患于未然。为预防可能发生的质量事故和安全事故,交底应做到全面、周到、完整,并且应及早进行交底,使管理人员及施工工人有时间消化和理解交底中的技术问题,及早做好准备,有利于完成施工活动。施工组织设计交底的内容及重点见表3-3。

表3-3　施工组织设计交底的内容及重点

项　目	说　明
内容	1. 工程概况及施工目标的说明 2. 总体施工部署的意图,施工机械、劳动力、大型材料安排与组织 3. 主要施工方法、关键性的施工技术及实施中存在的问题 4. 施工难度大的部位的施工方案及注意事项 5. "四新"技术的技术要求、实施方案、注意事项 6. 进度计划的实施与控制 7. 总承包的组织与管理 8. 质量、安全控制等方面内容
重点	施工部署、重难点施工方法与措施、进度计划实施及控制、资源组织与安排

3. 施工组织设计的调整及完善

施工组织设计应实行动态管理,应及时进行修改或补充完善。

(1)项目施工过程中,发生以下情况之一时,施工组织设计应及时进行修改或补充。

1)工程设计有重大修改。当工程设计图发生重大修改时,如地基基础或主体结构的形式发生变化、装修材料或做法发生重大变化、机电设备系统发生大的调整等,需要对施工组织设计进行修改;对工程设计图的一般性修改,视变化情况对施工组织设计进行补充;对工程设计图的细微修改或更正,施工组织设计则不需调整。

2）有关法律、法规、规范和标准的实施、修订和废止。当有关法律、法规、规范和标准开始实施或发生变更，并涉及工程的实施、检查或验收时，施工组织设计需要进行修改或补充。

3）主要施工方法有重大调整。由于主客观条件的变化，施工方法有重大变更，原来的施工组织设计已不能正确地指导施工，需要对施工组织设计进行修改或补充。

4）主要施工资源配置有重大调整。当施工资源配置有重大变更，并且影响到施工方法的变化或对施工进度、质量、安全，环境、造价等造成潜在的重大影响时，需对施工组织设计进行修改或补充。

5）施工环境有重大改变。当施工环境发生重大改变，如施工延期造成季节性施工方法变化，施工场地变化造成现场布置和施工方式改变等，致使原来的施工组织设计已经不能正确地指导施工时，需对施工组织设计进行修改或补充。

（2）经修改或补充的施工组织设计应重新审批后实施。经过修改或补充的施工组织设计原则上需经原审批级别的组织或部门重新审批。

3.3 建设工程施工准备工作

对于一个好的工程项目来说，前期的施工准备工作显得尤为重要，因为它是工程建设能够顺利完成的战略措施和重要前提。施工准备可以保证拟建工程连续均衡地进行施工，在规定的工期内交付使用；还可以在保证工程质量的条件下提高劳动生产率和降低工程成本；并且它对充分发挥人的积极因素，合理组织人力物力，加快工程进度，提高工程质量，节约国家投资和减少原材料浪费，都起着重要的作用。

3.3.1 施工准备工作分类

1. 按准备工作范围划分

（1）全场性施工准备。这是以一个建设项目为对象而进行的各项施工准备，其目的和内容都是为全场性施工服务的。它不仅要为全场性的施工活动创造有利条件，而且要兼顾单项（位）工程施工条件的准备。

（2）单项（位）工程施工条件准备。这是以一个建筑物或构筑物为对象而进行的施工准备，其目的和内容都是为该单项（位）工程服务的。它既要为单项（位）工程做好开工前的一切准备，又要为其分部（项）工程施工进行作业条件的准备。

（3）分部（项）工程作业条件准备。这是以一个分部（项）工程或冬、雨期施工工程为对象而进行的作业条件准备。

2. 按工程所处施工阶段划分

（1）开工前的施工准备工作。这是在拟建工程正式开工前所进行的一切施工准备，其目的是为工程正式开工创造必要的施工条件。它既包括全场性的施工准备，又包括单项工程施工条件的准备。

（2）开工后的施工准备工作。这是在拟建工程开工后，每个施工阶段正式开始之前所进行的施工准备。如混合结构住宅的施工，通常分为地下工程、主体结构工程和装饰工程等施工阶段，每个阶段的施工内容不同，其所需物资技术条件、组织要求和现场布置等方面也不同，因此，必须做好相应的施工准备。

3.3.2 施工准备工作内容

1. 技术准备

（1）认真做好扩大初步设计方案的审查工作。任务确定以后，应提前与设计单位结合，掌握扩大初步设计方案编制情况，使方案的设计在质量、功能、工艺技术等方面均能适应建筑材料、建筑工艺的发展水平，为施工扫除障碍。

（2）熟悉和审查施工图。这方面的工作包括：

1）审查施工图是否完整和齐全；施工图是否符合国家有关工程设计和施工的方针及政策。

2）审查施工图与其说明书在内容上是否一致；施工图及其各组成部分间有无矛盾和错误。

3）审查建筑图与其相关的结构图，在尺寸、坐标、标高和说明方面是否一致，技术要求是否明确。

4）熟悉工业项目的生产工艺流程和技术要求，掌握配套投产的先后次序和相互关系；审查设备安装图与其相配合的土建施工图在坐标和标高尺寸上是否一致，土建施工的质量标准能否满足设备安装的工艺要求。

5）审查基础设计或地基处理方案同建造地点的工程地质和水文地质条件是否一致；弄清建筑物与地下构筑物、管线间的相互关系。

6）掌握拟建工程的建筑和结构的形式和特点，需要采取哪些新技术；复核主要承重结构或构件的强度、刚度和稳定性能否满足施工要求；对于工程复杂、施工难度大和技术要求高的分部（项）工程，要审查现有施工技术和管理水平能否满足工程质量和工期要求；弄清建筑设备及加工订货有何特殊要求等。

熟悉和审查施工图主要是为编制施工组织设计等提供各项依据，通常按图纸自审、会审和现场签证三个阶段进行。图纸自审由施工单位主持，并写出图纸自审记录。图纸会审由建设单位主持，设计和施工单位共同参加，形成图纸会审纪要，由建设单位正式行文，三方共同会签并加盖公章，作为指导施工和工程结算的依据。图纸现场签证是在工程施工中，遵循技术核定和设计变更签证制度，对所发现的问题进行现场签证，作为指导施工、竣工验收和结算的依据。

（3）原始资料调查分析。原始资料调查分析包括自然条件和技术经济条件两方面的调查分析。

1）自然条件调查分析。自然条件调查分析包括对建设地区的气象、建设场地的地形、工程地质和水文地质、施工现场地上和地下障碍物状况、周围民宅的坚固程度及其居民的健康状况等项的调查分析。自然条件调查分析为编制施工现场的"四通一平"计划提供依据，如地上建筑物的拆除、高压输电线路的搬迁、地下构筑物的拆除和各种管线的搬迁等项工作。为减少施工公害，如打桩工程应在打桩前，对居民的危房和居民中的心脏病患者，采取保护性措施。自然条件调查用表，如气象、地形、地质和水文调查内容表，见表3-4。

表 3-4　气象、地形、地质和水文调查内容表

项目	调查内容	调查目的
气温	1. 年平均温度，各月份的逐月平均温度，结冰期，解冻期 2. 冬、夏室外计算温度 3. 小于或等于 −3℃、0℃、+5℃ 的天数、起止时间	1. 防暑降温 2. 冬期施工 3. 混凝土、灰浆强度增长
降雨	1. 雨期起止时间 2. 全年降水量，昼夜最大降水量 3. 年雷暴日数	1. 雨期施工 2. 工地排水、防洪 3. 防雷
风	1. 主导风向及频率 2. 大于或等于 8 级风全年天数，时间	1. 布置临时设施 2. 高空作业及吊装措施
地形	1. 区域地形图 2. 厂址地形图 3. 该区的城市规划 4. 控制桩、水准点的位置	1. 选择施工用地 2. 布置施工总平面图 3. 现场平整土方量计算 4. 障碍物及数量
地震	地震等级、烈度大小	1. 对地基影响 2. 施工措施
地质	1. 钻孔布置图 2. 地质剖面图（土层特征及厚度） 3. 地质的稳定性、滑坡、流沙、冲沟 4. 物理力学指标：天然含水率、天然孔隙比、塑性指数、压缩试验 5. 最大冻结深度 6. 地基土强度结论 7. 地基土破坏情况，土坑、枯井、古墓、地下构筑物	1. 土方施工方法的选择 2. 地基处理方法 3. 基础施工 4. 障碍物拆除计划 5. 复核地基基础设计
地下水	1. 最高、最低水位及时间 2. 流向、流速及流量 3. 水质分析 4. 抽水试验	1. 土方施工 2. 基础施工方案的选择 3. 降低地下水位 4. 侵蚀性质及施工注意事项
地面水	1. 临近的江河湖泊及距离 2. 洪水、平水及枯水时期 3. 流量、水位及航道深 4. 水质分析	1. 临时给水 2. 航运组织 3. 水工工程

2）技术经济条件调查分析。技术经济条件调查分析包括对地方建筑生产企业、地方资源、交通运输、水电及其他能源、主要设备、国拨材料、特种物资以及参加施工的各方的生产能力等项的调查。技术经济条件调查用表，见表 3-5 ~ 表 3-10。

表 3-5　地方建筑生产企业情况调查内容表

企业和产品名称	规格	单位	生产能力	供应能力	生产方式	出厂价格	运距	运输方式	单位价格	备注

注：1. 企业名称按构件厂，木工厂，商品混凝土厂，门窗厂，设备、脚手、模板租赁厂，金属结构厂，采料厂，砖、瓦、灰厂等填列。

2. 这一调查可向当地计划、经济或主管建筑企业的机关进行。

表 3-6 地方资源情况调查内容表

材料（或资源）名称	产地	埋藏量	质量	开采量	开采费	出厂价	运距	运费	备注

注：材料名称按块石、碎石、砾石、砂、工业废料（包括冶金矿渣、炉渣、电站粉煤灰等）填列。

表 3-7 交通运输条件调查内容表

项目	内容
铁路	1. 邻近铁路专用线，车站至工地距离，运输条件 2. 车站起重能力，卸货线长度，现场存储能力 3. 装载货物的最大尺寸 4. 运费、装卸费和装卸力量
公路	1. 各种材料运至工地的公路等级、路面构造、路宽及完好情况，允许最大载重量 2. 途经桥涵等级，允许最大载重量 3. 当地专业运输机构及附近农村能提供的运输能力（t·km 数）。汽车、人、畜力车数量，效率 4. 运费、装卸费和装卸力量 5. 有无汽车修配厂，至工地距离，道路情况，能提供的修配能力
航运	1. 货源与工地至邻近河流、码头、渡口的距离，道路情况 2. 洪水、平水、枯水期，通航最大船只及吨位，取得船只情况 3. 码头装卸能力，最大起重量，增设码头的可能性 4. 渡口、渡船能力，同时可载汽车、马车数，每日次数，能为施工提供的能力 5. 每吨货物运价，装卸费和渡口费

表 3-8 水、电源和其他动力条件调查内容表

项目	内容
给水排水	1. 与当地现有水源连接的可能性，可供水量，接管地点，管径、材料、埋深，水压、水质、水费，至工地距离，地形地物情况 2. 自选临时江河水源，至工地距离，地形地物情况，水量，取水方式，水质及处理 3. 自选临时水井水源的位置、深度、管径和出水量 4. 利用永久排水设施的可能，施工排水去向，距离和坡度，洪水影响，现有防洪设施
供电与通信	1. 电源位置，供电的可能性，方向，接线地点至工地的距离，地形地物情况；允许供电量，电压，导线截面面积，电费 2. 建设和施工单位自有发电设备的规格型号、台数、能力 3. 利用邻近通信设备的可能性，可能增设电话、计算机等自动化办公设备和线路情况
蒸汽等	1. 有无蒸汽来源，可供蒸汽量，管径、埋深，至工地距离，地形地物情况，蒸汽价格 2. 建设和施工单位自有锅炉设备的规格型号、台数和能力，所需燃料，用水水质 3. 当地和建设单位的压缩空气、氧气的提供能力，至工地距离

表 3-9 主要设备、材料和特殊物资调查内容表

项目	内容
设备	1. 主要工艺设备名称及来源，含进口设备 2. 分批和全部到货时间
三大材料	1. 钢材分配的规格、钢号、数量和到货时间 2. 木材分配的品种、等级、数量和到货时间 3. 水泥分配的品种、强度等级、数量和到货时间
特殊材料	1. 需要的品种、规格和数量 2. 进口材料和新材料

表 3-10　参加施工的各单位（含分包）生产能力情况调查内容表

项　　目	内　　容
工人	1. 总数，分工种人数 2. 定额完成情况 3. 一专多能情况
管理人员	1. 管理人员数，所占比例 2. 其中干部、技术人员、服务人员和其他人员数
施工机械	1. 名称、型号、能力、数量、新旧程度（列表） 2. 总装备程度（马力/全员） 3. 拟、订购的新增加情况
施工经验	1. 在历史上曾施工过的主要工程项目 2. 习惯采用的施工方法 3. 采用过的先进施工方法 4. 科研成果
主要指标	1. 劳动生产率 2. 质量、安全 3. 降低成本 4. 机械化、工厂化程度 5. 机械设备的完好率、利用率

（4）编制施工图预算和施工预算。施工图预算应按照施工图所确定的工程量、施工组织设计拟定的施工方法、建筑工程预算定额和有关费用定额，由施工单位编制。

（5）编制施工组织设计。拟建工程应根据工程规模、结构特点和建设单位要求，编制指导该工程施工全过程的施工组织设计。

2. 物资准备

（1）物资准备工作内容。物资准备工作的内容包括：建筑材料准备，构（配）件和制品加工准备，建筑施工机具准备，生产工艺设备准备。

1）建筑材料准备。根据施工预算的材料分析和施工进度计划的要求，编制建筑材料需要量计划，为施工备料、确定仓库和堆场面积以及组织运输提供依据。

2）构（配）件和制品加工准备。根据施工预算所提供的构（配）件和制品加工要求，编制相应计划，为组织运输和确定堆场面积提供依据。

3）建筑施工机具准备。根据施工方案和进度计划的要求，编制施工机具需要量计划，为组织运输和确定机具停放场地提供依据。

4）生产工艺设备准备。按照生产工艺流程及其工艺布置图的要求，编制工艺设备需要量计划，为组织运输和确定堆场面积提供依据。

（2）物资准备工作程序。物资准备工作的程序如下：

1）编制各种物资需要量计划。

2）签订物资供应合同。

3）确定物资运输方案和计划。

4）组织物资按计划进场和保管。

3. 劳动组织准备

（1）建立施工项目领导机构。根据工程规模、结构特点和复杂程度，确定施工项目领导机构的人选和名额；遵循合理分工与密切协作、因事设职与因职选人的原则，建立有施工经验、有开拓精神和工作效率高的施工项目领导机构。

（2）建立精干的工作队组。根据采用的施工组织方式，确定合理的劳动组织，建立相应的专业或混合工作队组。

（3）集结施工力量，组织劳动力进场。按照开工日期和劳动力需要量计划，组织工人进场，安排好职工生活，并进行安全、防火和文明施工等教育。

（4）做好职工入场教育工作。为落实施工计划和技术责任制，应按管理系统逐级进行交底。交底内容通常包括：工程施工进度计划和月、旬作业计划；各项安全技术措施、降低成本措施和质量保证措施；质量标准和验收规范要求；设计变更和技术核定事项等。上述内容都应详细交底，必要时进行现场示范；同时要健全各项规章制度，加强遵纪守法教育。

4. 施工现场准备

（1）施工现场控制网测量。根据给定的永久性坐标和高程，按照建筑总平面图要求，进行施工场地控制网测量，设置场区永久性控制测量标桩。

（2）做好"四通一平"，认真设置消火栓。确保施工现场水通、电通、道路畅通、通信畅通和场地平整；按消防要求，设置足够数量的消火栓。

（3）建造施工设施。按照施工平面图和施工设施需要量计划，建造各项施工设施，为正式开工准备好施工用房。

（4）组织施工机具进场。根据施工机具需要量计划，按施工平面图要求，组织施工机械、设备和工具进场，按规定地点和方式存放，并应进行相应的保养和试运转等工作。

（5）组织建筑材料进场。根据建筑材料、构（配）件和制品需要量计划，组织其进场，按规定地点和方式储存或堆放。

（6）拟订有关试验、试制项目计划。建筑材料进场后，应进行各项材料的试验、检验。对于新技术项目，应拟定相应试制作和试验计划，并均应在开工前实施。

（7）做好季节性施工准备。按照施工组织设计要求，认真落实冬期、雨期和高温季节施工项目的施工设施和技术组织措施。

5. 施工场外协调

（1）材料加工和订货。根据各项资源需要量计划，同建材加工和设备制造部门或单位取得联系，签订供货合同，保证按时供应。

（2）施工机具租赁或订购。对于本单位缺少且需用的施工机具，应根据需要量计划，同有关单位签订租赁合同或订购合同。

（3）做好分包或劳务安排，签订分包或劳务合同。通过经济效益分析，适合分包或委托劳务而本单位难以承担的专业工程，如大型土石方、结构安装和设备安装工程，应尽早做好分包或劳务安排。采用招标或委托方式，同相应承担单位签订分包或劳务合同，保证合同实施。

为落实以上各项施工准备工作，建立、健全施工准备工作责任和检查等制度，使其有领导、有组织和有计划地进行，必须编制相应施工准备工作计划。

复习思考题

1. 施工项目规划包括哪些内容?
2. 施工组织设计有哪些分类方法?
3. 施工组织设计的内容包括哪些?
4. 简述单位工程施工组织设计的编制程序。
5. 施工准备工作包括哪些内容?

建设工程施工方案

4.1 建设工程施工方案概述

施工方案是施工组织设计的核心，它是在对项目概况和施工特点分析的基础上确定施工段开展的程序和施工顺序，一般包括施工流向起点和总流向、主要分部工程的施工方法和施工机械等内容。建筑工程施工系统作为一个离散的随机动态系统，随便改变工程项目的施工系统中的一个或几个施工参数，就会得到不同的施工方案。施工企业想要进一步开拓工程承包市场，提高我国工程承包企业在国际工程市场上的总体竞争力，提高承包工程的经济效益，就要对每一个工程进行施工方案优选，最后把所有的可行性方案集中起来，按照施工目标的要求，采取一定的评价方法选择一个最优的施工方案。

一个施工项目确定的实施方案，包括组织机构方案（各职能机构的构成、各自职责、相互关系等）、人员组成方案（项目负责人、各机构负责人、各专业负责人等）、技术方案（进度安排、关键技术预案、重大施工步骤预案等）、安全方案（安全总体要求、施工危险因素分析、安全措施、重大施工步骤安全预案等）、材料供应方案（材料供应流程、接收保护检查流程、临时或急发材料采购流程等）以及现场保卫方案、后勤保障方案等。施工方案能够详细地介绍该工程的施工方法、人员配备、机械配置、材料数量、施工进度网络计划，其科学合理性关系到整个工程的质量、成本、安全、环保等目标的实现。对于建设项目中工程量大、施工难度高，对整个建设项目的完成起关键作用的关键单项工程，施工方案可以保障其技术和资源的准备工作、施工进程的顺利开展和现场的合理布置。兼顾工艺先进性和经济合理性的施工方案既能满足工程的需要，又能发挥其施工机械的效能。

施工方案的可行性和前瞻性直接影响工程质量、工程进度、工程成本的预期值，在工程项目建设中起到了决定性作用。当前施工管理中普遍推行全面质量管理，在这种管理模式下，完整合理的施工方案是满足工程项目质量要求的前提条件。制定和选择最优施工方案应充分研究施工图及各种技术资料，对工程的每一步做到心中有数，再结合相关定额，制定并选择最为经济的施工方案。通过认真研究工期、成本、质量三者之间的关系，依靠科技进步，大胆采用新工艺、新设备、新材料，在保证工期、质量目标的前提下达到少投入、高效益的经济目标。

施工企业控制工程项目的目标是通过施工方案进行的。在实施过程中，如果制定的施工方案与工程的实际情况不符，就会使施工方案失去现实的指导作用，使施工阶段的目标难以实现。因此，施工方案的制定与优化必须得到充分的重视，在多个可行方案的基础上，通过技术、经济、管理等多方面指标进行全面分析，科学、合理地进行编制，分析比较后选择最佳的施工方案。

4.2 建设工程施工方案内容

施工方案的内容主要包括施工程序的确定、施工流向和施工顺序的确定、施工方法的确定和施工机械的选择、技术组织措施的拟定等。

4.2.1 施工顺序的安排

确定合理的施工顺序是拟定施工方案时首先应考虑的问题。这里的施工顺序是指各分部分项工程或工序之间施工的先后次序。它的确定既是为了按照客观的施工规律组织施工，也是为了解决工种之间在时间上的搭接问题，在保证质量和安全的前提下充分利用空间，实现缩短工期的目的。

在确定施工顺序时应先根据拟建工程的建筑、结构、设备等设计要求、施工方法和条件，将拟建工程分成若干施工段，确定各个施工段的施工内容、要求及彼此搭接配合关系，同时确定合理的施工流向。合理的施工流向是指确定施工过程在平面和竖向空间施工开始的部位及其流动方向时，要考虑施工的质量和安全保证，考虑使用的先后，要适应分区分段，要与材料、构件的运输方向不发生冲突，要适应主导施工过程的合理施工顺序。

单位工程施工顺序应遵守"先准备，后开工""先地下，后地上""先主体，后围护""先结构，后装饰""先土建，后设备"的原则。但根据施工组织的需要和施工客观规律的要求，彼此可以前后穿插、搭接、互相配合，以组织立体交叉平行施工。

在实际工程中，施工顺序是多种多样的。不仅各种不同类型建筑物的建造过程有着不同的施工顺序，而且同一类型的建筑物也可按不同的施工顺序进行施工。我们的任务就是如何在这众多的施工顺序中，选择既符合施工规律，又最为合理的施工顺序。

1. 确定单位工程施工程序

施工程序是指单位工程中各分部工程或施工阶段的先后次序及其制约关系。一般建筑工程的施工应遵循"先准备，后开工""先地下，后地上""先主体，后围护""先结构，后装饰""先土建，后设备"的程序原则。具体如下。

（1）"先准备，后开工"是指正式施工前，应先做好各项准备工作，以保证开工后施工能顺利、连续地进行。

（2）"先地下，后地上"是指施工时通常应首先完成管道、管线等地下设施敷设、土方工程和基础工程，然后开始地上建筑物或构筑物的施工。在地上工程开工之前，应尽量把埋设于地下的基础以及各种管道、线路（临时的及永久的）埋设完毕，以免对地上工程的施工产生干扰或者返工。

（3）"先主体，后围护"是指框架或框架剪力墙的房屋，施工时应先进行框架主体结构施工，然后进行外墙、外门窗等围护结构施工。

（4）"先结构，后装饰"是指房屋的装饰装修工程应在结构工程全部完成或部分完成后进行。

（5）"先土建，后设备"是指土建施工先行，水、电、暖、卫、燃等管线及设备安装随后进行。

对于特殊情况，需要结合具体工程结构特征、施工条件和建设要求，合理确定该工程的施工程序。例如装饰工程没有严格规定的先后关系，同一楼层内的施工顺序一般为地面→顶棚→墙面，有时也可采用顶棚→墙面→地面的顺序。又如内外装饰施工，两者相互干扰很小，可以先外后内，也可先内后外，或者两者同时进行。再如高层、超高层建筑"逆作法""半逆作法"等，都与一般施工顺序不同，应用了地上地下同时施工的特殊顺序。

2. 确定施工起点流向

施工起点流向是指单位工程在平面上或竖向上，施工的开始部位及其流动的方向。它将确定各分部或分项工程在空间上的合理施工顺序。

确定单位工程施工流向，一般应考虑以下因素：

（1）施工方法。施工方法是确定施工流程的关键因素。如一幢建筑物要用逆作法施工地下两层结构，它的施工流程可做如下表达：测量定位放线→地下连续墙施工→钻孔灌注桩施工→±0.000 标高结构层施工→地下两层结构施工，同时进行地上一层结构施工→底板施工并做各层柱，完成地下室施工→完成上部结构。若采用顺作法施工地下两层结构，其施工流程为：测量定位放线→底板施工→换拆第二道支撑→地下两层施工→换拆第一道支撑→±0.000 顶板施工→上部结构施工（先做主楼以保证工期，后做裙房）。

（2）生产工艺流程。生产工艺流程也是确定施工流程的主要因素。就某车间的建设施工而言，从生产工艺上考虑，影响其他工程试车投产的工段应该先施工。如图 4-1 所示，B 车间生产的产品受 A 车间生产的产品影响，A 车间又划分为三个施工段（Ⅰ、Ⅱ、Ⅲ段），且Ⅱ、Ⅲ段的生产要受Ⅰ段的约束，故其施工应从 A 车间的Ⅰ段开始，A 车间施工完后，再进行 B 车间施工。

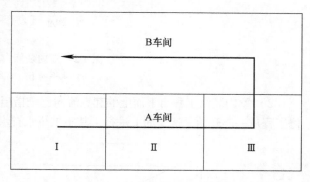

图 4-1　施工起点流向示意图

（3）建设单位对生产和使用的需要。一般应考虑建设单位对生产或使用要求急的工段或部位先施工。

（4）单位工程各部分的繁简程度。一般对技术复杂、施工进度较慢、工期较长的工段或部位应先施工。例如，高层现浇钢筋混凝土结构房屋，主楼部分应先施工，裙房部分后施工。

（5）当有高低层或高低跨并列时，应从高低层或高低跨并列处开始。例如，在高低跨并列的单层工业厂房结构安装中，应先从高低跨并列处开始吊装；又如在高低层列的多层建筑物中，层数多的区段常先施工。

（6）工程现场条件和施工方案。工场地大小、道路布置和施工方案所采用的施工方法和机械也是确定施工流程的主要因素。例如，土方工程施工中，边开挖边外运余土，则施工起点应确定在远离道路的部位，由远及近地展开施工。

（7）施工组织的分层分段划分。施工层、施工段的部位，如伸缩缝、沉降缝、施工缝，也是决定其施工流程应考虑的因素。

（8）分部工程或施工阶段的特点及其相互关系。如基础工程由施工机械和方法决定其平面的施工流程；主体结构工程从平面上看，从哪一边先开始都可以，但竖向施工一般应自下而上；装饰工程竖向施工的流程比较复杂，室外装饰一般采用自上而下的流程，室内装饰则有自上而下、自下而上及自中而下再自上而中三种流向。

1）室内装修工程自上而下的施工起点流向，通常是指主体结构工程封顶、做好屋面防水层后，从顶层开始逐层往下进行，如图 4-2 所示，有水平向下和垂直向下两种，通常采用水平向下的流向。

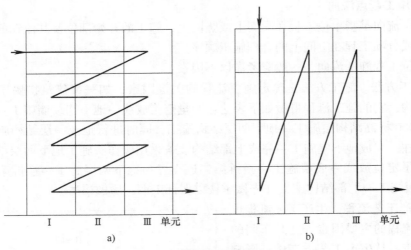

图 4-2　室内装修自上而下流水
a）水平向下　b）垂直向下

2）室内装修工程自下而上的起点流向，是指当主体结构工程的砖墙砌到 2～3 层以上时，装修工程从一层开始，逐层向上进行。其施工流水有水平向上和垂直向上两种，如图 4-3 所示。

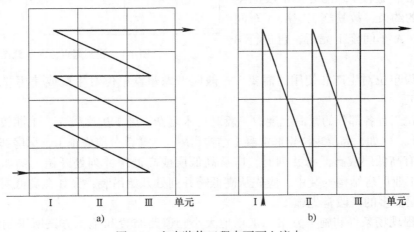

图 4-3　室内装修工程自下而上流水
a）水平向上　b）垂直向上

3）自中而下的起点流向，综合了上述两者的优势，适用于中、高层建筑的装饰工程。

4）为缩短高层建筑的交工时间，有的工程采用装饰工程与主体结构工程拉开几个楼层由下向上同步进行的方式，大大加快了施工进度。

3. 确定分部分项工程施工顺序

确定施工顺序就是在已定的施工展开程序和施工流向的基础上，按照施工的技术规律和合理的组织关系，确定出各分项工程或工序之间的先后次序和搭接关系，以期做到工艺合理，保证质量，安全施工，达到充分利用工作面、争取时间、缩短工期的目的。

（1）确定施工顺序时应遵循的原则。具体如下。

1）遵循施工程序。施工顺序应在不违背施工程序的前提下确定。

2）符合施工技术、工艺要求。施工顺序应与施工工艺顺序相一致，如现浇钢筋混凝土柱的施工顺序为：钢筋绑扎→支模板→浇混凝土→养护→拆模。

3）施工方法与施工机械的相互协调。如单层工业厂房吊装工程的施工顺序，当采用分件吊装法时，施工顺序为吊柱→吊梁→吊屋盖系统；当采用综合吊装法时，施工顺序为第一节间吊柱、梁和屋盖系统→第二节间吊柱、梁和屋盖系统→……→最后节间吊柱、梁和屋盖系统。

4）满足施工组织的要求。如一般安排室内外装饰工程施工顺序时，可按施工组织规定的先后顺序。

5）保证施工质量和施工安全。如楼梯抹面最好自上而下进行，以保证质量；脚手架、安全网等应配合结构施工及时搭设，以保证安全。

6）适应工程建设地点气候条件。如在冬期进行室内装饰施工时，应先安装门窗和玻璃，以便在有保温或供暖的条件下，进行室内施工操作。

（2）多层砖混结构的施工顺序。多层砖混结构的施工一般可划分为基础工程、主体结构工程、屋面及装饰工程等施工阶段，其施工顺序如图4-4所示。

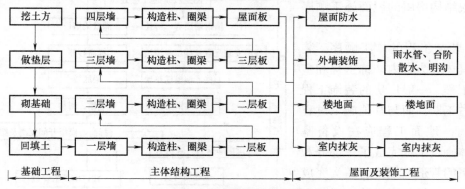

图 4-4　多层砖混结构施工顺序

（3）装配式单层工业厂房的施工顺序。装配式钢筋混凝土单层工业厂房的施工可分为基础工程、预制工程、结构安装工程、围护工程和装饰工程等五个施工阶段，其施工顺序如图4-5所示。

1）基础工程施工顺序。基础工程的施工顺序通常是：基坑挖土→垫层→绑扎钢筋→支基础模板→浇筑混凝土基础→养护→拆模→回填土。

2）预制工程的施工顺序。单层工业厂房构件的预制方式，一般采用加工厂预制和现场预制相结合的方法。在具体确定预制方案时，应结合构件技术特征、当地加工厂的生产能

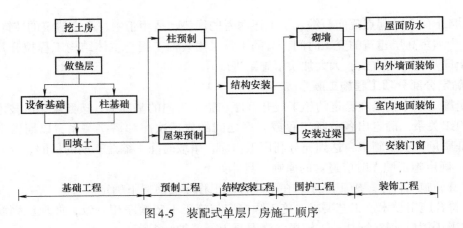

图 4-5　装配式单层厂房施工顺序

力、工程工期要求、现场施工和运输条件等因素，经过分析之后确定。通常对于质量较大、尺寸较大、运输不便的大型构件，多采用拟建车间现场预制，如柱、托架梁、屋架、吊车梁等。数量较多的中小型构件可以在工厂预制。一般而言，预制构件的施工顺序根据结构吊装方案确定。

3）结构安装工程的施工顺序。结构安装工程的顺序取决于吊装方法。采用分件吊装法时，顺序为：第一次开行吊装柱，校正固定，混凝土强度达到 70% 后第二次开行吊装吊车梁、连系梁和基础梁，第三次开行吊装屋盖构件。采用综合法时，顺序依次为：吊装第一节间四根柱，校正固定后安装吊车梁及屋盖等构件，如此至整个车间安装完毕。

4）围护工程的施工顺序。在厂房结构安装工程结束后，或安装完一部分区段后，即可开始内外墙砌筑工程的分段施工。脚手架应配合砌筑和屋面工程搭设，在室外装饰之后、散水施工前拆除。屋面工程的顺序与多层砖混结构房屋的屋面施工顺序相同。

5）装饰工程的施工顺序。装饰工程具体分为室内装饰工程和室外装饰工程。一般厂房的装饰工程通常不占工期，而与其他施工过程穿插进行。地面工程应在设备基础、墙体砌筑工程完成了一部分和埋入地下的管道电缆或管道沟完成后穿插进行；钢门窗安装一般与砌筑工程穿插进行，也可以在砌筑工程完成后开始安装。

（4）钢筋混凝土结构高层建筑的施工顺序。对于钢筋混凝土结构的高层建筑，由于其规模庞大、施工工艺复杂，施工顺序也很复杂庞大，本书仅用图 4-6 示例某高层钢

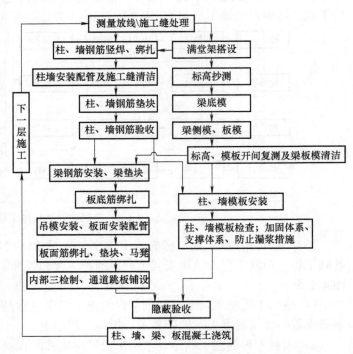

图 4-6　某高层钢筋混凝土结构建筑的标准层施工顺序

筋混凝土结构建筑的标准层施工顺序。

4.2.2　施工方法和施工机械的选择

正确地选择施工方法和施工机械是制定施工方案的关键。每个施工项目均可以采用各种不同的方法进行施工，而每一种方法都有其各自的优点和缺点。我们的任务在于从若干可能实现的施工方法中选择适于本工程的最先进、最合理、经济的施工方法，达到降低工程成本和提高劳动生产率的目的。

1. 施工方法的确定

选择施工方法是施工方案编制的核心。在进行此项工作时要注意突出重点，抓住关键。凡采用新工艺、新技术和新材料，对工程的施工质量起关键作用的项目，以及技术较为复杂、工人操作不够熟练的工序，均应详细具体地拟定施工方法和技术措施。反之，对于按照常规做法和工人较为熟练的分项工程则不必详述。在编制施工方案时，施工方法和施工机械的选择主要应依据工程特点、工期长短、资源供应条件、现场施工条件及施工企业技术素质和技术装备水平等因素综合考虑来进行。

（1）施工方法应遵循的原则。施工方法应遵循以下原则：

1）集中解决主要的难度较大工程的施工方法。针对具体的单位，在选择施工方法时应根据具体情况分别对待。对工程量大、施工周期长的工程应选择机械化、工厂化生产方法以减轻施工强度，加快施工。对于技术复杂或采用先进工艺的项目，要做实验设计或样板设计后再确定施工方法。

2）满足技术政策要求。施工方案应主要依据施工技术规范来制定，因此，施工方法必须符合施工技术规程和规范的要求。

3）选定的施工方法应具有科学性和可操作性。

4）选定的施工方法与选择的施工机械、划分的流水段相协调。

5）选定的施工方法应在技术上先进和经济上合理相统一。

6）选定的施工方法可在一定程度上带动本企业的技术进步。

（2）施工方法确定的重点。确定施工方法时应着重考虑影响整个单位工程施工的分部分项工程的施工方法。如在单位工程中占重要地位的分部分项工程；施工技术复杂或采用新工艺、新材料、新技术对工程质量起关键作用的分部分项工程；不熟悉的特殊结构工程或由专业施工单位施工的特殊专业工程。而对于按照常规做法和工人熟悉的分项工程，只要提出应注意的特殊问题，可不必详细拟定施工方法。对于下列一些项目的施工方法则应详细、具体：

1）工程量大，在单位工程中占重要地位，对工程质量起关键作用的分部分项工程。如基础工程、钢筋混凝土工程等隐蔽工程。

2）施工技术复杂、施工难度大，或采用新技术、新工艺、新结构、新材料的分部分项工程。如大体积混凝土结构施工、模板早拆体系、无黏结预应力混凝土等。

3）施工人员不太熟悉的特殊结构，专业性很强，技术要求很高的工程。如仿古建筑，大跨度空间结构，大型玻璃幕墙、薄壳、悬索结构等。

（3）分部分项工程施工方法选择应包括的内容。具体如下。

1）土石方工程。土石方工程施工方法选择应包括以下内容：

① 计算土石方工程量。确定土石方开挖或爆破方法，选择土石方施工机械。当采用人工开挖时，应按工期要求确定劳动力数量，并确定如何分区分段施工。当采用机械开挖时，应选择机械挖土的方式，确定挖掘机的型号、数量、行走路线，以充分利用机械能力，达到最高的挖土效率。

② 确定放坡坡度系数或边坡支护形式。

③ 选择排除地下、地表水的方法，确定排水沟、集水井或井点位置和所需设备及型号。

④ 确定土石方平衡调配方案。

2）基础工程。基础工程施工方法选择应包括以下内容：

① 确定浅基础中垫层、混凝土基础和钢筋混凝土基础的施工技术要求以及地下室的施工技术要求。

② 基础设施工缝时，应明确留设位置、技术要求等。

③ 确定桩基础的施工方法并选择施工机械。

3）砌筑工程。砌筑工程施工方法选择应包括以下内容：

① 确定砌体的砌筑方法和质量要求。

② 确定弹线及皮数杆的控制要求。

③ 确定脚手架搭设方法及安全网的挂设方法。

④ 明确建筑施工中的流水分段和劳动力组合形式等。

4）钢筋混凝土工程。钢筋混凝土工程施工方法选择应包括以下内容：

① 确定混凝土工程施工方案，如滑模法、爬升法或其他方法。

② 确定模板类型和支模方法。应重点考虑提高模板周转利用次数，节约人力和降低成本，对于复杂工程还需进行模板设计和绘制模板放样图。

③ 钢筋工程应选择恰当的加工、绑扎和焊接方法。如钢筋做现场预应力张拉时，应详细制定预应力钢筋的加工、运输、安装和检测方法。

④ 选择混凝土的制备方案，如采用商品混凝土，还是现场制备混凝土。确定搅拌、运输及浇筑顺序和方法，选择泵送混凝土和普通垂直运输混凝土的机械。

⑤ 选择混凝土搅拌、振捣设备的类型和规格，确定施工缝的留设位置。

⑥ 如采用预应力混凝土，应确定预应力混凝土的施工方法、控制应力和张拉设备。

5）结构安装工程。结构安装工程施工方法选择应包括以下内容：

① 确定构件尺寸、自重、安装高度，选择起重机械，确定结构安装方法和起重机械的位置或开行路线。

② 确定构件运输、装卸及堆放要求，所需的机具、设备的型号、数量和对运输道路的要求。

6）屋面工程。屋面工程施工方法选择应包括以下内容：

① 确定各分项工程施工的操作要求。

② 确定屋面材料的运输方式。

7）装饰工程。装饰工程施工方法选择应包括以下内容：

① 确定各分部工程的操作要求及方法。

② 选择材料运输方式及存储要求。

③ 明确所需机械设备，确定材料堆放、平面堆放和储存要求。

8）现场垂直、水平运输。现场垂直、水平运输方法选择应包括以下内容：

① 确定垂直运输量（有标准层的要确定标准层的运输量），选择垂直运输方式，选择脚手架类型及其搭设方式。

② 确定水平运输方式及设备的型号、数量，配套使用的专用工具、设备（如混凝土车、灰浆车、料斗、砖车、砖笼等），确定地面和楼层上水平运输的行驶路线。

③ 合理地布置垂直运输设施的位置，综合安排各种垂直运输设施的任务和服务范围，确定混凝土后台上料方式。

9）特殊项目。特殊项目施工方法选择应包括以下内容：

① 对四新（新结构、新工艺、新材料、新技术）项目，高耸、大跨、重型构件，水下、深基础、软弱地基，冬期施工等项目，应单独编制施工方案。单独编制的内容包括：工程平剖面示意图，工程量，施工方法，工艺流程，劳动组织，施工进度，技术要求与质量，安全措施，材料、构件及机具设备需要量。

② 对大型土方、桩基工程、构件吊装等项目，无论内、外分包，都应由分包单位提出单项施工方法和技术组织措施。

2. 施工机械的选择

建设工程施工中施工机械与施工方法是紧密相连的，机械的使用直接影响到工程施工效率、成本及质量。同时，机械化施工还是改变建筑业落后生产面貌、实现建筑工业化的基础。因此，施工机械的选择是确定一个施工方案的重要环节，应主要注意以下几个方面：

（1）首先选择主导工程的施工机械。主导工程的施工机械应根据工程特点决定其最适宜的类型，同时充分发挥主导机械的效率。如地下工程的土方机械，主体结构工程的垂直、水平运输机械，结构吊装工程的起重机械等。

（2）各种辅助机械或运输机械应与主导机械的生产能力协调配套，以充分发挥主导机械效率。如土方工程在采用汽车运土时，汽车的载重量应为挖土机斗容量的整数倍，汽车数量应保证挖土机的连续作业。

（3）在同一施工现场上，应尽量精减所用建筑机械的种类和型号，方便进行机械管理。

（4）机械选择应充分发挥施工单位现有机械的能力，当本单位的机械能力不能满足需要时，则应购置或租赁所需新型机械或多用途机械。

（5）对于高层或复杂结构建筑，其主体结构施工的垂直运输机械最佳方案往往是多种机械的组合。在选择时应遵循如下原则：所选塔式起重机的起重能力、提升速度及所需的回转工作半径，均应满足施工的需要，并能满足立、拆塔式起重机和锚固、顶升的要求。一般根据标准层垂直运输量来选择垂直运输方式和机械数量，再确定水平运输方式和机械数量，最后布置垂直运输设施的位置及水平运输路线。

根据工程特点选定施工设备后，应列出大型机械设备的规格、型号、主要技术参数及数量，可汇总成表，其形式见表4-1。

表4-1　大型机械设备汇总表

项　　目	大型机械名称	机 械 型 号	主要技术参数	数　　量	进、退场日期
基础阶段					

（续）

项　　目	大型机械名称	机　械　型　号	主要技术参数	数　　量	进、退场日期
结构阶段					
装修阶段					

4.2.3　拟定技术组织措施

技术组织措施是通过制定与施工方法和施工机械相配套的技术和组织方面的具体措施，达到保证工程施工质量，按期完成施工进度、有效控制工程成本的目的。

1. 保证质量措施

保证质量的关键是对所涉及的工程中经常发生的质量通病制定防治措施，从全面质量管理的角度，把措施定到实处，建立质量管理保证体系。如果采用新工艺、新材料、新技术和新结构，则必须制定有针对性的技术措施。认真制定保证放线定位正确无误的措施，制定确保地基基础特别是特殊、复杂地基基础正确无误的措施，制定保证主体结构关键部位的质量措施，以及制定复杂工程的施工技术措施等。

2. 安全施工措施

安全施工措施应贯彻安全操作规程，对施工中可能发生安全问题的环节进行预测。安全施工措施的主要内容包括：

（1）预防自然灾害措施。预防自然灾害措施包括防台风、防雷击、防洪水、防地震等。

（2）防火、防爆措施。防火、防爆措施包括大风天气严禁施工现场明火作业，明火作业要有安全保护，氧气瓶防振、防晒和乙烷罐严禁回火等。

（3）劳动保护措施。劳动保护措施包括安全用电、高空作业、交叉施工、防暑降温、防冻防寒和防滑防坠落，以及防有害气体等。

（4）特殊工程安全措施。特殊工程安全措施是指某些特殊工程，如采用新结构、新材料或新工艺的单项工程，要编制详细的安全施工措施。

（5）环境保护措施。环境保护措施包括有害气体排放、现场生产污水和生活污水排放，以及现场树木和绿地保护等措施。

3. 降低成本措施

降低成本措施包括节约劳动力、节约材料、节约机械设备费用、节约工具费用、节约间接费用等。针对工程量大、有采取措施的可能、有条件的项目，提出措施，计算出经济效果指标，最后加以分析、评价、决策。一定要正确处理降低成本、提高质量和缩短工期三者的关系。

4. 季节性施工措施

当工程施工跨越冬期或雨期施工时，要制订冬雨期施工措施，要在防淋、防潮、防泡、防拖延工期等方面分别采用疏导、遮盖、合理储存、改变施工顺序、避雨施工等措施。

5. 防止环境污染的措施

为了保护环境，防止在城市施工中造成污染，在编制施工方案时应提出防止污染的措施。主要应对以下方面提出措施：

（1）防止施工废水污染环境的措施。如搅拌机冲洗废水、灰浆水等。

（2）防止废气污染环境的措施。如熟化石灰等。

（3）防止垃圾、粉尘污染环境的措施。如运输土方与垃圾、散装材料堆放等。

（4）防止噪声污染措施。如混凝土搅拌、振捣等。

4.3 建设工程施工方案评价

通常满足一项工程施工的技术方案有很多种，而每种方案的技术、经济、安全、环保的效果都不相同，这就需要对方案进行评价。一个好的施工方案的选取，将在工程项目的进度、经济等不同方面得到直接反映，并给企业带来巨大效益。施工方案的选择既要符合客观实际，又要满足科学性、先进性、经济合理性的要求。

4.3.1 施工方案评价的依据和原则

1. 施工方案评价的依据

（1）投标文件及合同。投标文件是对招标文件提出的实质性要求和对合同条件做出的响应，是施工企业对业主的最初承诺。

（2）工程施工规范。工程施工规范从根本上保证了工程施工的质量和施工方案经济技术上的合理性。

（3）定额水平。生产定额反映了企业的技术水平、装备水平和管理水平，依据企业定额选出的方案更具针对性，更符合该施工企业的实际情况。

（4）内外部条件。施工企业的内部条件是施工方案能否顺利实施的基础，内部条件对施工方案的顺利实施具有非常重要的影响。

2. 施工方案评价的原则

施工方案综合评价涉及的因素多、内容广，客观上要求指标体系全面、合理。所以，确定施工方案评价的技术经济指标时应遵循以下原则：

（1）系统性原则。评价指标必须覆盖面广，并能反映不同层次和不同子系统之间各要素的有机构成，能够准确、充分、科学地反映系统及各子系统的变化趋势。

（2）完备性原则。指标体系作为一个整体，要比较全面地反映被评价系统的发展特征，指标体系应全面涵盖评价的各个部分，不能有所偏废。

（3）主成分原则。设置指标时应尽量选择有代表性的综合指标。

（4）独立性原则。施工方案评价涉及的范围广泛，采用的指标也较多，描述施工方案特征的指标往往存在信息上的重叠，造成数据的冗余，增加了方案比选的难度，所以要尽量选择具有相对独立性的指标。

（5）可操作性原则。设置指标时应有可操作性，各项指标具有可测性和可比性，能从数量上进行准确的计算。同时，计算方法应易于掌握，所需数据容易统计。

4.3.2 施工方案的主要技术经济指标

技术经济指标是对生产经营活动进行计划、组织、管理、指导、控制、监督和检查的重要工具。工程项目的复杂性决定了施工方案技术经济指标的多重性，如工期、成本、安全和施工均衡度等，这些指标影响着施工方案的优劣，因此在评价时不能仅仅考察单一目标的实现，必须采用系统的观点，对施工方案的诸多因素进行综合考量。施工方案的主要技术经济指标大体可分为技术指标、经济指标和效果指标三类。

（1）技术指标。技术指标一般用各种参数表示。如深基坑支护中，若选用板桩支护，则指标有板桩的最小挖土深度、桩间距、桩的截面尺寸等；大体积混凝土施工时为了防止裂缝的出现，现浇筑方案的指标有浇筑速度、浇筑厚度、水泥用量等；模板方案中的指标有模板面积、型号、支撑间距等。这些技术指标，应结合具体的施工对象来确定。

（2）经济指标。经济指标主要反映为完成任务必须消耗的资源量，它由一系列价值指标、实物指标及劳动指标组成。如工程施工成本消耗的机械台班台数、用工量及钢材、木材、水泥（混凝土）等材料消耗量等。这些指标能评价方案是否经济合理。

（3）效果指标。效果指标主要反映采用该施工方案后预期达到的效果。效果指标有两大类：一类是工程效果指标，如工程工期、工程效率等；另一类是经济效果指标，如成本降低额或降低率，材料节约量或节约率等。

施工方案的主要技术经济指标体系如图4-7所示。

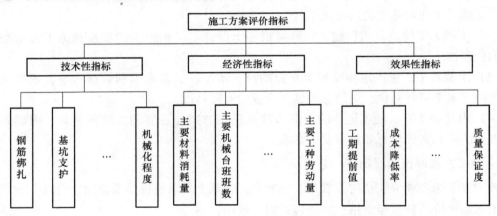

图4-7 施工方案的主要技术经济指标体系

4.3.3 施工方案评价方法

施工方案的评价包括定性评价、定量评价和综合评价三部分，具体如下。

1. 定性评价

定性分析是指结合施工实际经验，对几个方案的优缺点进行分析和比较，一般借助专家打分来实现量化。通常主要对以下几个指标进行评价：

（1）施工技术的先进性和成熟水平。

（2）工人在施工操作上的难易程度。

（3）施工方案的安全可靠性和风险程度。

（4）为后续工程创造有利条件的可能性。

（5）利用现有机械或取得施工机械的可能性。

（6）施工方案对冬雨期施工的适应性。

（7）为现场文明施工创造有利条件的可能性。

（8）施工方案的资源、能耗、环境保护和循环利用水平。

2. 定量评价

定量评价是通过计算各方案的几个主要技术经济指标，进行综合比较与分析，从中选择技术经济指标最优的方案。定量评价采用以下的技术经济指标：

（1）工期指标。工期指标是指工程开工至竣工的全部日历天数。该指标反映建设速度，是影响投资效果的主要指标。应将工程计划完成工期与国家规定工期或建设地区同类建筑物平均工期相比较。在确保工程质量和施工安全的条件下，以国家有关规定及建设地区类似建筑物的平均工期为参考，以合同工期为目标来满足工期指标或尽量缩短工期。当合同规定工程必须在短期内投入生产或使用时，选择方案就要在确保工程质量和安全施工的条件下，把缩短工期问题放在首位考虑。

（2）成本指标。成本指标可以综合反映不同施工方案的经济效果。降低成本一般有降低成本额和降低成本率两类。

$$降低成本额 = 预算成本 - 计划成本$$

$$降低成本率 = \frac{降低成本额（元）}{预算成本（元）}$$

（3）主要工种施工机械化程度指标。施工机械化程度是工程全部实物工程量中机械完成量的比重，它是衡量施工方案的重要指标之一。

$$施工机械化程度 = \frac{机械完成实物量}{全部实物量} \times 100\%$$

（4）劳动生产率指标。通常用单方用工指标来反映劳动力的使用和消耗水平。

$$单位用工 = \frac{总用工数（人口）}{建筑面积（m^2）}$$

（5）质量合格率指标。通常按照验收批次和分项工程来确定合格率的控制目标。

（6）投资额。当选定的施工方案需要增加新的投资时（如购买新的施工机械设备），则对增加的投资额要加以比较。

3. 综合评价法

综合指标分析评价法已在现代管理中得到了较为广泛的应用，这种方法可以以各方案的多个指标为基础，将各指标的分析数值按一定的数理方法进行综合，得到每个方案的一个综合指标，对比各综合指标，从中选出优秀的方案。

综合指标分析评价法是一种以数理模型为基础的系统分析方法，此类评价方法首先要求对建设工程项目的特征进行全面分析，然后选择合适的数理模型来进行评价。该类评价方法的过程与多指标分析评价不同，不是逐个指标顺次完成，而是通过一些特殊方法将多个指标的评价同时完成。在综合评价过程中，一般要根据指标的重要性进行加权处理，评价结果不再是具有具体含义的统计指标，而是以指数或分值表示参评对象综合状况的排序。综合评价方法有很多种，常用的方法有主成分分析法、数据包络分析法、模糊评价法。灰色关联度分析法、价值工程法等。

（1）主成分分析法。主成分分析是多元统计分析的一个分支。它是将其分量相关的原随机向量，借助于一个正交变换，转化成其分量不相关的新随机向量，并以方差作为信息量的测度，对新随机变量进行降维，再通过构造适当的价值函数，进一步做系统转化。

（2）数据包络分析法。数据包络分析法也叫 DEA 模型——C^2R 模型。它以相对效率为基础，对同类型单位相对有效性进行评价。DEA 法不仅可对同一类型各决策单元的相对有效性做出评价与排序，而且还可进一步分析各决策单元非 DE 有效的原因及其改进方向，从而为决策者提供重要的管理决策信息。其在使用过程中无须任何权重假设，通过决策单元的实际数据求得最优权重，具有很强的客观性。

（3）模糊评价法。模糊评价法是对多种因素制约的事物或对象进行综合性评价。该方法广泛运用于工程管理领域中。它不仅可以对评价对象按综合分值的大小进行评价和排序，而且还可以根据模糊评价集上的值按最大隶属度原则去评定对象的等级。模型简单，易于理解，对多因素、多层次的复杂问题评判效果比较好，是别的数学分支和模型难以代替的。

（4）灰色关联度分析法。灰色关联度分析法是利用各方案与理想方案之间关联度的大小对评价对象进行比较和排序。该方法的量化模型难以全面反映方案的复杂指标之间的关系，指标选择对评判结果影响大。该方法对样本量要求小，不需要典型的分布规律，且计算量小，其结果与定性分析结果会比较吻合。

（5）价值工程法。价值工程中的"价值"是作为某种产品或作业所具有的功能与获得该功能的全部费用的比值，涉及价值、功能和成本三个基本要素。

$$V = \frac{F}{C}$$

式中　　V——价值（Value），反映研究对象的功能与费用的匹配程度；

F——功能（Function），研究对象满足某种需求的程度，即效用；

C——成本（Cost）。

4.3.4　施工方案比选

在进行方案比选和决策时，应遵循以下原则：

（1）集中解决主要的、难度高的施工方法。构成工程的分部分项工程或构成项目的各单位工程，都有复杂的和简单的、传统的和新技术的区分，在选择施工方案时应区别对待，有所侧重。

（2）要满足技术政策的要求。确定施工方案的主要依据是施工技术规范，所有施工方案都必须符合技术规程和技术规范的要求。

（3）选定的施工方案要具有一定的科学水平，包括方案本身是否先进，是否符合施工队伍的施工技术水平和专业特点。

（4）要能满足经济效益的要求，力求效率高、成本低、投入少、产出多。

（5）选定的方案既要切合施工实际，真正发挥指导施工的作用，又要能带动企业的技术进步。

4.4 | 建设工程施工方案优化

施工方案优化是在比较并选择了较好的施工方案后，再进一步对其进行反馈改进调节，或者对制定的单一施工方案从技术、经济、安全、环保等角度再做进一步的推敲和改进，以提高方案的综合效能，并实现对工程项目施工人员、机械设备、材料、施工方法、环境条件等生产要素组合的进一步优化。施工方案评价、比选及优化路径如图4-8所示。

施工方案的优化对施工管理有着重要的作用。只有不断优化施工方案，才能进一步促进工程施工技术与管理水平的提高，促进各种资源的优化配置与充分利用。现阶段已有许多高水平、经验丰富的技术与管理人员把理论与实践经验结合起来，采用多种途径和科学理论方法对施工方案进行优化，在施工现场也做到了全过程、全方位、网络化、系统化的控制管理。

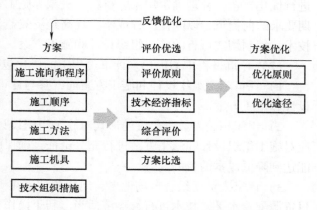

图4-8 施工方案评价、比选及优化路径

4.4.1 方案优化的原则

（1）结合实际，切实可行。优化施工方案必须从实际出发，根据企业现有条件，在深入细致做好调查研究的基础上，对施工方案进行反复比较、优化，保证切实可行。

（2）技术领先，经济合理。在满足安全、质量、进度等条件的同时，充分利用现有机械设备和先进经验、技术，提高机械化程度，改善劳动条件，提高生产效率，确保施工方案技术先进、经济合理。

（3）安全可靠，满足工期。安全、质量、进度是研究制定施工方案的前提，在优化施工方案时要统筹考虑，制定相应的保证措施，确保施工方案符合技术规范、安全规程和工期进度要求。

（4）充分论证，好中选优。施工技术的进步，管理经验的积累，使每项工程的施工存在多种方案的选择。优化施工方案时应通盘考虑、全面权衡，必要时聘请专家从多角度分析比较，评选出最优方案。

4.4.2 施工方案优化的途径

1. 各阶段的优化

（1）编制过程中的优化。编制过程中的优化包括以下内容：

1）在施工设计图出图之前，要加大与设计方的沟通，充分考虑现场各种条件，对技术方案进行有效的预先谋划和比选，优化各项工程数量，减少用工、材料、机械等施工资源的投入，最大程度节约成本。

2）工程项目开工前，由项目经理负责，总工程师组织项目相关技术人员，对现场进行详细调查，充分理解签订的合同条款及施工现场的各种自然条件，及时组织有关人员对项目设计文件进行自审和会审，全面了解、掌握设计意图。

3）依据现场实际情况、设计文件、施工合同、施工条件、施工队伍、各种材料和设备的市场价格及供货渠道等因素，积极采用新技术、新工艺、新材料和新设备，分专业制定多种用工、材料、机械配置方案和施工组织措施、施工技术方案。

4）由项目经理组织各专业人员，按照科学合理、经济适用的原则，对确定的各种方案进行优化比选，合理确定用工、材料、机械等施工资源的最佳配置，在满足安全、质量、工期要求的前提下，以降低工程成本、提高经济效益为目的，尽可能采用量化分析和网络计划技术，编制切实可行的施工组织设计和施工方案。

（2）评审过程中的优化。评审过程中的优化包括以下内容：

1）评审施工组织设计和施工方案前，参与评审的部门和人员必须详细了解该施工组织设计和施工方案。

2）组织相关人员以会议的形式对施工组织设计和施工方案进行评审。参与评审的人员应对施工组织设计和施工方案进行充分论证，确保施工组织设计和施工方案既科学适用，又能达到降低成本的目的。

3）评审人员要结合现场地形、地质条件，在满足工期、质量要求的前提下，从符合项目资源配置水平、技术可行、经济适当、利于操作等方面进行分析，对本项目主要工程的施工方案进行改进、评价，并最终确定技术相对先进、进度快、成本较低、现场操作性强的施工方案。

（3）实施过程中的优化。实施过程的优化是施工方案优化的重点，应充分利用组织设计和人员管理实现方案实施过程中的优化。在编制实施性施工方案时，应依据现场情况进行动态控制，不断优化、修改、补充和完善原有施工方案，保证施工方案始终处于最优状态，最大限度地降低工程施工成本。

1）项目成立施工方案优化领导小组。

2）由项目经理牵头，项目总工程师组织工程部技术人员和相关部门，根据现场情况的变化，对现行施工方案进行分析论证，确定是否需要对其进行优化；总工程师确定各专业、各工序的优化大纲和方案。

3）技术人员根据项目各个工序不同要求，编制出多种优化方案、施工方法、施工工艺等技术文件；针对各种施工方案、施工工艺，确定相应的用人、材料、机械等的投入。

4）质检、安全部门对各种不同施工方案进行审核，以确定方案能否满足工程安全、质量、环保要求；相关部门按照劳动定额、材料消耗定额、机械台班定额对施工方案进行审核，确定是否满足有关要求。

5）根据项目特点、经济投入、工期要求等进行综合分析论证，筛选出优化后的最优施工方案，并下达实施。

2. 基于 BIM 技术的分析与优化

建筑信息模型（Building Information Modeling，BIM）技术是使用数字化的表示方式，以三维数字技术为基础，集成工程项目的相关数据，并此为基础进行设计、建造和运营。运用BIM 技术，可以促进项目建设周期内各阶段的知识共享，采用分布式模型、数据库代替绘图，将设计、施工和运营融为一体。应用 BIM 技术可以实现虚拟可视化施工、碰撞检测、

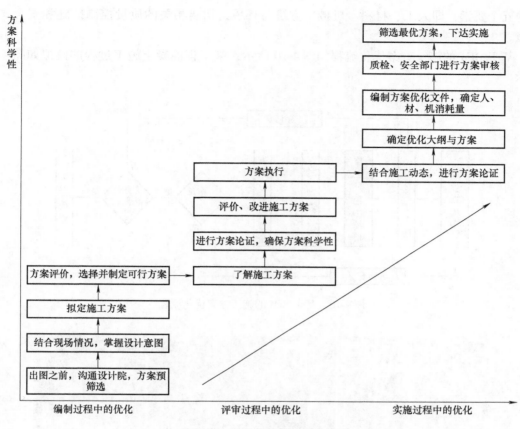

图 4-9 施工方案各阶段优化

信息共享和数字化建模分析等，将施工方案中所涉及的时间、成本、管理和技术等多方面信息有效地统筹起来。应用 BIM 技术对施工方案进行分析优化主要体现在以下两个方面。

（1）施工技术方案优化。通常情况下，施工技术方案主要包含明确施工方法、选择施工工具、安排施工组织与顺序等方面。例如，运用 BIM 技术对桥梁施工方式的模拟分析包含以下五个部分：一是施工方式可行性，关键模拟分析施工方式是否符合工程项目；二是施工场地，主要模拟分析工程规划的场地范围与施工的空间等是否满足要求；三是使用可行性，施工期间对于通航或者是通车等的要求是否可以实现；四是施工周期，主要是为验证施工工期目标是否可以实现；五是其他的细节模拟分析。同时，BIM 技术能够将施工进展和构件组合起来形成 BIM4D 模型，并对施工过程进行仿真分析，还可以在这个基础之上关联工程量与人工费等成本信息组成 BIM5D 模型。

运用 BIM 技术 4D 模拟分析功能可以在没有编制详细的施工进度计划的时候，运用简单的工序编辑来迅速划分施工段，以便确定单位工程在平面上或者施工开始的位置以及科学的施工顺序。当施工起点流向、施工程序与施工顺序明确之后，就会考虑施工中的平行与交叉作业，然后依照工程的进展计划目标重新编制每个分项工程的施工时间、施工关键工序与关键线路，再运用软件展开模拟分析，依照分析的结果优化开展计划。此外，依照进度计划时间节点开展工程量的统计分析，并编制物料供需计划等，最终重点针对施工阶段影响工程质量的五个要素，即人工、材料、机械、方法与环境，构建相关的质量控制措施和安全文明措施。

基于 BIM 的施工方案优化流程如图 4-10 所示，某工程混凝土施工过程的模拟如图 4-11 所示。

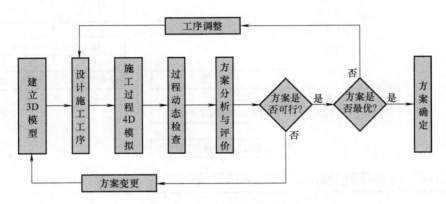

图 4-10　基于 BIM 的施工方案优化流程

图 4-11　某工程混凝土施工过程的模拟

（2）机械设备优化。机械设备必须要满足三个主要方面的要求：第一，起重能力满足吊装的要求；第二，作业半径与起吊的高度应该满足吊装空间的要求；第三，机械设备的占用空间位置要尽可能避免干扰其他单位生产作业。

将 BIM 技术运用在机械设备选择优化的作用表现在：一是对作业能力都满足的不同机械设备进行比较，选择更合理的机械设备来满足作业空间；二是验证某一项施工作业的参数是否满足施工的要求，比如起重机的起吊高度是否满足构件的安装要求、起重机的回旋半径是否充足等。

图 4-12 所示为应用 Fuzor 软件虚拟某工程基础施工和车辆调度。

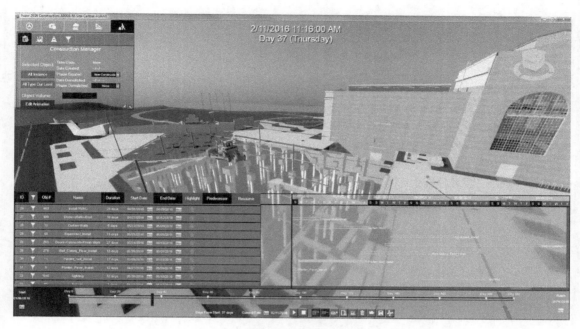

图 4-12 应用 Fuzor 软件虚拟某工程基础施工和车辆调度

3. 基于数理方法的分析与优化

近年来随着项目管理理论与相关数学方法结合研究的加深，在方案优化中涌现出了大量的数理分析方法，见表 4-2。

表 4-2 施工方案优化的常用数理方法

优化方法	内容介绍	优缺点
功能系数评价法	根据具体工程各功能的比重，由多位专家或参考类似工程经验，确定各功能的评价系数，并汇总各项评价系数，确定综合评价结果。根据评价系数和综合评价结果反映的功能满足情况，决定各项指标优化方向	需要针对具体工程，确定项目各个功能的权重；主观确定的各项评价系数，对综合评价系数的影响也比较大
灵敏度分析法	对多个施工方案进行人工模拟，通过模拟结果中的施工工期、费用和效率，对模拟参数中的施工机械设备、工人数量的灵敏度进行分析，然后将结果进行比较分析，通过改进得到优化的施工方案	优化过程复杂费时，分析结果受主观影响比较大，优化结果具有一定的局限性
运筹学优化法	运筹学是用数学研究各种系统最优化问题的学科。它的研究方法是运用数学语言来描述实际系统，建立相应的数学模型，对模型进行研究分析，据此求得最优解，以制定合理运用人力、物力、财力的最优方案	运筹学的方法被广泛应用于工程、经济和管理的各个领域，使方案优选法有了科学的、定量化的数学模型
模糊优化法	将模糊目标、模糊约束均作为解集合上模糊子集处理，用隶属函数表示这两个模糊集合，求取模糊目标和模糊约束的交集，则交集隶属函数的最大化，就是该模糊优化问题的最优解	模糊数学方法为工程中一些带有大模糊性、不确定性和需要全局寻优的实际问题的有效解决，提供了新的方法

复习思考题

1. 施工方案包括哪些内容？
2. 确定单位工程的施工顺序时一般应考虑哪些因素？
3. 钢筋混凝土工程的施工方案选择包括哪些内容？
4. 试述各种技术组织措施的主要内容。
5. 施工方案技术经济评价主要有哪几种方法？
6. 简述施工方案评价的基本原则。
7. 列举施工方案优化的主要方法。

第 5 章

建设工程施工进度计划与控制

5.1 建设工程施工进度计划与控制概述

5.1.1 施工进度计划与控制原理

施工进度计划与控制以现代科学管理原理为理论基础，主要有系统原理、动态控制原理、信息反馈原理、弹性原理和封闭循环原理等。

（1）系统原理 系统原理是用系统观念管理施工项目进度活动，为此需要建立施工进度计划系统和组织系统。

施工进度计划系统包括施工总进度计划、单位工程进度计划、分部分项工程进度计划、材料计划、劳动力计划、季度和月（旬）作业计划等，形成一个进度控制目标能够逐层分解，编制对象从大到小，范围由总体到局部，层次由高到低、内容由粗到细的完整的计划系统。施工进度组织系统则是实现施工项目进度计划的组织保证，由施工项目的项目经理、各子项目负责人、计划人员、调度人员、作业队长、班组长以及有关人员组成。这个组织系统既要严格执行进度计划要求、落实和完成各自的职责和任务，又要随时检查、分析计划的执行情况，在发现实际进度与计划进度发生偏离时，能及时采取有效措施进行调整、解决。

（2）动态控制原理 施工进度目标的实现是一个随着项目的施工进展以及相关因素的变化不断进行调整的动态控制过程。当发生实际进度与计划进度超前或落后时，控制系统就要做出应有的反应，即分析偏差产生的原因，采取相应的措施，调整原来计划，使施工活动在新的起点上按调整后的计划继续运行。施工进度控制活动就这样在不断地调整中进行，直至预期计划目标实现。

（3）信息反馈原理 施工进度计划与控制的过程又是对有关施工活动和进度的信息不断搜集、加工、汇总、反馈的过程。施工项目管理者要对搜集的施工进度和影响因素的信息进行加工分析，由领导做出决策后，向下发出指令，指导施工或对原计划做出新的调整、部署；基层作业组织根据计划和指令调整施工活动安排，并将实际进度和遇到的问题随时上报。每天都有大量的内外部和纵横向信息。因而必须建立进度管理的信息网络，信息准确、及时、畅通，反馈灵敏、有力，确保施工项目的顺利实施。

（4）弹性原理　在编制施工进度计划时，要考虑影响进度的各类因素出现的可能性及其变化的影响程度，使进度计划具有一定弹性和应变性，留有余地。当遇到干扰、工期拖延时，能够利用进度计划的弹性，采取缩短有关工作的时间，或改变工作之间逻辑关系，或增减施工内容、工程量，或改进施工工艺、方案等有效措施，对施工进度计划做出及时调整，缩短剩余计划工期，达到预期的计划目标。

（5）封闭循环原理　施工进度计划与控制从编制项目施工进度计划开始。由于影响因素的复杂和不确定性，在计划实施过程中需要连续跟踪检查，不断地将实际进度与计划进度进行比较。如果运行正常，可继续执行原计划；如果发生偏差，应在分析其产生的原因后，采取相应的解决措施和办法，对原进度计划进行调整和修订，然后再进入一个新的计划执行过程。这个由计划、实施、检查、比较、分析、纠偏等环节组成的过程就形成了一个封闭循环回路。施工进度计划与控制就是在许多这样的封闭循环中不断地得到有效调整、修正与纠偏，最终实现总目标。

5.1.2 影响施工进度的因素

影响施工进度的因素大致可分为三类，详见表5-1。

表 5-1　影响施工进度的因素表

种　类	影　响　因　素
项目经理部 内部因素	1. 施工组织不合理，人力、机械设备调配不当，解决问题不及时 2. 施工技术措施不当或发生事故 3. 质量不合格引起返工 4. 与相关单位关系协调不善 5. 项目经理部管理水平低等
相关单位因素	1. 设计图供应不及时或有误 2. 业主要求设计变更 3. 实际工程量增减变化 4. 材料供应、运输等不及时或质量、数量、规格不符合要求 5. 水、电、通信等部门、分包单位没有认真履行合同或违约 6. 资金没有按时拨付等
不可预见因素	1. 施工现场水文地质状况比设计合同文件预计的要复杂得多 2. 严重自然灾害 3. 战争、政变等政治因素等

5.1.3 施工进度计划与控制程序

施工进度计划与控制程序如图5-1所示，大致分成施工进度计划、计划实施和控制三个阶段。

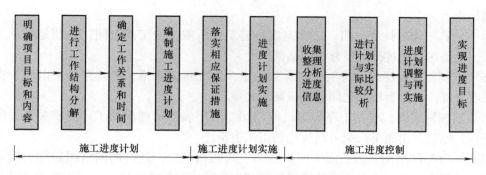

图 5-1　施工进度计划与控制程序图

5.2 | 建设工程施工进度计划的编制

5.2.1　施工进度计划的编制方法

常见的编制方法有：横道图计划法和网络计划法。

横道图计划易于编制、简单明了、直观易懂、便于检查和计算资源，特别适合于现场施工管理。但横道图不容易看出工作之间的相互依赖、相互制约的关系，反映不出哪些工作决定了总工期以及各工作是否有机动时间，而且由于它不是一个数学模型，不能实现定量分析，无法分析工作之间相互制约的数量关系，也不能在执行情况偏离原定计划时迅速而简单地进行调整和控制，更无法实行多方案的优选。

网络计划法能明确地反映出工程各组成工序之间的相互制约和依赖关系，可以用它进行时间分析，确定出哪些工序是影响工期的关键工序，以便施工管理人员集中精力抓施工中的主要矛盾，减少盲目性。而且它是一个定义明确的数学模型，可以建立各种调整优化方法，并可利用计算机进行分析计算。

在实际施工过程中，应注意横道图计划和网络计划的结合使用。即在应用计算机编制施工进度计划时，先用网络方法进行时间分析，确定关键工序，进行调整优化，然后输出相应的横道图计划用于指导现场施工。

5.2.2　施工进度计划的编制过程

以网络计划表达的施工进度计划的详细编制程序如下。

（1）调查研究。了解和分析工程任务的构成和施工的客观条件，掌握编制进度计划所需的各种资料，特别要对施工图进行透彻研究，并尽可能对施工中可能发生的问题做出预测，考虑解决问题的方法等。

（2）确定方案。根据施工组织设计中的施工方案，确定项目施工总体部署，划分施工阶段，制定施工方法，明确工艺流程，决定施工顺序等。

（3）划分工序。根据工程内容和施工方案，将工程任务划分为若干道工序。一个项目划分为多少道工序，由项目的规模和复杂程度，以及计划管理的需要来决定，只要能满足工作需要就可以了，不必过分详细。大体上要求每一道工序都有明确的任务内容，有一定的实物工程量和形象进度目标，能够满足指导施工作业的需要，完成与否有明确的判别标志。

（4）估算工作的持续时间。估算完成每道工序所需要的工作时间，也就是每项工作延续时间，这是对计划进行定量分析的基础。

（5）编制施工顺序表。将项目的所有工序，依次列成表格，编排序号，以便于查对是否遗漏或重复，并分析相互之间的逻辑制约关系。

（6）绘制网络图。根据工序表画出网络图。工序表中所列出的工序逻辑关系，既包括工艺逻辑，也包含由施工组织方法决定的组织逻辑。

（7）画时标网络图。给上面的网络图加上时间横坐标，这时的网络图就称为时标网络图。在时标网络图中，表示工序的箭线长度与工作持续时间成正比，一道工序的箭线长度在时间坐标轴上的水平投影长度就是该工序延续时间的长短，工序的时差用波形线表示；虚工序延续时间为零，因而虚箭线在时间坐标轴上的投影长度也为零，虚工序的时差也用波形线表示。这种时标网络可以按工序的最早开工时间来绘制，也可以按工序的最迟开工时间来绘制，在实际应用中多是前者。

（8）绘制资源曲线。根据时标网络图可绘制出施工主要资源的计划用量曲线。

（9）检查与判断。主要是检查资源的计划用量是否超过实际可能的投入量。如果超过了要进行调整，将施工高峰错开，削减资源用量高峰，或者改变施工方法，减少资源用量。这时要增加或改变某些逻辑关系，需要重新绘制时间坐标网络图。如果资源计划用量不超过实际拥有量，那么这个计划是可行的。

（10）优化程度判别。可行的计划不一定是最优的计划。计划的优化是提高经济效益的关键步骤。所以，要判别计划是否最优。如果不是，就要进一步优化。如果计划的优化程度已经可以令人满意（往往不一定是最优），就得到了可以用来指导施工、控制进度的施工网络图了。

大多数的工序都有确定的实物工程量，可按工序的工程量，并根据投入资源的多少及该工序的定额计算出作业时间。若该工序无定额可查，则可组织有关管理人员、技术人员、操作工人等，根据有关条件和经验，对完成该工序所需时间进行估计。

5.3 建设工程施工进度计划的实施与检查

5.3.1 施工进度计划的实施

施工进度计划实施的主要内容见表 5-2。

表 5-2　施工进度计划实施的主要内容

项　　目	内　　容
编制月旬作业计划	作业计划是施工进度计划的具体化，应具有实施性，使施工任务更加明确具体可行，便于测量、控制、检查 1. 每月（旬或周）末，项目经理提出下期目标和作业项目，通过工地例会协调后编制 2. 应根据规定的计划任务，当前施工进度，现场施工环境、劳动力、机械等资源条件编制 3. 对总工期跨越一个年度以上的施工项目，应根据不同年度的施工内容编制年度和季度的控制性施工进度计划，确定并控制项目的施工总进度的重要节点目标 4. 项目经理部应将资源供应进度计划和分包工程施工进度计划纳入项目进度控制范畴

（续）

项　目	内　容
签发施工任务单	1. 施工任务书是下达施工任务，实行责任承包，全面管理和原始记录的综合性文件 2. 施工任务书包括：施工任务单（表5-3）、限额领料单（表5-4）、考勤表等 3. 工长根据作业计划按班组编制施工任务书，签发后向班组下达并落实施工任务 4. 在实施过程中，做好记录，任务完成后回收，作为原始记录和业务核算资料保存
做好施工进度记录和统计	1. 各级施工进度计划的执行者做好施工记录，如实记载计划执行情况： （1）每项工作的开始和完成时间，每日完成数量 （2）记录现场发生的各种情况、干扰因素的排除情况 2. 跟踪做好形象进度，以及工程量，总产值，耗用的人工、材料、机械台班、能源等数量 3. 及时进行统计分析并填表上报，为施工进度检查和控制分析提供反馈信息
施工进度调度	1. 检查督促班组作业前的准备工作 2. 检查和调节劳动力、物资和机具供应工作 3. 检查外部供应条件、各专业协作施工、总分包协作配合关系 4. 检查工人班组能否按交底要求进入现场，掌握施工方法和操作要点 5. 对关键部位要组织有关人员加强监督检查，发现问题，及时解决 6. 随时纠正施工中各种违章、违纪行为 7. 严格质量自检、互检、交接检制度，及时进行工程隐检、预检，做好分项分部工程质量评定

表 5-3　施工任务单

_____施工队_____组　单位工程名称_____　年　月　日

定额编号	工程项目	单位	计划用工数			实际完成			工　期
			工程量	时间定额	定额工日	工程量	耗用工日	完成定额（％）	
	合计								

各指标完成情况	实际用工数		完成定额	%	出勤率	%
	质量评定		安全评定		限额用料	

签发　　　　　组长　　　　　组成本员　　　　　审核　　　　　验收

表 5-4　限额领料单

年　月　日

材料名称	规格	计量单位	限额用量		领料记录						退料数量	执行情况	
			按计划工程量	按实际工程量	第一次		第二次		第三次			实际耗用量	节约或浪费（＋/－）
					日/月	数量	日/月	数量	日/月	数量			

5.3.2 施工进度计划的检查

跟踪检查施工实际进度是项目施工进度控制的关键内容，其具体内容见表5-5。

表5-5 施工进度计划的检查

项 目	说 明
检查时间	1. 根据施工项目的类型、规模、施工条件和对进度执行要求的程度确定检查时间和间隔时间 2. 常规性检查可确定为每月、半月、旬或周进行一次 3. 施工中遇到天气、资源供应等不利因素严重影响时，间隔时间临时可缩短，次数应频繁 4. 对施工进度有重大影响的关键施工作业可每日检查或派人驻现场督阵
检查内容	1. 对日施工作业效率、周、旬作业进度及月作业进度分别进行检查，对完成情况做出记录 2. 检查期内实际完成和累计完成工程量 3. 实际参加施工的人力、机械数量和生产效率 4. 窝工人数、窝工机械台班及其原因分析 5. 进度偏差情况和进度管理情况 6. 影响进度的特殊原因及分析
检查方法	1. 建立内部施工进度报表制度 2. 定期召开进度工作会议，汇报实际进度情况 3. 进度控制、检查人员经常到现场实地察看
数据整理、比较分析	1. 将收集的实际进度数据和资料进行整理加工，使之与相应的进度计划具有可比性 2. 一般采用实物工程量、施工产值、劳动消耗量、累计百分比等和形象进度统计 3. 将整理后的实际数据、资料与进度计划比较，通常采用的方法有：横道图法、列表比较法、S形曲线比较法、香蕉形曲线比较法、前锋线比较法等 4. 得出实际进度与计划进度是否存在偏差的结论：相一致、超前、落后

5.4 | 建设工程施工进度计划执行情况对比分析

施工进度比较分析与计划调整是建筑施工进度控制的主要环节。其中施工进度比较是调整的基础。常用的比较方法有以下几种：

5.4.1 横道图比较法

横道图比较法，是指将在项目施工中检查实际进度收集的信息，经整理后直接用横道线并列标于原计划的横道线处，进行直观比较的方法。例如某钢筋混凝土工程的施工实际进度计划与计划进度比较，如图5-2所示。其中黑粗实线表示计划进度，涂黑部分（也可以涂彩

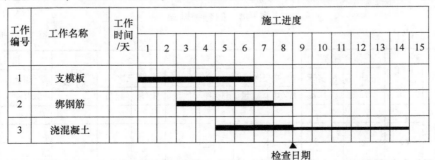

图 5-2 某钢筋混凝土工程实际进度与计划进度的比较

色）则表示工程施工的实际进度。从比较中可以看出，在第 8 天末进行施工进度检查时，支模板工作已经完成，绑钢筋工作按计划进度应当完成，而实际施工进度只完成了 83%，已经拖后了 17%，浇混凝土工作完成了 40%，与计划施工进度一致。

通过上述记录与比较，为进度控制者提供了实际施工进度与计划进度之间的偏差，为采取调整措施提供了明确的任务。这是人们施工中进行进度控制经常使用的一种最简单、熟悉的方法。但是它仅是适用于施工中的各项工作都是按均匀速度进行的情况，即每项工作在单位时间内完成的任务量都是相等的。

完成任务量可以用实物工程量、劳动消耗量和工作三种物理量表示。为了比较方便，一般用它们实际完成量的累计百分比与计划的应完成量的累计百分比进行比较。

根据施工项目施工中各项工作的速度不一定相同，以及进度控制要求和提供的进度信息不同，可以采用以下几种方法。

1. 匀速施工横道图比较法

匀速施工是指施工项目中，每项工作的施工进展速度都是均匀的，即在单位时间内完成的任务都是相等的，累计完成的任务量与时间成直线变化，如图 5-3 所示。其比较方法的步骤如下：

（1）绘制横道图进度计划。

（2）在进度计划上标出检查日期。

（3）将检查收集的实际进度数据，按比例用黑粗线标于计划进度线下方，如图 5-4 所示。

（4）比较分析实际进度与计划进度，具体如下：

1）涂黑的粗线右端与检查日期相重合，表明实际进度与计划进度相一致。

2）涂黑的粗线右端在检查日期的左侧，表明实际进度拖后。

3）涂黑的粗线右端在检查日期的右侧，表明实际进度超前。

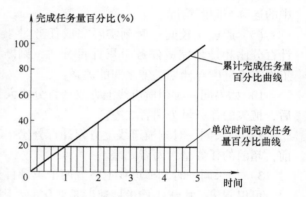

图 5-3　匀速施工时间与完成任务量曲线图

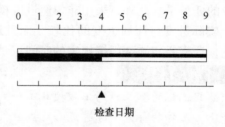

检查日期

图 5-4　匀速施工横道图比较图

必须强调：该方法只适用于工作从开始到完成的整个过程中，其施工速度是不变的，累计完成的任务量与时间成正比。若工作的施工速度是变化的，用这种方法就不能进行实际进度与计划进度之间的比较。

2. 非匀速进展横道图比较法

当工作在不同单位时间里的进展速度不相等时，累计完成的任务量与时间的关系就不可能是线性关系。此时，应采用非匀速进展横道图比较法进行工作实际进度与计划进度的比较。

非匀速进展横道图比较法在用涂黑粗线表示工作实际进度的同时，还要标出其对应时刻完成任务量的累计百分比，并将该百分比与其同时刻计划完成任务量的累计百分比相比较，判断工作实际进度与计划进度之间的关系。非匀速施工时间与完成任务量曲线图如图5-5所示。

采用非匀速进展横道图比较法时，其步骤如下：

（1）编制横道图进度计划。

（2）在横道线上方标出各主要时间工作的计划完成任务量累计百分比。

（3）在横道线下方标出相应时间工作的实际完成任务量累计百分比。

（4）用涂黑粗线标出工作的实际进度，从开始之日标起，同时反映出该工作在实施过程中的连续与间断情况。

（5）通过比较同一时刻实际完成任务量累计百分比和计划完成任务量累计百分比，判断工作实际进度与计划进度之间的关系：

1）如果同一时刻横道线上方累计百分比大于横道线下方累计百分比，表明实际进度拖后，拖欠的任务量为两者之差。

2）如果同一时刻横道线上方累计百分比小于横道线下方累计百分比，表明实际进度超前，超前的任务量为两者之差。

3）如果同一时刻横道线上下方两个累计百分比相等，表明实际进度与计划进度一致。

可以看出，由于工作进展速度是变化的，因此，在图中的横道线，无论是计划的还是实际的，只能表示工作的开始时间、完成时间和持续时间，并不表示计划完成的任务量和实际完成的任务量。此外，采用非匀速进度横道图比较法，不仅可以进行某一时刻（如检查日期）实际进度与计划进度的比较，而且还能进行某一时间段实际进度与计划进度的比较。当然，这需要实施部门按规定的时间记录当时的任务完成情况。

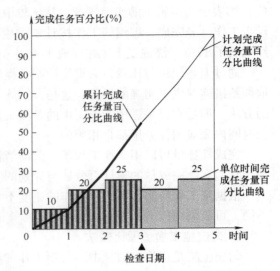

图5-5　非匀速施工时间与完成任务量曲线图

【例5-1】

某工程的绑扎钢筋工程按施工计划安排需要9天完成，每天统计累计完成任务的百分比，工作的每天实际进度和检查日累计完成任务的百分比如图5-6所示。具体的比较步骤如下：

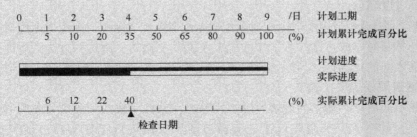

图5-6　非匀速施工横道图比较法

（1）编制横道图进度计划。

（2）在横道线上方标出钢筋工程每天计划累计完成任务的百分比，分别为 5%、10%、20%、35%、50%、65%、80%、90%、100%。

（3）在横道线的下方标出工作 1 天、2 天、3 天以至检查日期的实际累计完成任务的百分比，分别为 6%、12%、22%、40%。

（4）用涂黑粗线标出实际进度线。从图 5-6 可看出，实际开始工作时间比计划时间晚一段时间，进程中连续工作。

（5）比较实际进度与计划进度的偏差。从图 5-6 可以看出，第 1 天末实际进度比计划进度超前 1%，以后各天分别为 2%、2%、5%。

横道图记录比较法具有以下优点：记录和比较方法都简单，形象直观，容易掌握，应用方便，被广泛采用于简单的进度监测工作中。但是它以横道图进度计划为基础，因此，带有其不可克服的局限性，如各工作之间的逻辑关系不明显，关键工作和关键线路无法确定，一旦某些工作进度产生偏差时，难以预测对后续工作和整个工期的影响以及确定调整方法。

5.4.2　S 形曲线比较法

S 形曲线比较法与横道图比较法不同，它不是在编制的横道图进度计划上进行实际进度与计划进度比较。它是以横坐标表示进度时间，纵坐标表示累计完成任务量，而绘制出一条按计划时间累计完成任务量的 S 形曲线，将施工项目的各检查时间实际完成的任务量绘在 S 形曲线图上，进行实际进度与计划进度相比较的一种方法。

从整个施工项目的施工全过程而言，一般是开始和结尾时，单位时间投入的资源量较少，中间阶段单位时间投入的资源量较多，与其相关单位时间完成的任务量也是呈同样变化的，如图 5-7a 所示，而随时间进展累计完成的任务量，则应呈 S 形变化，如图 5-7b 所示。

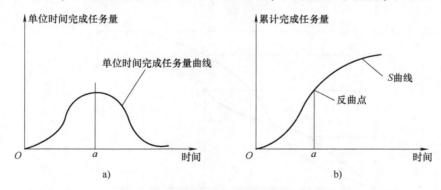

图 5-7　时间与完成任务量关系曲线图

1. S 形曲线绘制步骤

（1）确定工程进展速度曲线。在实际工程中，计划进度曲线很难找到如图 5-7 所示的连续曲线，但可以根据每单位时间内完成的实物工程量、投入的劳动力或费用，计算出计划单位时间的量值（q_i），该值是离散型的，如图 5-8a 所示。

（2）计算规定时间 j 累计完成的任务量。其计算方法是将各单位时间完成的任务量累加求和，可以按下式计算

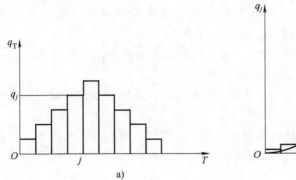 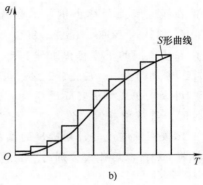

图 5-8　实际工作中时间与完成任务量关系曲线

$$Q_j = \sum_{j=1}^{j} q_j \qquad (5\text{-}1)$$

式中　Q_j——j 时刻的计划累计完成任务量；

　　　q_j——单位时间计划完成任务量。

（3）按各规定时间的 Q_j 值，绘制 S 形曲线，如图 5-8b 所示。

2. S 形曲线比较法的具体操作

利用 S 形曲线比较，同横道图一样，是在图上直观地进行施工项目实际进度与计划进度比较。一般情况，由计划进度控制人员在计划实施前绘制出 S 形曲线，在项目施工过程中，按规定时间将检查的实际完成任务情况，绘制在计划实施前绘制的同一张 S 形曲线图上，可得出实际进度曲线，如图 5-9 所示。比较两条 S 形曲线可以得到如下信息：

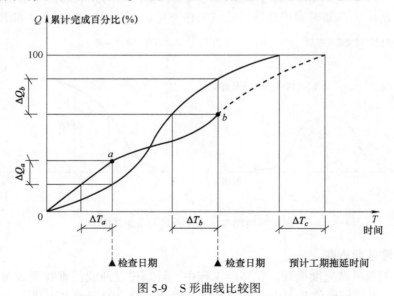

图 5-9　S 形曲线比较图

（1）施工项目实际进度与计划进度比较情况。当实际进展点落在计划 S 形曲线上侧则表示此时实际进度比计划进度超前；若落在其下侧，则表示拖后；若刚好落在其上，则表示两者一致。

（2）施工项目实际进度比计划进度超前或拖后的时间。如图 5-9 所示，ΔT_a 表示 T_a 时刻实际进度超前时间，ΔT_b 表示 T_b 时刻实际进度拖后时间。

（3）施工项目实际进度比计划进度超额或拖欠的任务量。如图 5-9 所示，ΔQ_a 表示 T_a 时刻超额完成的任务量，ΔQ_b 表示在 T_b 时刻拖欠的任务量。

（4）预测工程进度。如图 5-9 所示，后期工程按原计划速度进行，则工期拖延预测值为 ΔT_c。

5.4.3　香蕉形曲线比较法

1. 香蕉形曲线的绘制

如图 5-10 所示，香蕉形曲线是两条 S 形曲线组合成的闭合曲线。从 S 形曲线比较中可知：某一施工项目，计划时间和累计完成任务量之间的关系，都可以用一条 S 形曲线表示。一般说来，按任何一个施工项目的网络计划，都可以绘制出两条曲线。其一是以各项工作的计划最早开始时间安排进度而绘制的 S 形曲线，称为 *ES* 曲线；其二是以各项工作的计划最迟开始时间安排进度而绘制的 S 形曲线，称为 *LS* 曲线。两条 S 形曲线都是从计划的开始时刻开始和完成时刻结束，因此两条曲线是闭合的。其余时刻 *ES* 曲线上的各点一般均落在 *LS* 曲线相应点的左侧，形成一个形如香蕉的曲线，故此称为香蕉形曲线。

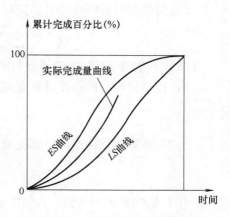

图 5-10　香蕉形曲线比较图

在项目的实施中，进度控制的理想状况是任一时刻按实际进度描出的点，应落在该香蕉形曲线的区域内，如图 5-10 中的实际完成量（实际进度）曲线。

2. 香蕉形曲线比较法的作用

（1）利用香蕉曲线合理安排进度。

（2）对施工实际进度与计划进度作比较。

（3）确定在检查状态下，后期工程的 *ES* 曲线和 *LS* 曲线的发展趋势。

3. 香蕉形曲线的绘制方法

香蕉形曲线的绘制方法与 S 形曲线的绘制方法基本相同，所不同之处在于它是以工作的最早开始时间和最迟开始时间分别绘制的两条 S 形曲线的组合。其具体步骤如下：

（1）以施工项目的网络计划为基础，确定该施工项目的工作数目 n 和计划检查次数 m，并计算时间参数 ES_i、LS_i（$i = 1$，2，…，n）。

（2）确定各项工作在不同时间，计划完成任务量，分为两种情况：

1）以施工项目的最早时标网络图为准，确定各工作在各单位时间的计划完成任务量，用 $q_{i,j}^{ES}$ 表示，即第 i 项工作按最早开始时间开工，第 j 时间完成的任务量（$i = 1$，2，…，n；$j = 1$，2，…，m）。

2）以施工项目的最迟时标网络图为准，确定各工作在各单位时间的计划完成任务量，用 $q_{i,j}^{LS}$ 表示，即第 i 项工作按最迟开始时间开工，第 j 时间完成的任务量（$i = 1$，2，…，n；

$j = 1，2，\cdots，m）。$

（3）计算施工项目总任务量 Q。施工项目的总任务量可用下式计算

$$Q = \sum_{i=1}^{n} \sum_{j=1}^{m} q_{ij}^{ES} \tag{5-2}$$

或

$$Q = \sum_{i=1}^{n} \sum_{j=1}^{m} q_{ij}^{LS} \tag{5-3}$$

（4）计算到 j 时刻末完成的总任务量。分为两种情况：

1）按最早时标网络图计算完成的总任务量 Q_j^{ES}，即

$$Q_j^{ES} = \sum_{i=1}^{i} \sum_{j=1}^{j} q_{ij}^{ES} \quad (1 \leqslant i \leqslant n, 1 \leqslant j \leqslant m) \tag{5-4}$$

2）按最迟时标网络图计算完成的总任务量 Q_j^{LS}，即

$$Q_j^{LS} = \sum_{i=1}^{i} \sum_{j=1}^{j} q_{ij}^{LS} \quad (1 \leqslant i \leqslant n, 1 \leqslant j \leqslant m) \tag{5-5}$$

（5）计算到 j 时刻本完成项目总任务量百分比。分为两种情况：

1）按最早时标网络图计算完成的总任务量百分比 μ_j^{ES}，即

$$\mu_j^{ES} = \frac{Q_j^{ES}}{Q} \times 100\% \tag{5-6}$$

2）按最迟时标网络图计算完成的总任务量百分比 μ_j^{LS}，即

$$\mu_j^{LS} = \frac{Q_j^{LS}}{Q} \times 100\% \tag{5-7}$$

（6）绘制香蕉形曲线。按 μ_j^{ES}（$j = 1，2，\cdots，m$），描绘各点，并连接各点得到 ES 曲线；按 μ_j^{LS}（$j = 1，2，\cdots，m$），描绘各点，并连接各点得 LS 曲线，由 ES 曲线和 LS 曲线组成香蕉形曲线。

在项目实施过程中，按同样的方法，将每次检查的各项工作实际完成的任务量，代入上述各相应公式，计算出不同时间实际完成任务量的百分比，并在香蕉形曲线的平面内绘出实际进度曲线，便可以进行实际进度与计划进度的比较。

4. 香蕉形曲线具体绘制步骤示例

【例 5-2】

已知某施工项目网络计划如图 5-11 所示，有关网络时间参数见表 5-6。完成任务量以劳动量消耗数量表示，见表 5-7。试绘制该工程施工进度计划香蕉形曲线。

图 5-11　某工程项目网络图

表 5-6　网络图时间参数表

i	工 作 编 号	工 作 名 称	D_i	ES_i	LS_i
1	1 - 2	A	3	0	0
2	1 - 3	B	2	0	1
3	3 - 4	C	3	2	3
4	4 - 5	D	3	5	6
5	2 - 5	E	6	3	3
6	5 - 6	F	1	9	9

表5-7 劳动量消耗数量表

q_{ij} / i	q_{ij}^{ES}										q_{ij}^{LS}									
	1	2	3	4	5	6	7	8	9	10	1	2	3	4	5	6	7	8	9	10
1	3	3	3								3	3	3							
2	3	3										3	3							
3			3	3	3									3	3	3				
4						4	4	4									4	4	4	
5				3	3	3	3	3	3					3	3	3	3	3	3	
6										6										6

解: $n = 6$，$m = 10$。

（1）计算施工项目的总劳动消耗量 Q，即

$$Q = \sum_{i=1}^{6} \sum_{j=1}^{10} q_{ij}^{ES} = 60$$

（2）计算到 j 时刻未完成的总任务量 Q_j^{ES} 和 Q_j^{LS}，见表5-8。

（3）计算到 j 时刻未完成的总任务量百分比 μ_j^{ES}、μ_j^{LS} 见表5-8。

（4）根据 μ_j^{ES}、μ_j^{LS} 及其相应的 j 绘制 ES 曲线和 LS 曲线，得香蕉形曲线，如图5-12所示。

表5-8 完成的总任务量及其百分比表

j/天	1	2	3	4	5	6	7	8	9	10
Q_j^{ES}/工日	6	12	18	24	30	37	44	51	54	60
Q_j^{LS}/工日	3	9	15	21	27	33	40	47	54	60
μ_j^{ES}（%）	10	20	30	40	50	61	72	84	90	100
μ_j^{LS}（%）	5	15	25	35	45	55	66	78	90	100

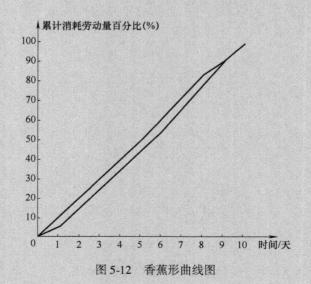

图 5-12 香蕉形曲线图

5.4.4　前锋线比较法

前锋线比较法也是一种简单的施工实际进度与计划进度比较的方法。它主要适用于时标网络计划。其主要方法是从检查时刻的时标点出发，首先连接与其相邻的工作箭线的实际进度点，由此再去连接该工作相邻工作箭线的实际进度点，依此类推。将检查时刻正在进行工作的点都依次连接起来，组成一条一般为折线形式的前锋线，按前锋线与箭线交点的位置判定施工实际进度与计划进度的偏差。简言之，前锋线法就是通过施工项目实际进度前锋线，比较施工实际进度与计划进度偏差的方法。

5.4.5　列表比较法

当采用无时间坐标网络图计划时，也可以采用列表分析法，比较项目施工实际进度与计划进度的偏差情况。该方法是记录检查时正在进行的工作名称和已进行的天数，然后列表计算有关参数，根据原有总时差和尚有总时差判断实际进度与计划进度的比较方法。

1. 列表比较法步骤

（1）计算检查时正在进行的工作尚需要的作业时间。

（2）计算检查的工作从检查日期到最迟完成时间的尚余时间。

（3）计算检查的工作到检查日期止尚余的总时差。

（4）填表分析工作实际进度与计划进度的偏差。可能有以下几种情况：

1）若工作尚有总时差与原有总时差相等，则说明该工作的实际进度与计划进度一致。

2）若工作尚有总时差小于原有总时差，但仍为正值，则说明该工作的实际进度比计划进度拖后，产生的偏差值为两者之差，但不影响总工期。

3）若尚有总时差为负值，则说明对总工期有影响，应当调整。

2. 示例

【例5-3】

已知网络计划如图5-13所示，在第5天检查时，发现A工作已完成，B工作已进行1天，C工作已进行2天，D工作尚未开始。试用前锋线法和列表比较法进行实际进度与计划进度比较。

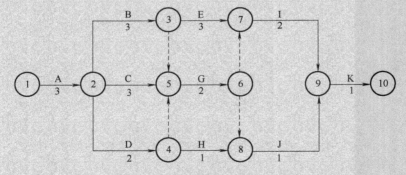

图5-13　某工程网络计划图

解：（1）根据第5天检查的情况，绘制前锋线，如图5-14所示。

（2）根据上述公式，计算有关参数，见表5-9。

（3）根据尚有总时差的计算结果，判断工作实际进度情况，见表5-9。

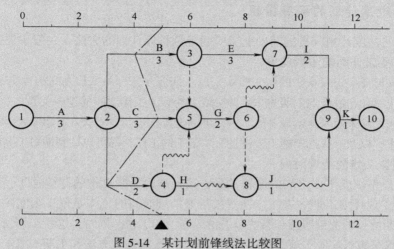

图5-14 某计划前锋线法比较图

表5-9 工作进度检查比较表

工作代号	工作名称	检查计划时尚需作业天数	到计划最迟完成时尚余天数	原有总时差	尚有总时差	情况判断
2—3	B	2	1	0	−1	拖延工期1天
2—5	C	1	2	1	1	正常
2—4	D	2	2	2	0	正常

5.5 建设工程施工进度计划的调整

5.5.1 施工进度检查结果的处理意见

通过前述的进度比较方法，当出现进度偏差时，应当分析该偏差对后续工作和总工期的影响。

1. 分析出现进度偏差的工作是否为关键工作

若出现偏差的工作为关键工作，则无论偏差大小，都对后续工作及总工期产生影响，必须采取相应的调整措施；若出现偏差的工作不是关键工作，需要根据偏差值与总时差和自由时差的大小关系，确定对后续工作和总工期的影响程度。

2. 分析进度偏差是否大于总时差

若工作的进度偏差大于该工作的总时差，说明此偏差必将影响后续工作和总工期，必须采取相应的调整措施；若工作的进度偏差小于该工作的总时差，说明此偏差对总工期无影响，但它对后续工作的影响程度，需要根据此偏差与自由时差的比较情况来确定。

3. 分析进度偏差是否大于自由时差

若工作的进度偏差大于该工作的自由时差，说明此偏差对后续工作产生影响，应根据后续工作允许影响的程度而确定如何调整；若工作的进度偏差小于或等于该工作的自由时差，则说明此偏差对后续工作无影响，因此，原进度计划可以不做调整。

经过如此分析，进度控制人员可以确认应该调整产生进度偏差的工作和调整偏差值的大小，以便确定采取调整措施，获得新的符合实际进度情况和计划目标的新进度计划。

5.5.2 施工进度计划的调整措施

在对实施的进度计划分析的基础上，应确定调整原计划的方法，一般主要有以下几种。

1. 改变某些工作间的逻辑关系

若检查的实际施工进度产生的偏差影响了总工期，并且有关工作之间的逻辑关系允许改变，可以改变关键线路和超过计划工期的非关键线路上的有关工作之间的逻辑关系，达到缩短工期的目的。这种方法用起来效果是很显著的。例如可以把依次进行的有关工作改变为平行的工作，或互相搭接的工作，以及分成几个施工段进行流水施工的工作，都可以达到缩短工期的目的。

2. 缩短某些工作的持续时间

这种方法是不改变工作之间的逻辑关系，只是缩短某些工作的持续时间，而使施工进度加快，以保证实现计划工期的方法。这些被压缩持续时间的工作是位于因实际施工进度的拖延而引起总工期增长的关键线路和某些非关键线路上的工作。同时，这些工作又是可压缩持续时间的工作。这种方法实际上就是网络计划优化中的工期优化方法和工期与成本优化的方法。

3. 资源供应的调整

对于因资源供应发生异常而引起进度计划执行问题，应采用资源优化方法对计划进行调整，或采取应急措施，使其对工期影响最小。

4. 增减施工内容

增减施工内容应做到不打乱原计划的逻辑关系，只对局部逻辑关系进行调整。在增减施工内容以后，应重新计算时间参数，分析对原网络计划的影响。当对工期有影响时，应采取调整措施，保证计划工期不变。

5. 增减工程量

增减工程量主要是指改变施工方案、施工方法，从而导致工程量的增加或减少。

6. 改变工作的起止时间

起止时间的改变应在相应的工作时差范围内进行：如延长或缩短工作的持续时间，或将工作在最早开始时间和最迟完成时间范围内移动。每次调整必须重新计算时间参数，观察该项调整对整个施工计划的影响。

复习思考题

1. 施工进度计划与控制的基本原理是什么？
2. 简述施工进度计划的编制过程。
3. 施工进度检查的主要内容有哪些？
4. 施工进度比较分析的常用方法有哪些？
5. 什么叫香蕉形曲线比较法？
6. 什么叫前锋线比较法？
7. 如何分析进度偏差时对后续工作和总工期的影响？
8. 施工进度计划的调整措施有哪些？

第6章

建设工程施工现场布置

建筑工程施工现场布置是工程施工组织设计的重要组成部分，是按确定的施工方案和施工部署，将各项生产生活设施在现场进行周密的平面规划和合理的空间布局，在单位工程施工中占据重要地位。合理的施工平面布置对于顺利执行施工进度计划非常重要，对现场的文明施工、工程成本、工程质量和安全生产都会产生重要影响，是现场管理的依据，必须进行科学规划。

6.1 建设工程施工总平面图

施工总平面图是对拟建的一个建设项目或建筑群的施工现场所作的平面规划图或布置图，用于指导项目现场施工的总体布置，是施工组织总设计的一个重要组成部分。它按照施工部署、施工方案和施工总进度的要求，把组织拟建项目施工的各种要素描绘在一张总图上，作为解决全工地施工期间所需各项临时设施和永久建筑以及拟建项目之间空间关系的依据。施工总平面规划是施工总设计的重要内容，是具体指导现场施工部署的行动方案，是单位工程施工平面图的设计依据，也是实现现场文明施工的重要条件。施工总平面图的比例一般为 1：1000 或 1：2000。

建筑施工过程是一个变化的过程，工地上的实际情况是随着工程进展不断改变的，为此，对于大型工程项目或施工期限较长或场地狭窄的工程，施工总平面图还应按照施工阶段分别进行设计或根据工地的变化情况，及时对施工总平面图予以修正。

6.1.1 施工总平面图设计的依据

（1）各种勘察设计资料、建设地区的自然条件和技术经济条件。

（2）施工部署和拟建主要工程施工方案、施工总进度计划。

（3）各种建筑材料、构件、半成品需要量计划，以及供应情况、运输方式；施工机械及运输工具的数量。

（4）构件加工场区规模、仓库和其他临时设施的数量及有关参数。

（5）各种生产、生活用临时设施一览表。

6.1.2 施工总平面图的设计内容及作用

1. 施工总平面图的设计内容

（1）地面上的一切建筑物和构筑物，地下各类管线、设施及需保护的文物与设施。

（2）施工用地范围，测量控制网、水准点，地形等高线，取土弃土场。

（3）施工现场各种起重机轨道、行驶路线及工作半径，井架位置。

（4）各种原材料、构配件、半成品及施工机具的堆放场地。

（5）一切为全工地施工服务的各类生产、生活临时设施。包括：搅拌站、钢筋加工棚、木工棚、仓库、办公用房、供水及排水线路、供电线路、施工道路等。并附各种生产、生活用临时设施一览表，表中应分别列出名称、规格和数量。

（6）安全防火设施。

2. 施工总平面图的作用

施工现场总平面图是具体指导现场施工的空间部署方案，对于现场有组织有计划地进行安全文明施工，具有较大意义，具体作用如下：

（1）通过科学的施工总平面布置，可以在保证施工顺利的条件下，达到少占或不占用农田的目的，根据建设工程分阶段的要求征用土地。

（2）通过科学的施工总平面部署，能够尽可能地降低临时设施的费用，可以充分利用施工现场周围的原有建筑或永久性建（构）筑物作为临时施工设施。

（3）科学的施工总平面布置，可以通过规划最大限度地减少材料或工器具的场内运输。

（4）通过对总平面的合理安排，使各类原材料尽可能地按计划分批进场；根据施工的时空要求，使材料尽可能地靠近施工地点，减少二次搬运。

（5）施工总平面图上绘有全部的地下管线和文物保护设施，可以避免把临时建（构）筑物或仓库建在地下管线之上；可以合理利用永久性建（构）筑物为施工服务；可以避免施工中的文物损坏事件。

（6）利用施工总平面图布置临时设施，可以便利施工人员的工作和生活。

（7）利用施工总平面图，可以充分考虑劳动保护和防火要求，使建筑用房保持一定的距离，易燃品远离火源，电焊或气焊火源处于下风口。

6.1.3 施工总平面图设计的原则

施工总平面图的设计主要满足以下设计原则：

（1）施工平面图设计要求：布置科学合理，在满足施工要求的前提下，布置紧凑，以得到较少的施工场地占用面，并尽量避免挤占交通。

（2）合理组织运输，减少二次搬运。

（3）施工区划分和场地的临时占用应符合总体施工部署和施工流程的要求，减少相互干扰。

（4）充分利用既有建（构）筑物和设施为项目施工服务，降低临时设施的建造费用。

（5）临时设施应方便生产和生活，办公区、生活区、生产区宜分离设置。

（6）符合节能、环保、安全和消防等要求。

（7）遵守建筑现场安全文明施工的规定。

6.1.4　施工总平面图设计的步骤

设计施工总平面图时，首先应从大宗材料、设备、预制加工品等进场的运输方式入手，先布置场外运输线路和场内仓库、加工场区，然后布置场内临时道路，最后布置临时设施及水、电管网等。

1. 引入场外运输道路

大宗材料、设备、预制加工品等进入工地的方式一般有铁路运输、公路运输和水路运输三种。

（1）当采用铁路运输时，应将建筑总平面图中的永久性铁路专用线提前修建，为工程施工服务。专用铁路线宜从工地的一侧或两侧引入，引入时应考虑铁路的转弯半径和坡度问题，并确定起点和进场位置。

（2）当采用公路运输时，由于汽车线路可以灵活布置，因此，公路布置应与仓库及加工场区的布置结合进行，并与场外道路连接。

（3）当采用水路运输时，应充分利用原有码头，卸货码头不应少于两个；如需要增设码头，码头宽度应大于 25m。当江河距工地较近时，可在码头附近布置主要仓库和加工场区。

需要注意的是，临时引入道路应考虑几点要求：①临时引入道路应尽量短；②临时引入道路应避免受到滑坡、山洪等自然灾害的危害；③临时道路引入点应结合施工现场布置合理确定，方便材料、机械的进出；④临时引入道路应结合运输能力，合理确定路宽及路面等级。

2. 仓库的布置

材料若由铁路运入工地，仓库可沿铁路线布置，但应有足够的卸货前线，否则宜设转运站。

材料若由汽车运入时，仓库布置较灵活，此时应考虑尽量利用永久性仓库。仓库位置距各使用地点要比较适中，以使运输里程尽可能短。仓库应位于平坦、宽敞、交通方便之处，且应遵守安全技术和防火规定。

一般材料仓库应邻近公路和施工地区布置；钢筋、木材仓库应布置在其加工场区附近；水泥库、砂石堆场则布置在搅拌站附近；油库、氧气库和电石库、危险品库宜布置在僻静、安全之处；大型工业企业的主要设备的仓库（或堆场）一般应与建筑材料仓库分开设立，一般笨重的设备应尽量放在车间附近。

3. 布置场内运输通道

根据各加工场区、仓库及各施工对象的相应位置，需对货物周转运行图进行反复研究，区分主要道路和次要道路，进行道路的整体规划，以确保运输畅通、车辆行驶安全及造价较低。在内部运输道路布置时应考虑以下几点：

（1）应充分利用拟建的永久性道路的线路，提前修建永久性道路或者先修路基和简易路面作为施工所需的道路，等项目完工后再铺路面，以节约投资。

（2）为保证运输畅通，道路应有两个及以上的进出口，隔一定距离设置回车场。主要干线应采用双车道并环形布置，宽度不小于 6m，次要道路则采用单车道，宽度不小于3.5m，此外，应及时疏通路边排水沟，尽量利用自然地形排水，避免路面积水。

（3）合理规划拟建道路与地下管网的施工顺序，若地下管网的设计施工图尚未下达而必须先进行道路施工时，临时道路就不能完全建造在永久性道路的位置，而应尽量布置在无管网地区或扩建工程范围地段上，以免开挖管道沟时破坏路面及交通中断。

4. 加工场区的布置

加工场区布置时主要考虑原料运到工厂和成品、半成品运到需要地点的总运输费用最小，同时考虑到生产企业有最好的工作条件，生产与建筑施工互不干扰，此外，还需考虑今后的扩建和发展。一般情况下，把加工场区集中布置在工地边缘。这样，既便于管理，又能降低铺设道路、管线及给水排水管理的费用。

现按加工场区种类分述如下。

（1）混凝土搅拌站和砂浆搅拌站。混凝土搅拌站可采用集中与分散相结合的方式。集中布置可以提高搅拌站机械化、自动化程度，从而节约劳动力，保证重点工程和大型建筑物、构筑物的施工需要。同时由于管理专业化，混凝土质量有保证。但集中布置也有其不足之处，一般集中布置时，运距较远，必须备有足够的翻斗汽车。在浇筑地点要增设卸料台，有时还要进行二次搅拌。此外，大型工地的建筑物和构筑物的类型多，混凝土品种的强度等级也多，要在同时间，同时供应几种强度等级的混凝土较难调度。因此最好采取集中与分散相结合的方式。

根据建设工程分布的情况，适当设计若干个临时搅拌站，使其与集中搅拌站有机配合。而集中搅拌站也应设几台较小型的搅拌机，这样，不仅能充分满足单型号的大量的混凝土供应，同时也能适当地搅拌零星的多型号的混凝土，以满足各方面的需要。

集中搅拌站的位置尽量靠近混凝土需要量最大的工程，且至其他重点供应工程的半径应大致相等。砂浆搅拌站以分散布置为宜，随拌随用。在工业建筑工地砌筑工程量不大，很少采用三班连续作业，如果集中搅拌砂浆，不仅造成搅拌站的工作不饱满，不能连续生产，而且集中供应又会增加运输上的困难。

（2）钢筋加工场区。对需进行冷加工、对焊、点焊的钢筋骨架和大片钢筋网，宜设中心加工场区集中加工，这样，可充分发挥加工设备的效能，满足工地需要，保证加工质量，降低加工成本。而小型加工件、小批量生产利用简单机具成型的钢筋加工，则可在分散的临时钢筋加工棚内进行。

（3）木材联合加工场区。锯材、标准门窗、标准模板等加工盘较大时，设置集中的木材联合加工场区比较好。这样，设备集中，便于实现生产的机械化、自动化，从而节约劳动力，同时残料锯屑可以综合利用，利于节约木材，降低成本。至于非标准件的加工及模板修理等工作，则最好是在工地设置若干个临时作业棚。如建设区有河流时，联合加工场区最好靠近码头，因为原木多用水运，直接运到工地，可减少二次搬运，节省时间与运输费用。

5. 临时房屋布置

临时房屋可分为以下几种：

（1）行政管理和辅助生产用房，包括办公室、警卫室、消防站、汽车库以及修理车间等。

（2）居住用房，包括职工宿舍、招待所等。

（3）文化福利用房，包括浴室、理发室、文化活动室、开水房、小卖部、食堂、邮电所等。

应尽可能利用建设单位原有的生活基地或其他永久性建筑，不足部分则应另行建造临时简易房。一般全工地性行政管理用房（总办公室、门卫）宜设在场地边缘和全工地入口处，以便于接待外来人员和业务联系。而施工技术人员办公室则应尽可能靠近施工对象，以便于进行全工地管理。工人用的福利设施应设置在工人较集中的地方，或工人必经之处。生活基地应设在场外，距工地 500～1000m 为宜。食堂可布置在工地内部或工地与生活区之间。场地狭窄时，生活用房也尽可能的布置在影响较少的场地边缘。

6. 工地临时水电管网及其他动力设施布置

工地上临时供水包括生产用水、生活用水及消防用水。临时水池应放在地势较高处，供水管布置有环状、枝状和混合式三种形式。临时排水管沿主要干道布置，一般宜采用暗管，这样既不易损坏又不妨碍交通；若用明管，在冬期施工中要加设防冻措施。

供电系统尽量利用施工现场附近原有的高压线路或变电所。附近现有电源能满足施工需要时，仅需在建筑工地上设立变电所和变压器，将高压电降低为低压电，然后与备用户接通。施工场地距电源较远或供电能力不足时，就需考虑临时供电设施。临时发电设备设置在工地中心附近。一般情况下，施工现场工地电力网，3～10kV 的高压线采用环状布置，380/220V 低压线采用枝状布置。工地上采用架空布置时，与路面或建筑物间距不小于 6m。

6.2　建设工程主要临时设施的计算和布置

6.2.1　临时供水

在建筑施工中，临时供水设施必不可少。为了满足生产、生活和消防用水的需要，要选择和布置临时用水设施。

1. 用水量计算

建筑工地的用水包括生产、生活和消防用水三个方面。其计算方法如下：

（1）施工用水量计算。施工用水量计算式为

$$q_1 = k_1 \sum \frac{Q_1 N_1}{T_1 b} \frac{k_2}{8 \times 3600} \tag{6-1}$$

式中　q_1——施工用水量（L/s）；

Q_1——年（季、月）度工程量；

N_1——各项工种工程的施工用水定额，见表 6-1；

T_1——年（季、月）度有效工作日；

k_1——未预见的施工用水系数，取 1.05～1.15；

k_2——施工用水不均衡系数，见表 6-2；

b——每天工作班数。

表 6-1　施工用水定额

序号	用水对象	单位	耗水量 N_1	备注
1	浇筑混凝土全部用水	L/m³	1700～2400	—
2	搅拌普通混凝土	L/m³	250	—
3	搅拌轻质混凝土	L/m³	300～350	—

（续）

序号	用水对象	单位	耗水量 N_1	备注
4	搅拌泡沫混凝土	L/m³	300~400	—
5	搅拌热混凝土	L/m³	300~350	—
6	混凝土养护（自然养护）	L/m³	200~400	—
7	混凝土养护（蒸汽养护）	L/m³	500~700	—
8	冲洗模板	L/m³	5	—
9	搅拌机清洗	L/台班	600	—
10	人工冲洗石子	L/m³	1000	3% > 含泥量 > 2%
11	机械冲洗石子	L/m³	600	—
12	洗砂	L/m³	1000	—
13	砌砖工程全部用水	L/m³	150~250	—
14	砌石工程全部用水	L/m³	50~80	—
15	抹灰工程全部用水	L/m³	30	—
16	耐水砖砌体工程	L/m³	100~150	—
17	浇砖	L/千块	200~250	—
18	浇硅酸盐砌块	L/m³	300~350	—
19	抹面	L/m²	4~6	不包括调制用水
20	楼地面	L/m²	190	主要是找平层
21	搅拌砂浆	L/m³	300	—
22	石灰消化	L/t	3000	—
23	上水管道工程	L/m	98	—
24	下水管道工程	L/m	1130	—
25	工业管道工程	L/m	35	—

表 6-2　施工用水不均衡系数

编号	用水名称	系数
k_2	现场施工用水	1.5
	附属生产企业用水	1.25
k_3	施工机械、运输机械用水	2.0
	动力机械用水	1.05~1.1
k_4	施工现场生活用水	1.3~1.5
k_5	生活区生活用水	2.0~2.5

（2）施工机械用水量计算。施工机械用水量计算式为

$$q_2 = k_1 \sum Q_2 N_2 \frac{k_3}{8 \times 3600} \tag{6-2}$$

式中　q_2——机械用水量（L/s）；

　　　k_1——未预见的施工用水系数，取 1.05~1.15；

Q_2——同一种机械台数（台）；

N_2——施工机械台班用水定额，见表6-3；

k_3——施工机械用水不均衡系数，见表6-2。

表6-3 施工机械台班用水参考定额

序 号	用 水 对 象	单 位	耗水量 N_2	备 注
1	内燃挖土机	L／（台班·m³）	200～300	以斗容量（m³）计算
2	内燃起重机	L／（台班·t）	15～18	以起重量（t）计算
3	蒸汽起重机	L／（台班·t）	300～400	以起重量（t）计算
4	蒸汽打桩机	L／（台班·t）	1000～1200	以起重量（t）计算
5	蒸汽压路机	L／（台班·t）	100～150	以压路机自重（t）计算
6	内燃压路机	L／（台班·t）	12～15	以压路机自重（t）计算
7	拖拉机	L／（昼夜·台）	200～300	—
8	汽车	L／（昼夜·台）	400～700	—
9	标准轨蒸汽机车	L／（昼夜·台）	10000～20000	—
10	窄轨蒸汽机车	L／（昼夜·台）	4000～7000	—
11	空气压缩机	L／［台班·（m⁻³·min⁻¹）］	40～80	以排气量（m⁻³·min⁻¹）计算
12	内燃机动力装置	L／（台班·马力）	120～300	直流水
13	锅驼机	L／（台班·马力）	25～40	循环水
14	锅炉	L／（台班·马力）	80～160	不利用凝结水
15	锅炉	L／（h·t）	1000	以小时蒸发量计
16	锅炉	L／（h·m²）	15～30	以受热面积计

（3）施工现场生活用水量计算。生活用水量是指施工现场人数最多时，职工及民工的生活用水量，其计算式为

$$q_3 = \frac{P_1 N_3 k_4}{b \times 8 \times 3600} \tag{6-3}$$

式中 q_3——施工现场生活用水量（L/S）

P_1——施工现场高峰昼夜人数（人）；

N_3——施工现场生活用水定额，取20～60L／（人·班）；

k_4——施工现场用水不均衡系数，见表6-2；

b——每天工作班数。

（4）生活区生活用水量计算。生活区生活用水量计算式为

$$q_4 = \frac{P_2 N_4 k_5}{24 \times 3600} \tag{6-4}$$

式中 q_4——生活区生活用水量（L/s）；

P_2——生活区居民人数（人）；

N_4——生活区生活用水定额，见表6-4；

k_5——生活区用水不均匀系数，见表6-2。

表6-4 生活区生活用水定额

序 号	用水对象	单 位	耗水量 N_4	备 注
1	工地全部生活用水	L/（人·日）	100～200	
2	生活用水（盥洗生活饮用）	L/（人·日）	25～30	
3	食堂	L/（人·日）	15～20	
4	浴室（淋浴）	L/（人·次）	50	
5	淋浴带大池	L/（人·次）	30～50	
6	洗衣	L/人	30～35	
7	理发室	L/（人·次）	15	
8	学校	L/（人·日）	12～15	
9	幼儿园、托儿所	L/（人·日）	75～90	
10	病院	L/（人·日）	100～150	

（5）消防用水量计算。消防用水是为预防发生火灾时消防栓的用水要求，用水量见表6-5。

表6-5 消防用水量 q_5

用水名称	火灾同时发生次数	单 位	用 水 量
居民区消防用水	5000人以内 一次	L/s	10
	10000人以内 二次	L/s	10～15
	25000人以内 三次	L/s	15～20
施工现场消防用水	施工现场在25公顷以内 一次	L/s	10～15
	每增加225公顷 一次	L/s	5

（6）总用水量计算。总用水量按下式计算：

1）当 $q_1 + q_2 + q_3 + q_4 \leqslant q_5$ 时，$Q = q_5 + \dfrac{q_1 + q_2 + q_3 + q_4}{2}$。

2）当 $q_1 + q_2 + q_3 + q_4 > q_5$ 时，$Q = q_1 + q_2 + q_3 + q_4$。

3）当工地面积小于 $5 hm^2$（公顷，$1 hm^2 = 10^4 m^2$），且 $q_1 + q_2 + q_3 + q_4 < q_5$ 时，$Q = q_5$。

2. 水源选择

临时供水的水源，可用已有的给水管道、地下水（井水、泉水）及地面水（河、湖、池等）。

水源的确定应首先考虑利用现成的城市给水或工业给水系统。此时需注意其供水能力能否满足最大用水量；在新开辟地区没有现成的给水系统时，应尽量先修建永久性的给水系统，至少是供水的外部中心设施，如水泵站、净化站、升压站以及主要干线等；当没有现成的给水系统，而永久性给水系统又不能提前完成时，必须设立临时性给水系统。但是，临时给水系统的设计也应注意与永久性给水系统相适应，例如管网的布置可以利用永久性给水系统。

选择水源时应注意以下问题：

（1）水量问题。水量要能满足最大用水量的需要。

（2）水质问题。对于饮用水，应符合卫生要求。其他生活和施工用水中的有害及侵蚀物的含量不得超过有关规定的限制。

（3）河水用作饮用水的问题。河水作饮用水时应注意最高水位与最低水位的变化，冰层厚度，上游有无工业区、医院、住宅区等，其排出的污水是否有病菌污物。取水构筑物必须设置在水流通畅之处，避开容易发生涡流之处，因该处易积污物杂质。地下水较地面水清洁，可以直接用作生活用水，不必设置复杂的取水构筑物，能就地吸取，不受河流等地形的限制，所以选择水源时，应尽量利用地下水。

对不同的水源方案，可从造价、劳动量消耗、物资消耗、竣工期限和维护费用等方面进行技术经济比较，做出最后的选择。

3. 临时供水系统设计

（1）地面水源取水设施。地面取水设施由进水装置、进水管、水泵组成，取水口距河底（或井底）一般为 $250 \sim 900mm$。在冰层下部边缘的距离也不得小于 $250mm$。给水工程所用的水泵有离心泵、隔膜泵及活塞泵三种。所用的水泵要有足够的抽水能力和扬程。

1）水泵扬程计算。水泵扬程计算式为

$$H_p = (Z_t - Z_p) + H_t + a + h + h_s \tag{6-5}$$

式中　H_p——水泵所需的扬程（m）；

Z_t——水塔所处的地面标高（m）；

Z_p——水泵中心的标高（m）；

H_t——水塔高度（m）；

a——水塔的水箱高度（m）；

h——从水泵到水塔间的水头损失（m）；

h_s——水泵的吸水高度（m）。

水头损失包括沿程水头损失和局部水头损失，其计算式为

$$h = h_1 + h_2 \tag{6-6}$$

式中　h_1——沿程水头损失（m），$h_1 = iL$；

h_2——局部水头损失（m）；

i——单位管长水头损失（mm/m）；

L——计算管段长度（km）。

在实际工作中，局部水头一般不做详细计算，按沿程水头损失的 $20\% \sim 25\%$ 估计，即，$h = 1.15h_1 \sim 1.2h_1 = 1.15iL \sim 1.2iL$。

2）将水送至用户时，扬程为

$$H_p = (Z_y - Z_p) + H_y + h + h_s \tag{6-7}$$

式中　Z_y——供水对象（用户）最大的标高（m）；

H_y——供水对象最大标高处的自由水头，一般为 $8 \sim 100m$。

（2）净水设施。自然界中未经过净化的水中含有许多杂质，需要进行净化处理后，才能作为生产、生活用水。在这个过程中，要经过软化、去杂质（如水中含有的盐、般、石灰质等）、沉淀、过滤和消毒等程序。

生活饮用水必须经过消毒后才可使用。消毒可通过氯化，在临时供水设施中，可以加入漂白粉，其用量可参考表 6-6。氯化时间夏季为 $0.5h$，冬季为 $1 \sim 2h$。

表6-6　消毒用漂白粉及漂白液用量参考

水源及水质	不同消毒剂用量	
	漂白粉（含25%的有效氧）/（g/m³）	1%漂白粉液/（L/m³）
自流井水、清净的水	—	—
河水、大河过滤水	4～6	0.4～0.6
河、湖的天然水	8～12	0.6～1.2
透明井水和小河过滤水	6～8	0.6～0.8
浑浊井水和池水	12～20	1.2～2.0

（3）储水构筑物。一般可用水池、水塔或水箱来储水。在临时供水时，若水泵不连续抽水，便需设置储水构筑物。其容量的大小，以每小时消防用水量来决定，但不得小于10～20m³。储水构筑物的高度 H_t 与供水范围、储水对象的位置和储水构筑物本身的位置有关，可用下式确定

$$H_t = (Z_y - Z_p) + H_y + h \tag{6-8}$$

式中符号含义同上。

（4）配水管网的布置。布置临时管网的原则是在保证满足各生产点、生活区及消防用水的要求下，管道敷设得越短越好。同时还应考虑在施工期间各段管网应具有移动的可能性。

临时管网布置主要有三种形式：环状式、枝状式和混合式，具体如图6-1所示。

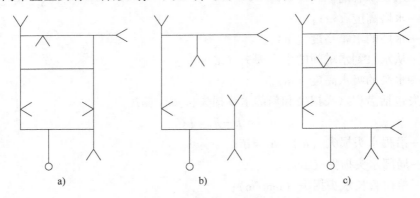

图6-1　临时管网布置形式

环状管网能保证供水的可靠性，当管网某处发生故障时，水仍能由其他管路供应。但管线长、造价高、管材消耗大。它适用于要求供水可靠的建设项目或建筑群工程。

枝状管网由干管和支管组成，管线短、造价低，但供水可靠性差，若在管网中某一次发生故障时会造成断水，故应用于规模较小的工程。

混合式管网可兼有上述两种管网的优点，总管采用环状、支管采用枝状，一般适用于大型工程。

管网的敷设可采用明管或暗管。一般宜优先采用暗敷，以避免妨碍施工，影响运输。在冬季施工中，水管宜埋设于冰冻线下或采取防冻措施。

（5）管径的计算。管径的计算式为

$$d = \sqrt{\frac{4000Q}{\pi v}} \tag{6-9}$$

式中　d——配水管直径（m）；

　　　Q——管段的用水量（L/s）；

　　　v——管网中水流速度（m/s），临时水管经济流速范围参见表 6-7，一般生活及施工用水取 1.5m/s，消防用水取 2.5m/s。

表 6-7　临时水管径流速参考表

管径 d/mm	流速/（m·s^{-1}）	
	正 常 时 间	消 防 时 间
<100	0.5 ~ 1.2	—
100 ~ 300	1.0 ~ 1.6	2.5 ~ 3.0
>300	1.5 ~ 2.5	2.5 ~ 3.0

6.2.2　临时用电

在建筑工地施工中广泛地使用电能，并且随着施工机械化和自动化程度的不断提高，用电量也将逐渐增多。所以，确定电能需要量及选择满足需要的电源和合理的电网系统具有重要的意义。

建筑工地临时供电组织工作主要包括：确定用电点及用电量，选择电源；确定供电系统的形式和变电所的功率、数量及位置；布置供电线路和决定导线断面。

1. 用电量的计算

建筑工地用电，主要是保证施工中动力设备和照明用电的需要。计算用电量时应考虑全工地所使用的起重机、电焊机、其他电气工具及照明设备的数量；整个施工阶段中同时用电的机械设备的最高数量；各种机械设备在工作中同时使用情况以及内外照明的用电情况。其总用电量可按下式计算

$$P = 1.05 \sim 1.10\left(K_1 \frac{\sum P_1}{\cos\varphi} + K_2 \sum P_2 + K_3 \sum P_3 + K_4 \sum P_4\right) \tag{6-10}$$

式中　　　P——供电设备总需要容量（kV·A）；

　　　　　P_1——电动机额定功率（kW）；

　　　　　P_2——电焊机额定容量（kV·A）；

　　　　　P_3——室内照明容量（kV·A）；

　　　　　P_4——室外照明容量（kV·A）；

　　　　$\cos\varphi$——电动机的平均功率因数，施工现场最高为 0.75 ~ 0.78，一般为 0.65 ~ 0.75；

K_1，K_2，K_3，K_4——需要系数，见表 6-8。

表 6-8　需要系数 K 值

用 电 名 称	数　　量	需要系数			
		K_1	K_2	K_3	K_4
电动机	3 ~ 10 台	0.7			
	11 ~ 30 台	0.6			
	30 台以上	0.5			
加工动力设备		0.5			

（续）

用电名称	数 量	需 要 系 数			
		K_1	K_2	K_3	K_4
电焊机	3～10台		0.6		
	10台以上		0.5		
室内照明				0.8	
室外照明					1.0

各种机械设备及室外照明用电可参考相关定额。

2. 电源的选择

工地临时用电电源通常有以下几种情况：

（1）完全由工地附近的电力系统供给。

（2）工地附近的电力系统只能供给一部分，工地需增设临时电站以补不足。

（3）工地位于新开辟的地区，没有电力系统，电力完全由临时电站供给。

至于采用哪种方案，需要根据具体情况进行技术经济比较后确定。一般是将附近的高压电通过设在工地的变压器引入工地，这是最经济的方案，但事前必须将施工中需要的用电量向供电部门申请批准。

变压器功率计算式为

$$P = K\left(\frac{\sum P_{\max}}{\cos\varphi}\right) \tag{6-11}$$

式中　P——变压器的功率（kV·A）；

　　　K——功率损失系数，可取1.05；

　$\sum P_{\max}$——各施工区的最大计算负荷（kW）；

　　$\cos\varphi$——功率因数，取0.75。

通过计算得到的容量，可以从变压器产品录中选择相近的变压器。

3. 布置导线确定导线截面

配电线路的布置可分枝状、环状和混合式三种，要根据工程量大小和工地使用情况决定选择哪一种方案。一般3～10kV的高压线路采用环状，380/220V的低压线采用枝状。

配电线路的计算及导线断面面积的选择，应满足下列要求：①导线应有足够的力学强度；②导线在正常的温度下，能持续通过最大的负荷电流而本身的温度不超过规定值；③电压损失应在规定的允许范围以内，能保证电气设备正常工作。

导线断面面积可先用负荷电流来选择，然后再用电压及力学强度进行校验。

（1）按机械性能选择。导线必须保证不会因一般机械损伤而折断。在各种不同敷设方式下，导线按机械性能要求所必需的最小断面面积可参考有关资料。

（2）按允许电流选择。导线必须能承受负载电流长时间通过所引起的温升。

三相四线制线路上的电流可按下式计算

$$I = \frac{P}{\sqrt{3}V\cos\varphi} \tag{6-12}$$

二线制线路可按下式计算

$$I = \frac{P}{V \times \cos\varphi} \qquad\qquad (6\text{-}13)$$

式中　I——电流值（A）；

　　　P——功率（W）；

　　　V——电压（V）；

　　$\cos\varphi$——功率因数，对临时线路取 0.57。

（3）按容许电压降选择。导线上引起的电压降必须控制在一定范围之内。配电导线的断面面积可以用下式求得

$$S = \frac{\sum PL}{Ce}\% \qquad\qquad (6\text{-}14)$$

式中　S——配电导线断面面积（mm^2）；

　　　P——负载电功率或线路输送的电功率（kV）；

　　　L——送点线路的距离（m）；

　　　e——容许的相对电压降（线路电压损失）（%）。照明电路中容许电压降不应超过
　　　　　2.5%~5%，临时供电可降低到 8%；

　　　C——系数，视导线材料、送电电压及配电方式而定。

依据上述三项要求，择其断面面积最大者，并从有关资料中选择稍大于所求得的线芯断面面积即可。通常导线断面面积先根据负荷电流的大小选择，然后再以机械性能和允许的电压损失值计算。

6.2.3　临时仓库、堆场的布置

尽量利用永久性仓库，仓库和材料堆场尽量位于平坦、宽敞、交通方便之处，并使两者接近布置，遵守技术安全方面的规定。一般材料仓库应在邻近公路和施工地区布置；钢筋、木材库应布置在其加工场区附近；水泥库、砂石堆场应布置在搅拌站附近；油库、氯气库和电石库宜布置在僻静、安全之处；一般笨重的设备尽量放在车间附近。

1. 仓库的类型

（1）转运仓库。转运仓库是设置在货物的转载地点（如火车站、码头和专用线卸货点）的仓库。

（2）中心仓库。中心仓库是专供储存整个建筑工地所需材料、构件等物资的仓库，一般设在现场附近或施工区域中心。

（3）现场仓库。现场仓库是为某一工程服务的仓库，一般在工地内或就近布置。

以上各类仓库根据其所储存材料性质和贵重程度不同，可分别采用露天堆场、仓库和封闭式仓库等形式。

通常单位工程施工组织设计仅考虑现场仓库布置，施工组织总设计则需对中心仓库和转运仓库做出设计布置。按现场仓库所储材料的性质和重要程度，可采用露天堆场、半封闭式（棚）或封闭式（仓库）三种形式，具体内容如下：

（1）露天堆场。露天堆场用于不受自然气候影响而损坏质量的材料。如砂、石、砖、混凝土构件。

（2）半封闭式（棚）。半封闭式（棚）用于储存需防止雨、雪、阳光直接侵蚀的材料。

如堆放油毡、沥青、钢材等。

（3）封闭式（仓库）。封闭式（仓库）用于受气候影响易变质的制品、材料等。如水泥、五金零件、器具等。

2. 仓库和材料、构件的堆放与布置

布置仓库时，应注意以下几点：

（1）仓库一般应接近使用地点，其纵向宜与道路平行，装卸时间长的仓库不宜靠近路边。

（2）当采用铁路运输时，宜沿铁路线布置中心仓库和周转仓库。

（3）当采用公路运输时，仓库布置较灵活，应尽量使用永久性仓库为施工服务，也可在施工现场设置现场仓库。

（4）当采用水路运输时，如江河靠近工地，可在码头附近设置中心仓库、周转仓库及加工场区仓库。

（5）水泥仓库和砂、石堆场应布置在搅拌站附近，砖、预制构件应直接布置在垂直运输设备或用料地点附近。

（6）钢筋、木材仓库应布置在其加工场区附近。

（7）油料、氧气、电石等仓库应布置在边远、人少的安全地点；易燃材料仓库要设置在拟建工程的下风向。

（8）车库、机械站应布置在现场入口处。

（9）工具库应布置在加工区与施工区之间交通方便处。

（10）工业建设项目的设备仓库或堆场应尽量设置在拟建车间附近等。

3. 仓库及堆场所需面积的确定

（1）仓库内材料储备量计算。确定仓库内的材料储备量时，一方面要保证施工的正常需要，另一方面又不宜储备过多，以免加大仓库面积，积压资金。仓库材料储备量可按下式计算

$$P = \frac{K_1 T_i Q}{T} \tag{6-15}$$

式中　P——材料储备量（m^3、t 等）；

　　K_1——材料使用不均匀系数，见表 6-9；

　　T_i——材料的储备期，见表 6-9；

　　Q——某施工项目的材料需要量（m^3、t 等）；

　　T——某施工项目的施工延续时间（d）。

表 6-9　材料使用不均匀系数及材料储备

序　号	材料名称	材料使用不均匀系数 K_1		储备期 T/d
		季　度	月　份	
1	砂子	1.2~1.4	1.5~1.8	25~35
2	碎石、卵石	1.2~1.4	1.6~1.9	25~35
3	石灰	1.2~1.4	1.7~2.0	30~35
4	砖	1.4~1.8	1.6~1.9	25~30
5	瓦	1.6~1.8	2.2~2.5	25~30

（续）

序号	材料名称	材料使用不均匀系数 K_1		储备期 T/d
		季度	月份	
6	块石	1.5～1.7	2.5～2.6	25～30
7	炉渣	1.4～1.6	1.7～2.0	20
8	水泥	1.2～1.4	1.3～1.6	40～50
9	型钢及钢板	1.3～1.5	1.7～2.0	60～70
10	钢筋	1.2～1.4	1.6～2.0	60～70
11	木材	1.2～1.4	1.6～2.0	70～80
12	沥青	1.3～1.5	1.8～2.1	55～60
13	卷材	1.5～1.7	2.4～2.7	60～65
14	玻璃	1.2～1.4	2.7～3.0	50～55

（2）面积的确定。求得某种材料的储备量 P 后，便可根据该种材料的储料定额，用下式计算其所需的仓库总面积

$$A = \frac{P}{qK'}$$

（6-16）

式中　A——某种材料所需的仓库总面积（m²）；

　　　q——仓库存放材料的储料定额（t/m² 或 m³ 或 m²），见表 6-10；

　　　K'——仓库面积有效利用系数（表 6-10），用以考虑人行道和车道所占仓库面积的影响。

表 6-10　仓库面积计算数据参考资料

序号	材料名称	单位	储备天数	每平方米储存定额	有效利用系数	仓库类型	备注
1	水泥	t	30～60	1.5～1.9	0.65	封闭	堆高 10～20m
2	生石灰	t	30	1.7	0.7	棚	堆高 2.0m
3	砂人工堆放	m³	15～30	1.5	0.7	露天	堆高 1.0～1.5m
4	砂机械堆放	m³	15～30	2.5～3	0.8	露天	堆高 2.0m
5	石人工堆放	m³	15～30	1.5	0.7	露天	堆高 1.0～1.5m
6	石机械堆放	m³	15～30	2.5～3	0.8	露天	堆高 2.5～3.0m
7	块石	m³	15～30	1.0	0.7	露天	堆高 1.0m
8	预制槽形板	m³	30～60	0.26～0.3	0.6	露天	堆高 4 块
9	梁	m³	30～60	0.8	0.6	露天	堆高 1.0～1.5m
10	柱	m³	30～60	1.2	0.6	露天	堆高 1.2～1.5
11	钢筋（直）	t	30～60	2.5	0.6	露天	堆高 0.5m
12	钢筋（盘条）	t	30～60	0.9	0.6	封闭棚或库	堆高 1.0m
13	钢筋成品	t	10～20	0.07～0.1	0.6	露天	—
14	型钢	t	45	1.5	0.6	露天	堆高 0.5m
15	金属结构	t	30	0.2～0.3	0.6	露天	—
16	原木	m³	30～60	1.3～1.5	0.6	露天	堆高 2.0m
17	成材	m³	30～45	0.7～0.8	0.5	露天	堆高 1.0m
18	废木材	m³	15～20	0.3～0.4	0.5	露天	约占锯木量 10%～15%

（续）

序号	材料名称	单位	储备天数	每平方米储存定额	有效利用系数	仓库类型	备注
19	门窗扇	m³	30	45	0.6	露天	堆高 2.0m
20	门窗框	m³	30	20	0.6	露天	堆高 2.0m
21	木屋架	m³	30	0.6	0.6	露天	—
22	木模板	m³	10～15	4～6	0.7	露天	—
23	模板整理	m³	10～15	1.5	0.65	露天	—
24	砖	千块	10～15	0.7～0.8	0.6	露天	堆高 15～1.6m
25	泡沫混凝土制品	m³	30	1.0	0.7	露天	堆高 1.0m

6.3 建设工程施工平面布置

　　单位工程施工平面布置是对一栋建筑物（或构筑物）的施工现场进行规划布置，并绘制出施工平面布置图。它是施工组织设计的主要组成部分，是布置施工现场、进行施工准备工作的重要依据，也是实现文明施工、节约土地、降低施工费用的先决条件。单位工程施工平面布置图的绘制比例一般为 1 :（200～500）。

6.3.1 施工平面设计的内容

　　施工平面图是按照一定比例和图例对场地条件和需要的内容进行设计的，其内容包括：

　　（1）建筑总平面图上已建和拟建的地上和地下的一切房屋、建筑物以及其他设施的位置和尺寸。

　　（2）测量放线标桩位置、地形等高线和土方取弃场地。

　　（3）起重机的开行路线及垂直运输设施的位置。

　　（4）材料、加工半成品、构件和机具的仓库或堆场。

　　（5）生产、生活用临时设施。如搅拌站、高压泵站、钢筋棚、木工棚、仓库、办公室、供水管、供电线路、消防设施、安全设施、道路以及其他需搭建或建造的设施。

　　（6）场内施工道路与场外交通的连接。

　　（7）临时给水排水管线、供电管线、供气供暖管道及通信线路布置。

　　（8）一切安全及防火设施的位置。

　　（9）必要的图例、比例、方向及风向标记。

　　上述内容可根据建筑总平面图、施工图、现场地形图、现有水源、场地大小、可利用的已有房屋和设施、施工组织总设计、施工方案、进度计划等，经科学地计算、优化，并遵照国家有关规定进行设计。

6.3.2 施工平面设计的原则

　　（1）在保证工程顺利进行的前提下，平面布置应力求紧凑，节约用地。

　　（2）尽量减少二次搬运，最大限度缩短工地内部运距，各种材料、构件、半成品应按进度计划分批进场。

（3）力争减少临时设施的数量，并采用技术措施使临时设施装拆方便，能重复使用，节省资金。

（4）临时设施的位置应有利于施工管理和工人的生产、生活。例如，办公室应靠近施工现场，生活区与施工生产区分开。

（5）符合环保、安全和防火要求。

6.3.3　施工平面设计的步骤和要求

单位工程施工平面图的设计步骤一般是：确定起重机的位置→确定搅拌站、仓库、材料和构件堆场、加工场区的位置→布置运输道路→布置行政管理、生活福利用临时设施→布置水电管线→计算技术经济指标。

1. 垂直运输机械的布置

垂直运输机械的位置直接影响仓库、搅拌站、各种材料和构件等的位置及道路和水电线路的布置等，因此它是施工现场布置的核心，必须首先确定。

由于各种起重机械的性能不同，其布置方式也不相同。

（1）塔式起重机的布置。塔式起重机具有起重、垂直提升、水平输送三种功能。按其在工地上使用架设的要求不同可分为固定式、有轨式、附着式和内爬升式四种，如图6-2所示。

a)　　　　　　　　　b)　　　　　　　　　c)　　　　　　　　　d)

图6-2　四种塔式起重机

a）有轨自行式起重机　b）固定式起重机　c）附着式起重机　d）内爬升式起重机

有轨式起重机可沿轨道两侧全幅作业范围内进行吊装，但占用施工场地大，铺设路基工作量大，且使用高度受一定限制，一般沿建筑物长向布置，其位置、尺寸取决于建筑物的平面形状、尺寸、构件重量、起重机的性能及四周施工场地的条件等。当起重机的位置和尺寸确定后，要复核起重量、起重高度和回转半径这三项工作参数是否满足建筑物吊装要求，保证起重机工作幅度能将材料和构件直接运送到任何施工地点，尽可能不出现"起重死角"。轨道通常布置方式有：单侧布置、双侧布置或环形布置等形式。施工时应注意路基的平整、坚实，必要时应增加转弯设备，同时应注意轨道路基的排水要畅通。

固定式塔式起重机位置固定，不需铺设轨道，起重量大，但作业范围较小。附着式塔式起重机占地面积小，可自行升高，但对建筑物有附着力。内爬升式塔式起重机布置在建筑物中间，可在建筑物内自行爬升，作用的有效范围较大，适用于高层建筑施工。

（2）自行无轨式起重机械。此类起重机有履带式、轮胎式和汽车式三种。它们一般用作构件装卸和起吊构件之用，还适用于装配式单层工业厂房主体结构的吊装，其吊装的开行路线及停机位置主要取决于建筑物的平面布置、构件重量、吊装高度和吊装方法，一般不用作垂直和水平运输。

（3）固定式垂直运输机械。井架、龙门架等固定式垂直运输设备的布置，要结合建筑物的平面形状、高度、施工段的划分情况、材料的来向、已有运输道路情况等而定。布置的原则是充分发挥起重机械的能力，并使地面和楼面的水平运距最小。布置时应考虑以下几点：

1）当建筑物的各部位高度相同时，应布置在施工段的分界线附近。

2）当建筑物各部位高度不同时，应布置在高低分界线较高部位一侧。

3）井架、龙门架的位置宜布置在窗口处，以避免砌墙留槎和减少井架拆除后的修补工作。

4）井架、龙门架的数量要根据施工进度、垂直提升的构件和材料数量、台班工作效率等因素计算确定，其工作范围一般为 50～60m。

5）卷扬机的位置不应距离提升机太近，以便操作者的视线能够看到整个升降过程，一般要求此距离大于或等于建筑物的高度，水平距离应距离外脚手架 3m 以上。

6）井架应立在外脚手架之外，并应有一定距离为宜。

2. 搅拌站、加工场、仓库、材料和构件堆场的布置

具体仓库、材料和构件堆放与布置的计算请参见 6.2.3 节。

搅拌站、加工场、仓库、材料和构件堆场要尽量靠近使用地点或在起重机能力范围内，运输、装卸要方便。

如果现场设置搅拌站，则要与砂、石堆场及水泥场一起考虑，既要靠近，又要便于大宗材料的运输装卸。2004 年起，沿海大中城市已禁止设现场搅拌站，而采用商品混凝土。

木工棚、钢筋加工棚可离建筑物稍远，但应有一定的场地堆放木材、钢筋和成品。仓库、堆场的布置，应进行计算，能适应各个施工阶段的需要。按照材料使用的先后，同一场地可以供多种材料或构件堆放。易燃、易爆品仓库位置的确定必须遵守防火、防爆安全距离的要求。

石灰、淋灰池要接近灰浆搅拌站布置。

构件重量大的，要布置在起重机臂下；构件重量小的，可远离起重机。

3. 运输道路的修筑

运输道路应按材料和构件运输的需要，沿着仓库和堆场进行布置，使之畅通无阻。宽度要符合规定，单行道不小于 3～3.5m，双车道不小于 5.5～6m。路基要经过设计，转弯半径要满足运输要求。按综合地形在道路两侧设排水沟。总的来说，现场应设环形路，在易燃品附近也要尽量设计成进出容易的道路。木材场两侧应有 6m 宽通道，端头处应有 12m×12m 回车场。消防车道不小于 3.5m。

4. 行政管理、文化、生活、福利用临时设施的布置

行政管理、文化、生活、福利用临时设施应遵循使用方便、有利施工、符合防火安全的要求，一般应设在工地出入口附近，尽量利用已有设施，必须修建时要经过计算确定面积。

5. 水电管网的布置

水电管网的布置与计算请参见 6.2.1 节与 6.2.2 节。

6.3.4　单位工程施工平面图的评价指标

评价单位工程施工平面图的设计质量时，可以计算下列技术经济指标并加以分析，以确定施工平面图的最终方案。

（1）施工占地系数。施工占地系数按下式计算

$$施工占地系数 = \frac{施工占地面积（m^2）}{建筑面积（m^2）} \times 100\% \tag{6-17}$$

（2）施工场地利用率。施工场地利用率按下式计算

$$施工场地利用率 = \frac{施工设施占地面积（m^2）}{施工用地面积（m^2）} \times 100\% \tag{6-18}$$

（3）临时设施投资率。临时设施投资率按下式计算

$$临时设施投资率 = \frac{临时设施费用总和（元）}{工程总造价（元）} \times 100\% \tag{6-19}$$

6.4 | 建设工程施工空间布置

6.4.1　施工空间布置发展的动态及需求性分析

随着我国经济的不断发展，建设项目规模不断扩大，建筑形式日益复杂，对施工项目管理的水平也提出了更高的要求。布置不合理的施工场地会增加成本、降低效率甚至产生施工安全问题。传统二维模式下静态的施工场地布置是由编制人员在编制施工组织设计时，基于对该项目特点及施工现场环境情况的基本了解，依靠经验和推测对施工场地各项设施进行布置设计。由于施工现场活动本身是一个动态变化的过程，施工现场对材料设备机具等的需求也是随着项目施工的不断推进而变化的，平面的静态布置方案可能会随着项目的进行变得不适应项目施工的需求，这就需要重新对场地布置方案进行调整，这意味着需要投入更多的人力物力，降低项目管理效率。

当前，施工空间已被视为施工资源的重要组成部分，与时间、投资、劳力、材料和设备等资源一样，施工空间的分配、利用和调控已成为施工管理中的重要任务。近年来建筑行业大力推广建筑信息化技术，尤其是 BIM 技术，各种相关的 BIM 软件逐步成熟和完善，给施工管理带来极大的便利。基于计算机技术的施工现场管理方法已成为当前施工管理的一个研究热点。

施工空间布置是对施工平面布置的继承与发展。它借助 BIM 等信息技术手段，以施工需求为导向，通过三维建模、4D 模拟与数据共享，实现各相关方协同改进，从而对建设项目施工现场的地面与地上进行集成管理和整体性布局与模拟、优化。与平面布置相比，三维空间布置以 BIM 建模、模拟、优化的方式对协调现场空间关系以及项目参与各方的关系具有重要意义，进而对提高项目管理效率和降低成本具有一定的效果。施工空间布置与平面布置对比如图 6-3 所示。

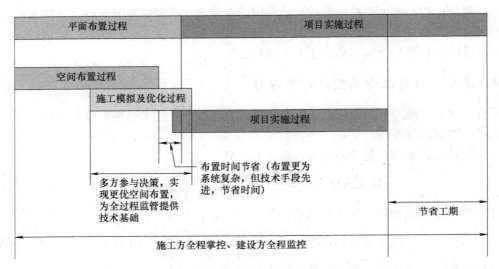

图 6-3　施工空间布置与平面布置对比

　　国内的软件开发商业也开发出了利用建筑信息模型进行施工场地三维布置的软件。广联达开发的 BIM 施工现场布置软件已经问世。该软件能够帮助相关工作人员便捷地完成施工现场布置方案的三维绘制，工作人员可以通过拖拽构件的方式绘制施工现场布置图，也可直接导入 AutoCAD 的二维平面图，利用软件的识别功能，完成从二维图到三维图的转变，并且提供三维施工布置图的二维出图功能。软件中的构件库比较全面，能够提供施工场地布置中用到的各种构件，用户可以自由地改变构件尺寸，同时也提供自定义构件的编辑，满足某些特殊构件的需求。该施工现场布置软件能够自动完成临时水电的布设，对构件的空间碰撞进行检测，同时在完成布置方案之后利用内置的施工现场布置规范完成合法性检查，自动完成工程量统计。图 6-4 所示为应用广联达 BIM 软件设计的某施工现场空间布置视频截图。

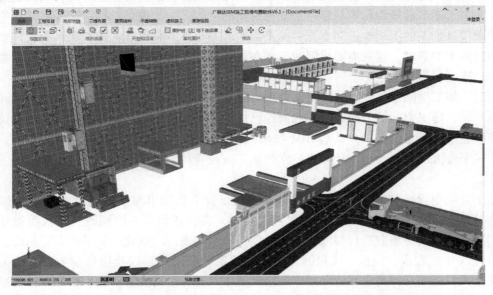

图 6-4　应用广联达 BIM 软件设计的某施工现场空间布置视频截图

6.4.2　施工空间布置的设计思路及设计要点

1. 设计思路

基于对施工空间布置设计要点的系统考量，可提出施工空间布置的设计思路，如图 6-5 所示。

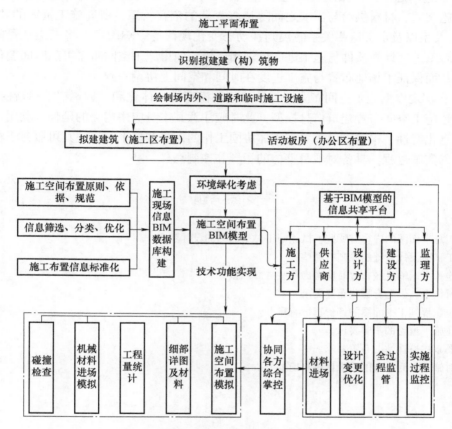

图 6-5　施工空间布置的设计思路

2. 设计要点

（1）由于建设工程项目的特殊性，施工空间布置对于施工生产安全性具有重要影响，因此在进行方案设计时必须使其符合安全、消防、环境保护等方面国家法律、法规、地区性规范的要求。

（2）施工空间布置信息数据库构建。即建立施工空间布置信息数据库，保存现场管理的施工信息，包括各种施工设施的位置坐标和存在时间、材料的需求量和用量、各种施工设备的位置和型号等，通过 IFC 标准转换为建筑信息模型可识别的统一数据。应特别注意临时性构件和设施的数据建立和统一化。

（3）施工空间布置实质上是在平面图的基础上增加了第三维度，在应用中可以直接通过将二维 CAD 图导入三维模型进行识别，因此，应尽可能保证三维施工空间布置图的构件及临时设施标识与二维施工平面的标识相同或相似，保证施工平面图中信息在三维模型中的可识别性。

（4）保证施工现场布置与拟建建筑模型的一体化。将建筑物与施工现场布置情况融合于同一仿真模型当中，使得施工空间布置可以反映整个建筑施工现场各类临时设施与建筑物施工过程的同步变化。

（5）通过动态模拟，保证"时-空"信息的真实性。分析场地布置与施工进度之间、各种施工设施之间、材料供给与需求之间等诸多复杂的依存关系，研究施工资源的"时间-空间-数量"关系以及定义这些关系的规则、动态变化规律等影响因素，将三维布置模型通过Project等施工进度计划软件与施工进度计划相连接，使得施工空间布置可随时间变化进行实时模拟，从而保证了场地布置与施工进度在时间和空间上协调一致。

（6）在实现以上施工空间布置图与拟建建筑模型的一体化和"时-空"一致性要求的基础上，构建施工空间布置建筑信息模型，此时应注意其本身应用内涵的延伸。利用建筑信息模型的信息化特性，构建可供多参与主体协同工作的信息共享平台，使其可服务于整个建设工程项目的实施过程，具备对项目整体的指导和控制意义。

复习思考题

1. 施工总平面图的内容有哪些？试述施工总平面图的设计步骤。
2. 施工平面设计设计的原则有哪些？
3. 固定垂直运输机械布置时应考虑哪些方面因素？
4. 临时供水、供电有哪些布置要求？
5. 单位工程施工平面图的评价指标有哪些？
6. 试述施工道路的步骤要求。
7. 简要叙述搅拌站的布置要求。
8. 试对施工空间布置的需求性进行简要分析。

第7章

建设工程施工成本管理

7.1 建设工程施工成本管理概述

7.1.1 相关概念

施工成本是指在建设工程项目的施工过程中所发生的全部生产费用的总和,包括所消耗的原材料、辅助材料、构配件等的费用,周转材料的摊销费或租赁费等,施工机械的使用费或租赁费等,支付给生产工人的工资、奖金、工资性质的津贴等,以及进行施工组织与管理所发生的全部费用支出。建设工程项目施工成本由直接成本和间接成本所组成。

直接成本是指施工过程中耗费的构成工程实体或有助于工程实体形成的各项费用支出,它是可以直接计入工程对象的费用,包括人工费、材料费、施工机具使用费和施工措施费等。

间接成本是指施工准备、组织和管理施工生产的全部费用支出,是非直接用于也无法直接计入工程对象,但为进行工程施工所必须发生的费用,包括管理人员工资、办公费、差旅交通费等。

施工成本管理应从工程投标报价开始,直到项目竣工结算,保修金返还为止,贯穿于项目实施的全过程。施工成本管理要在保证工期和质量要求的情况下,采取相应的管理措施,包括组织措施、经济措施、技术措施和合同措施,把成本控制在计划范围内,并进一步寻求最大程度的成本节约。

根据建筑产品成本运行规律,成本管理责任体系应包括法人层和项目管理层(项目经理部)。法人层的成本管理除生产成本以外,还包括经营管理费用;项目管理层应对生产成本进行管理。法人层贯穿于项目投标、实施和结算过程,体现效益中心的管理职能;项目管理层则着眼于执行法人确定的施工成本管理目标,发挥现场生产成本控制中心的管理职能。

7.1.2 建筑安装工程费用项目的组成划分

1. 按费用构成要素划分的建筑安装工程费用项目组成

根据住房和城乡建设部、财政部《关于印发〈建筑安装工程费用项目组成〉的通知》

（建标〔2013〕44 号）的规定，建筑安装工程费按照费用构成要素划分，由人工费、材料（包含工程设备，下同）费、施工机具使用费、企业管理费、利润、规费和税金组成。其中人工费、材料费、施工机具使用费、企业管理费和利润包含在分部分项工程费、措施项目费、其他项目费中。按费用构成要素划分的建筑安装工程费用项目组成如图 7-1 所示。

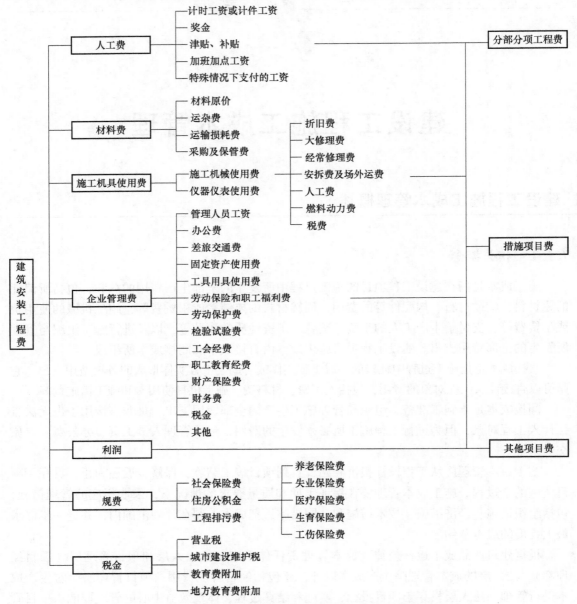

图 7-1 按费用构成要素划分的建筑安装工程费用项目组成

（1）人工费。人工费是指按工资总额构成规定，支付给从事建筑安装工程施工的生产工人和附属生产单位工人的各项费用。内容包括：

1）计时工资或计件工资。计时工资或计件工资是指按计时工资标准和工作时间或对已做工作按计件单价支付给个人的劳动报酬。

2）奖金。奖金是指对超额劳动和增收节支支付给个人的劳动报酬。如节约奖、劳动竞赛奖等。

3）津贴补贴。津贴补贴是指为了补偿职工特殊或额外的劳动消耗和因其他特殊原因支付给个人的津贴，以及为了保证职工工资水平不受物价影响支付给个人的物价补贴。如流动施工津贴、特殊地区施工津贴、高温（寒）作业临时津贴、高空津贴等。

4）加班加点工资。加班加点工资是指按规定支付的在法定节假日工作的加班工资和在法定日工作时间外延时工作的加点工资。

5）特殊情况下支付的工资。特殊情况下支付的工资是指根据国家法律、法规和政策规定，因病、工伤、产假、计划生育假、婚丧假、事假、探亲假、定期休假、停工学习、执行国家或社会义务等原因按计时工资标准或计时工资标准的一定比例支付的工资。

（2）材料费。材料费是指施工过程中耗费的原材料、辅助材料、构配件、零件、半成品或成品、工程设备的费用。内容包括：

1）材料原价。材料原价是指材料、工程设备的出厂价格或商家供应价格。

2）运杂费。运杂费是指材料、工程设备自来源地运至工地仓库或指定堆放地点所发生的全部费用。

3）运输损耗费。运输损耗费是指材料在运输装卸过程中不可避免的损耗。

4）采购及保管费。采购及保管费是指为组织采购、供应和保管材料、工程设备的过程中所需要的各项费用。包括采购费、仓储费、工地保管费、仓储损耗。

工程设备是指构成或计划构成永久工程一部分的机电设备、金属结构设备、仪器装置及其他类似的设备和装置。

（3）施工机具使用费。施工机具使用费是施工作业所发生的施工机械、仪器仪表使用费或其租赁费。

1）施工机械使用费。施工机械使用费以施工机械台班耗用量乘以施工机械台班单价表示，施工机械台班单价由以下七项费用组成：

① 折旧费。折旧费是指施工机械在规定的使用年限内，陆续收回其原值的费用。

② 大修理费。大修理费是指施工机械按规定的大修理间隔台班进行必要的大修理，以恢复其正常功能所需的费用。

③ 经常修理费。经常修理费是指施工机械除大修理以外的各级保养和临时故障排除所需的费用。包括为保障机械正常运转所需替换设备与随机配备工具附具的摊销和维护费用，机械运转中日常保养所需润滑与擦拭的材料费用及机械停滞期间的维护和保养费用等。

④ 安拆费及场外运费。安拆费指施工机械（大型机械除外）在现场进行安装与拆卸所需的人工、材料、机械和试运转费用以及机械辅助设施的折旧、搭设、拆除等费用；场外运费指施工机械整体或分体自停放地点运至施工现场或由一施工地点运至另一施工地点的运输、装卸、辅助材料及架线等费用。

⑤ 人工费。人工费是指机上司机（司炉）和其他操作人员的人工费。

⑥ 燃料动力费。燃料动力费是指施工机械在运转作业中所消耗的各种燃料及水、电等。

⑦ 税费。税费是指施工机械按照国家规定应缴纳的车船使用税、保险费及年检费等。

2）仪器仪表使用费。仪器仪表使用费是指工程施工所需使用的仪器仪表的摊销及维修费用。

（4）企业管理费。企业管理费是指建筑安装企业组织施工生产和经营管理所需的费用。内容包括：

1）管理人员工资。管理人员工资是指按规定支付给管理人员的计时工资、奖金、津贴补贴、加班加点工资及特殊情况下支付的工资等。

2）办公费。办公费是指企业管理办公用的文具、纸张、账表、印刷、邮电、书报、办公软件、现场监控、会议、水电、烧水和集体取暖降温（包括现场临时宿舍取暖降温）等费用。

3）差旅交通费。差旅交通费是指职工因公出差、调动工作的差旅费、住勤补助费，市内交通费和误餐补助费，职工探亲路费，劳动力招募费，职工退休、退职一次性路费，工伤人员就医路费，工地转移费以及管理部门使用的交通工具的油料、燃料等费用。

4）固定资产使用费。固定资产使用费是指管理和试验部门及附属生产单位使用的属于固定资产的房屋、设备、仪器等的折旧、大修、维修或租赁费。

5）工具用具使用费。工具用具使用费是指企业施工生产和管理使用的不属于固定资产的工具、器具、家具、交通工具和检验、试验、测绘、消防用具等的购置、维修和摊销费。

6）劳动保险和职工福利费。劳动保险和职工福利费是指由企业支付的职工退职金、按规定支付给离休干部的经费，集体福利费、夏季防暑降温、冬季取暖补贴、上下班交通补贴等。

7）劳动保护费。劳动保护费是指企业按规定发放的劳动保护用品的支出。如工作服、手套、防暑降温饮料以及在有碍身体健康的环境中施工的保健费用等。

8）检验试验费。检验试验费是指施工企业按照有关标准规定，对建筑以及材料、构件和建筑安装物进行一般鉴定、检查所发生的费用，包括自设实验室进行试验所耗用的材料等费用。不包括新结构、新材料的试验费，对构件做破坏性试验及其他特殊要求检验试验的费用和建设单位委托检测机构进行检测的费用，对此类检测发生的费用，由建设单位在工程建设其他费用中列支。但对施工企业提供的具有合格证明的材料进行检测其结果不合格的，该检测费用由施工企业支付。

9）工会经费。工会经费是指企业按《工会法》规定的全部职工工资总额比例计提的工会经费。

10）职工教育经费。职工教育经费是指按职工工资总额的规定比例计提，企业为职工进行专业技术和职业技能培训，专业技术人员继续教育、职工职业技能鉴定、职业资格认定以及根据需要对职工进行各类文化教育所发生的费用。

11）财产保险费。财产保险费是指施工管理用财产、车辆等的保险费用。

12）财务费。财务费是指企业为施工生产筹集资金或提供预付款担保、履约担保、职工工资支付担保等所发生的各种费用。

13）税金。税金是指企业按规定缴纳的房产税、车船使用税、土地使用税、印花税等。

14）其他。包括技术转让费、技术开发费、投标费、业务招待费、绿化费、广告费、公证费、法律顾问费、审计费、咨询费、保险费等。

（5）利润。利润是指施工企业完成所承包工程获得的盈利。

（6）规费。规费是指按国家法律、法规规定，由省级政府和省级有关权力部门规定必须缴纳或计取的费用。包括社会保险费、住房公积金和工程排污费三部分。其中社会保险费又分为：养老保险费，失业保险费，医疗保险费，生育保险费，工伤保险费。其他应列而未列入的规费，按实际发生计取。

（7）税金。税金是指国家税法规定的应计入建筑安装工程造价内的营业税、城市建设维护税、教育费附加以及地方教育费附加。

（8）营业税改增值税。根据财政部、国家税务总局《关于全面推开营业税改征增值税试点的通知》（财税〔2016〕36号）要求，建筑业自2016年5月1日起纳入营业税改征增值税试点范围。

2. 按造价形成划分的建筑安装工程费用项目组成

根据住房和城乡建设部、财政部《关于印发〈建筑安装工程费用项目组成〉的通知》（建标〔2013〕44号）的规定，建筑安装工程费按照工程造价形成由分部分项工程费、措施项目费、其他项目费、规费、税金组成，分部分项工程费、措施项目费、其他项目费包含人工费、材料费、施工机具使用费、企业管理费和利润，如图7-2所示。

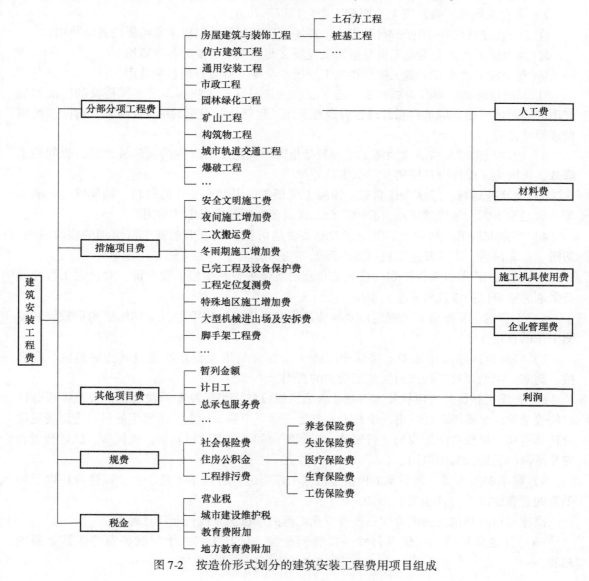

图 7-2 按造价形式划分的建筑安装工程费用项目组成

（1）分部分项工程费。分部分项工程费是指各专业工程的分部分项工程应予列支的各项费用。

1）专业工程。专业工程是指按现行国家计量规范划分的房屋建筑与装饰工程、仿古建筑工程、通用安装工程、市政工程、园林绿化工程、矿山工程、构筑物工程、城市轨道交通工程、爆破工程等各类工程。

2）分部分项工程。分部分项工程是指按现行国家计量规范对各专业工程划分的项目。如房屋建筑与装饰工程划分的土石方工程、地基处理与桩基工程、砌筑工程、钢筋及钢筋混凝土工程等。

各类专业工程的分部分项工程划分见现行国家或行业计量规范。

（2）措施项目费。措施项目费是指为完成建设工程施工，发生于该工程施工前和施工过程中的技术、生活、安全、环境保护等方面的费用。内容包括：

1）安全文明施工费。安全文明施工费包括以下几方面：

① 环境保护费。环境保护费是指施工现场为达到环保部门要求所需要的各项费用。

② 文明施工费。文明施工费是指施工现场文明施工所需要的各项费用。

③ 安全施工费。安全施工费是指施工现场安全施工所需要的各项费用。

④ 临时设施费。临时设施费是指施工企业为进行建设工程施工所必须搭设的生活和生产用的临时建筑物、构筑物和其他临时设施费用。包括临时设施的搭设、维修、拆除、清理费或摊销费等。

2）夜间施工增加费。夜间施工增加费是指因夜间施工所发生的夜班补助费、夜间施工降效、夜间施工照明设备摊销及照明用电等费用。

3）二次搬运费。二次搬运费是指因施工现场条件限制而发生的材料、构配件、半成品等一次运输不能到达堆放地点，必须进行二次或多次搬运所发生的费用。

4）冬雨期施工增加费。冬雨期施工增加费是指在冬期或雨期施工需增加的临时设施、防滑、排除雨雪，人工及施工机械效率降低等费用。

5）已完工程及设备保护费。已完工程及设备保护费是指竣工验收前，对已完工程及设备采取的必要保护措施所发生的费用。

6）工程定位复测费。工程定位复测费是指工程施工过程中进行全部施工测量放线和复测工作的费用。

7）特殊地区施工增加费。特殊地区施工增加费是指工程在沙漠或其边缘地区、高海拔、高寒、原始森林等特殊地区施工增加的费用。

8）大型机械设备进出场及安拆费。大型机械设备进出场及安拆费是指机械整体或分体自停放场地运至施工现场或由一个施工地点运至另一个施工地点，所发生的机械进出场运输及转移费用及机械在施工现场进行安装、拆卸所需的人工费、材料费、机械费、试运转费和安装所需的辅助设施的费用。

9）脚手架工程费。脚手架工程费是指施工需要的各种脚手架搭、拆、运输费用以及脚手架购置费的摊销（或租赁）费用。

措施项目及其包含的内容详见各类专业工程的现行国家或行业计量规范。

（3）其他项目费。其他项目费是指暂列金额、计日工、总承包服务费等估算金额的总和。

（4）规费。规费定义同前所述。

（5）税金。税金定义同前所述。

7.1.3　施工成本管理的任务

施工成本管理的任务主要包括：施工成本预测；施工成本计划；施工成本控制；施工成本核算；施工成本分析；施工成本考核。

1. 施工成本预测

施工成本预测就是根据成本信息和施工项目的具体情况，运用一定的专门方法，对未来的成本水平及其可能发展趋势做出科学的估计。它是在工程施工以前对成本进行的估算。通过成本预测，可以在满足项目业主和本企业要求的前提下，选择成本低、效益好的最佳成本方案，并能够在施工项目成本形成过程中，针对薄弱环节，加强成本控制，克服盲目性，提高预见性。因此，施工成本预测是施工项目成本决策与计划的依据。施工成本预测，通常是对施工项目计划工期内影响其成本变化的各个因素进行分析，比照近期已完工施工项目或将完工施工项目的成本（单位成本），预测这些因素对工程成本中有关项目（成本项目）的影响程度，预测出工程的单位成本或总成本。

2. 施工成本计划

施工成本计划是以货币形式编制施工项目在计划期内的生产费用、成本水平、成本降低率以及为降低成本所采取的主要措施和规划的书面方案，它是建立施工项目成本管理责任制、开展成本控制和核算的基础，它是该项目降低成本的指导文件，是设立目标成本的依据。可以说，成本计划是目标成本的一种形式。施工成本计划应满足以下要求：第一，合同规定的项目质量和工期要求；第二，组织对施工成本管理目标的要求；第三，以经济合理的项目实施方案为基础的要求；第四，有关定额及市场价格的要求。成本计划的编制是施工成本预控的重要手段，应在项目实施方案确定和不断优化的前提下在工程开工前编制完成。

3. 施工成本控制

施工成本控制是指在施工过程中，对影响施工成本的各种因素加强管理，并采取各种有效措施，将施工中实际发生的各种消耗和支出严格控制在成本计划范围内，随时揭示并及时反馈，严格审查各项费用是否符合标准，计算实际成本和计划成本之间的差异并进行分析，进而采取多种措施，消除施工中的损失浪费现象。

建设工程项目施工成本控制应贯穿于项目从投标阶段开始直至竣工验收的全过程，它是企业全面成本管理的重要环节。施工成本控制可分为事先控制、事中控制（过程控制）和事后控制。在项目的施工过程中，需按动态控制原理对实际施工成本的发生过程进行有效控制。成本控制报告可单独编制，也可以根据需要与进度、质量、安全和其他进展报告结合，提出综合进展报告。

4. 施工成本核算

施工成本核算包括两个基本环节：一是按照规定的成本开支范围对施工费用进行归集和分配，计算出施工费用的实际发生额；二是根据成本核算对象，采用适当的方法，计算出该施工项目的总成本和单位成本。施工成本管理需要正确及时地核算施工过程中发生的各项费用，计算施工项目的实际成本。施工项目成本核算所提供的各种成本信息是成本预测、成本计划、成本控制、成本分析和成本考核等各个环节的依据。

施工成本核算一般以单位工程为成本核算对象，但也可以按照承包工程项目的规模、工期、结构类型、施工组织和施工现场等情况，结合成本管理要求，灵活划分成本核算对象。施工成本核算的基本内容包括：人工费核算；材料费核算；周转材料费核算；结构件费核算；机械使用费核算；其他措施费核算；分包工程成本核算；企业管理费核算；项目月度施工成本报告编制。

5. 施工成本分析

施工成本分析是在施工成本核算的基础上，对成本的形成过程和影响成本升降的因素进行分析，以寻求进一步降低成本的途径，包括有利偏差的挖掘和不利偏差的纠正。施工成本分析贯穿于施工成本管理的全过程，它是在成本的形成过程中，主要利用施工项目的成本核算资料（成本信息），与目标成本、预算成本以及类似施工项目的实际成本等进行比较，了解成本的变动情况；同时也要分析主要技术经济指标对成本的影响，系统地研究成本变动的因素，检查成本计划的合理性，并通过成本分析，深入揭示成本变动的规律，寻找降低施工项目成本的途径，以便有效地进行成本控制。成本偏差的控制，分析是关键，纠偏是核心，要针对分析得出的偏差发生原因，采取切实措施，加以纠正。

6. 施工成本考核

施工成本考核是指在施工项目完成后，对施工项目成本形成中的各责任者，按施工项目成本目标责任制的有关规定，将成本的实际指标与计划、定额、预算进行对比和考核，评定施工项目成本计划的完成情况和各责任者的业绩，并以此给予相应的奖励和处罚。施工成本考核是对成本指标完成情况的总结和评价。成本考核制度包括考核的目的、时间、范围、对象、方式、依据、指标、组织领导、评价与奖惩原则等内容。

施工成本考核以施工成本降低额和施工成本降低率作为主要指标。要加强公司层对项目经理部的指导，并充分依靠管理人员、技术人员和作业人员的经验和智慧，防止项目管理在企业内部异化为靠少数人承担风险的以包代管模式。成本考核也可分别考核组织管理层和项目经理部。

项目管理组织对项目经理部进行考核与奖惩时，既要防止虚盈实亏，也要避免实际成本归集差错等的影响，使施工成本考核真正做到公平、公正、公开，在此基础上兑现施工成本管理责任制的奖惩或激励措施。

7.1.4 施工成本管理的基本程序及措施

1. 成本管理的基本程序

（1）根据已批准的施工方案、进度计划等资料，按成本记账方式编制工程施工各分部（项）工程的施工预算费用并汇总。

（2）在工程实施过程中，对工程量、用工量、材料用量等基础数据进行全面的统计、记录、整理。

（3）按分部（项）工程进行实际成本和预算成本的比较分析和评价，找出成本差异的原因。

（4）预测工程竣工尚需的费用，工程施工成本的发展趋势。

（5）针对成本偏差，建议采取各种措施，以保持工程实际成本与计划成本相符合。

上述基本程序如图 7-3 所示。

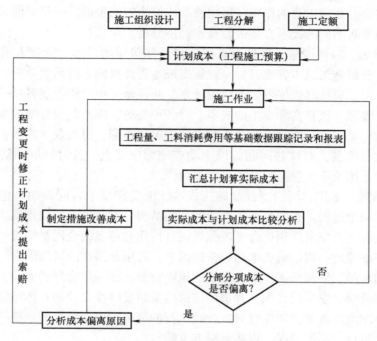

图 7-3　成本管理的基本程序

2. 施工成本管理的措施

为了取得施工成本管理的理想效果，应当从多方面采取措施实施管理，通常可以将这些措施归纳为组织措施、技术措施、经济措施和合同措施。

（1）组织措施。组织措施是从施工成本管理的组织方面采取的措施。施工成本控制是全员的活动，如实行项目经理责任制，落实施工成本管理的组织机构和人员，明确各级施工成本管理人员的任务和职能分工、权力和责任。施工成本管理不仅是专业成本管理人员的工作，各级项目管理人员都负有成本控制责任。

组织措施的另一方面是编制施工成本控制工作计划，确定合理详细的工作流程。要做好施工采购计划，通过生产要素的优化配置、合理使用、动态管理，有效控制实际成本；加强施工定额管理和施工任务单管理，控制活劳动和物化劳动的消耗；加强施工调度，避免因施工计划不周和盲目调度造成窝工损失、机械利用率降低、物料积压等而使施工成本增加。成本控制工作只有建立在科学管理的基础之上，具备合理的管理体制，完善的规章制度，稳定的作业秩序，完整准确的信息传递，才能取得成效。组织措施是其他各类措施的前提和保障，而且一般不需要增加什么费用，运用得当可以取得良好的效果。

（2）技术措施。施工过程中降低成本的技术措施包括：进行技术经济分析，确定最佳的施工方案；结合施工方法，进行材料使用的比选，在满足功能要求的前提下，通过代用、改变配合比、使用外加剂等方法降低材料消耗的费用；确定最合适的施工机械、设备使用方案；结合项目的施工组织设计及自然地理条件，降低材料的库存成本和运输成本；先进的施工技术的应用，新材料的应用，新开发机械设备的使用等。在实践中，也要避免仅从技术角度选定方案而忽视对其经济效果的分析论证。

技术措施不仅对解决施工成本管理过程中的技术问题是不可缺少的，而且对纠正施工成本管理目标偏差也有相当重要的作用。运用技术纠偏措施的关键，一是要能提出多个不同的技术方案；二是要对不同的技术方案进行技术经济分析。

（3）经济措施。经济措施是最易为人们所接受和采用的措施。管理人员应编制资金使用计划，确定、分解施工成本管理目标。对施工成本管理目标进行风险分析，并制定防范性对策。对各种支出，应认真做好资金的使用计划，并在施工中严格控制各项开支，及时准确地记录、收集、整理、核算实际发生的成本。对各种变更，应及时做好增减账，及时落实业主签证，及时结算工程款。通过偏差分析和未完工工程预测，可发现一些将引起未完工程施工成本增加的潜在问题，对这些问题应以主动控制为出发点，及时采取预防措施。由此可见，经济措施的运用绝不仅仅是财务人员的事情。

（4）合同措施。采用合同措施控制施工成本，应贯穿整个合同周期，包括从合同谈判开始到合同终结的全过程。首先是选用合适的合同结构，对各种合同结构模式进行分析、比较，在合同谈判时，要争取选用适合于工程规模、性质和特点的合同结构模式。其次，在合同的条款中应仔细考虑一切影响成本和效益的因素，特别是潜在的风险因素。通过对引起成本变动的风险因素的识别和分析，采取必要的风险对策，如通过合理的方式，增加承担风险的个体数量，降低损失发生的比例，并最终使这些策略反映在合同的具体条款中。在合同执行期间，采用合同措施既要密切注视对方合同执行的情况，以寻求合同索赔的机会；同时也要密切关注自己履行合同的情况，以防被对方索赔。

7.2 建设工程施工成本预测

7.2.1 成本预测的作用

1. 投标决策的依据

建筑施工企业在选择投标项目过程中，往往需要根据项目是否盈利、利润大小等诸因素确定是否对工程投标。这样在投标决策时就要估计项目施工成本的情况，通过与施工图预算的比较，分析出项目是否盈利、利润大小等。

2. 编制成本计划的基础

计划是管理的关键的第一步，因此，编制可靠的计划具有十分重要的意义。但要编制出正确可靠的施工项目计划，必须遵循客观经济规律，从实际出发，搜集、整理和分析有关施工项目成本、市场行情和施工消耗等资料，对施工项目未来实施做出科学的预测。

3. 成本管理的重要环节

成本预测是预测和分析的有机结合，是事后反馈与事前控制的结合。通过成本预测，有利于及时发现问题，找出施工项目成本管理中的薄弱环节，采取措施，控制成本。

7.2.2 成本预测的内容

成本预测的内容主要是使用科学的方法，结合中标价根据各项目的施工条件、机械设备、人员素质等对项目的成本目标进行预测。

（1）人工费的预测。首先分析工程项目采用的人工费单价，再分析工人的工资水平及社会劳务的市场行情，根据工期及准备投入的人员数量分析该工程合同价中人工费是否能包住。

（2）材料费的预测。材料费占的比重很大，应作为重点予以准确把握，分别对主材、地材、辅材、其他材料费进行逐项分析，重新核定材料的供应地点、购买价、运输方式及装卸费，分析定额中规定的材料规格与实际采用的材料规格的不同。

（3）机械使用费的预测。投标施工组织设计中的机械设备的型号、数量一般是采用定额中的施工方法套算出来的，与工地实际施工有一定差异，工作效率也有不同，因此要测算实际将要发生的机械使用费。同时，还得计算可能发生的机械租赁费及需新购置的机械设备费的摊销费，对主要机械重新核定台班产量定额。

工程项目中标后，必须结合施工现场的实际情况制定技术上先进可行和经济合理的实施性施工组织设计，结合项目所在地的经济、自然地理条件、施工工艺、设备选择、工期安排等实际情况，比较实施性施工组织设计所采用的施工方法与标书编制时的不同，或与定额中施工方法不同，据实做出正确的预测。

通过对上述几种主要费用的预测，即可确定工、料、机及间接费的控制标准，也可确定必须在多长工期内完成该项目，才能完成管理费的目标控制。所以说，成本预测是成本控制的基础，只有围绕成本目标，依照成本控制原则，通过施工项目成本控制，并采取相应措施才能确保项目成本目标的实现。

7.2.3 选择预测方法

预测方法一般分为定性和定量两类。定性方法有专家会议法、主观概率法和特尔菲法，主要是根据各方面的信息、情报或意见，进行推断预测。定量方法主要有移动平均法、指数平滑法和回归分析法。

7.3 建设工程施工成本计划

7.3.1 施工成本计划的组成

施工项目的成本计划就是制订计划期内工程成本支出水平和降低程度的计划，它是成本管理的首要环节。其核心内容是确定工程计划成本目标和成本降低额、成本降低率。施工成本计划一般由施工项目直接成本计划和间接成本计划组成。

1. 直接成本计划

施工项目的直接成本计划主要反映项目直接成本的计划成本、计划降低额以及计划降低率。直接成本计划主要包括以下内容：

（1）编制说明。编制说明包括对施工项目的概述，对项目管理机构、项目外部环境特点、对合同中有关经济问题的责任、承包人对项目经理提出的责任目标以及成本计划编制的指导思想和依据资料等的具体说明。

（2）成本目标及核算原则。成本目标包括施工项目降低成本计划及计划利润总额、投资和外汇总节约额、主要材料和能源节约额、流动资金节约额等。核算原则是指参与项目的各单位在成本、利润结算中采用何种核算方式，如承包合同中约定的结算方式、费用分配方式、会计核算原则、结算款所用币种币制等，如有必要应予以说明。

（3）降低成本计划总表或总控制方案。针对项目主要部分的分部成本，编写项目施工成本计划，可采用表格形式反映，按直接成本项目分别填入预算成本、计划成本、计划降低额以及计划降低率。如有多家单位参加项目的施工，则要由各单位编制负责施工部分的成本计划表，之后再汇总编制施工项目的成本计划表。

（4）对成本计划中的计划成本估算过程的说明。成本计划中要对各个直接成本项目加以分解、说明。以材料费为例，应说明钢材、木材、水泥、砂石、委托加工材料等主要材料和预制构件的计划用量、价格，周转材料、低值易耗品等摊销金额的预算，脚手架等租赁用品的计划租金，材料采购保管费的预计金额等，以便在实际施工中加以控制和考核。

（5）计划降低成本的途径分析。此分析应反映项目管理过程计划采取的增产节约、增收节支和各项技术措施及预期效果。可依据技术、劳资、机械、材料、能源、运输等各部门提出的节约措施，加以整理、分析、计算得到。

2. 间接成本计划

间接成本计划主要反映施工现场管理费用的计划数、预算收入以及降低额。间接成本计划应根据施工项目的成本核算期，以项目总收入中的管理费为基础，制订各部门费用的收支计划，汇总后作为施工项目的间接成本计划。在间接成本计划中，收入应与取费口径一致，支出应与会计核算中间接成本项目的内容一致。各部门应按照节约开支、压缩费用的原则，制订施工现场管理费用计划表，以保证该计划的实施。

表7-1为计划成本各项费用表。

表 7-1　计划成本各项费用表

代号	项　　目	说明及计算式	费率	金额	备　　注
（一）	定额直接费用（即定额基价）	指概预算定额的基价			
（二）	直接费用（即工、料、机）	按编制年所在地的预算价格计算			
（三）	其他直接费用	（一）×其他直接费用综合费率			
	1. 冬期施工增加费				
	2. 雨期施工增加费				
	3. 夜间施工增加费				
	4. 高原地区施工增加费				
	5. 沿海地区工程施工增加费				
	6. 行车干扰工程施工增加费				
	7. 施工辅助费				
（四）	现场经费	（一）×现场经费综合费率			一类地区
	1. 临时设施费				
	2. 现场管理费				
	3. 现场管理其他单项费用				
	a. 主副食运费补贴费				综合里程按市区××公里计算
	b. 职工探亲路费				一般省区
	c. 职工取暖补贴费				准二区
	4. 工地转移费				按中标单位距离取定

7.3.2　施工成本计划的编制

1. 施工成本计划编制的内容

施工成本计划所要表达的内容是多方面的：施工项目的总成本目标以及各分部分项工程的目标成本、成本降低额；施工项目以及各分部分项工程的直接成本以及间接成本计划值及降低额；直接成本与间接成本中各成本项目（成本要素）计划值及其降低额；为了能将成本控制与进度控制相结合，成本计划应能反映时间进度。但这并不是要求从不同角度做几个独立的计划和核算，而是将一个详细的施工项目成本核算，按不同对象进行信息处理得到不同的成本形式。

施工成本计划工作是一项非常重要的工作，不应仅把它看作是几张计划表的编制，更重要的是选定计划上可行、经济上合理的最优降低成本方案。同时，通过成本计划把目标成本层层分解，落实到施工过程的每个环节，以调动全体职工的积极性，有效地进行成本控制。

2. 施工成本计划的编制依据

编制施工成本计划，需要广泛收集相关资料并进行整理，以作为施工成本计划编制的依据。在此基础上，根据有关设计文件、工程承包合同、施工组织设计、施工成本预测资料等，按照施工项目应投入的生产要素，估算施工项目生产费用支出的总水平，进而提出施工项目的成本计划控制指标，确定目标总成本。目标确定后，应将总目标分解落实到各个机构、班组、便于进行控制的子项目或工序。最后，通过综合平衡，编制完成施工成本计划。

施工成本计划的编制依据包括：投标报价文件；企业定额、施工预算；施工组织设计或施工方案；人工、材料、机械台班的市场价；企业颁布的材料指导价、企业内部机械台班价格、劳动力内部挂牌价格；周转设备内部租赁价格、摊销损耗标准；已签订的工程合同、分包合同（或估价书）；结构件外加工计划和合同；有关财务成本核算制度和财务历史资料；施工成本预测资料；拟采取的降低施工成本的措施；其他相关资料。

3. 施工成本计划的编制方法

施工项目成本计划的编制根据成本计算及项目费用分解的不同，有不同的方法，常见的有以下方法。

（1）施工预算法。施工预算法是最基本、最常见的方法。它以施工图为基础，以施工方案、企业定额为依据，通过编制施工预算方式确定各分项工程的成本，然后将各分项工程成本汇总，得到整个项目的成本支出，最后考虑风险、物价等因素影响，予以调整。施工预算法可用下列公式表示

$$分项工程成本 = 工程量 \times 单位工程消耗量 \times 实际单价 \tag{7-1}$$

$$计划成本 = 分项工程成本之和 \times (1 + 间接费率) \times (1 + 风险、价格系数) \tag{7-2}$$

$$计划成本降低额 = 预算成本 - 计划成本 \tag{7-3}$$

（2）技术节约措施法。技术节约措施法是指以工程项目计划采取的技术组织措施和节约措施所能取得的经济效果为项目成本降低额，然后求工程项目的计划成本的方法。技术节约措施法可用下列公式表示

$$工程项目计划成本 = 预算成本 - 技术节约措施计划节约额（成本降低额） \tag{7-4}$$

（3）实际计算法。实际计算法就是工程项目经理部有关职能部门（人员）以该项目施工图预算的工料分析资料作为控制计划成本的依据，根据工程项目经理部执行施工定额的实

际水平和要求，由各职能部门按费用（人工费、材料费、机械使用费、措施费、间接费）归口计算各项计划成本。

7.4 建设工程施工成本控制

7.4.1 施工成本控制的依据

（1）合同文件。项目成本控制要以工程承包合同为依据，围绕降低工程成本这个目标，从预算收入和实际成本两方面挖掘增收节支潜力，以求获得最大的经济效益。

（2）项目成本计划。项目成本计划是根据工程项目的具体情况制定的施工成本控制方案，既包括预定的具体成本控制目标，又包括实现控制目标的措施和规划，是项目成本控制的指导文件。

（3）进度报告。进度报告是为了提供工程实际完成量，工程施工成本实际支付情况等重要信息。施工成本控制工作正是通过实际情况与施工成本计划相比较，找出两者之间的差别，分析偏差产生的原因，从而采取措施改进以后的工作。

（4）工程变更与索赔资料。在项目实施过程中，工程变更难以避免，一旦出现变更，工期、成本都会发生变化，因此，施工成本管理人员应及时掌握变更情况，并对此进行分析，确定工期是否拖延，支付情况变化等，判断变更以及变更可能带来的索赔等。

除了上述几种施工成本控制工作的主要依据以外，有关施工组织设计、分包合同文本等也是项目成本控制的依据。

7.4.2 施工成本控制的步骤

施工项目成本控制是一个动态循环过程，在确定了项目施工成本计划之后，必须定期地进行施工成本计划值与实际值的比较，当实际值偏离计划值时，分析产生偏差的原因，采取适当的纠偏措施，以确保施工成本控制目标的实现。其步骤如下：

（1）比较。按照某种确定的方式将施工成本计划值与实际值逐项进行比较，经比较发现施工成本是否已超支。

（2）分析。对比较的结果进行分析，以确定偏差的严重性及偏差产生的原因。这一步是施工成本控制工作的核心，其主要目的在于找出产生偏差的原因，从而采取有针对性的措施，减少或避免相同原因的再次发生或减少由此造成的损失。

（3）预测。根据项目实施情况估算整个项目完成时的施工成本，目的是为决策提供支持。

（4）纠偏。当工程项目实际施工成本出现了偏差，应当根据工程的具体情况、偏差分析和预测的结果，采取适当的措施，使施工成本偏差尽可能减小。纠偏是施工成本控制中最具实质性的一步，只有通过纠偏，才能最终达到有效控制成本的目的。

（5）检查。对工程的进展进行跟踪和检查，及时了解工程进展状况以及纠偏措施的执行情况和效果，对今后的工作积累经验。

7.4.3 施工成本控制的重点

1. 材料物资的成本控制

在施工成本中，材料费占总额的 50%～60%，甚至更多。对材料的管理工作有以下几个重要环节，即采购、收料、验收、入库、发料、使用。要做好材料成本的控制工作，应重点控制以上环节。

（1）材料采购控制。材料采购首先要制订采购计划，材料采购计划应根据施工图、施工进度计划、施工方案，并参考施工预算进行编制。材料供应对象应坚持"质优、价低、路近、信誉好"的原则来选择，不同采购批量会有不同价格，因此，应根据现场仓储条件及定额费用，计算经济订购批量。

（2）材料的收验管理。收料、验收是材料管理的两个不同环节，应由不同的人各自独立完成。收料、验收时要从材料数量、价格、质量三方面按采购计划和采购人员的进货（或收料）通知单进行复核。如果进场时发现损坏、数量不足、质量不符，应及时通知有关责任人，不能把存在问题的材料收进现场，以防止将运输中的损耗或短缺计入材料成本。

（3）材料用量控制。在保证符合设计规格的质量标准的前提下，合理并节约使用材料，严格按成本计划控制材料用量，以消耗定额为依据，实行限额领料制度。施工作业队责任人只能在材料消耗限量范围内分期分批领用，超额用料必须经项目经理批准后才可以发放。

2. 劳动力成本控制

（1）人工费的控制。项目经理与施工作业队或分包商签订劳务合同时，应根据项目预算收入中人工费单价，并考虑定额外人工费和关键工序的奖励费，确定人工费单价。

（2）加强定额用工管理，提高劳动生产率。改善劳动组织，合理使用劳动力，减少窝工浪费；执行劳动定额，加强培训工作，提高工人的技术水平和操作熟练程度，加强劳动纪律，提高劳动生产率。

（3）控制人工用量。根据成本计划中施工项目的用工量分解落实到工作包，以工作包的劳动用工签发施工作业队的施工任务单，施工任务单必须与施工预算完全相符。在施工任务单的执行过程中，要求施工作业队根据实际完成的工程量和实耗人工做好原始记录，作为结算依据。

3. 施工机械设备使用成本控制

（1）根据施工项目的特殊性和企业设备配备以及市场情况，以降低机械使用费为目标，确定设备的企业内部调用、采购和租赁。

（2）根据工程特点和施工方案，合理选择机械的型号规格，并合理进行主导机械与其他机械的组合与搭配，充分发挥机械的效能，节约机械费用。

（3）根据施工需要，合理安排机械施工，加强机械设备的平衡调度，提高机械利用率，减少机械使用成本。

（4）做好机械维修保养，保证机械完好率，使施工机械保持良好的状态，满足施工需要。

4. 施工分包费用的控制

分包工程价格的高低，必然对项目经理部的施工项目成本产生一定的影响。因此，施工项目成本控制的重要工作之一是对分包价格的控制。项目经理部应在确定施工方案的初期就要确定需要分包的工程范围。决定分包范围的因素主要是施工项目的专业性和项目规模。对分包费用的控制，主要是要做好分包工程的询价、订立平等互利的分包合同、建立稳定的分包关系网络、加强施工验收和分包结算等工作。

7.4.4 施工成本控制的方法

1. 以项目成本目标控制成本支出

在成本控制中，可根据项目经理部制定的成本目标控制成本支出，实行"以收定支"，或者称为"量入为出"，这是最有效的方法之一。如人工费的控制，以稍低于预算人工工资单价，与施工队签订劳务合同，将节余的人工费用用于关键工序的奖励及投标报价之外的人工费。而对材料费，以投标报价中所采用的价格来控制材料采购成本，对于材料消耗数量的控制，应通过"限额领料"去落实。

2. 挣值法

（1）基本概念。挣值法，也称赢得值原理。挣值法是利用三条不同的S形曲线对项目成本和进度进行动态、定量综合评估，如图7-4所示。这三条曲线分别是拟完工程的计划成本（Budgeted Cost for Work Schedule，BCWS），已完工程的计划成本（Budgeted Cost for Work Performed，BCWP），已完工程的实际成本（Actual Cost for Work Performed，ACWP）。

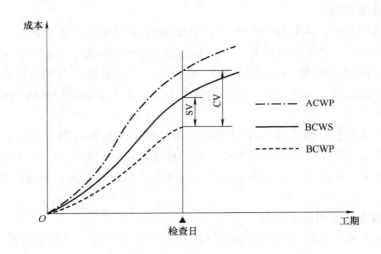

图7-4 挣值法示意图

1）拟完工程的计划成本（BCWS）曲线。它是根据进度计划安排，在某一确定时间内所应完成的工作内容计划消耗资源。它是反映按进度计划应完成的任务的工程量。可以表示为在某一确定时间内计划完成的工程量与工程计划单价的乘积。即

$$BCWS = 计划工程量 \times 计划成本 \tag{7-5}$$

2）已完工程实际成本（ACWP）曲线。它是根据实际进度完成状况在某一确定时间内已经完成的工程内容的实际消耗的成本。它是反映费用执行效果的一个重要指标。可以表示为在某一确定时间内实际完成的工程量与单位工程实际单价的乘积。即

$$ACWP = 实际工程量 \times 实际成本 \tag{7-6}$$

3）已完工程计划成本（BCWP）曲线，即挣值曲线。已完工程计划成本是指实际进度完成状况在某一确定时间内已完成工程所对应的计划成本。它是用预算值来计算已完工程量所取得的实际进展的值，是衡量项目实际进展所取得绩效的尺度。这个参数具有反映进度和

费用执行效果的双重特性，可以用下式表示

$$BCWP = 实际工程量 × 计划成本 \tag{7-7}$$

通过图 7-4 中的三条曲线的对比，可以反映项目成本和进度的进展情况，发现施工项目实施过程中成本与进度的差异，并找出产生偏差的原因，进一步确定需要采取的补救措施。

（2）偏差分析。偏差分析的具体步骤如下：

1）将检查日期的 BCWP 与 ACWP 相比较，两者的差值为费用偏差 CV（Cost Variance），即

$$CV = BCWP - ACWP = 实际工程量 × （计划成本 - 实际成本） \tag{7-8}$$

从式（7-8）可以看出当工程量一定时成本单价的差异。CV 为负时，表示成本超支；反之，表示成本节约。

2）将检查日期的 BCWP 与 BCWS 相比较，两者的差值为进度偏差 SV（Schedule Variance），即

$$SV = BCWP - BCWS = 计划成本 × （实际工程量 - 计划工程量） \tag{7-9}$$

从式（7-9）可以看出成本单价一定时工程量的差异。SV 为正时，实际大于计划，表示进度超前；反之，表示进度落后。

3）在分析费用与进度时，还可以将偏差转化为百分比进行分析，即费用偏差百分比 CVP（Cost Variance Percentage）和进度偏差百分比（Schedule Variance Percentage），它们的表达式为

$$CVP = CV/BCWP \tag{7-10}$$
$$SVP = SV/BCWS \tag{7-11}$$

CVP 能反映在项目实施过程中发生的费用偏差是保持不变，还是在增长或递减的信息。SVP 能反映在项目实施过程中发生的进度偏差是保持不变，还是在增长或递减的信息。

4）反映项目实施执行效果的两个指数：费用效果执行指数 CPI（Cost Performance Index）和进度效果执行指数 SPI（Schedule Performance Index）。

$$CPI = BCWP/ACWP \tag{7-12}$$

CPI = 1.0 时，表示符合预算，工作效果正常；CPI > 1.0 时，表示低于预算，工作效果好；CPI < 1.0 时，表示超过预算，工作效果差。

$$SPI = BCWP/BCWS \tag{7-13}$$

SPI = 1.0 时，表示符合进度，工作效果正常；SPI > 1.0 时，表示进度提前，工作效果好；SPI < 1.0 时，表示进度落后，工作效果差。

5）项目完成时成本差异 VAC（Variance At Completion），用下式表示

$$VAC = BAC - EAC \tag{7-14}$$

式中，BAC（Budget At Completion）为项目完成计划成本，是落实到项目上的计划成本总和。EAC（Estimate At Completion）是项目完成预测成本，表示按检查项目的进展趋势预测，当项目完成时所需总成本预测。EAC 等于当前状态下耗费的直接成本和间接成本总和与剩余工作所需成本估算值之和。

以上各种偏差值是向项目管理各级组织报告的主要项目。根据项目管理制度，应在组织的每一级都要建立主要的差异标准，作为项目进度—成本控制的依据。表 7-2 为挣值跟踪分

析报告。

表7-2 挣值跟踪报告

项目编号：	日期：	年 月 日		文件编号：			

描述：		页数：			项目：		

WBS 编码或名称	至当日的累计			差异		完成时			需要采取的行动
	BCWS	BCWP	ACWP	进度	成本	预算	最新估算	差异	

7.5 建设工程施工成本核算

7.5.1 施工成本核算的任务

由于施工成本核算在施工成本管理中占据重要地位，施工成本核算应完成以下基本任务：

（1）执行国家有关成本开支范围、费用开支标准、工程预算定额和企业预算定额、成本计划的有关规定，控制费用，促使项目合理、节约地使用人力、物力和财力。这是施工成本核算的先决条件和首要任务。

（2）正确及时地核算施工过程中发生的各项费用，计算施工项目的实际成本。这是成本核算的主体和中心任务。

（3）反映和监督施工成本计划的完成情况，为成本预测、技术经济评价、参与经营决策提供可靠的成本报告和有关信息，促进项目改善经营管理，降低成本，提高经济效益。这是施工成本核算的根本目的。

7.5.2 施工成本核算的要求

为了充分发挥成本核算的作用，施工成本核算必须遵守以下基本要求。

（1）划清成本、费用支出和非成本、费用支出的界限。

这是指划清不同性质的支出，即划清资本性支出和收益性支出与其他支出，营业支出与营业外支出。施工项目为取得本期收益而在本期内发生的各项支出即为收益性支出，根据配比原则，应全部计入本期的施工项目的成本或费用。营业外支出是指与企业的生产经营没有直接关系的支出，若将之计入营业成本，则会虚增或少计施工项目的成本或费用。

（2）划清施工项目工程成本和期间费用的界限。

根据财务制度的规定，工程施工期间发生的各项直接成本，包括人工费、材料费、机械使用费和其他直接费，直接计入施工项目的工程成本；为工程施工而发生的各项间接成本，在期末按一定标准分配计入有关成本核算对象的工程成本。根据我国现行的成本核算办法——制造成本法，企业发生的管理费用（企业行政管理部门为管理和组织经营活动而发生的各项费用）、财务费用（企业为筹集资金而发生的各项费用）以及销售费用（企业在销售产品或提供劳务过程中发生的各项费用）作为期间费用，直接计入当期损益，并不构成施工项目的工程成本。

（3）划清各个成本核算对象的成本界限。

对施工项目组织成本核算，首先应划分若干成本核算对象。施工项目成本核算对象一经确定，就不得变更，各个成本核算对象的工程成本不可"张冠李戴"，否则就失去了成本核算和管理的意义，造成成本不实，成本信息歪曲，导致决策失误。财务部门应为每一个成本核算对象设置一个工程成本明细账，并根据工程成本项目核算工程成本。

（4）划清本期工程成本和下期工程成本的界限。

划清这两期的界限，是会计核算的配比原则和权责发生制原则的要求，对于正确计算本期工程成本是十分重要的。本期工程成本是指应由本期工程负担的生产耗费、不论其收付发生是否在本期，全部计入本期的工程成本，例如本期计提的，实际尚未支付的预提费用；下期工程成本是指应由以后若干期工程负担的生产耗费，不论其是否在本期内发生收付，均不得计入本期工程成本，例如本期实际发生的，应计入由以后分摊的待摊费用。

（5）划清已完工程成本和未完工程成本的界限。

施工项目成本的真实度取决于未完工程和已完工程成本界限的正确划分，以及未完工程和已完工程成本计算方法的准确度。按期结算的施工项目，要求在期末通过实地盘点确认未完施工，并按估量法、估价法等合理的方法，计算期末未完工程成本，再根据期初未完工程成本、本期工程成本和期末未完工程成本倒推本期已完工程成本。竣工后一次结算的施工项目，期末未完工程成本是指该成本核算对象成本明细账所反映的、自开工起至当期期末止累计发生的工程成本；已完工程成本是指自开工起至竣工累计发生的工程成本。为确实划清已完工程成本和未完工程成本的界限，重点是防止期末任意提高或降低未完工程成本，借以调节已完工程成本。

7.5.3　成本核算的基础工作

成本核算的基础工作主要有：

（1）建立健全材料、劳动、机械台班等内部消耗定额以及材料作业、劳务等的内部计价制度。

（2）建立健全各种财产物资的收发、领退、转移、报废、清查、盘点、索赔制度。

（3）建立健全与成本核算有关的各项原始记录和工程量统计制度。

（4）完善各种计量检测设施，建立健全计量检验制度。

（5）建立健全内部成本管理责任制。

表 7-3 为月度成本情况考核表。

表7-3 月度（ 月）成本情况考核表

工程项目：　　　　　　　　　　　　　　　　　工程进度：

序号	项目名称及负责部门	单位	额定消耗量	单价	本月计划	本月实际	计划成本	实际成本	降低（％）	备注

审核人：　　　　　　　　　　制表人：　　　　　　　　　　日期：

7.6 建设工程施工成本分析

7.6.1 施工成本分析的依据

施工成本分析，就是根据会计核算、业务核算和统计核算提供的资料，对施工成本的形成过程和影响成本升降的因素进行分析，以寻求进一步降低成本的途径；另一方面，通过成本分析，可从账簿、报表反映的成本现象看清成本的实质，从而增强项目成本的透明度和可控性，为加强成本控制，实现项目成本目标创造条件。

1. 会计核算

会计核算主要是价值核算。会计是对一定单位的经济业务进行计量、记录、分析和检查，做出预测，参与决策，实行监督，旨在实现最优经济效益的一种管理活动。它通过设置账户、复式记账、填制和审核凭证、登记账簿、成本计算、财产清查和编制会计报表等一系列有组织有系统的方法，来记录企业的一切生产经营活动，并根据上述内容提出一些用货币来反映有关各种综合性经济指标的数据。资产、负债、所有者权益、营业收入、成本、利润这六要素指标，主要是通过会计来核算。会计记录具有连续性、系统性、综合性等特点，因此会计核算是施工成本分析的重要依据。

2. 业务核算

业务核算是各业务部门根据业务工作的需要而建立的核算制度，它包括原始记录和计算登记表，如单位工程及分部分项工程进度登记，质量登记，工效、定额计算登记，物资消耗定额记录，测试记录等。业务核算的范围比会计、统计核算要广。会计和统计核算一般是对已经发生的经济活动进行核算，而业务核算，不但可以对已经发生的经济活动进行核算，而且还可以对尚未发生或正在发生的经济活动进行核算，看是否可以做，是否有经济效果。业务核算的特点是对个别的经济业务进行单项核算。例如各种技术措施、新工艺等项目，可以核算已经完成的项目是否达到原定的目的，取得预期的效果，也可以对准备采取措施的项目进行核算和审查，看是否有效果，值不值得采纳。业务核算随时都可以进行。业务核算的目的，在于迅速取得资料，在经济活动中及时采取措施进行调整。

3. 统计核算

统计核算是利用会计核算资料和业务核算资料，把企业生产经营活动客观现状的大量数据，按统计方法加以系统整理，表明其规律性。它的计量尺度比会计宽，可以用货币计算，也可以用实物或劳动量计量。它通过全面调查和抽样调查等特有的方法，不仅能提供绝对数指标，还能提供相对数和平均数指标，可以计算当前的实际水平，确定变动速度，预测发展的趋势。

7.6.2　施工成本分析的方法

1. 施工项目成本分析的基本方法

施工项目成本分析的基本方法包括比较法、因素分析法、差额计算法、比率法等。

（1）比较法。比较法，又称指标对比分析法，就是通过技术经济指标的对比，检查目标的完成情况，分析参数差异的原因，进而挖掘内部潜力的方法。这种方法，具有通俗易懂、简单易行、便于掌握的特点，因而得到了广泛的应用，但在应用时必须注意各技术经济指标的可比性。比较法的应用，通常有以下形式：

1）将实际指标与计划指标对比，以此检查计划的完成情况，分析影响计划完成的积极因素和消极因素，以便及时采取措施，保证成本目标的实现。在进行实际指标与计划指标对比时，还应注意计划本身有无问题。如果计划本身出现问题，则应调整计划，重新正确评价实际工作的成绩。

2）本期实际指标与上期实际指标对比，据此可以看出各项技术经济指标的变动情况，反映施工管理水平的提高程度。在一般情况下，一个技术经济指标只能代表施工项目管理的一个侧面，只有成本指标才是施工项目管理水平的综合反映。因此，成本指标的对比分析尤为重要，并且要有深度。

3）与本行业平均水平、先进水平对比，据此可以反映本项目的技术管理和经济管理与行业的平均水平和先进水平的差距，进而采取措施赶超先进水平。

（2）因素分析法。因素分析法，又称连环置换法或连环替代法，可用来分析各种因素对施工成本形成的影响程度。在进行分析时，首先要假定众多因素中的一个因素发生了变化，而其他因素则不变，然后逐个替换，分析比较其计算结果，以确定各个因素的变化对成本的影响程度。因素分析法的计算步骤如下：

1）确定分析对象（即所分析的技术经济指标），并计算出实际与计划（预算）的差异。

2）确定该指标是由哪几个因素组成的，并按其相互关系进行排序。

3）以计划（预算）为基础，将各因素的计划（预算）相乘作为分析替代的基数。

4）将各因素的实际数按照上面的顺序进行替换计算，并将替换后的实际数保留下来。

5）将每次替换计算所得的结果，与前一次的计算结果相比较所得的差异即为该因素对成本的影响程度。

6）各个因素的影响程度之和，应与分析对象的总差异相等。

（3）差额计算法。差额计算法是因素分析法的一种简化形式，它利用各个因素的计划与实际的差额来计算其对成本的影响程度。

（4）比率法。比率法是指用两个以上的指标的比例进行分析的方法。它的基本特点是：先把对比分析的数值变成相对数，再观察其相互之间的关系。常用的比率法有以下几种：

1）相关比率法。施工项目经济活动的各个方面是相互联系，相互依存，又相互影响的，因此可以将两个性质不同又相关的指标加以对比，求出比率，并以此来考察成本管理的情况。例如，产值和工资是两个不同的概念，但它们的关系又是投入与产出的关系。在一般情况下，都希望以最少的工资支出完成最大产值。因此，用产值工资率指标来考核人工费的支出水平，就能说明问题。

2）构成比率法。又称比重分析法或结构对比分析法。通过构成比率可以考察成本总量的构成情况以及各成本项目占成本总量的比重，同时也可看出本、量、利的比例关系，从而为寻求降低成本的途径指明方向。

3）动态比率法。动态比率法就是将同类指标不同时期的数值进行对比，求出比率，以分析该项指标的发展方向和发展速度。动态比率的计算，通常采用基期指数和环比指数两种方法。

2. 综合成本分析法

所谓综合成本，是指涉及多种生产要素，并受多种因素影响的成本费用，如分部分项工程成本，月（季）度成本、年度成本等。由于这些成本都是随着项目施工的进展而逐步形成的，与生产经营有着密切的关系。因此，做好上述成本的分析工作，无疑将提高施工项目的管理水平，提高项目的经济效益。

（1）分部分项工程成本分析。分部分项工程成本分析是针对施工项目主要的、已完成的分部分项工程进行的成本分析，是施工项目成本分析的基础。通过分部分项工程成本分析，可以基本上了解项目成本形成全过程，为竣工成本分析和今后的项目成本管理提供宝贵的参考资料。

分部分项工程成本分析的资料来源是计划成本和实际成本。计划成本来自施工预算或投标报价，实际成本来自施工任务单的实际工程量、实耗人工和限额领料单的实耗材料。

分部分项工程成本分析的方法是进行成本计划值、挣得值、实耗值之间的比较，分别计算实际偏差和目标偏差，分析偏差产生的原因，为今后的分部分项工程成本寻求节约途径。

（2）月（季）度成本分析。月（季）度的成本分析，是施工项目定期的、经常性的中间成本分析。对于有一次性特点的施工项目来说，其有着特别重要的意义。因为，通过月（季）度成本分析，可以及时发现问题，以便按照成本目标指示的方向进行监督和控制，保证项目成本目标的实现。

月（季）度的成本分析的依据是当月（季）的成本报表。分析方法包括：

1）通过实际成本与预算成本的对比，分析当月（季）的成本降低水平；通过累计实际成本与累计预算成本的对比，分析累计的成本降低水平，预测实现项目成本目标的前景。

2）通过实际成本与计划成本的对比，分析计划成本的落实情况以及目标管理中的问题和不足，进而采取措施，加强成本管理，保证成本计划的落实。

3）通过对各成本项目的成本分析，可以了解成本总量的构成比例和成本管理的薄弱环节。对超支幅度大的成本项目，应深入分析超支原因，并采取相应的增收节支措施，防止今后再超支。

4）通过主要技术经济指标的实际与计划的对比，分析产量、工期、质量、"三材"节约率、机械利用率等对成本的影响。

5）通过对技术组织措施执行效果的分析，寻求更加有效的节约途径。

6）分析其他有利条件和不利条件对成本的影响。

表7-4为某项目合同收入与实际成本统计对比。

表7-4 某项目合同收入与实际成本统计对比表

项目名称：×××××工程　　　　　开工：2006年10月　　　　　　　（单位：元）

费用名称	10月份合同收入	开工至10月累计合同收入	10月份实际成本	开工至10月累计实际成本	合同收入-实际成本	节超比例
一、主体结构	647196.46	67012262.31	1330271.84	76123425.58	-9111163.27	
1. 人工费	567369.00	9773972.88	868020.00	9663391.53	110581.35	1.13%
2. 材料费	77272.76	54254873.74	353681.84	63823844.31	-9568970.57	-17.64%
（1）工程材料费	77272.76	52565875.76	353681.84	61154142.72	-8588266.96	-16.34%
（2）周转材料费用		1688997.98	0.00	2669701.59	-980703.61	-58.06%
3. 机械使用费	2554.70	2983415.69	108570.00	2636189.74	347225.95	11.64%
二、专业分包	253280.19	25287520.18	162102.00	21239429.83	4048090.35	16.01%
三、其他直接费	29370.00	3562221.83	34537.04	4290809.57	-728587.74	-20.45%
四、间接费	144771.73	8922778.59	87588.05	2173917.11	6748861.48	75.64%
五、利润		1105620.00			1105620.00	
合计	1074618.38	105890402.91	1614498.93	103827582.09	2062820.82	1.95%

项目预算员　　　　　　　　　　项目成本员　　　　　　　　　项目经理

（3）年度成本分析。由于许多大中型施工项目的施工工期超过一年，甚至达到几年，所以，对于这些项目除了要进行月（季）度成本的核算和分析外，还要进行年度成本的核算和分析。这不仅是为了满足企业汇编年度成本报表的需要，同时也是施工项目管理的需要。因为通过年度成本的综合分析，可以总结一年来成本管理的成绩和不足，为今后的成本管理提供经验和教训，从而可对项目成本进行更有效的管理。年度成本分析的依据是年度成本报表。年度成本分析的内容，除了月（季）度成本分析的六个方面以外，重点是针对下一年度的施工进展情况规划切实可行的成本管理措施，以保证项目成本目标的实现。

（4）竣工成本综合分析。施工项目竣工成本分析应以各单位工程竣工成本分析资料为基础，再加上项目经理部的经营效益（如资金调度，对外分包等所产生的效益）进行综合分析。

单位工程竣工成本分析应包括三方面内容：竣工成本分析、主要资源节超对比分析、主要技术节约措施及经济效果分析。通过这些分析，可以全面了解单位工程的成本构成和降低成本的来源，对今后同类工程的成本管理很有参考价值。

3. 成本项目分析法

成本项目分析法是按施工项目工程成本的构成项目逐项分别进行成本分析的方法。分别对人工费、材料费（包括主要材料和结构件费用、周转材料使用费、采购保管费、材料储备资金）、机械使用费、管理费进行逐一分析。这些分析都可以在成本核算的基础上进行。

4. 专项成本分析法

专项成本分析是针对与成本有关的特定事项的分析，包括成本盈亏异常分析、工期成本分析和资金成本分析等内容。

7.7 | 建设工程施工成本考核

7.7.1 施工成本考核的层次及内容

施工成本考核，应该包括两方面的考核，即成本目标（降低成本目标）完成情况的考核和成本管理工作业绩。通过考核，可以对施工项目管理及其成本管理工作业绩做出正确评价。施工成本考核的内容，应该包括责任成本完成情况的考核和成本管理工作业绩的考核。

1. 企业对项目经理考核的内容

（1）项目成本目标和阶段目标的完成情况。

（2）建立以项目经理为核心的成本管理责任制的落实情况。

（3）成本计划的编制和落实情况。

（4）对各部门、各施工队和班组责任成本的检查和考核情况。

（5）在成本管理中贯彻责权利相结合原则的情况。

2. 项目经理对所属各部门、各施工队和班组考核的内容

（1）对各部门的考核内容。对各部门的考核内容有：

1）本部门、本岗位责任成本的完成情况。

2）本部门、本岗位成本管理责任的执行情况。

（2）对各施工队的考核内容。对各施工队的考核内容有：

1）对劳务合同规定的承包范围和承包内容的执行情况。

2）劳务合同以外的补充收费情况。

3）对班组施工任务单的管理情况，以及班组完成施工任务后的考核情况。

以分部分项工程成本作为班组的责任成本。以施工任务单和限额领料单的结算资料为依据，与成本计划目标及施工预算进行对比，考核班组责任成本的完成情况。

7.7.2 施工成本考核的实施

1. 施工项目的成本考核采取评分制

具体方法先按考核内容评分，然后按七与三的比例加权平均。即：责任成本完成情况的评分占七成，成本管理工作业绩的评分占三成。这是一个经验比例，施工项目可以根据自己的具体情况进行调整。

2. 施工项目的成本考核要与相关指标的完成情况相结合

成本考核的评分是奖惩的依据，相关指标的完成情况是奖罚的条件。也就是说，在根据评分计算的同时，还要参考相关指标的完成情况进行加奖或扣罚。

与成本考核相结合的相关指标，一般有工期、质量、安全和现场标准化管理。以工期指标的完成情况为例，说明如下：工期提前，每提前一天，按应得奖金加奖 10%；按期完成，奖金不加不扣；工期推迟，扣除应得奖金的 50%。

3. 强调项目成本的中间考核

项目成本的中间考核，可从两方面考虑。

（1）月度成本考核。一般是在月度成本报表编制以后，根据月度成本报表的内容进行考核。在进行月度成本考核的时候，不能单凭报表数据，还要结合成本分析资料和施工生产、成本管理的实际情况，然后才能做出正确的评价。

（2）阶段成本考核。按项目的形象进度划分项目的施工阶段，一般可分为按基础、结构、装饰、总体四个阶段。如果是高层建筑，可对结构阶段的成本进行分层考核。

阶段成本考核的优点在于能对施工告一段落后的成本进行考核，可与施工阶段其他指标（如工期、质量等）的考核结合得更好，也更能反映施工项目的管理水平。

4. 正确考核施工项目的竣工成本

施工项目的竣工成本是在工程竣工和工程款结算的基础上编制的，它是竣工成本考核的依据。施工项目的竣工成本是项目经济效益的最终反映。它既是项目上缴利税的依据又是进行职工分配的依据。由于施工项目的竣工成本关系到国家、企业、职工的利益，必须做到核算正确、考核正确。

5. 施工项目成本完成情况的奖罚

对成本完成情况的经济奖罚，也应分别在月度考核、阶段考核和竣工考核三种成本考核的基础上立即兑现。不能只考核不奖罚，或者考核后拖了很久才奖罚。

由于月度成本和阶段成本都是假设性的，正确程度有高有低。因此，在进行月度成本和阶段成本奖罚的时候不妨留有余地，然后再按照竣工成本结算的奖金总额进行调整，多退少补。

施工项目成本奖罚的标准，应通过经济合同的形式明确规定，这就是说，经济合同规定的奖罚标准具有法律效力，任何人都无权中途变更，或者拒不执行。另一方面，通过经济合同明确奖罚标准以后，施工人员就有了奋斗目标，因而也会在实现项目成本目标中发挥更积极的作用。

复习思考题

1. 施工成本管理的任务有哪些？
2. 简述施工成本预测的主要内容。
3. 简述施工成本计划的组成。
4. 如何在施工项目实施过程中进行成本控制？成本节约与成本控制的关系如何？
5. 挣值法中的偏差分析都有哪些？所表达的含义是什么？
6. 简述施工成本核算的任务和要求。
7. 简述施工成本分析的依据和方法。
8. 简述施工成本考核的层次及内容。

第 8 章

建设工程施工质量管理

建设工程质量关系到建设工程的适用性和建设项目的投资收益，同时也关系到人民群众生命财产安全。对建设项目进行有效管理，保证其达到预期目标，是建设工程管理的重要任务之一。建设工程项目质量管理是建设工程管理的重要内容，而施工质量管理是整个建设工程项目质量管理的关键阶段。

8.1 | 建设工程施工质量管理概述

8.1.1 质量、施工质量和施工质量管理

1. 质量的概念

2000 版 ISO9000s 标准中质量的定义是指一组固有特性满足要求的程度。

该定义可理解为：质量不仅是指产品的质量，也包括产品生产活动或过程的工作质量，还包括质量管理体系运行的质量；质量由一组固有的特性来表征（所谓"固有的"特性是指本来就有的、永久的特性），这些固有特性是指满足顾客和其他相关方要求的特性，以其满足要求的程度来衡量；而质量要求是指明示的、隐含的或必须履行的需要和期望，这些要求又是动态的、发展的和相对的。也就是说，质量"好"或者"差"，是以其固有特性满足质量要求的程度来衡量的。

2. 施工质量的概念

施工质量是指建设工程施工活动及其产品质量，即通过施工使工程的固有特性满足建设单位（业主及顾客）的需要，并符合国家法律、法规、技术规范标准、设计文件及合同规定的要求，包括在安全、使用功能、耐久性能、环境保护等方面满足所有明示和隐含能力的特性综合，体现在由施工形成的建筑工程的适用性、安全性、耐久性、可靠性、经济性及与环境协调性六个方面。

3. 施工质量管理的概念

我国现行国家标准《质量管理体系 基础和术语》（GB/T 19000）关于质量管理的定义是：在质量方面指挥和控制组织的协调的活动。通常包括质量方针和质量目标的建立、质量

策划、质量控制、质量保证和质量改进等。所以，质量管理就是确定和建立质量方针、质量目标及职责，并在质量管理体系中通过质量策划、质量控制、质量保证和质量改进等手段来实施和实现全部质量管理职能的所有活动。

施工质量管理是指在工程项目施工安装和竣工验收阶段，为实现工程预期质量目标而实施的各项活动，是为满足工程质量要求而开展的策划、组织、计划、实施、检查、监督和审核等所有管理活动的总和。它是工程项目施工各级职能部门领导的共同职责。施工项目经理必须调动与施工质量有关的所有人员的积极性，共同做好相关工作，完成保证施工质量的任务。

8.1.2　施工质量管理的特点

建设工程施工质量管理的特点是由建设工程本身和建设生产的特点决定的。建设工程施工质量管理有以下特点：

（1）需要控制的因素多。工程项目的施工质量受到多种因素的影响。这些因素包括地质、水文、气象和周边环境等自然条件因素，勘察、设计、材料、机械、施工工艺、操作方法、技术措施，以及管理制度、办法等人为的技术管理因素。要保证工程项目的施工质量，必须对所有这些影响因素进行有效控制。

（2）控制的难度大。由于建筑产品的单件性和施工生产的流动性，建设工程不具有一般工业产品生产常有的固定的生产流水线、规范化的生产工艺、完善的检测技术、成套的生产设备和稳定的生产环境等条件，不能进行标准化施工，施工质量容易产生波动；而且施工场面大、人员多、工序多、关系复杂、作业环境差，都加大了质量控制的难度。

（3）过程控制要求高。工程项目的施工过程，工序衔接多、中间交接多、隐蔽工程多，施工质量具有一定的过程性和隐蔽性。上道工序的质量往往会影响下道工序的质量，下道工序的施工往往又掩盖了上道工序的质量。因此，在施工质量控制工作中，必须强调过程控制，加强对施工过程的质量检查，及时发现和整改存在的质量问题，并及时做好检查、签证记录，为证明施工质量提供必要的证据。

（4）终检局限大。由于前面所述原因，工程项目建成以后不能像一般工业产品那样，可以依靠终检来判断和控制产品的质量；也不可能像工业产品那样将其拆卸或解体检查内在质量、更换不合格的零部件。工程项目的终检（竣工验收）只能从表面进行检查，难以发现在施工过程中产生、又被隐蔽了的质量隐患，存在较大的局限性。如果在终检时才发现严重质量问题，要整改也很难，如果不得不推倒重建，必然导致重大损失。

8.1.3　常见的工程质量通病

房屋建筑工程常见的质量通病有：
（1）基础不均匀下沉，墙身开裂。
（2）现浇钢筋混凝土工程出现蜂窝、麻面、露筋。
（3）现浇钢筋混凝土阳台、雨篷根部开裂或倾覆、坍塌。
（4）砂浆、混凝土配合比控制不严，任意加水，强度得不到保证。
（5）屋面、厨房、卫生间发生渗水、漏水。

（6）墙面抹灰起壳、裂缝、起麻点、不平整。

（7）地面及楼面起砂、起壳、开裂。

（8）门窗变形，缝隙过大，密封不严。

（9）水、暖、电工程安装粗糙，不符合使用要求。

（10）结构吊装就位偏差过大。

（11）预制构件裂缝，预埋件移位，预应力张拉不足。

（12）砖墙接槎或预留脚手眼不符合规范要求。

（13）金属栏杆、管道、配件锈蚀。

（14）墙纸粘贴不牢，空鼓、褶皱，压平起光。

（15）饰面砖拼缝不平、不直，空鼓，脱落。

（16）喷浆不均匀，脱色、掉粉等。

8.2 建设工程施工质量保证体系

8.2.1 施工质量保证体系的内容

施工质量保证体系通过对那些影响施工质量的要素进行连续评价，对建筑、安装、检验等工作进行检查，并提供证据。质量保证体系是企业内部的一种系统的技术和管理手段，在合同环境中，施工质量保证体系可以向建设单位（业主）证明施工单位具有足够的管理和技术上的能力，保证全部施工是在严格的质量管理中完成的，从而取得建设单位（业主）的信任。

工程项目施工质量保证体系以控制和保证施工产品质量为目标，从施工准备、施工生产到竣工投产的全过程，运用系统的概念和方法，在全体人员的参与下，建立一套严密、协调、高效的全方位的管理体系，从而实现工程项目施工质量管理的制度化、标准化。其内容主要包括以下几个方面。

1. 施工质量目标

项目施工质量保证体系必须有明确的质量目标，并符合项目质量总目标的要求；要以工程承包合同为基本依据，逐级分解目标以形成在合同环境下的各级质量目标。项目施工质量目标的分解主要从两个角度展开，即：从时间角度展开，实施全过程的控制；从空间角度展开，实现全方位和全员的质量目标管理。

2. 施工质量计划

质量计划应根据企业的质量手册和项目质量目标来编制。施工质量工作计划主要内容包括：质量目标的具体描述和对整个项目施工质量形成的各工作环节的责任和权限的定量描述；采用的特定程序、方法和工作指导书；重要工序（工作）的试验、检验、验证和审核大纲；质量计划修订程序；为达到质量目标所采取的其他措施。

3. 思想保证体系

思想保证体系是项目施工质量保证体系的基础。该体系就是运用全面质量管理的思想、观点和方法，使全体人员树立"质量第一"的观点，增强质量意识，在施工的全过程中全面贯彻"一切为用户服务"的思想，以达到提高施工质量的目的。

4. 组织保证体系

　　工程施工质量是各项管理工作成果的综合反映，也是管理水平的具体体现。项目施工质量保证体系必须建立健全各级质量管理组织，分工负责，形成一个有明确任务、职责、权限、互相协调和互相促进的有机整体。某工程施工质量保证体系如图 8-1 所示。组织保证体系主要由成立质量管理小组（QC 小组），健全各种规章制度，明确规定各职能部门主管人员和参与施工人员在保证和提高工程质量中所承担的任务、职责和权限，建立质量信息系统等内容构成。

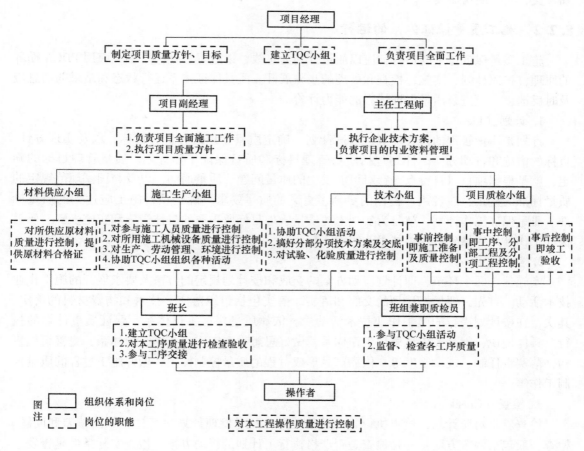

图 8-1　某工程施工质量保证体系图

5. 工作保证体系

　　工作保证体系主要是明确工作任务和建立工作制度，落实在以下三个阶段：

　　（1）施工准备阶段。施工准备是为整个项目施工创造条件。准备工作的好坏，不仅直接关系到工程建设能否高速、优质地完成，也决定了能否对工程质量事故起到一定的预防、预控作用。在这个阶段要完成各项技术准备工作，进行技术交底和技术培训，制订相应的技术管理制度；按质量控制和检查验收的需要，对工程项目进行划分并分级编号；建立工程测量控制网和测量控制制度；进行施工平面设计，建立施工场地管理制度；建立健全材料、机械管理制度等。

（2）施工阶段。施工过程是建筑产品形成的过程，这个阶段的质量控制是确保施工质量的关键。必须加强工序管理，建立质量检查制度，严格实行自检、互检和专检，开展群众性的质量管理（QC）活动，强化过程控制，以确保施工阶段的工作质量。

（3）竣工验收阶段。工程竣工验收是指单位工程或单项工程竣工，经检查验收，移交给下道工序或移交给建设单位。这一阶段主要应做好成品保护，严格按规范标准进行检查验收和必要的处置，不让不合格工程进入下一道工序或进入市场，并做好相关资料的收集整理和移交，建立回访制度等。

8.2.2 施工质量保证体系的运行

施工质量保证体系的运行，应以质量计划为主线，以过程管理为重心，应用 PDCA 循环的原理，按照计划、实施、检查和处理的步骤展开。质量保证体系运行状态和结果的信息应及时反馈，以便进行质量保证体系的能力评价。

1. 计划（Plan）

计划是质量管理的首要环节，通过计划，确定质量管理的方针、目标，以及实现方针、目标的措施和行动方案。计划包括质量管理目标和质量保证工作计划。质量管理目标的确定，就是根据项目自身特点，针对可能发生的质量问题、质量通病，以及与国家规范规定的质量标准的差距，或者用户提出的更新、更高的质量要求，确定项目施工应达到的质量标准。质量保证工作计划，就是为实现上述质量管理目标所采取的具体措施和实施步骤。质量保证工作计划应做到材料、技术、组织三落实。

2. 实施（Do）

实施包含两个环节，即计划行动方案的交底和按计划规定的方法及要求展开的施工作业技术活动。首先，要做好计划的交底和落实。落实包括组织落实、技术和物资材料的落实。其次，在按计划进行的施工作业技术活动中，依靠质量保证工作体系，保证质量计划的执行。具体地说，就是要依靠思想工作体系，做好思想教育工作；依靠组织体系，完善组织机构，落实责任制、规章制度等；依靠产品形成过程的质量控制体系，做好施工过程的质量控制工作等。

3. 检查（Check）

检查就是对照计划，检查执行的情况和效果，及时发现计划执行过程中的偏差和问题。检查一般包括两个方面：一是检查是否严格执行了计划的行动方案，检查实际条件是否发生了变化，总结成功执行的经验，查明没按计划执行的原因；二是检查计划执行的结果，即施工质量是否达到标准的要求，并对此进行评价和确认。

4. 处理（Action）

处理是在检查的基础上，把成功的经验加以肯定，形成标准，以利于在今后的工作中以此作为处理的依据，巩固成果；同时采取措施，纠正计划执行中的偏差，克服缺点，改正错误，对于暂时未能解决的问题，可记录在案留到下一次循环加以解决。

质量保证体系的运行就是反复按照 PDCA 循环周而复始地运转，每运转一次，施工质量就提高一步。PDCA 循环具有大环套小环、互相衔接、互相促进、螺旋式上升，形成完整的循环和不断推进等特点。

8.3 建设工程施工质量计划

8.3.1 施工质量计划的编制要求

（1）质量计划作为对外质量保证和对内质量控制的依据文件，应体现施工项目从分项工程、分部工程到单位工程的系统控制过程，同时也要体现从资源投入到完成工程质量最终检验和试验的全过程控制。

（2）施工质量计划是将质量保证标准、质量管理手册和程序文件的通用要求与项目质量联系起来的文件，应保持与现行质量文件要求的一致性。

（3）施工质量计划应高于通用质量体系文件所规定的要求。

（4）施工质量计划应明确所涉及的质量活动，并对其责任和权限进行分配；同时应考虑相互间的协调性和可操作性。

（5）施工质量计划应由项目经理组织编写，须报企业相关管理部门批准并得到发包方和监理方认可，然后方可实施。

（6）施工企业应对质量计划实施动态管理，及时调整相关文件并监督实施。

8.3.2 施工项目的质量计划的内容

1. 质量目标

质量目标一般由企业技术负责人、项目经理部管理层认真分析项目特点、项目经理部情况及企业生产经营总目标后决定。其基本要求是施工项目竣工交付业主（用户）使用时，质量要达到合同范围内的全部工程的所有使用功能符合设计图（或变更）的要求；检验批、分部、分项、单位工程质量达到施工质量验收统一标准，合格率100%。项目部应贯彻执行上级颁布的各种质量管理文件、规程、规范和标准，牢固树立"百年大计，质量第一"的思想，以"优质，优产，用户至上"为宗旨。

2. 管理职责

施工项目质量计划应规定项目经理部管理人员及操作人员的岗位职责。

项目经理是施工项目实施的最高负责人，对工程符合设计（或更改）、质量验收标准以及各阶段按期交工负责，以保证整个工程项目质量符合合同要求。项目经理可委托项目质量副经理（或技术负责人）负责施工项目质量计划和质量文件的实施及日常质量管理工作。

项目生产副经理要对施工项目的施工进度负责，调配人力、物力保证按图和按规范施工，协调同业主（用户）、分包商的关系，负责审核结果以及整改措施和质量纠正措施的实施。

施工队长、工长、测量员、试验员、计量员在项目质量副经理的直接指导下，负责所管部位和分项施工全过程的质量，使其符合设计施工图和规范要求，有更改的要符合更改要求，有特殊规定的要符合特殊要求。

材料员、机械员对进场的材料、构件、机械设备进行质量验收和退货、索赔，对业主或分包商提供的物资和机械设备要按合同规定进行验收。

某工程项目质量管理体系职能分配见表8-1。

表 8-1　某工程项目质量管理体系职能分配表

《质量管理体系要求》章节	条款编号	质量体系条款	项目总经理	项目总工	质量总监	安全总监	生产经理	协调经理	商务经理		综合办公室	财务资金部
			项目总经理	技术与设计部	质量管理部	安全环境部	施工管理部	工程协调部	物资部	合约商务部	综合办公室	财务资金部
4. 质量管理体系	4.1	总要求（建立项目部文件化质量管理体系和有效实施）	▲								△	
	4.2.3	文件控制	△	△	▲	△	△	△	△	△	▲	
	4.2.4	记录控制（包括管理记录和工程资料）		▲	▲	△	△	△	△	△	△	
5. 管理职责	5.1	管理承诺（为体系有效性实施提供证据）	▲								△	
	5.2	以顾客为关注焦点	▲								△	
	5.3	质量方针（贯彻）	▲	△	△	△	△	△	△	△	△	△
	5.4	策划（质量目标、质量管理体系、质量计划）		▲								
	5.5	职责、权限与沟通	▲								△	
	5.6	管理评审（评审信息输入和评审改进的实施）	▲								△	
6. 资源管理	6.1	资源提供（财、物）					△	△	▲	△		▲
	6.2	人力资源			△		△	△		△	▲	
	6.3	基础设施							▲	△		
	6.4	工作环境				▲	△	△				
7. 产品实现	7.1	产品实现的策划（施工组织设计、施工方案编制）		▲	△	△	△					
	7.2	与顾客有关的过程（合同管理：顾客要求、合同评审和顾客沟通）	△	△	△	△	△	△	△	▲		
	7.3	设计与开发（与设计沟通和深化设计）		▲	△							
	7.4	采购（物资、设备）					△	△	▲	△		
	7.5	生产和服务的提供（施工过程、产品防护与交付）					▲	△				
	7.6	监视和测量装置（计量器具）控制				▲		△	△			
8. 测量、分析和改进	8.1	产品符合性、体系符合性和改进有效性的保证				▲		△	△	△		
	8.2.1	顾客满意（满意度信息反馈）		△	▲	△	△	△	△	△	△	△
	8.2.2	内部审核	▲	△	▲	△	△	△	△	△	△	△
	8.2.3	过程的监视和测量（过程监督）			▲		△					
	8.2.4	产品的监视和测量（检验、试验和验收放行）		△	▲	△	△					
	8.3	不合格品控制		△	▲		△	△				
	8.4	数据分析		△	▲		△					
	8.5	改进（纠正、预防、持续改进）	△	△	▲	△	△	△	△	△		

注：本表以《质量管理体系　要求》（GB/T 19001—2008）为依据。其中，▲表示主控；△表示关联。

3. 资源提供

施工项目质量计划要规定项目经理部管理人员及操作人员的岗位任职标准及考核认定方法；规定施工项目人员流动的管理程序；规定施工项目人员进场培训的内容、考核和记录；规定新技术、新结构、新材料、新设备的操作方法和操作人员的培训内容；规定施工项目所需的临时设施、支持性服务手段、施工设备及通信设施；规定为保证施工环境所需要的其他资源提供等。

4. 施工项目实现过程的策划

施工项目质量计划中要规定施工组织设计或专项项目质量计划的编制要点及接口关系；规定重要施工过程技术交底的质量策划要求；规定新技术、新材料、新结构、新设备的策划要求；规定重要过程验收的准则或技艺评定方法。

5. 材料、机械设备等采购计划

施工项目质量计划要对施工项目所需的材料、设备等规定供方产品标准及质量管理体系的要求、采购的法规要求，有可追溯性要求时，要明确其记录、标识的主要方法等。

6. 产品标识和可追溯性记录要求

隐蔽工程、分部分项工程的验收、特殊要求的工程等必须做可追溯性记录，施工项目的质量计划要对其可追溯性的范围、程序、标识、所需记录及如何控制和分发这些记录等内容做出规定。重要材料（如钢材、构件等）及重要施工设备的运作必须具有可追溯性。

坐标控制点、标高控制点、编号、沉降观察点、安全标志、标牌等是施工项目的重要标识记录，质量计划要对这些标识的准确性控制措施、记录等内容做出详细规定。

7. 施工工艺过程控制计划

施工项目的质量计划要对工程从合同签订到交付全过程的控制方法做出相应的规定。具体包括：施工项目的各种进度计划的过程识别和管理规定；施工项目实施全过程各阶段的控制方案、措施及特殊要求；施工项目实施过程需用的程序文件、作业指导书；隐蔽工程、特殊工程进行控制、检查、鉴定验收、中间交付的方法及人员上岗条件和要求等；施工项目实施过程需使用的主要施工机械设备、工具的技术和工作条件、运行方案等。

8. 搬运、存储、包装、成品保护和交付过程的控制计划

施工项目的质量计划要对搬运、存储、包装、成品保护和交付过程的控制方法做出相应的规定。具体包括：施工项目实施过程所形成的分部、分项、单位工程的半成品、成品保护方案、措施、交接方式等内容的规定；工程中间交付、竣工交付的收尾、维护、验收、后续工作处理的方案、措施、方法的规定；材料、构件、机械设备的运输、装卸、存放的控制方案、措施的规定等。

9. 检验、试验和测量过程及设备的控制计划

施工项目的质量计划要对施工项目所进行和使用的所有检验、试验、测量和计量过程及设备的控制、管理制度等做出相应的规定。

10. 不合格品的控制计划

施工项目的质量计划要编制作业、分项、分部工程不合格品出现的补救方案和预防措施，规定合格品与不合格品之间的标识，并制订隔离措施。

8.3.3　施工质量计划的实施

在实际施工中，施工质量计划实施时应注意如下几点：

（1）正确使用施工图、设计文件、验收标准及适用的施工工艺标准、作业指导书。适用时，对施工过程实施样板引路。

（2）调配符合规定的操作人员。

（3）按规定配备、使用建筑材料、构配件和设备、施工机具、检测设备。

（4）按规定施工并及时检查、监测。

（5）根据现场管理有关规定对施工作业环境进行监测。

（6）根据有关要求采用新材料、新工艺、新技术、新设备，并进行相应的策划和控制。

（7）合理安排施工进度。

（8）采用半成品、成品保护措施并监督实施。

（9）不稳定和能力不足的施工过程、突发事件实施监控。

（10）对分包方的施工过程实施监控。

8.4 建设工程施工质量控制

施工质量控制是质量管理的一部分，是致力于满足质量要求的一系列相关活动。施工质量控制是在明确的质量方针指导下，通过对施工方案和资源配置的计划、实施、检查和处置，进行施工质量目标的事前控制、事中控制和事后控制的系统过程。

施工现场质量控制的程序如图 8-2 所示。

图 8-2 施工现场质量控制程序图

8.4.1 施工质量控制的方法

1. 质量文件审核

对施工质量进行全面管理的重要手段之一是审核有关技术文件、报告或报表，这些文件包括：

(1) 施工单位的技术资质证明文件和质量保证体系文件。

(2) 施工组织设计和施工方案及技术措施。

(3) 有关材料和半成品及构配件的质量检验报告。

(4) 有关应用新技术、新工艺、新材料的现场试验报告和鉴定报告。

(5) 反映工序质量动态的统计资料或控制图表。

(6) 设计变更和设计施工图修改文件。

(7) 有关工程质量事故的处理方案。

(8) 相关方面在现场签署的有关技术签证和文件等。

2. 现场质量检查

(1) 现场质量检查的内容。具体如下。

1) 开工前的检查。主要检查是否具备开工条件，开工后是否能够保正连续正常施工，能否保证工程质量。

2) 工序交接检查。对于重要的工序或对质量影响重大的工序，应严格执行"三检"制度，即自检、互查、专检。未经监理工程师（或建设单位技术负责人）检查认可不得进行下道工序施工。

3) 隐蔽工程的检查。施工中凡是隐蔽工程必须检查认证后方可进行隐蔽掩盖。

4) 停工后复工的检查。因故停工或处理质量事故等停工复工时，经检查认可后方能复工。

5) 分项、分部工程完工后的检查。分项、分部工程完工后应经检查认可，并签署验收记录后，才能进行下一工程项目的施工。

6) 成品保护的检查。检查成品有无保护措施以及保护措施是否有效可靠。

(2) 现场质量检查的方法。主要有目测法、实测法和试验法等。

1) 目测法。目测法即凭借感官进行检查，也称观感质量检验。其手段可概括为"看、摸、敲、照"四个字。所谓"看"，就是根据质量标准要求进行外观检查。例如，清水墙面是否洁净，喷涂的密实度和颜色是否良好、均匀，工人的操作是否正常，内墙抹灰的大面及口角是否平直，混凝土外观是否符合要求等。"摸"，就是通过触摸手感进行检查、鉴别。例如油漆的光滑度，浆活是否牢固、不掉粉等。"敲"，就是运用敲击工具进行音感检查。例如对地面工程、装饰工程中的水磨石、面砖、石材饰面等，均应进行敲击检查。"照"，就是通过人工光源或反射光照射，检查难以看到或光线较暗的部位。例如管道井、电梯井等内部的管线、设备安装质量，装饰吊顶内连接及设备安装质量等。

2) 实测法。实测法就是通过实测，将实测数据与施工规范、质量标准的要求及允许偏差值进行对照，以此判断质量是否符合要求。其手段可概括为"靠、量、吊、套"四个字。所谓"靠"，就是用直尺、塞尺检查诸如墙面、地面、路面等的平整度。"量"，就是指用测量工具和计量仪表等检查断面尺寸、轴线、标高、湿度、温度等的偏差，例如大理石板拼缝尺寸与超差数量、摊铺沥青拌合料的温度、混凝土坍落度的检测等。"吊"，就是利用托线板以及线锤吊线检查垂直度，例如砌体、门窗安装的垂直度检查等。"套"，就是以方尺套方，辅以塞尺检查，例如对阴阳角的方正、踢脚线的垂直度、预制构件的方正、门窗口及构件的对角线检查等。

3）试验法。试验法是指通过必要的试验手段对质量进行判断的检查方法，主要包括理化试验和无损检测。理化试验包括物理力学性能检验和化学成分及其含量的测定。力学性能的检验有：各种力学指标的测定，包括抗拉强度、抗压强度、抗弯强度、抗折强度、冲击韧性、硬度、承载力等；各种物理性能方面的测定，如密度、含水量、凝结时间、安定性及抗渗、耐磨、耐热性能等。化学成分及其含量的测定有：钢筋中的磷、硫含量，混凝土中粗骨料中的活性氧化硅成分，以及耐酸、耐碱、抗腐蚀性等。此外，根据规定有时还需进行现场试验，例如，对桩或地基的静载试验、下水管道的通水试验、压力管道的耐压试验、防水层的蓄水或淋水试验等。无损检测是利用专门的仪器仪表从表面探测结构物、材料、设备的内部组织结构或损伤情况。常用的无损检测方法有超声波探伤、X 射线探伤、γ 射线探伤等。

8.4.2　施工准备的质量控制

1. 施工现场准备的质量控制

（1）工程定位和标高基准的控制。工程测量放线是建设工程产品由设计转化为实物的第一步。施工测量质量的好坏，直接决定工程的定位和标高是否正确，并且制约施工过程有关工序的质量。因此，施工单位必须对建设单位提供的原始坐标点、基准线和水准点等测量控制点线进行复核，并将复测结果上报监理工程师审核，经批准后施工单位才能据此建立施工测量控制网，进行工程定位和标高基准的控制。

（2）施工平面布置的控制。建设单位应按照合同约定并考虑施工单位施工的需要，事先划定并提供施工用地和现场临时设施用地的范围。施工单位要合理科学地规划使用好施工场地，保证施工现场的道路畅通、材料的合理堆放、良好的防洪排水能力、充分的给水和供电设施以及正确的机械设备安装布置；还要制定施工场地质量管理制度，并做好施工现场的质量检查记录。

2. 人员的质量培训与教育

（1）施工队伍进场后，要对全体施工人员进行创精品工程质量意识的教育，包括整体质量方针、质量目标、涉及的主要技术法规、规程、工艺、工法和质量验收标准等，强化思想，树立"零宽容、无缺陷""过程精品"的意识。同时明确所承担工作范围内的质量重点和难点。

（2）各分项工程开始施工前，相关管理人员及作业人员要全面学习施工图、规范等，明确验收程序、验收标准、质量保证措施及预控要点，培训完成经考试合格后方可上岗。

（3）施工现场工程质量管理严格按照施工规范的要求层层落实，保证每道工序的施工质量符合验收标准。坚持做到每个分项、分部工程施工质量自检自查，严格执行"三检"制度；不符合要求的不处理好坚决不进行下道工序的施工，实行"质量一票否决"制。

（4）实行持证上岗制度。特殊专业工种（如焊工、电工、电梯安装、防水工程等）操作人员必须经专业培训具有相应的资格证书。其他专业的操作工人必须按其专业技术技能划分为高、中、初级工，限定各级技术工人的操作范围。

（5）承包方成立质量管理小组并定期进行现场质量会诊，将不同施工阶段或不同部位和工序出现的质量问题进行汇总，并就检查中发现的问题，及时召集相关管理人员和具体施工操作人员分析其存在问题的原因，找出症结和相关因素，制定切实可行的预防和纠正措施。

（6）建立质量责任追究制度，发生重大工程质量事故不仅要追究直接责任人的责任，而且要追究相关负责人的责任，同时涉及项目工程质量的技术、材料、机具设备管理人员和施工队伍等，也要对工程质量事故承担相应责任。

3. 材料的质量控制

建筑工程采用的主要材料、半成品、成品、建筑构配件等统称建筑材料，均应进行现场验收。凡涉及工程安全及使用功能的有关材料，应按各专业工程质量验收规范规定进行复验，并应经监理工程师（建设单位技术负责人）检查认可，把好原材料的质量控制关。

（1）采购订货。施工单位应制订合理的材料采购供应计划，在广泛掌握市场信息的基础上优选材料的生产单位或者销售总代理单位，建立严格的合格供应方资格审查制度，确保采购订货的质量。

（2）进场检验。施工单位必须对水泥物理力学性能、钢筋（含焊接与机械连接）力学性能、混凝土砂浆强度进行进场抽样检查或试验，对砂、石、混凝土外加剂、沥青、沥青混合料及防水涂料进行常规检验，合格后才能使用。

（3）存储和使用。施工单位必须加强材料进场后的存储和使用管理，既要做好对材料的合理调度，避免现场材料的大量积压，又要做好材料的合理堆放，及正确使用。在使用材料过程中进行及时检查和监督，避免因材料变质（如水泥的受潮结块、钢筋的锈蚀等）或规格、性能不符合要求而造成工程质量事故。

4. 施工机械设备的质量控制

施工机械设备的质量控制，是使施工机械设备的类型、性能、参数等与施工现场的实际条件、施工工艺、技术要求等因素相匹配，满足施工生产的实际要求，其质量控制主要从机械设备的选型、主要性能参数指标的确定和使用操作要求等方面进行。

（1）机械设备的选型。机械设备的选择应按照技术先进、生产适用、经济合理、使用安全、操作方便的原则进行。选配的施工机械应具有适用性、可靠性、经济性和安全性，还要便于操作。

（2）主要性能参数指标的确定。主要性能参数是选择机械设备的依据，其参数指标的确定必须满足施工的需要和保证质量的要求。只有正确确定主要的性能参数，才能保证正常的施工，不致引起安全质量事故。

（3）使用操作要求。合理使用机械设备，正确地进行操作，是保证项目施工质量的重要环节。应贯彻"持证上岗"和"人机固定"原则，实行定机、定人、定岗位职责的使用管理制度，在使用中严格遵守操作规程和机械设备的技术规定，做好机械设备的例行保养，使机械保持良好的技术状态，防止出现安全质量事故，确保工程施工质量。

8.4.3　施工过程的质量控制

1. 技术交底

做好技术交底是保证施工质量的重要措施之一。项目开工前应由项目技术负责人向承担施工的负责人或分包人进行书面技术交底，技术交底资料应办理签字手续并归档保存。每一分部工程开工前均应进行作业技术交底。技术交底书应由施工项目技术人员编制，并经项目技术负责人批准实施。技术交底的内容主要包括：任务范围、施工方法、质量标准和验收标准，施工中应注意的问题，可能出现意外的预防措施及应急方案，文明施工和安全防护措施以及成品保护要求等。技术交底应围绕施工材料、机具、工艺、工法、施工环境和具体的管理措施等进行，应明确具体的步骤、方法、要求和完成的时间等。技术交底的形式有：书面、口头、会议、挂牌、样板、示范操作等。

2. 测量控制

项目开工前应编制测量控制方案，经项目技术负责人批准后实施。对相关部门提供的测量控制点应在施工准备阶段做好复核工作，经审批后进行施工测量放线，并保存测量记录。在施工过程中应对设置的测量控制点线妥善保护，不准擅自移动。施工过程中必须认真进行施工测量复核工作，这是施工单位应履行的技术工作职责，其复核结果应报送监理工程师复验，确认后方能进行后续相关工序的施工。常见的施工测量复核见表8-2。

表 8-2　施工中常见的施工测量复核表

工程类别	常见的施工测量复核部位
工业建筑测量复核	厂房控制网测量、桩基施工测量、柱模轴线与高程检测、厂房结构安装定位检测、设备基础与预埋螺栓定位检测等
民用建筑测量复核	建筑物定位测量、基础施工测量、墙体皮数杆检测、楼层轴线检测、楼层间高程传递检测等
高层建筑测量复核	建筑场地控制测量、基础以上的平面与高程控制、建筑物中垂准检测和施工过程中沉降变形观测等
管线工程测量复核	管网或输配电线路定位测量、地下管线施工检测、架空管线施工检测、多管线交汇点高程检测等

3. 工序施工质量控制

施工过程是由一系列相互联系与制约的工序构成，工序是人、材料、机械设备、施工方和环境因素对工程质量综合起作用的过程，所以对施工过程的质量控制，必须以工序质量控制为基础和核心。因此，工序的质量控制是施工阶段质量控制的重点。只有严格控制工序质量，才能确保施工项目的实体质量。工序施工质量控制主要包括工序施工条件控制和工序施工效果控制。

（1）工序施工条件控制。工序施工条件是指从事工序活动的各生产要素质量及生产环境条件。工序施工条件控制就是控制工序活动的各种投入要素质量和环境条件质量。控制的手段主要有：检查、测试、试验、跟踪监督等。控制的依据主要有：设计质量标准、材料质量标准、机械设备技术性能标准、施工工艺标准以及操作规程等。

（2）工序施工效果控制。工序施工效果是工序产品的质量特征和特性指标的反映。对工序施工效果的控制就是控制工序产品的质量特征和特性指标达到设计质量标准以及施工质量验收标准的要求。工序施工质量控制属于事后质量控制，其控制的主要途径是：实测获取数据、统计分析所获取的数据、判断认定质量等级和纠正质量偏差。

4. 质量控制点的设置及管理

所谓质量控制点就是根据施工项目的特点，为保证工程质量而确定的重点控制对象、关键部位或薄弱环节。

（1）质量控制点的设置。设置质量控制点并对其进行分析是事前质量控制的一项重要内容。因此，在项目施工前根据施工项目的具体特点和技术要求，结合施工中各环节和部位的重要性、复杂性，准确、合理地选择质量控制点。概括说来，就是选择那些保证质量难度大、对质量影响大的或是发生量问题时危害大的对象作为质量控制点。质量控制点设置的对象主要有以下几个方面：

1）关键的分部、分项及隐蔽工程。如框架结构中的钢筋工程，大体积混凝土工程，基础工程中的混凝土浇筑工程等。

2）关键的工程部位。如民用建筑的卫生间，关键工程设备的设备基础等。

3）施工中的薄弱环节，即经常发生或容易发生质量问题的施工环节，或在施工质量控制过程中无把握的环节。如一些常见的质量通病（渗、漏水问题）。

4）关键的作业。如混凝土浇筑中的振捣作业、钻孔灌注桩中的钻孔作业。

5）关键作业中的关键质量特性。如混凝土的强度、回填土的含水量、灰缝的饱满度等。

6）采用新技术、新工艺、新材料的部位或环节。

（2）质量控制点控制措施的设计。在设置质量控制点后，要针对每个控制点进行控制措施的设计，主要步骤和内容如下：

1）列出质量控制点明细表。

2）设计质量控制点施工流程图。

3）进行作用分析，找出影响质量的主要因素。

4）对主要影响因素制定出明确的控制范围和控制要求。

5）编制保证质量的作业指导书。

（3）质量控制点的实施。质量控制点的实施包括以下方面：

1）把质量控制点的设置及控制措施向有关人员进行交底，使其真正了解控制意图和控制关键，树立以预防为主的思想。

2）质量检查及监控人员要在施工现场进行重点检查、指导和验收，对关键的质量控制点要进行旁站监督。

3）严格要求操作人员按作业指导书进行认真操作，保证各环节的施工质量。

4）按规定做好质量检查和验收，认真记录检查结果，取得准确、完整的第一手资料。

5）运用数理统计方法对检查结果进行分析，不断地进行质量改进，直至质量控制点验收合格。

5. 成品保护

在施工过程中，有些分部、分项工程已经完成，而其他一些分部、分项工程尚在施工；或者是在其分部、分项施工过程中，某些部位已完成，而其他部位正在施工。在这种情况下，施工单位必须负责对已完成部分采取妥善措施予以保护，以免成品缺乏保护或保护不善而造成损伤或污染，影响工程的整体质量。成品保护工作主要是要合理地安排施工顺序、按正确的施工流程组织施工及制定和实施严格的成品防护措施。

8.4.4 施工质量验收

工程施工质量验收包括施工过程的质量验收和施工项目竣工质量验收。

1. 施工过程的质量验收

施工过程的质量验收是指施工过程中，在施工单位自行质量检查评定的基础上，参与建设活动的有关单位共同对检验批及分项、分部、单位工程的质量进行抽样复验，根据相关标准以书面形式对工程质量达到合格与否做出确认。

（1）检验批质量验收合格规定。检验批质量验收合格应符合下列规定：

1）主控项目的质量经抽样检验均应合格。

2）一般项目的质量经抽样检验合格。

3）具有完整的施工操作依据、质量检查记录。

检验批是工程验收的最小单位，是分项工程乃至整个建筑工程质量验收的基础。检验批是施工过程中条件相同并有一定数量的材料、构配件或安装项目，由于其质量基本均匀一致，因此可以作为检验的基础单位，并按批验收。

检验批质量合格的条件有两个方面：资料检查完整、合格，主控项目和一般项目检验合格。

某工程钢筋闪光对焊接头检验批质量验收记录见表8-3。

表8-3　钢筋闪光对焊接头检验批质量验收记录

工程名称		×××××购物中心			验收部位		桩基
施工单位		×××××××××公司			批号及批量		300
执行标准及编号		《钢筋焊接及验收规程》（JGJ 18—2012）			钢筋牌号及直径/mm		Φ18
项目经理		×××			施工班组组长		×××

主控项目		质量验收规程的规定		施工单位检查评定记录		监理（建设）单位验收记录
	1	接头试件拉伸试验	5.1.7条	合格		
	2	接头试件弯曲试验	5.1.8条	合格		

一般项目		质量验收规程的规定		施工单位检查评定记录			监理（建设）单位验收记录
				抽查数	合格数	不合格	
	1	接头处不得有横向裂纹	5.3.2条	300	300		
	2	与电极接触的钢筋表面不得有明显烧伤	5.3.2条	300	300		
	3	接头处的弯折角≤3°	5.3.2条	300	300		
	4	轴线偏移≤0.1倍钢筋直径，且≤2mm	5.3.2条	300	300		

施工单位检查评定结果	项目专业质量检查员： 　　　　　　　　　　年　月　日
监理（建设）单位验收结论	监理工程师（建设单位项目专业技术负责人）： 　　　　　　　　　　年　月　日

注：1. 一般项目各小项检查评定不合格时，在小格内打×记号。

　　2. 本表由施工单位项目专业检查员填写，监理工程师（建设单位项目专业技术负责人）组织项目专业质量检查员等进行验收。

（2）分项工程质量验收合格规定。分项工程质量验收合格应符合下列规定：

1）所含检验批的质量均应验收合格。

2）所含检验批的质量验收记录应完整。

分项工程的质量验收在检验批验收的基础上进行，一般情况下，两者具有相同或相近的性质，只是批量的大小不同而已。将有关的检验批验收汇集起来就构成分项工程验收。分项工程质量验收合格的条件比较简单，只要构成分项工程的各检验批的验收资料文件完整，并且均已验收合格，则分项工程验收合格。

（3）分部工程质量验收合格规定。分部工程质量验收合格应符合下列规定：

1）所含分项工程的质量均应验收合格。

2）质量控制资料应完整。

3）有关安全、节能、环境保护和主要使用功能的检验结果应符合相应规定。

4）观感质量应符合要求。

（4）单位工程质量验收合格规定。单位工程质量验收合格应符合下列规定：

1）所含分部工程的质量均应验收合格。

2）质量控制资料应完整。

3）所含分部工程有关安全、节能、环境保护和主要使用功能的检验资料应完整。

4）主要使用功能的抽查结果应符合相关专业质量验收规范的规定。

5）观感质量应符合要求。

单位工程质量验收也称质量竣工验收。进行监理的工程项目，单位工程完工后，施工单位应组织有关人员进行自检。总监理工程师应组织各专业监理工程师对工程质量进行预验收。存在施工质量问题时，应由施工单位整改。整改完毕后，由施工单位向建设单位提交工程竣工报告，申请竣工验收。

2. 施工项目竣工质量验收

施工项目的竣工验收是指承建单位将竣工项目及其与该项目有关的资料移交给建设单位，并接受由建设单位（监理单位）组织的对项目质量和技术资料进行的一系列审查验收工作的总称。如果工程项目已达到竣工验收标准，经过竣工验收后，就可以解除施工单位与建设单位所签订的合同，同时解除双方各自承担的义务、经济和法律责任。施工项目竣工质量验收是施工质量控制的最后一个环节，是对施工过程质量控制成果的全面检验，未经验收或验收不合格的工程，不得交付使用。

（1）施工项目竣工质量验收的依据。施工项目竣工质量验收的依据主要包括：上级主管部门的有关工程竣工验收的文件和规定；国家和有关部门颁发的施工、验收规范和质量标准；批准的设计文件、施工图及说明书；双方签订的施工合同；设备技术说明书；设计变更通知书；有关的协作配合协议书等。

（2）施工项目竣工质量验收的条件。施工项目符合下列要求方可进行竣工验收：

1）完成工程设计和合同约定的各项内容。

2）施工单位在对工程完工后对工程质量进行了检查，确认工程质量符合有关法律、法规和工程建设强制性标准，符合设计文件及合同要求，并提出工程竣工报告。工程竣工报告应经项目经理和施工单位有关负责人审核签字。

3）对于委托监理的工程项目，监理单位对工程要进行质量评估并具有完整的监理资料、提出工程质量评估报告。工程质量评估报告应经总监理工程师和监理单位有关负责人审核签字。

4）勘察、设计单位对勘察、设计文件及施工过程中由设计单位签署的设计变更通知书进行了检查，并提出了质量检查报告。质量检查报告应经该项目勘察、设计负责人和勘察、设计单位有关负责人审核签字。

5）有完整的技术档案和施工管理资料。

6）有工程使用的主要建筑材料、建筑构配件和设备的进场试验报告。

7）建设单位已按合同约定支付工程款。

8）有施工单位签署的工程质量保修书。

9）城乡规划行政主管部门对工程是否符合规划设计要求进行了检查，并出具了认可文件。

10）有消防、环保等部门出具的认可文件或者准许使用文件。

11）建设行政主管部门及其委托的工程质量监督机构等部门责令整改的问题全部整改完毕。

工程竣工验收合格后，建设单位应及时提出工程竣工验收报告。工程竣工验收报告主要包括：工程概况；建设单位执行基本建设程序情况；对工程勘察、设计、施工、监理等方面的评价；工程竣工验收时间、程序、内容和组织形式；工程竣工验收意见等内容。

8.5 建设工程施工质量事故

8.5.1 施工质量事故的概念

1. 质量不合格

根据我国现行国家标准《质量管理体系 基础和术语》的规定，凡工程产品未满足某项规定的要求，就称之为质量不合格；而未满足与预期或规定用途有关的要求，称为质量缺陷。

2. 质量问题

凡是工程质量不合格，必须进行返修、加固或报废处理，由此造成直接经济损失低于规定限额的称为质量问题。

3. 质量事故

由于建设、勘察、设计、施工、监理等单位违反工程质量有关法律法规和工程建设标准，使工程产生结构安全、重要使用功能等方面的质量缺陷，造成人身伤亡或者重大经济损失的称为质量事故。

8.5.2 工程质量事故的分类

按照住房和城乡建设部《关于做好房屋建筑和市政基础设施工程质量事故报告和调查处理工作的通知》（建质〔2010〕111号），根据工程质量事故造成的人员伤亡或者直接经济损失，工程质量事故分为4个等级：

（1）特别重大事故，是指造成30人以上死亡，或者100人以上重伤，或者1亿元以上直接经济损失的事故。

（2）重大事故，是指造成 10 人以上 30 人以下死亡，或者 50 人以上 100 人以下重伤，或者 5000 万元以上 1 亿元以下直接经济损失的事故。

（3）较大事故，是指造成 3 人以上 10 人以下死亡，或者 10 人以上 50 人以下重伤，或者 1000 万元以上 5000 万元以下直接经济损失的事故。

（4）一般事故，是指造成 3 人以下死亡，或者 10 人以下重伤，或者 100 万元以上 1000 万元以下直接经济损失的事故。

该等级划分所称的"以上"包括本数，所称的"以下"不包括本数。

上述质量事故等级划分标准与《生产安全事故报告和调查处理条例》（国务院令第 493 号）规定的生产安全事故等级划分标准相同。工程质量事故和安全事故往往会互为因果地连带发生。

8.5.3　施工质量事故的预防

1. 严格依法进行施工组织管理

认真学习、严格遵守国家相关政策法规和建筑施工强制性条文，依法进行施工组织管理，从源头上预防施工质量事故的根本措施。

2. 严格按照基本建设程序办事

建设项目立项首先要做好可行性论证，未经深入调查分析和严格论证的项目不能盲目拍板定案；要彻底搞清工程地质水文条件方可开工；杜绝无证设计、无图施工；禁止任意修改设计和不按图施工；工程竣工不进行试车运转、不经验收不得交付使用。

3. 认真做好工程地质勘察

地质勘察时要适当布置钻孔位置和设定钻孔深度。钻孔间距过大，不能全面反映地基实际情况；钻孔深度不够，难以查清地下软土层、滑坡、墓穴、孔洞等有害地质构造。地质勘察报告必须详细、准确，防止因根据不符合实际情况的地质资料而采用错误的基础方案，导致地基不均匀沉降、失稳，使上部结构及墙体开裂、破坏、倒塌。

4. 科学地加固处理好地基

对软弱土、冲填土、杂填土、湿陷性黄土、膨胀土、岩层出露、溶岩、土洞等不均匀地基要做科学的加固处理。要根据不同地基的工程特性，按照地基处理与上部结构相结合使其共同工作的原则，从地基处理与设计措施、结构措施、防水措施、施工措施等方面综合考虑处理。

5. 进行必要的设计审查复核

要请具有合格专业资质的审图机构对施工图进行审查复核，防止因设计考虑不周、结构构造不合理、设计计算错误、沉降缝及伸缩缝设置不当、悬挑结构未通过抗倾覆验算等原因，导致质量事故的发生。

6. 严格把好建筑材料及制品的质量关

要从采购订货、进场验收、质量复验、存储和使用等几个环节，严格控制建筑材料及制品的质量，防止不合格或是变质、损坏的材料和制品用到工程上。

7. 对施工人员进行必要的技术培训

通过技术培训使施工人员掌握基本的建筑结构和建筑材料知识，理解并认同遵守施工验收规范对保证工程质量的重要性，从而在施工中自觉遵守操作规程，不蛮干，不违章操作，不偷工减料。

8. 加强施工过程的管理

施工人员首先要熟悉施工图，对工程的难点和关键工序、关键部位应编制专项施工方案并严格执行；施工中必须按照施工图和施工验收规范、操作规程进行；技术组织措施要正确，施工顺序不可搞错，脚手架和楼面不可超载堆放构件和材料；要严格按照制度进行质量检查和验收。

9. 做好应对不利施工条件和各种灾害的预案

要根据当地气象资料的分析和预测，事先针对可能出现的风、雨、高温、严寒、雷电等不利施工条件，制定相应的施工技术措施；还要对不可预见的人为事故和严重自然灾害做好应急预案，并有相应的人力、物力储备。

10. 加强施工安全与环境管理

许多施工安全和环境事故都会连带发生质量事故，加强施工安全与环境管理，也是预防施工质量事故的重要措施。

8.5.4 施工质量事故的处理

1. 施工质量事故的处理程序

施工质量事故发生后，按规定，事故现场有关人员应立即向工程建设单位负责人报告。工程建设单位负责人接到报告后，应于 1h 内向事故发生地县级以上人民政府住房和城乡建设主管部门及有关部门报告。同时，施工项目有关负责人应根据事故现场实际情况，及时采取必要措施抢救人员和财产，保护事故现场，防止事故扩大。房屋市政工程生产安全和质量较大及以上事故的查处督办，按照住房和城乡建设部《房屋市政工程生产安全和质量事故查处督办暂行办法》（建质〔2011〕66 号）规定的程序办理。

（1）事故调查。事故调查应力求及时、客观、全面，以便为事故的分析与处理提供正确的依据。调查结果，要整理撰写成事故调查报告，其主要内容包括：工程项目和参建单位概况；事故基本情况；事故发生后所采取的应急防护措施；事故调查中的有关数据、资料；对事故原因和事故性质的初步判断；对事故处理的建议；事故涉及人员与主要责任者的情况等。

（2）事故的原因分析。要建立在事故调查的基础上，避免情况不明就主观推断事故的原因，特别是对涉及勘察、设计、施工、材料和管理等方面的质量事故，往往事故的原因错综复杂，因此，必须对调查所得到的数据、资料进行仔细的分析，去伪存真，找出造成事故的主要原因。

（3）制定事故处理的技术方案。事故的处理要建立在原因分析的基础上，并广泛地听取专家及有关方面的意见，经科学论证，决定事故是否进行处理和怎样处理。在制定事故处理方案时，应做到安全可靠，技术可行，不留隐患，经济合理，具有可操作性，满足结构安全和使用功能要求。

（4）事故处理。根据制订的质量事故处理的方案，对质量事故进行认真处理。处理的内容主要包括：事故的技术处理，以解决施工质量不合格和缺陷问题；事故的责任处罚，根据事故的性质、损失大小、情节轻重对事故的责任单位和责任人做出相应的行政处分直至追究刑事责任。

（5）事故处理的鉴定验收。质量事故的处理是否达到预期的目的，是否依然存在隐患，应当通过检查鉴定和验收做出确认。事故处理的质量检查鉴定，应严格按施工验收规范和相关的质量标准的规定进行，必要时还应通过实际量测、试验和仪器检测等方法获取必要的数据，以便准确地对事故处理的结果做出鉴定，最终形成结论。

（6）提交处理报告。事故处理结束后，必须尽快向主管部门和相关单位提交完整的事故处理报告，其内容包括：事故调查的原始资料、测试的数据；事故原因分析、论证；事故处理的依据；事故处理的方案及技术措施；实施质量处理中有关的数据、记录、资料；检查验收记录；事故处理的结论等。

2. 施工质量缺陷质量事故的处理

（1）返修处理。当工程的某些部分的质量虽未达到规范、标准或设计规定的要求，存在一定的缺陷，但经过返修后可以达到要求的质量标准，又不影响使用功能或外观的要求时，可采取返修处理的方法。例如，某些混凝土结构表面出现蜂窝、麻面，经调查分析，该部位经返修处理后，不会影响其使用及外观；对混凝土结构局部出现的损伤，如结构受撞击、局部未振实、冻害、火灾、酸类腐蚀、碱骨料反应等，当这些损伤仅仅在结构的表面或局部，不影响其使用和外观，可进行返修处理。再比如对混凝土结构出现的裂缝，经分析研究后如果不影响结构的安全和使用时，也可采取返修处理。

（2）加固处理。加固处理主要是指针对危及承载力的质量缺陷的处理。通过对缺陷的加固处理，使建筑结构恢复或提高承载力，重新满足结构安全性及可靠性的要求，使结构能继续使用或改作其他用途。例如，对混凝土结构常用的加固方法主要有：增大截面加固法、外包角钢加固法、粘钢加固法、增设支点加固法、增设剪力墙加固法和预应力加固法等。

（3）返工处理。当工程质量缺陷经过返修处理后仍不能满足规定的质量标准要求，或不具备补救可能性，则必须实行返工处理。例如，某防洪堤坝填筑压实后，其压实土的干密度未达到规定值，经核算将影响土体的稳定且不满足抗渗能力的要求，此时必须挖除不合格土，重新填筑，进行返工处理。

（4）限制使用。当工程质量缺陷按返修方法处理后无法保证达到规定的使用要求和安全要求，而又无法返工处理的情况下，不得已时可做出诸如结构卸荷或减荷以及限制使用的决定。

（5）不做处理。某些工程质量问题虽然达不到规定的要求或标准，但其情况不严重，对工程或结构的使用及安全影响很小，经过分析、论证、法定检测单位鉴定和设计单位等认可后可不专门做处理。如不影响结构安全、生产工艺和使用要求的；后道工序可以弥补的质量缺陷；法定检测单位鉴定合格的；出现的质量缺陷，经检测鉴定达不到设计要求，但经原设计单位核算，仍能满足结构安全和使用功能的，但按实际情况进行复核验算后仍能满足设计要求的承载力时，可不进行专门处理。这种做法实际上是挖掘设计潜力或降低设计的安全系数，应谨慎处理。

（6）报废处理。出现质量事故的工程，通过分析或实践，采取上述处理方法后仍不能满足规定的质量要求或标准，则必须予以报废处理。

复习思考题

1. 简述施工质量管理的概念和特点。
2. 房屋建筑常见的工程质量通病有哪些？
3. 什么是质量管理体系？包括哪些内容？
4. 施工质量计划包括哪些内容？
5. 施工质量控制的内容与程序、方法有哪些？
6. 工程质量事故是如何分级的？如何处理？

第 **9** 章

建设工程施工职业健康、安全与环境管理

建设工程施工安全管理

9.1.1 施工安全管理概述

1. 安全管理的概念及原则

安全管理是指管理者对安全生产的立法（法律、条例、规程）和建章立制，以及计划、组织、指挥协调和控制的一系列活动，目的是保护职工在生产过程中的安全与健康，保护财产不受损失。我国现行的安全生产管理体制为"企业负责、行业管理、国家监察、群众监督和劳动者遵章守纪"。它是适应我国市场经济体制要求，符合国际惯例的安全生产管理体制。

建筑行业具有产品固定，作业流动性大，产品体积大，露天作业和高处作业多，施工周期长，涉及面广，手工作业多，劳动条件差，作业强度大，人员及其素质不稳定，施工现场受地理环境、季节气候影响大等特点，是安全事故的高发行业。建筑安全关系到劳动者的安全和健康，关系到建筑行业和整个社会的发展与进步。随着我国建筑行业的迅速发展，建筑行业呈现市场规模不断扩大、行业新技术发展较快、建筑市场逐渐与国际接轨的特点，这给施工安全提出了更高的要求。

建设工程施工安全管理是建筑企业安全管理系统的关键，是保证建筑企业处于安全状态的重要基础。它是在项目施工的全过程中，运用科学管理的理论、方法，通过法规、技术、组织等手段，使人、物、环境构成的施工生产体系达到最佳安全状态，实现项目安全目标所进行的一系列活动的总称。开展工程施工安全管理，是保证在项目施工中避免人员伤亡、财物损毁，追求最佳效益的需要，也是保证建设单位对工程施工工期、质量和项目工程功能最佳实现的需要，同时安全管理也是工程项目建立良好的生产秩序和优美环境的必要手段，因此对工程施工必须实施科学、严格的安全管理。

施工现场安全管理大致体现为安全组织管理、场地与设施管理、行为控制和安全技术管理四个方面，分别对生产中的人、物、环境的行为与状态，进行具体的管理与控制。为了使工程施工中的各种因素控制好，在实施安全管理过程中，必须遵循以下几条原则。

（1）安全管理法制化。安全管理要法制化，就是要依靠国家以及有关部委制定的安全生产法律文件，对工程施工进行管理。要加强对建筑施工管理人员和广大职工的安全法律教育，增强法制观念，做到知法、守法，安全生产。对违反安全生产法律的单位和个人要视责任大小，给予处罚，直至追究刑事责任，做到坚决依法处理。

（2）安全管理制度化。必须建立和健全各种安全管理规章制度和规定，实行安全管理责任制，以对项目建设过程中各种安全因素进行有效控制，从而预防和减少安全事故。

（3）实行科学化管理。要加强对安全管理方法和手段的科学研究，使生产技术和安全管理技术协调同步发展，要在变化的生产活动中不断消除新的危险因素，不断总结提高企业安全管理水平。

（4）贯彻"预防为主"的方针。"安全第一，预防为主"的方针，是搞好安全工作的准则，是搞好安全生产的关键。只有做好预防工作，才能处于主动。贯彻"预防为主"要端正对生产中不安全因素的认识和态度，选准消除不安全因素的时机。同时，要贯彻国家的劳动安全法律及上级制定的安全规程、制度和办法，在生产活动中，经常检查，及时发现不安全因素，并尽快采取措施。

（5）全员参与安全管理。安全管理、人人有责，安全管理不是少数人和安全机构的事，而是一切与生产有关人员共同的事。直接参加生产的广大职工，最熟悉生产过程，最了解现场情况，最能提出切实可行的安全措施。我们不可否定安全管理第一责任人和安全机构的作用，但缺乏全员的参与，安全管理不会成功，不会出现好的管理效果。

2. 施工安全管理的特点

（1）建设工程施工种类众多，不同种类项目施工安全生产管理方法、内容各异。建设施工领域广泛，主要包括：铁路工程、公路工程、房屋建筑工程、桥梁工程、市政工程、隧道工程、港口码头工程、城市轨道交通工程、机场工程、特种钢结构工程、工业和民用建筑工程等。不同的工程类别，施工技术、施工工艺、施工方法、施工周期、所用设备、机具、材料、物料都不尽相同，涉及的安全管理技术、管理知识、管理特点及对管理人员素质要求也各不相同。

（2）每一个工程项目都有它的独特性，因此安全管理需要有针对性。每一个工程的施工时间、所处地理位置、作业环境、周边配套设施、参加施工的管理人员和作业人员都不同，同时由于建筑结构、工程材料、施工工艺的多样性，每个工程又具有差异性和独特性。建设工程施工生产的这些差异性和独特性进而也就决定了建设工程施工安全管理需要有针对性。

（3）项目施工生产影响因素复杂众多，使得安全管理不安全因素多。建设工程施工具有高能耗、高强度、施工现场扰动因素（噪声、尘土、热量、光线等）多等特点，此外建设工程施工大多是露天作业，受天气、气候、温度影响大。这些因素使得工程的施工安全生产涉及的不确定因素增多，加大了施工作业的危险性。

（4）项目施工安全生产管理具有动态性的特点。在施工生产过程中，从基础、主体到安装、装修各阶段，随着分部工程、分项工程、工序的顺序开展，每一步的施工方法都不相同，现场作业条件、作业状况、作业人员和不安全因素都处于变化中，整个工程施工的建设过程就是一个动态的不断变化的过程。这也就决定了施工安全生产管理动态性的特点。

（5）工程施工安全管理是持续改进、与时俱进的管理。随着科学技术发展，建设施工领域不断地会有新的研究成果出现，新的施工工艺和施工技术、新材料、新设备将会越来多地用于建筑施工现场，国家也会新出台相关安全管理的法律法规、规章、规范、政策、措施。建筑施工企业的安全管理需要跟上科学和社会发展的步伐，不断更新安全管理理念，学习充实安全管理方法、安全管理技术，同时善于总结，融会贯通，不断提高安全管理水平。

9.1.2　施工项目安全事故类型

1. 高处坠落

根据现行国家标准《高空作业分级》的规定，高处作业时指高于基准面 2m 以上（含 2m）有可能坠落的作业。高处坠落是在高处作业的情况下，由于人为的或环境影响的原因导致的坠落。根据高处作业者工作时所处的部位不同，高处坠落事故可分为以下几种情况。

（1）临边作业高处坠落事故。目前在高处作业的工作区域内都要求布置安全防护措施，但是不可避免地会由于安全防护措施失效，或者施工人员未按安全要求进行正规的施工作业等因素造成临边作业高处坠落事故。

（2）洞口作业高处坠落事故。建设工程项目施工过程中会存在大量便于施工交通或材料运输所用的孔洞，包括竖向的和横向的。但在建筑物内时，因光线昏暗、视觉盲区、行为失误等原因会造成施工人员误入孔洞，从而导致洞口作业高处坠落事故。

（3）攀登作业高处坠落事故。攀登作业是建设工程项目施工的必备作业方式，如果忽视安全防护要求，不佩戴安全防护用品，使用劣质支撑管材和板材，手脚打滑，就极易造成攀登作业过程中的安全事故。

（4）悬空作业高处坠落事故。悬空作业经常会受到大风、悬空装置的影响，造成悬空装置失控。此外，施工人员在悬空作业需要更换施工区域时，采用的更换方法不当，这也会造成一些安全隐患，甚至是高空坠落事故。

（5）操作平台作业高处坠落事故。操作平台作业出现事故的主要情况有操作平台失稳、操作人员身体失衡、环境影响等。在操作平台作业时，经常需要更换施工位置，这也就要求施工人员不停地更换安全装置的固定位置，一旦出现麻痹思想而不采取保护就很容易出现高处坠落。

（6）交叉作业高处坠落事故。很多情况下，高处作业是需要几种作业方式交叉进行的，这就提高了交叉作业时出现危险的概率。因此，必须加强安全教育，并在高处施工时安排合适的施工进度。

2. 机械伤害

机械伤害是工程项目施工过程中的常见伤害之一，主要指机械设备部件、工具、加工件直接与人体接触而引起的夹击、碰撞、剪切、卷入、绞、碾、割、刺等形式的伤害。

施工现场在钢筋下料处理、混凝土浇筑、各类切割和焊接过程中需要用到大量机械设备。易造成机械伤害的机械和设备主要有运输机械、钢筋弯曲处理机械、装载机械、钻探机械、破碎设备、混凝土泵送设备、通风及排水设备、其他转动或传动设备等。尤其是各类转动机械外露的传动和往复运动部分最有可能对人体造成机械伤害。

3. 物体打击伤害

物体打击伤害是指由失控物体的惯性力造成的人身伤亡事故。工程项目的施工进度一般都比较紧，这就使得施工现场的劳动力、机械和材料投入较多，并且需要交叉作业。在这种情况下就极易发生物体打击事故。在施工中常见的物体打击事故有：

（1）工具零件、建筑材料等物的高处掉落伤人。

（2）人为乱扔的各类废弃物伤人。

（3）起重吊装物品掉落或吊装装置惯性伤人。

（4）对设备的违规操作伤人。

（5）机械运转故障甩出物伤人。

（6）压力容器爆炸导致的碎片伤人。

这就要求现场施工及管理人员一定要提高警惕，按照规定和机械设备的使用规定来进行施工。在实际施工中要注意观察，避开可能造成物体打击的危险源。

4. 触电伤害

电力是工程项目施工过程中不可缺少的动力源，所以施工现场经常会有非常多的电闸箱、线缆、接头和控制装置。专业人员的违规操作和非专业人员的错误操作都可能会造成与电相关的各类伤害。

触电伤害一般可以分为电伤和电击两种。电伤一般是由于电流的热、化学和机械效应引起人体外表伤害，电伤在不是很严重的情况下一般不会造成施工人员的生命危险。电击是指电流流过人体内部对人体内部器官造成伤害，这种触电伤害的后果比较严重，甚至经常会危及生命。在施工项目中的绝大部分触电死亡事故都是由电击造成。因此就需要专业电工在架线、电闸箱布置、电路安全控制和检查等方面做好工作，降低触电伤害的发生概率。

5. 坍塌事故

坍塌事故在地下工程中较为常见，尤其是在边坡支护工程中。在施工前的地质勘测中，地下的情况只能是分区域的大致了解，这就对未知的地下情况造成坍塌事故形成很大的可能性。另外在不具备放坡条件的情况下强行放坡，坑边布置重物或停放各类运输车都会大大提高坍塌事故发生的可能性。在雨雪季之后要注意避免由于土壤物理力学性能发生变化而导致的事故，如冻融现象导致的坍塌。

6. 起重伤害

工程项目起重吊装时由于吊点、吊装索具、指挥信号、卷扬机、起重量等因素会造成起重机器的整体失衡，或者物料吊装过程中的坠落、撞击、遗撒等问题，会直接造成对人、机械设备和车辆的伤害。

7. 危险品

在工程项目中由于焊接、切割、驱动、制冷等需求，经常会需要一些易燃、易爆的施工资源。如果对这些资源不严格按规章制度存放、搬运和使用，那么就会在各个环节有危险品爆炸、泄漏的隐患，极易发生安全事故。

以上提及的安全事故是施工事故产生的主要原因，它们经常表现为交叉作用，组合推动增加事故的发生概率。因此，在工程项目的施工生产过程中要认真识别，积极采取有效的防护措施，进行严格的监督和管理，控制事故的发生。

9.1.3 施工安全管理制度

由于建设工程规模大、周期长、参与单位多、技术复杂以及环境复杂多变等因素，建设工程安全生产的管理难度很大。因此，依据现行的法律法规，通过建立各项安全生产管理制度体系来规范建设工程参与方的安全生产行为，提高建设工程安全生产管理水平，防止和避免安全事故的发生是非常重要的。

1. 安全目标管理制度

安全目标管理是建筑施工企业根据企业的总体规划要求，制定出的一定时期内安全生产所要达到的预期目标。建筑施工企业为实现安全生产必须建立严格的安全目标管理制度。

项目部应当按目标管理的方法，将建设项目的安全目标层层分解，责任到人。同时，制定完善的各项安全管理制度，并组织安全互动和检查，有效控制各类伤亡事故，预防或减少一般安全事故，确保安全管理目标的实现。表9-1为某工程安全文明施工的目标及责任分解。

表 9-1　某工程安全文明施工目标及责任分解

目标	序号	项目	项目	目标值	管理点	对策措施	经理	副经理	防护	临电	机械	文明施工	管理	编程
主管目标	1	项目指标	因工死亡（人）	0	杜绝"三违"现象，落实责任，管理到位	1. 落实安全生产责任制 2. 强化安全生产管理各项制度的执行 3. 落实分包责任，签订安全生产协议书；加强分包管理	☆	△	△	△	△	△	△	△
	2		因工负伤频率（‰）其中：重伤事故（‰）消防事故（‰）	6 0.40 0										
	3		重大隐患整改率（%）	100	复查及消项	定人、定时间、定措施，归口管理落实	☆	△	△	△	△	△	△	△
	4		一般隐患整改率（%）	95										
	5	部门指标	急性中毒	0	食堂卫生	杜绝食物中毒，食堂有卫生证	☆	△	△	△	△	☆	△	○
	6		安全文明样板工地	1	临电电箱配置	加强过程控制，强化监督检查与整改，严格执行安全生产标准与规范	☆	△	△	△	△	☆	△	○
部门目标	12		预防高处坠落措施（%）	100	临边洞口防护	加强过程控制，强化监督检查与整改，严格执行安全防护标准与规范	△	△	☆	○	△	○	△	○
	13		预防物体打击措施（%）	100	安全网防护到位		△	△	☆	○	△	○	△	○
	14		预防触电措施（%）	100	三级配电两级保护	临电安全标准化	△	△	○	☆	△	○	△	○
	15		预防机械伤害措施（%）	100	安全防护装置	机械安全防护标准化	△	△	○	○	☆	○	△	○
	16		安全技术方案审核（%）	100	安全性可行性	对方案措施进行审核，实施过程监督	△	☆	△	△	△	○	△	○
	17	验收	特殊架子（%）	100	高大架子	按照标准、方案验收，及时、准确	○	○	☆	○	△	○	△	○
	18		临时用电（%）	100	三相五线制		○	○	○	☆	△	○	△	○
	19		大中型机械（%）	100	塔式起重机		○	○	○	○	☆	○	△	○
	20		持证上岗（%）	90	特种作业	落实培训计划，总部控制，各单位保证	△	△	△	△	△	○	☆	○
	21		安全教育面（%）	100	新人三级教育		△	△	△	△	△	○	☆	○
	22		安全交底合格率（%）	100	特种作业	按照安全操作规程、规范监督	△	△	△	△	△	○	☆	○
	23		重要劳保用品监控采购(%)	100	采购	跟踪认证厂家，检查产品质量	△	△	△	△	△	○	☆	○
	25		培训	30	专业人才	落实计划，加强基本功训练	☆	△	△	△	△	△	☆	△
编制：					审核：								日期	

注：责任者：主管☆　主关联△　次关联○；部门经理（经理、副经理）；部门责任人（防护、临电、机械、文明施工、管理、编程）。

2. 安全生产责任制

（1）安全生产责任制基本要求。安全生产责任制主要是指工程项目部各级管理人员，包括项目经理、工长、安全员，以及生产、技术、机械、器材、后勤、分包单位负责人等管理人员，均应建立安全责任制。根据现行《建筑施工安全检查标准》和项目制定的安全管理目标，进行责任目标分解。建立考核制度，定期（每月）考核。

工程的主要施工工种，包括砌筑、抹灰、混凝土、木工、电工、钢筋、机械、起重司索、信号指挥、脚手架、水暖、油漆、塔式起重机、电梯、电气焊等工种，均应制定安全技术操作规程，并在相对固定的作业区域悬挂。工程项目部专职安全人员的配备应按住建部的规定，1 万 m² 以下的工程 1 人；（1~5）万 m² 的工程不少于 2 人；5 万 m² 以上的工程不少于 3 人。

制定安全生产资金保障制度，就是要确保购置、制作各种安全防护设施、设备、工具、材料及文明施工设施和工程抢险等需要的资金，做到专款专用。同时还应提前编制计划并严格按计划实施，保证安全生产资金的投入。

现行的《建筑施工安全检查标准》（JGJ59）中对安全生产责任制提出了如下要求：

1）工程项目部应建立以项目经理为第一责任人的各级管理人员安全生产责任制。

2）安全生产责任制应经责任人签字确认。

3）工程项目部应有各工种安全技术操作规程。

4）工程项目部应按规定配备专职安全员。

5）对实行经济承包的工程项目，承包合同中应有安全生产考核指标。

6）工程项目部应制定安全生产资金保障制度。

7）按安全生产资金保障制度，应编制安全资金使用计划，并应按计划实施。

8）工程项目部应制定以伤亡事故控制、现场安全达标、文明施工为主要内容的安全生产管理目标。

9）按安全生产管理目标和项目管理人员的安全生产责任制进行安全生产责任目标分解。

10）应建立对安全生产责任制和责任目标的考核制度。

11）按考核制度，应对项目管理人员定期进行考核。

图 9-1 所示为某工程施工安全责任分工简图。

（2）有关人员的安全责任。有关人员的安全责任分别如下：

1）项目经理部安全职责。项目经理部必须建立安全生产责任制，把安全责任目标分解到岗、落实到人。项目经理部制定各类人员的安全职责，须经项目经理批准后实施。

2）项目经理安全职责。项目经理安全职责包括：认真贯彻安全生产方针、政策、法规和各项规章制度；制定安全生产管理办法；严格

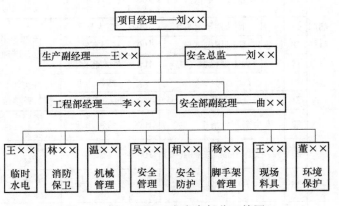

图 9-1 某工程施工安全责任分工简图

执行安全考核指标和安全生产管理办法；严格执行安全生产奖惩办法；严格执行安全技术措施审查制度和工程施工安全交底制度；组织安全生产检查并定期分析；针对施工中存在的安全隐患原因制定预防纠正措施；发生安全事故后按事故处理的规章上报、处置；制定预防事故再发生的措施。

3）项目技术负责人安全职责。项目技术负责人安全职责包括：进行安全技术交底，组织实施安全技术措施；对施工现场安全防护装置和设施应组织验收，合格后方可使用；组织工人学习安全操作规程，教育工人不违章作业；认真消除安全隐患；发生工伤事故立即上报并保护好现场，参加事故调查处理。

4）班组长安全职责。班组长安全职责包括：安排生产任务时进行安全措施交底；严格执行本工种安全操作规程，拒绝违章指挥；岗前应对所有使用的机具、设备、防护用具及作业环境进行安全检查，发现问题及时采取改进措施以消除安全隐患；检查安全标牌是否按规定设置，标识方法和内容是否完整；组织班组开展安全活动，开好岗前安全生产会；做好收工前的安全检查；组织一周的安全讲评工作；发生工伤事故应组织抢救，保护现场并立即上报。

5）施工员的安全职责。施工员的安全职责包括：认真学习并严格执行安全技术操作规程，并自觉遵守安全生产规章制度；积极参加安全活动，执行安全技术交底和有关安全生产的规定，不违章作业；服从安全监督人员的指导，爱护安全设施和防护用具，做到正确使用；对不安全作业提出意见。

3. "三类人员"考核任职制度

（1）"三类人员"考核任职制度的考核对象。"三类人员"考核任职制度的考核对象包括建筑施工企业的主要负责人、项目负责人及专职安全生产管理人员。建筑施工企业主要负责人包括企业法定代表人、经理、企业分管安全生产工作的副经理等。建筑施工企业项目负责人，是指经企业法人授权的项目管理的负责人。建筑施工企业专职安全生产管理人员，是指在企业专职从事安全生产管理工作的人员，包括企业安全生产管理机构的负责人及其工作人员和施工现场专职安全生产管理人员。

（2）"三类人员"考核任职制度的主要内容。"三类人员"考核任职制度的目的、依据、范围如下：

1）考核的目的和依据。根据《安全生产法》《建筑工程安全生产管理条例》《安全生产许可证条例》等法律法规，实行"三类人员"考核任职制度旨在提高建筑施工企业主要负责人、项目负责人和专职安全生产管理人员的安全生产知识水平和管理能力，保证建设工程施工安全生产。

2）考核范围。在中华人民共和国境内从事建设工程活动的建筑施工企业管理人员必须经建设行政主管部门或者其他有关部门安全生产考核，考核合格取得安全生产考核合格证书后，方可担任相应职务。建筑施工企业管理人员安全生产考核内容包括安全生产知识和管理能力。

4. 安全教育管理制度

（1）安全生产教育的基本要求。安全教育和培训要体现全面、全员、全过程的原则。施工现场所有人员均应接受安全培训与教育，确保他们已经接受安全教育并懂得相应的安全知识后才能上岗。《建筑施工企业主要责任人、项目负责人和专职安全生产管理人员安全生产考核管理暂行规定》（建设部建质〔2004〕59 号）中规定，企业主要责任人、项目负责人和专职安全生产管理人员必须接受建设行政主管部门或其他有关部门安全生产考核，考试合格并取得安全生产合格证书后方可担任相应职务。安全教育要做到经常性，要根据工程项目的不同、工程进展和环境的不同，对所有人员尤其是施工现场的一线管理人员和工人实行动态的教育，做到经常化和制度化。

（2）安全教育内容。项目安全培训教育时间不得少于 15 学时，主要内容包括：

1）建设工程施工生产的特点，施工现场的一般安全管理规定和要求。

2）施工现场的主要事故类别，常见多发性事故的特点、规律及预防措施，事故教训等。

3）本工程项目施工基本情况（工程类别、施工阶段、作业特点等），施工中应当注意安全事项。

4）个人使用保管的劳动防护用品的正确穿戴与使用方法，劳动防护用品的基本原理与主要功能。

5）发生伤亡故事或其他事故（如火灾、爆炸、设备及管理事故等）时，应采取的措施（救助抢险、保护现场、报告事故等）。

5. 安全施工方案编审制度

国家相关法律法规对施工组织设计或施工方案提出了如下的要求：

（1）施工组织设计中的安全技术措施应包括安全生产管理措施。《建筑工程安全生产管理条例》第二十六条规定，施工单位应在施工组织设计中编制安全技术措施和施工现场临时用电方案。

（2）施工组织设计必须经审批后才能实施施工。工程技术人员编制的安全专项施工方案，由施工企业技术部门专业技术人员及专业监理工程师进行审核，审核合格后，由施工企业技术负责人和监理单位的总监理工程师签字。无施工组织设计（方案）或施工组织设计（方案）未经审批的不能开始该项目的施工，未经审批也不得擅自变更施工组织设计或方案。

（3）对专业性较强的项目，应编制专项施工组织设计（方案）。危险性较大的分部分项工程专项方案，经专家论证后提出修改完善意见的，施工单位应按论证报告进行修改，并经施工单位技术负责人、项目总监理工程师、建设单位项目负责人签字后，方可组织实施。专项方案论证后需做重大修改的，应重新组织专家进行论证。

6. 安全技术交底

根据我国《安全生产法》《建设工程安全生产管理条例》《建筑施工安全检查标准》等有关规定，在进行工程技术交底的同时要进行安全技术交底。现行的《建筑施工安全检查标准》对安全技术交底提出了如下要求：

（1）施工负责人在分派生产任务时，应对相关管理人员、施工作业人员进行书面安全技术交底。

（2）安全技术交底应按施工工序、施工部位、施工栋号分部分项进行。

（3）安全技术交底应结合施工作业场所状况、特点、工序，对危险因素、施工方案、规范标准、操作规程和应急措施进行交底。

（4）安全技术交底应由交底人、被交底人、专职安全员进行签字确认。安全技术交底要针对性强和全面交底。

7. 消防安全责任制度

施工单位应当在施工现场建立消防安全责任制度，确定消防安全责任人，制定用火、用电、使用燃易爆材料等各项消防安全管理制度和操作规程，设置消防通道、消防水源，配备消防设施和灭火器材，并在施工现场入口处设置明显标志等。

8. 安全检查与评分制度

工程项目安全检查是在工程建设过程中消除隐患、防止事故、改善劳动条件及提高员工安全生产意识的重要手段，是安全控制工作的一项重要内容。通过安全检查，可以发现工程中的危险因素，以便有计划地采取措施，保证安全生产。工程施工的安全检查应由项目经理组织，定期进行。例如工程"三宝""四口"防护三级考评指标其形式见表9-2。

表 9-2　某工程"三宝""四口"防护三级考评指标表

工程名称：×××××工程

序号	检查项目	扣分标准	应得分数	扣减分数	实得分数
1	安全帽	有一人不戴安全帽的扣5分 安全帽不符合标准的每发现一项扣1分 不按规定佩戴安全帽的有一人扣1分	20		
2	安全网	在建工程外侧未用密目安全网封闭的扣25分 安全网规格、材质不符合要求的扣25分 安全网未取得建筑安全监督管理部门准用证的扣25分	25		
3	安全带	每有一人未系安全带的扣5分 有一人安全带系挂不符合要求的扣3分 安全带不符合标准，每发现一条扣2分	10		
4	楼梯口、电梯井口防护	每一处无防护措施的扣6分 每一处防护措施不符合要求或不严密的扣3分 防护设施未形成定型化、工具化的扣6分 电梯井内每隔两层（不大于10m）少一道平网的扣6分	12		
5	预留洞口、坑井防护	每一处无防护措施，扣7分 防护设施未形成定型化、工具化的扣6分 每一处防护措施不符合要求或不严密的扣3分	13		
6	通道口防护	每一处无防护棚，扣5分 每一处防护不严，扣2~3分 每一处防护棚不牢固、材质不符合要求，扣3分	10		
7	阳台、楼板、屋面等临边防护	每一处临边无防护的扣5分 每一处临边防护不严、不符合要求的扣3分	10		
	检查项目合计		100		

检查人员：　　　　　　　受检查人员：　　　　　　　检查日期：

9. 安全考核与奖惩制度

安全考核与奖惩是指企业的上级主管部门，包括政府主管安全生产的职能部门、企业内部的各级行政领导等，按照国家安全生产的方针政策、法律法规和企业的规章制度等有关规定，按照企业内部各级实施安全生产目标控制管理时所下达的安全生产各项指标完成的情况，对企业法人代表及各负责人执行安全生产情况的考核与奖惩制度。

安全考核与奖惩制度是建筑行业的一项基本制度。实践表明，只要全员安全生产的意识尚未达到较佳的状态，职工自觉遵守安全法规和制度的良好作风未能完全形成之前，实行严格的考核与奖惩制度是必须采取的措施。安全工作不但要责任到人，还要与员工的切身利益联系起来。

10. 安全事故报告制度

《建设工程安全生产管理条例》规定："施工单位发生生产安全事故，应当按照国家有关伤亡事故报告和调查处理的规定，及时、如实地向负责安全生产监督管理的部门、建设行政主管部门或者其他有关部门报告；特种设备发生事故的，还应当同时向特种设备安全监督管理部门报告。接到报告的部门应当按照国家有关规定，如实上报。"另外，《安全生产法》《建筑法》《企业职工伤亡事故报告和处理规定》等对生产安全事故报告也做了相应的规定。

依据《企业职工伤亡事故报告和处理规定》的规定，生产安全事故报告制度的程序是：

（1）伤亡事故后，负伤者或者事故现场有关人员应当立即直接或者逐级报告企业负责人。

（2）企业负责人接到重伤、死亡、重大死亡事故报告后，应当立即报告企业主管部门和企业所在地劳动部门、公安部门、检察院、工会。

（3）企业主管部门和劳动部门接到死亡、重大死亡事故报告后，应当立即按系统逐级上报，死亡事故报至省、自治区、直辖市企业主管部门和劳动部门，重大死亡事故报至国务院有关部门和劳动部门。

（4）发生死亡、重大死亡事故的企业应当保护事故现场，并迅速采取必要措施抢救人员和财产，防止事故扩大。

9.2 建设工程施工危险源和事故应急

9.2.1 危险源的识别和风险控制

1. 危险源的分类

危险源是安全管理的主要对象，在实际生活和生产过程中的危险源是以多种多样的形式存在的。虽然危险源的表现形式不同，但从本质上说，能够造成危害后果的（如伤亡事故、人员健康受损害、物体被破坏和环境被污染等），均可归结为能量的意外释放或约束、限制能量和危险物质措施失控的结果。根据危险源在事故发展中的作用，把危险源分为两大类，即第一类危险源和第二类危险源。

（1）第一类危险源。能量和危险物质的存在是危害产生的根本原因。通常把可能发生意外释放的能量（能源或能量载体）或危险物质称为第一类危险源。第一类危险源是事故发生的物理本质，危险性主要表现为导致事故的发生及其造成后果的严重程度。第一类危险源危险性的大小主要取决于三个方面：能量或危险物质的量；能量或危险物质意外释放的强度；意外释放的能量或危险物质的影响范围。

（2）第二类危险源。造成约束、限制能量和危险物质措施失控的各种不安全因素称为第二类危险源。第二类危险源主要体现在设备故障或缺陷（物的不安全状态）、人为失误（人的不安全行为）和管理缺陷等方面。

事故的发生通常是两类危险源共同作用的结果，第一类危险源是事故发生的前提，第二类危险源是第一类危险源导致事故发生的必要条件。在事故的发生和发展过程中，两类危险源相互依存，相辅相成。第一类危险源是事故的主体，决定事故的严重程度；第二类危险源出现的难易，决定事故发生可能性的大小。

2. 危险源识别

危险源识别是安全管理的基础工作，主要目的是找出与每项工作活动有关的所有危险源，并考虑这些危险源可能会对什么人造成什么样的伤害，或导致什么设备设施损坏等。

（1）危险源的识别。我国在 2009 年发布了《生产过程危险和有害因素分类与代码》（GB/T 13861—2009），该标准适用于各个行业在规划、设计和组织生产时对危险源的预测预防、伤亡事故的统计分析和应用计算机进行管理。在进行危险源识别时，可参照该标准的分类和编码。按照该标准，危险源分为四类：人的因素；物的因素；环境因素；管理因素。

（2）危险源识别方法。危险源识别的方法有询问交谈、现场观察、查阅有关记录、获取外部信息、工作任务分析、安全检查表、危险与操作性研究、事故树分析、故障树分析等。这些方法各有特点和局限性，往往采用两种或两种以上的方法识别危险源。以下简单介绍常用的三种方法。

1）专家调查法。专家调查法是通过向有经验的专家咨询，调查、识别、分析和评价危险源的一类方法。其优点是简便、易行，缺点是受专家的知识、经验和占有资料的限制，可能出现遗漏。常用的有头脑风暴法（Brain-storming）和德尔菲（Delphi）法。

2）安全检查表（SCL）法。安全检查表（Safety Check List）是实施安全检查和项目诊断的明细表。安全检查表就是运用已编制好的安全检查表，进行系统的安全检查，识别工程项目存在的危险源。检查表的内容一般包括分类项目、检查内容及要求、检查以后处理意见等。可以用"是""否"做回答或"√""×"符号做标记，同时注明检查日期，并由检查人员和被检单位同时签字。安全检查表法的优点是简单易懂、容易掌握，可以事先组织专家编制检查内容，使安全检查做到系统化、完整化；缺点是只能做出定性评价。

3）LEC 方法。该方法用与系统风险有关的三种因素指标值的乘积来评价操作人员伤亡风险大小，这三种因素分别是：L（Likelihood，事故发生的可能性）、E（Exposure，人员暴露于危险环境中的频繁程度）和 C（Consequence，一旦发生事故可能造成的后果）。给三种因素的不同等级分别确定不同的分值，再以三个分值的乘积 D（Danger，危险性）来评价作业条件危险性的大小。D 数值越大越危险，需要增加安全措施，或改变发生事故的可能性，或减少人体暴露于危险环境中的频繁程度，或减轻事故损失，直至调整到允许范围内。LEC 取值方法如下：

L：安全可以预料 =10；相当可能 =6；可能，但不经常 =3；可能性很小，完全意外 =1；很不可能，可以设想 =0.5；极不可能 =0.2；实际不可能 =0.1。

E：连续暴露 =10；每天工作时间暴露 =6；每周一次暴露 =3；每月一次暴露 =2；每年几次暴露 =1；非常罕见暴露 =0.5。

C：大灾难，很多人死亡 =100；灾难，数人死亡 =40；非常严重，一人死亡 =15；严重、重伤 =7；重大、致残 =3；引人注目，需要救护 =1。

$D = L \times E \times C$。根据经验，总分在 20 以下是低危险的，比日常生活中骑自行车上班还要安全些；分值到达 70～160 就有显著的危险性，需要及时整改；分值为 160～320 是高度危险，必须立即采取措施进行整改；分值达到 320 以上表示非常危险，应立即停止生产直至环境得到改善。表 9-3 为应用 LEC 方法的某工程土石方及基础施工危险源辨识与风险评价表。

表 9-3　某工程土石方及基础施工危险源辨识与风险评价表

作业活动		危险因素	可能导致的事故	LEC 值法				是否重大危险源
				L	E	C	D	
土石方及基础施工	1	基坑深度超过 5m，无专项设计	坍塌	—	—	—	—	是
	2	挖槽、坑、沟深度超过 1.5m 时未按规定放坡或加可靠支撑	坍塌	3	6	7	126	是
	3	开挖深度超过 2m 的沟槽，未按标准设围栏防护和密目安全网封挡	高处坠落	3	6	3	54	否
	4	深坑基础护壁不符合规定	坍塌	—	—	—	—	是
	5	机械设备施工与槽边安全距离不符合规范，又无措施	坍塌	3	6	3	54	否
	6	未设置有效的排水挡水措施，或深基础施工采用坑外降水，无防止邻近建筑物危险沉降的措施	坍塌	3	6	1	18	否
	7	回填土没分层夯实、地基排水措施不完善、没定期沉降观测	外架地基下沉，外架倒塌	0.5	6	40	120	是

3. 危险源的评估

根据对危险源的识别，评估危险源造成风险的可能性和损失大小，可对风险进行分级。《职业健康安全管理体系　实施指南》（GB/T 28002—2011）推荐的简单的风险等级评估见表 9-4，结果分为Ⅰ、Ⅱ、Ⅲ、Ⅳ、Ⅴ五个风险等级。通过评估，可对不同等级的风险采取相应的风险控制措施。风险评价是一个持续不断的过程，应持续评审控制措施的充分性。当条件变化时，应对风险重新评估。

表 9-4　风险等级评估表

后　果 可　能　性	轻度损失 （轻微伤害）	中度损失 （伤害）	重大损失 （严重伤害）
很大	Ⅲ	Ⅳ	Ⅴ
中等	Ⅱ	Ⅲ	Ⅳ
极小	Ⅰ	Ⅱ	Ⅲ

注：Ⅰ—可忽略风险；Ⅱ—可容许风险；Ⅲ—中等风险；Ⅳ—重大风险；Ⅴ—极大风险。

4. 安全风险的控制

（1）安全风险控制策划。安全风险评价后，应分别列出所有识别出的危险源和重大危险源清单，对已经评价出的不容许的和重大风险（重大危险源）进行优先排序，由工程技术主管部门的相关人员进行安全风险控制策划，制定风险控制措施计划或管理方案。对于一般危险源可以通过日常管理程序来实施控制。

（2）安全风险控制措施计划。表 9-5 是针对不同风险水平的风险控制措施计划表。在实际应用中，应该根据风险评价所得出的不同风险源和风险量大小（风险水平），选择不同的控制策略。

表 9-5　基于不同风险水平的风险控制措施计划表

风　险	措　施
可忽略的	不采取措施且不必保留文件记录
可容许的	不需要另外的控制措施，应考虑投资效果更佳的解决方案或不增加额外成本的改进措施，需要监视来确保措施得以维持
中度的	应努力降低风险，但应仔细测定并限定预防成本，并在规定时间期限内实施降低风险的措施。在中度风险与严重伤害后果相关的场合，必须进一步评价，以更准确地确定伤害的可能性，从而确定是否需要改进控制措施
重大的	直至风险降低后才能开始工作。为降低风险，有时必须配给大量的资源。当风险涉及正在进行中的工作时，就应采取应急措施
不容许的	只有当风险已经降低时，才能继续工作。如果无限的资源投入也不能降低风险，就必须禁止工作

安全风险控制措施计划在实施前宜进行评审。评审主要包括以下内容：

1）更改的措施是否使风险降低至可允许水平。

2）是否产生新的危险源。

3）是否已选定了成本效益最佳的解决方案。

4）更改的预防措施是否能得以全面落实。

表 9-6 为某项目起重、安装工程的安全管理措施与实施计划。

表 9-6　起重、安装工程的安全管理措施与实施计划

不可接受风险的危险源	起重、安装伤害		
职业健康安全目标	起重伤害、物体打击、高处坠落事故为零		
项目主管部门	工程科	项目负责人	×××
项目相关部门	项目部、办公室	财务预算	×××

主要技术方案及技术措施：

1. 必须严格遵守起重作业的安全技术操作规程，确保起重安装设备完好

2. 劳动组合合理，工艺流程安全化

3. 起重安装议案经批准方能实施

4. 起重机械操作手必须持证上岗，时刻牢记"十不吊"

5. 制定奖惩制度

6. 现场设置宣传标志、禁止标牌

项目实施计划			
序号	项目内容	进度计划	责任者
1	评审选择经检测合格的起重设备	根据工期要求提前采购准备	技术科、设备科
2	评审合格的施工劳务队伍	根据工程项目的工期要求进场	总承包经营者
3	通报本企业职业健康安全方面的要求	劳务队伍进场后同时进行	项目部、工程科
4	对起重操作人员培训、教育、持证上岗	劳务队伍进场后同时进行	工程科
5	制定并完善质量、进度、安全、奖惩制度	劳务队伍进场后同时进行	项目部、工程科
6	施工现场设置宣传、禁止标牌	劳务队伍进场后同时进行	项目部、工程科
7	严格遵守起重作业安全技术操作规程	起重全过程	起重作业人员
8	确保起重设备完好	起重全过程	设备科及起重作业人员
9	各项进度检查	各项工作必须进行监督检查	相关责任人组织进行

（3）风险控制的方法。具体如下。

1）第一类危险源控制方法。可以采取消除危险源、限制能量和隔离危险物质、个体防护、应急救援等方法。建设工程可能遇到不可顶测的各种自然灾害引发的风险，只能采取预测、预防、应急计划和应急救援等措施，以尽量消除或减少人员伤亡和财产损失。

2）第二类危险源控制方法。提高各类设施的可靠性以消除或减少故障、增加安全系数，设置安全监控系统，改善作业环境等。最重要的是加强员工的安全意识培训和教育，克服不良的操作习惯，严格按章办事，并在生产过程保持良好的生理和心理状态。

9.2.2 施工安全隐患

施工安全隐患，是指在建筑施工过程中，给生产施工人员的生命安全带来威胁的不利因素，一般包括人的不安全行为、物的不安全状态以及管理不当等。

1. 施工安全隐患的处理

（1）施工安全隐患的处理原则。施工安全隐患的处理原则如下：

1）冗余安全度处理原则。为确保安全，在处理安全隐患时应考虑设置多道防线，即使有一两道防线无效，还有冗余的防线可以控制事故隐患。

2）单项隐患综合处理原则。人、机、料、法、环境五者中的任一环节产生安全隐患，都要从五者安全匹配的角度考虑，调整匹配的方法，提高匹配的可靠性。一件单项隐患问题的整改需综合（多角度）处理。人的隐患，既要治理人也要治理机具及生产环境等各环节。例如某工地发生触电事故，一方面要进行人的安全用电操作教育，另一方面现场也要设置剩余电流断路器，对配电箱、用电电路进行防护改造，也要严禁非专业电工乱接乱拉电线。

3）直接隐患与间接隐患并治原则。对人机环境系统进行安全治理，还需治理安全管理措施。

4）预防与减灾并重处理原则。治理安全事故隐患时，需尽可能减少事故发生的可能性，如果不能控制事故的发生，也要设法将事故等级减低。但是不论预防措施如何完善，都不能保证事故绝对不会发生，因此，还必须对事故减灾做充分准备，研究应急技术操作规范。

5）重点处理原则。按对隐患的分析评价结果实行危险点等级治理，也可以用安全检查表对隐患危险程度分级。

6）动态处理原则。动态处理就是对生产过程进行动态随机安全化治理。生产过程中发现问题及时治理，既可以及时消除隐患，又可以避免小的隐患发展成大的隐患。

（2）施工安全隐患的处理方法。在建设工程中，安全隐患的发生可以来自各参与方，包括建设单位、设计单位、监理单位、施工单位自身、供货商、工程监管部门等。各方对于事故安全隐患处理的义务和责任，以及相关的处理程序在《建设工程安全生产管理条例》已有明确的界定。这里仅从施工单位角度谈其对事故安全隐患的处理方法。

1）当场指正，限期纠正，预防隐患发生。对于违章指挥和违章作业行为，检查人员应当场指出，并限期纠正，预防事故发生。

2）做好记录，及时整改，消除安全隐患。对检查中发现的各类安全事故隐患，应做好记录，分析安全隐患产生的原因，制定消除隐患的纠正措施，并报相关方审查批准后进行整改，及时消除隐患。对重大安全事故隐患排除前或者排除过程中无法保证安全的，责令从危险区域内撤出作业人员或者暂时停止施工，待隐患消除再行施工。

3）分析统计，查找原因，制定预防措施。对于反复发生的安全隐患，应通过分析统计，查找原因。属于多个部位存在的同类型隐患，即为"通病"；属于重复出现的隐患，即为"顽症"。查找产生"通病"和"顽症"的原因，修订和完善安全管理措施，制定预防措施，从源头上消除安全事故隐患的发生。

4）跟踪验证。检查单位应对受检单位的纠正和预防措施的实施过程和实施效果进行跟踪验证，并保存验证记录。

2. 施工安全隐患的防范

（1）施工安全隐患防范的主要内容。施工安全隐患防范主要包括基坑支护和降水工程，土方开挖工程，人工挖（扩）孔桩工程，地下暗挖、顶管及水下作业工程，模板工程和支撑体系，起重吊装和安装拆卸工程，脚手架工程，拆除及爆破工程，现浇混凝土工程，钢结构、网架和索膜结构安装工程，预应力工程，建筑幕墙安装工程，以及采用新技术、新工艺、新材料、新设备及尚无相关技术标准的危险性较大的分部分项工程等方面的防范。防范的主要内容包括：掌握各工程的安全技术规范，归纳总结安全隐患的主要表现形式，及时发现可能造成安全事故的迹象，抓住安全控制的要点，制定相应的安全控制措施等。

（2）施工安全隐患防范的一般方法。安全隐患主要包括人、物、管理三个方面。人的不安全因素，主要是指个人在心理、生理和能力等方面的不安全因素，以及人在施工现场的不安全行为；物的不安全状态，主要是指设备设施、现场场地环境等方面的缺陷；管理上的不安全因素，主要是指对物、人、工作的管理不当。根据安全隐患的内容，采用的安全隐患防范的方法一般包括：

1）对施工人员进行安全意识的培训。

2）对施工机具进行有序监管，投入必要的资源进行保养维护。

3）建立施工现场的安全监督检查机制。

9.2.3 施工安全事故应急预案

1. 事故应急预案的概念

事故应急预案是指危险源、环境因素控制措施失效情况下，为预防和减少可能随之引发的伤害和其他影响所采取的补救措施和抢救行为，它是事先制定好的一旦重大生产安全事故发生时进行紧急救援的组织、程序、措施、责任以及组织协调等方面的方案和计划。

施工单位应在制订本单位施工安全计划的同时编写事故应急预案，建立应急救援组织或者配备应急救援人员，配备必要的应急救援器材、设备，并定期组织演练。同时，施工单位应根据建设工程施工的特点、范围，对施工现场易发生重大事故的部位、环节进行监控。实行施工承包的，由总承包单位统一组织编制建设工程生产安全事故应急预案，工程总承包单位和分包单位按照应急救援预案，各自建立应急救援组织或者配备应急救援人员，配备救援器材、设备，并定期组织演练。

2. 事故应急预案体系的构成

事故应急预案应形成体系，针对各级各类可能发生的事故和所有危险源制定专项应急预案和现场应急处置方案，并明确事前、事中、事后的各个过程中相关部门和有关人员的职责。生产规模小、危险因素少的施工单位，综合应急预案和专项应急预案可以合并编写。

（1）综合应急预案。综合应急预案是从总体上阐述事故的应急方针、政策，应急组织结构及相关应急职责，应急行动、措施和保障等基本要求和程序，是应对各类事故的综合性文件。

（2）专项应急预案。专项应急预案是针对具体的事故类别（如基坑开挖、脚手架拆除等事故）、危险源和应急保障而制定的计划或方案，是综合应急预案的组成部分，应按照综合应急预案的程序和要求组织制定，并作为综合应急预案的附件。专项应急预案应制定明确的救援程序和具体的应急救援措施。

（3）现场处置方案。现场处置方案是针对具体的装置、场所或设施、岗位所制定的应急处置措施。现场处置方案应具体、简单、针对性强。现场处置方案应根据风险评估及危险性控制措施逐一编制，做到事故相关人员应知应会，熟练掌握，并通过应急演练，做到迅速反应、正确处置。

3. 事故应急预案编制原则和主要内容

（1）事故应急预案编制原则。事故应急预案编制有以下原则：

1）重点突出、针对性强。应急预案编制应结合本单位安全方面的实际情况，分析可能导致发生事故的原因，有针对性地制定预案。

2）统一指挥、责任明确。预案实施的负责人以及施工单位各有关部门和人员如何分工、配合、协调，应在应急救援预案中加以明确。

3）程序简明、步骤明确。应急预案程序要简明，步骤要明确，具有高度可操作性，保证发生事故时能及时启动、有序实施。

（2）事故应急预案编制的主要内容。事故应急预案编制的主要内容包括以下几方面：

1）应急救援组织机构、职称和人员的安排，应急救援器材、设备的准备和平时的维护保养。

2）在作业场所发生事故时，如何组织抢救、保护事故现场，其中应明确抢救时使用什么器材、设备。

3）建立应急救援报警机制。应急救援报警机制应包括上报报警机制、内部报警机制、外部报警机制，形成自下而上、由内到外的有序网络应急救援报警机制。

4）建立施工现场应急救援的安全通道体系。应急救援预案中，必须依据施工总平面布置、建筑物的施工内容以及施工特点，确定应急救援状态时的安全通道体系。安全通道体系包括垂直、水平、场外连接的通道，并应准备好多通道设计方案，以解决事故现场发生变化带来的问题，确保应急救援安全通道能有效地投入使用。

5）工作场所内全体人员疏散的要求。

6）建立交通管制机制，由事故现场警戒和交通管制两部分构成。事故发生后，对场区周边必须警戒隔离，并应及时通知交警部门，对事故发生地的周边道路实施有效的管制，为救援工作提供畅通的道路。

9.3 建设工程施工职业健康管理

建筑业是职业健康危害极高的行业，建筑业的产品形成过程具有体力劳动强度大、生产露天性以及作业场所条件恶劣等特点，建筑工人健康风险非常显著。工人进行施工作业时，若处于照明不良、换气不充分、高温多湿的环境下，精神和肉体必然会产生疲劳，从而容易产生安全事故。另外使用的机械会产生振动和噪声，原材料会产生粉尘等，长期在这样的环境下工作，作业人员会产生各种职业性疾病，影响身体健康，同时对安全施工带来隐患，也降低了作业人员的工作效率。工程施工职业健康安全管理的目的是通过管理和控制影响施工现场工作人员（包括临时工作人员、合同方人员、访问者和其他人员）健康和安全的条件和因素，保护施工现场员工和其他可能受工程项目影响到的人的健康与安全。表 9-7 为建设工程施工中的有害物质与职业危害工种对照表。

表 9-7　建设工程施工中的有害物质与职业危害工种对照表

有害因素分类	主要危害源	危害的主要工种
粉尘	矽尘	瓦工（瓷砖石材切割）、玻璃打磨等
	水泥尘	混凝土、砂浆搅拌机司机、水泥上料工、搬运工
	金属尘	砂轮磨锯工、钢筋工
	木屑尘	制材工、平刨机工、压刨机工、平光机工
苯、甲苯、二乙苯	有毒气体	喷漆工、油漆工、环氧树脂涂刷工、防水工、焊接工
高分子化合物	聚氯乙烯	粘接塑料、焊接、空调工
物理因素	振动	风镐工、振动泵操作工、圆盘锯操作工、压刨机操作工
	噪声	打桩机操作工、木工车间机械操作工、振动泵操作工、混凝土泵司机、瓦工（瓷砖石材切割）、喷浆机械司机等接触噪声的一切工种
高温	中暑	所有高温季节在室外作业的工种
氨		制冷安装工
辐射	非电离辐射	电焊工、气焊工、不锈钢焊接工、电焊配合工
	电离辐射	氩弧焊工

健康管理通过检查每个作业人员的健康状态，发现健康方面存在的问题，采取适当的措施，在日常作业和生活方面给予指导和劝告，确保作业人员健康。健康管理是从医学的角度保障人的身体健康，如定期进行身体健康检查，发现潜在病症；在工地上设立体重、血压、视力检测装置甚至保健医生，随时检测作业人员身体状况；每天做早操（或午间操），保健强身。另外还要关心作业人员的个人生活，帮助他们解决一些生活上的问题，解除后顾之忧，使操作人员身心处于愉快正常状态。

9.3.1　职业健康事故的分类

职业健康事故分为职业伤害事故与职业病两类。

1. 职业伤害事故

（1）按照事故伤害程度分类。根据现行的《企业职工伤亡事故分类》规定，安全事故按伤害程度分为轻伤、重伤和死亡。

1）轻伤，指损失 1 个工作日至 105 个工作日的失能伤害。

2）重伤，指损失工作日等于和超过 105 个工作日的失能伤害，重伤的损失工作日最多不超过 6000 工日。

3）死亡，指损失工作日超过 6000 工日，这是根据我国职工的平均退休年龄和平均寿命计算出来的。

（2）按照事故类别分类。根据现行国家标准《企业职工伤亡事故分类》，事故类别可划分为20类，即物体打击、车辆伤害、机械伤害、起重伤害、触电、淹溺、灼烫、火灾、高处坠落、坍塌、冒顶片帮、透水、放炮、瓦斯爆炸、火药爆炸、锅炉爆炸、容器爆炸、其他爆炸、中毒和窒息、其他伤害。

（3）按照事故受伤性质分类。受伤性质是指人体受伤的类型，实质上是从医学的角度给予创伤的具体名称，常见的有：电伤、挫伤、割伤、擦伤、刺伤、撕脱伤、扭伤、倒塌压埋伤、冲击伤等。

2. 职业病

常见的职业病有：①尘肺；②职业性放射性病；③职业中毒；④物理因素所致职业病；⑤生物因素所致职业病；⑥职业性皮肤病；⑦职业性眼病；⑧职业性耳鼻喉口腔疾病；⑨职业性肿瘤；⑩其他职业病。

表9-8为施工作业活动的危害要素与职业病的对应关系。

表 9-8　施工作业活动的危害要素与职业病

序号	作业活动	危害因素	可能导致的伤害	控制措施
1		搅拌机拌筒进出料口无胶皮护罩	尘肺	
2		搅拌机拌筒上方未安装吸尘罩	尘肺	
3		搅拌机地面料斗侧向未安装吸尘罩	尘肺	
4		旋风滤尘器出气口没有水幕隔尘措施	尘肺	
5		加工机械尘源上方或侧向未安装吸尘罩	尘肺	
6		刷油漆未戴手套和口罩	铅中毒	
7		熔铅时未戴口罩和手套	铅中毒	
8		集中焊接场所无排风系统	锰中毒	
9		容器、地沟、地下室焊接作业无排风系统或未戴送风口罩	锰中毒	
10	与职业病有关的作业活动	通风不良的地下室、防水池内涂刷油漆	苯中毒	
11		涂刷沥青漆未戴防护口罩	苯中毒	
12		振源与需防振设备之间未安装隔振装置	振动病	
13		手持振动工具工人操作时未戴专用防振手套	振动病	
14		砂轮切割未戴绝缘手套和防灰尘口罩	触电、尘肺	
15		配合电焊作业辅助人员未佩戴有色护眼镜	电光性眼炎	
16		在噪声环境下作业人员未佩戴耳塞	噪声聋	
17		在有害作业场所吸烟、吃食物	中毒	
18		消防设施缺少	火灾	
19		安全消防通道堵塞	中毒或灼烫	
20		安全出口堵塞或封闭	烧伤	
21		室内登高擦窗户	坠落	
22		照明不足	视力下降	
23		伏案工作时间太长	颈肩痛	
24		用电线路老化	火灾	

（续）

序号	作业活动	危害因素	可能导致的伤害	控制措施
25	与职业病有关的作业活动	操作计算机时间过长	电磁辐射	
26		在办公室吸烟	肺病	
27		上下楼梯不小心	摔伤	
28		登高擦电扇	坠落、触电	
29		倒开水不小心	烫伤	
30		用裁纸刀	伤手	
31		用取暖器取暖	触电、火灾	
32		用电玻璃板取暖	触电、火灾	
33	劳动保护、女工保护	劳动保护用品未发放到位	身体伤害	
34		劳动保护用品未穿戴	身体伤害	
35		夏季无防暑降温措施	中暑	《中华人民共和国劳动法》
36		冬季无防寒措施	身体伤害	
37		雨季无防雨措施	身体伤害	

9.3.2　职业健康事故的处理

1. 工伤认定

（1）在工作时间和工作场所内，因工作原因受到事故伤害的。

（2）工作时间前后在工作场所内，从事与工作有关的预备性或者收尾性工作受到事故伤害的。

（3）在工作时间和工作场所内，因履行工作职责受暴力等意外伤害的。

（4）患职业病的。

（5）因工外出期间，由于工作原因受到伤害或者发生事故下落不明的。

（6）在上下班途中，受到机动车事故伤害的。

（7）法律、行政法规规定应当认定为工伤的其他情形。

职工有下列情形之一的，视同工伤：

1）在工作时间和工作岗位，突发疾病死亡或者在48h之内抢救无效死亡的。

2）在抢险救灾等维护国家利益、公共利益活动中受到伤害的。

3）职工原在军队服役，因战、因公负伤致残，已取得革命伤残军人证，到用人单位后旧伤复发的。

职工有以下情形之一的，不得认定为工伤或者视同工伤：因犯罪或者违反治安管理条例伤亡的；醉酒导致伤亡的；自残或者自杀的。

2. 职业病的处理

（1）职业病报告。职业病报告实行以地方为主，逐级上报的办法。地方各级卫生行政部门指定相应的职业病防治机构或者卫生防疫机构负责职业病统计和报告工作。一切企业、事业单位发生的职业病，都应按规定要求向当地卫生监督机构报告，由卫生监督机构统一汇总上报。

（2）职业病的处理程序。具体如下。

1）职工被确诊患有职业病后，其所在的单位应根据职业病诊断机构的意见，安排其医疗或疗养。

2）在医治或者疗养后被确认不宜继续从事原有害作业或工作的，应自确认之日起的两个月内将其调离原工作岗位，另行安排工作；对于因工作需要暂不能调离的生产、工作的技术骨干，调离期限最长不得超过半年。

3）患有职业病的职工变动工作单位时，其职业病待遇应由原单位负责或两个单位协调处理，双方商妥后方可办理调转手续，并将其健康档案、职业病诊断证明及职业病处理情况等材料全部移交新单位。

4）职工到新单位后，新发生的职业病不论与现工作有无关系，其职业病待遇由新单位负责。劳动合同制工人、临时工终止或解除劳动合同后，在待业期间新发现的职业病，与上一个劳动合同期间工作有关时，其职业病待遇由原终止或解除劳动合同的单位负责。如原单位已与其他单位合并，由合并后的单位负责；如原单位已撤销，应由原单位的上级主管机关负责。

9.4 建设工程施工环境管理和现场文明施工

9.4.1 施工环境管理

工程项目建设对所在地区的周边环境影响是巨大的。有些是可见的直接影响，比如采伐森林、废料污染和噪声等；有些是在建设过程中产生的间接影响，例如自然资源的消耗。工程建设的环境影响不会随着工程项目建造的结束而结束，建成的项目使用过程中会对其周围环境造成持续性影响。因此，工程项目的环境保护应是伴随整个建设工程的全寿命期。

1. 施工现场环境保护的要求

（1）工程的施工组织设计中应有防治扬尘、噪声、固体废物和废水等污染环境的有效措施，并在施工作业中认真组织实施。

（2）施工现场应建立环境保护管理体系，层层落实，责任到人，并保证有效运行。

（3）对施工现场防治扬尘、噪声、水污染及环境保护管理工作进行检查。

（4）定期对职工进行环保法规知识的培训考核。

2. 建设工程施工阶段环境管理内容

施工对环境影响的类型见表9-9。

表9-9 施工对环境影响的类型表

序号	环境因素	产生的地点、工序和部位	环境影响
1	噪声	施工机械、运输设备、电动工具	影响人体健康、居民休息
2	粉尘的排放	施工场地平整、土堆、砂堆、石灰、现场路面、进出车辆车轮带泥砂、水泥搬运、混凝土搅拌、木工房锯木、喷砂、除锈、衬里	污染大气、影响居民身体健康

（续）

序号	环境因素	产生的地点、工序和部位	环境影响
3	运输的遗撒	现场渣土、商品混凝土、生活垃圾、原材料运输当中	污染路面和影响人员健康
4	化学危险品、油品泄漏或挥发	实验室、油漆库、油库、化学材料库及其作业面	污染土地和影响人员健康
5	有毒有害废弃物排放	施工现场、办公区、生活区废弃物	污染土体、水体、大气
6	生产、生活污水的排放	现场搅拌站、厕所、现场洗车处、生活服务设施、食堂等	污染水体
7	生产用水、用电的消耗	现场、办公室、生活区	资源浪费
8	办公用纸的消耗	办公室、现场	资源浪费
9	光污染	现场焊接、切割作业、夜间照明	影响居民生活、休息和邻近人员健康
10	离子辐射	放射源储存、运输、使用中	严重危害居民、人员健康
11	混凝土防冻剂的排放	混凝土使用	影响健康

施工单位应当遵守国家有关环境保护的法律规定，对施工造成的环境影响采取针对性措施，有效控制施工现场的各种粉尘、废气、废水、固体废弃物以及噪声、振动对环境的污染和危害。施工现场环境保护的措施主要分组织措施和技术措施两方面。

（1）环境保护的组织措施。施工现场环境保护的组织措施是施工组织设计或环境管理专项方案中的重要组成部分，是具体组织与指导环保施工的文件，旨在从组织和管理上采取措施，消除或减轻施工过程中的环境污染与危害。主要的组织措施包括：

1）建立施工现场环境管理体系，落实项目经理责任制。项目经理全面负责施工过程中的现场环境保护的管理工作，并根据工程规模、技术复杂程度和施工现场的具体情况，建立施工现场管理责任制并组织实施，将环境管理系统化、科学化、规范化，做到责权分明，管理有序，防止互相扯皮，提高管理水平和效率。施工现场环境管理体系主要包括环境岗位责任制、环境检查制度、环境保护教育制度以及环境保护奖惩制度。

2）加强施工现场环境的综合管理。加强全体职工自觉保护环境意识，做好思想教育、纪律教育以及社会公德、职业道德与法制观念相结合的宣传教育。

（2）环境保护的技术措施。施工单位应当采取下列防止环境污染的技术措施：

1）妥善处理泥浆水，其未经处理不得直接排入城市排水设施和河流。

2）除设有符合规定的装置外，不得在施工现场熔融沥青或者焚烧油毡、油漆以及其他会产生有毒有害烟尘和恶臭气体的物质。

3）使用密封式的圈筒或者采取其他措施处理高空废弃物。

4）采取有效措施控制施工过程中的扬尘。

5）禁止将有毒有害废弃物用作土方回填。

6）对产生噪声、振动的施工机械，应采取有效控制措施，减轻噪声扰民。

建设工程施工由于受技术、经济条件限制，对环境的污染不能控制在规定范围内的，建设单位应当会同施工单位事先报请当地人民政府建设行政主管部门和环境保护行政主管部门批准。

3. 施工现场环境污染的处理

（1）大气污染的处理。大气污染应按下列方式处理：

1）施工现场外围围挡不得低于1.8m，以避免或减少污染物向外扩散。

2）施工现场垃圾杂物要及时清理。清理多、高层建筑物的施工垃圾时，采用定制带盖铁桶吊运或利用永久性垃圾道，严禁凌空随意抛撒。

3）施工现场堆土，应合理选定位置进行存放堆土，并洒水覆膜封闭或表面临时固化或植草，防止扬尘污染。

4）施工现场道路应硬化。采用焦渣、级配砂石、混凝土等作为道路面层，有条件的可利用永久性道路，并指定专人定时洒水和清扫养护，防止道路扬尘。

5）易飞扬材料入库密闭存放或覆盖存放。如水泥、白灰、珍珠岩粉等易飞扬的细颗粒散体材料，应入库存放。若室外临时露天存放，必须下垫上盖，严密遮盖防止扬尘。运输水泥、白灰、珍珠岩粉等易飞扬的细颗粒粉状材料时，要采取遮盖措施，防止沿途遗撒、扬尘。卸货时，应采取措施，以减少扬尘。

6）施工现场易扬尘处使用密目式安全网封闭，使一网两用，并定人定时清洗粉尘，防止施工过程扬尘或二次污染。

7）在大门口铺设一定距离的石子（定期过筛洗选）路自动清理车轮或做一段混凝土路面和水沟用水冲洗车轮车身，或人工清扫车轮车身。装车时不应装得过满，行车时不应猛拐，不急刹车。卸货后清扫干净车厢，注意关好车厢门。场区内外定人定时清扫，做到车辆不外带泥沙、不撒污染物、不扬尘，消除或减轻对周围环境的污染。

8）禁止施工现场焚烧有毒、有害烟尘和恶臭气体物质。如沥青、包装箱袋和建筑垃圾等。

9）尾气排放超标的车辆，应安装净化、消声器，防止噪声和冒黑烟。

10）施工现场炉灶（如茶炉、锅炉等）采用消烟除尘型，烟尘排放控制在允许范围内。

11）拆除旧有建筑物时，应适当洒水，并且在旧有建筑物周围采用密目式安全网和草帘搭设屏障，防止扬尘。

12）在施工现场建立集中搅拌站，由先进设备控制混凝土原材料的取料、称料、进料、混合料搅拌、混凝土出料等全过程，在进料仓上方安装除尘器，可使粉尘降低98%以上。

13）在城区、郊区等城镇和居民稠密区、风景旅游区、疗养区以及国家规定的文物保护区内施工的工程，严禁使用敞口锅熬制沥青。当进行沥青防水作业时，要使用密闭和带有烟尘处理装置的加热设备。

（2）水污染的处理。水污染应按下列方式处理：

1）施工现场搅拌站的污水、水磨石的污水等须经排水沟排放和沉淀池沉淀后再排入城市污水管道或河流，污水未经处理不得直接排入城市污水管道或河流。

2）禁止将有毒有害废弃物用作土方回填，避免污染水源。

3）施工现场存放油料、化学溶剂等应设有专门的库房，且必须对库房地面和高250mm墙面进行防渗处理，如采用防渗混凝土或刷防渗漏涂料等。领料使用时，要采取措施，防止油料跑、冒、滴、漏而污染水体。

4）对于现场气焊用的乙炔发生罐产生的污水严禁随地倾倒，要求专用容器集中存放，并倒入沉淀池处理，以免污染环境。

5）施工现场100人以上的临时食堂，污水排放时可设置简易有效的隔油池，定期掏油、清理杂物，防止污染水体。

6）施工现场临时厕所的化粪池应采取防渗漏措施，防止污染水体。

7）施工现场化学药品、外加剂等要妥善入库保存，防止污染水体。

（3）噪声污染的处理。噪声污染应按下列方式处理：

1）合理布局施工场地，优化作业方案和运输方案，尽量降低施工现场附近敏感点的噪声强度，避免噪声扰民。

2）在人口密集区进行较强噪声施工时，须严格控制作业时间，一般避开晚10时到次日早6时作业；对环境的污染不能控制在规定范围内的，必须昼夜连续施工时，要尽量采取措施降低噪声。

3）夜间运输材料的车辆进入施工现场，严禁鸣笛和乱轰油门，装卸材料要做到轻拿轻放。

4）进入施工现场不得高声喊叫和乱吹哨、不得无故敲打模板、钢筋铁件和工具设备等，严禁使用高音扬声器（喇叭）、让机械设备空转和不应当的碰撞其他物件（如混凝土振捣器碰撞钢筋或模板等），减少噪声扰民。

5）加强各种机械设备的维修保养，缩短维修保养周期，尽可能降低机械设备噪声的排放。

6）对于施工现场超噪声值的声源，采取如下措施降低噪声或转移声源。

① 尽量选用低噪声设备和工艺来代替高噪声设备和工艺（如用电动空压机代替柴油空压机，用静压桩施工方法代替锤击桩施工方法等），降低噪声。

② 在声源处安装消声器消声，即在鼓风机、内燃机、压缩机等各类排气装置进出风管的适当位置设置消声器（如阻性消声器、抗性消声器、阻抗复合消声器、穿微孔板消声器等），降低噪声。

③ 加工成品、半成品的作业（如预制混凝土构件、制作门窗等）尽量放在工厂车间进行，以转移声源来消除噪声。

7）在施工现场噪声的传播途径上，采取吸声、隔声等声学处理的方法来降低噪声。

8）建筑施工过程中场界环境噪声不得超过《建筑施工场界环境噪声排放标准》（GB 12523—2011）规定的排放限值（昼间70dB，夜间55dB）。夜间噪声最大声级超过限值的幅度不得高于15dB（A）。

（4）固体废弃物污染的处理。固体废弃物应按下列方式处理：

1）施工现场设立专门的固体废弃物临时储存场所，用砖砌成池，废弃物应分类存放。对有可能造成二次污染的废弃物必须单独储存，设置安全防范措施且有醒目标识。对储存物应及时收集并处理，可回收的废弃物做到回收再利用。

2）固体废弃物的运输应分类、密封、覆盖，避免泄漏、遗漏，并送到政府批准的单位或场所进行处理。

3）施工现场应使用环保型的建筑材料、工器具、临时设施、灭火器等，各种物品的包装箱袋等也要求是环保材质，以减少固体废弃物污染。

4）提高工程施工质量，减少或杜绝工程返工，避免产生固体废弃物污染。

5）施工中及时回收使用落地灰和其他施工材料，做到工完料尽，减少固体废弃物污染。

（5）光污染的处理。光污染应按下列方式处理：

1）对施工现场照明器具的种类、灯光亮度加以控制，不对着居民区照射，并利用隔离屏障（如灯罩、搭设排架密挂草帘或篷布等）。

2）电气焊作业应尽量远离居民区或在工作面设蔽光屏障。

9.4.2 施工现场文明施工的要求及管理

文明施工是指保持施工现场良好的作业环境、卫生环境和工作秩序。文明施工主要包括：规范施工现场的场容，保持作业环境的整洁卫生；科学组织施工，使生产有序进行；减少施工对周围居民和环境的影响；遵守施工现场文明施工的规定和要求，保证职工的安全和身体健康等。

1. 施工现场文明施工的要求

1）有整套的施工组织设计或施工方案，施工总平面布置紧凑、施工场地规划合理，符合环保、市容、卫生的要求。

2）有健全的施工组织管理机构和指挥系统，岗位分工明确；工序交叉合理，交接责任明确。

3）有严格的成品保护措施和制度，大小临时设施和各种材料、构件、半成品按平面布置堆放整齐。

4）施工场地平整，道路畅通，排水设施得当，水电线路整齐，机具设备状况良好，使用合理。施工作业符合消防和安全要求。

5）搞好环境卫生管理，包括施工区、生活区环境卫生管理和食堂卫生管理。

6）文明施工应贯穿施工结束后的清场。

2. 施工现场文明施工的措施

（1）文明施工的组织措施。文明施工的组织措施包括以下两方面：

1）建立文明施工的管理组织。应确立项目经理为现场文明施工的第一责任人，以各专业工程师和施工质量、安全、材料、保卫、后勤等现场项目部人员为成员的施工现场文明管理组织，共同负责本工程现场文明施工工作。

2）健全文明施工的管理制度。文明施工的管理制度包括：建立各级文明施工岗位责任制，将文明施工工作考核列入经济责任制；建立定期的检查制度，实行自检、互检、交接检制度；建立奖惩制度，开展文明施工立功竞赛，加强文明施工教育培训等。

（2）文明施工的管理措施。文明施工的管理措施包括以下几方面：

1）现场围挡设计。围挡封闭是创建文明工地的重要组成部分。工地四周应设置连续、密闭的砖砌围墙，与外界隔绝进行封闭施工。围墙高度按不同地段的要求进行砌筑：市区主要路段和其他涉及市容景观路段的工地设置围挡的高度不低于 2.5m，其他工地的围挡高度不低于 1.8m。围挡材料要求坚固、稳定、统一、整洁、美观。结构外墙脚手架设置安全网，防止杂物、灰尘外散，也防止人与物的坠落。安全网使用不得超出其合理使用期限，重复使用的应进行检验，检验不合格的不得使用。

2）现场工程标志牌设计。按照文明工地标准，严格按照相关文件规定的尺寸和规格制作各类工程标志牌。现场的"五牌一图"，即指工程概况牌、管理人员名单及监督电话牌、消防保卫（防火责任）牌、安全生产牌、文明施工牌和施工现场平面图。

3）临设布置。现场生产临设及施工便道总体布置时，必须同时考虑工地范围内的永久道路，避免冲突，影响管线的施工。临时建筑物、构筑物要求稳固、安全、整洁，满足消防要求。集体宿舍与作业区隔离，人均床铺面积不小于 $2m^2$，适当分隔，要求防潮、通风，采光性能良好。按规定架设用电线路，严禁任意拉线接电，严禁使用电炉和明火烧煮食物。对于重要材料设备，要搭设相应的适用存储保护的场所或临时设施。

4）成品、半成品、原材料堆放。仓库做到账务相符。进出仓库有手续，凭单收发，堆放整齐。保持仓库整洁，专人负责管理。严格按施工组织设计中的平面布置图划定的位置堆放成品、半成品和原材料，所有材料应堆放整齐。

5）现场场地和道路。场内道路要平整、坚实、畅通。主要场地应硬化，并设置相应的安全防护设施和安全标志。施工现场内有完善的排水设施，不允许有积水存在。

6）现场卫生管理。现场卫生管理要做到以下几方面：

① 明确施工现场各区域的卫生责任人。

② 食堂必须有卫生许可证，并应符合卫生标准，生、熟食操作应分开，熟食操作时应有防蝇间或防蝇罩。禁止使用塑料制品作熟食容器，炊事员和茶水工需持有效的健康证明和上岗证。

③ 施工现场应设置卫生间，并有水源供冲洗，同时设简易化粪池或集粪池，加盖并定期喷药，每日有专人负责清洁。

④ 设置足够的垃圾池和垃圾桶，定期搞好环境卫生，清理垃圾，施药除"四害"。

⑤ 建筑垃圾必须集中堆放并及时清运。

⑥ 施工现场按标准制作有顶盖茶棚，茶桶必须上锁，茶水和消毒水有专人定时更换，并保证供水。

⑦ 夏季施工备有防暑降温措施。

⑧ 配备保健药箱，购置必要的急救、保健药品。

7）文明施工教育。文明施工教育要做到以下几方面：

① 做好文明施工教育，管理者首先应为建设者营造一个良好的施工、生活环境，保障施工人员的身心健康。

② 开展文明施工教育，教育施工人员应遵守和维护国家的法律法规，防止和杜绝盗窃、斗殴及黄、赌、毒等非法活动的发生。

③ 现场施工人员均佩戴胸卡，按工种统一编号管理。

④ 进行多种形式的文明施工教育，如例会、报栏、录像及辅导，参观学习。

⑤ 强调全员管理的概念，提高现场人员的文明施工的意识。

施工现场文明施工照片如图 9-2 所示。

图 9-2 施工现场文明施工照片

a）施工现场安全质量宣讲台 b）施工建筑物的出入口 c）现场出入口冲洗车轮的洗车池

d）干净整洁的板棚工人宿舍

复习思考题

1. 建设工程施工安全的概念是什么？主要有哪些伤亡事故？

2. 建设工程施工的安全管理主要从哪几个方面开展？

3. 保证建设工程施工安全最重要环节是什么？

4. 如何做好危险源评估？

5. 职业健康安全管理体系的要素有哪些？它们的关系是什么？

6. 安全事故应急预案的主要内容是什么？

7. 试述事故处理的原则和程序。

8. 建设工程施工的主要污染是什么？环境保护主要措施有哪些？

9. 文明施工的主要措施有哪些？

10. 如何理解安全教育、安全检查在建设工程施工安全控制中的作用？

第 **10** 章

建设工程施工资源管理

10.1 | 建设工程技术管理

10.1.1 施工项目技术管理概述

1. 施工项目技术管理的概念

施工项目技术管理，是指对施工技术构成要素和活动，进行决策、计划、组织、指挥、控制、协调、教育和激励的总称。其中施工技术构成要素是指各项技术活动赖以进行的技术标准与规程、技术信息、技术装备、技术人才及技术责任等；技术活动是指包括熟悉与会审施工图、编制施工组织设计、施工过程中的质量检验，直至建筑工程竣工验收的工程建筑全过程的各项技术工作。

2. 施工项目技术管理工作内容

施工项目技术管理工作内容，如图10-1所示。

10.1.2 施工项目技术管理基础工作

1. 建立技术责任制度

建立技术责任制，首先要建立以项目技术负责人的技术业务统一领导和分级管理的技术管理工作系统，并配备相应的职能人员，然后按技术职责和业务范围建立

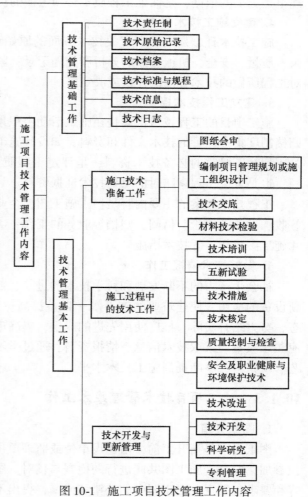

图 10-1　施工项目技术管理工作内容

各级技术人员的责任制。技术责任制可以使各级技术人员有一定的责任和权限，充分调动他们的积极性和创造性，既能完成各自负担的技术任务，又能把施工企业的技术管理工作和其他各项管理工作有机地结合起来。

2. 建立健全的技术原始记录

原始记录是提供工程形成过程实际状况的真实凭据。包括：建筑材料、构配件、工程用品及施工质量检验、试验、测定记录；图纸会审记录和设计交底记录；设计变更、技术核定记录；工程质量及安全事故分析和处理记录；施工日志等。

3. 贯彻技术标准和技术规程

技术标准分为国家标准（GB）、行业标准、地方标准和企业标准。企业自定标准必须高于前两种标准，只有这样才能提高企业竞争能力。但在具体的工程项目中，又必须依据承包合同的规定采用相应的技术标准，否则将使施工无法有序进行。技术规程是为了贯彻技术标准，对施工作业方法、作业程序、技术要领和施工安全等方面做出具体技术规定。

项目经理部在施工生产活动中，要严格遵守、贯彻国家和上级颁布的技术标准和技术规程，以及各种建筑材料、半成品、成品的技术标准及相应的检验标准等，这些国家的标准、规范是施工的依据，是保证工程质量必须遵循的法规。

4. 建立施工技术日志

施工技术日志是施工中有关技术方面的原始记录。内容有：设计变更或施工图修改记录；质量、安全、机械事故的分析和处理记录；紧急情况下采取的特殊措施；有关领导部门对工程所做的技术方面的建议或决定等。

5. 建立工程技术档案

施工项目的工程技术档案是在施工活动中积累形成的、具有保存价值并按照一定的立卷归档制度集中保管的技术文件和资料，如设计施工图、照片、报表、文件等。工程技术档案是工程交工验收的必备技术资料，是评定工程质量、交工后对工程进行维护的技术依据之一，也是发生工程索赔时的重要技术证据资料。

工程技术档案的主要内容是：①施工图，企业应授权技术负责人指导专人进行施工图的签收、发放，保管、借阅，归档等业务的工作；②施工组织设计文件；③施工方案或大纲；④施工图放样；⑤技术措施。

6. 做好技术情报工作

社会生产力的不断发展和科学技术的进步，施工技术革新及新工艺法的开发，新材料、新设备的应用，使建筑业的施工水平日益提高。建筑企业必须重视建筑技术发展的最新动态，努力结合实际，推广使用先进的成果，提高市场竞争力。因此项目经理部在施工活动中应注意收集、索取技术信息、情报资料，通过学习、交流，采用先进技术、设备，采用新工艺、新材料，不断提高施工技术水平。

10.1.3 施工项目技术管理基本工作

1. 图纸会审

图纸会审是指开工前，由建设单位或监理单位组织，由设计单位进行设计交底，施工单位参加，对全套施工图共同进行的检查与核对。图纸会审的目的在于熟悉和掌握施工图的内容和要求，发现并更正图中的差错和遗漏，提出不便于施工的技术内容，解决各专业之间的矛盾和协作问题。

（1）施工图学习与自审。施工项目经理部在收到施工图及有关技术文件后，应立即组织有关人员学习研究施工图。在学习、熟悉施工图基础上，进行自审。自审的重点主要包括：

1）了解和研究施工图与说明在内容上是否一致，施工图是否齐全，规定是否明确，以及设计图各组成部分之间有无矛盾和错误。

2）审查建筑图与其结构图在几何尺寸、标高、坐标、位置、说明等方面是否一致，有无错误，平面图、立面图、剖面图之间关系是否有矛盾或标注有否遗漏。

3）审查土建与水、暖、电以及设备之间如何交叉衔接，尺寸是否一致。

4）审查所采用的标准图编号、型号与设计图有无矛盾。

5）审查结构图中是否有钢筋明细表，若无钢筋明细表，关于钢筋构造方面的要求在图中是否说明清楚。

6）审查设计图中的工程复杂、施工难度大和技术要求高的分部分项工程或新结构、新材料、新工艺，明确现有施工技术水平和管理水平能否满足工期和质量要求等。

（2）图纸会审的内容。图纸会审的内容包括：

1）设计图必须有设计单位的正式签署，凡是无证设计或越级设计，以及非设计单位正式签署的设计图不得施工。

2）设计是否符合国家的有关技术政策、经济政策和相关规定。

3）设计计算的假设条件和采用的处理方法是否符合实际情况，施工时有无足够的稳定性，对安全施工有无影响。

4）地质勘探资料是否安全，设计的地震烈度是否符合要求。

5）建筑、结构、水、暖、电、卫与设备安装各专业工程之间有无重大矛盾。

6）设计图及说明是否安全、清楚、明确，有无矛盾。

7）图上的尺寸、标高、轴线、坐标及各种管线、道路、立体交叉、连接有无矛盾等。

8）防火要求是否满足。

9）实现新技术项目、特殊工程、复杂设备的技术可能性和必要性如何，是否有必要的措施。

2. 技术交底

技术交底是在正式施工之前，对参与施工的有关管理人员、技术人员和工人交代工程情况和技术要求，避免发生指导和操作的错误，以便科学地组织施工，并按合理的工序、工艺流程进行作业。

（1）技术交底的内容。技术交底的内容包括：

1）图纸交底。目的是使施工人员了解施工工程的设计特点、构造要求、抗震处理要求、施工时应注意的事项等，以便掌握设计关键，结合本企业的施工力量、技术水平、施工设备等，合理组织按图施工。

2）施工组织设计交底。将施工组织设计的全部内容向参与施工的有关人员交代，以便掌握工程特点、施工部署、任务划分、施工方法、施工进度、各项管理措施、平面布置等，用先进的技术手段和科学的组织手段完成施工任务。

3）设计变更和洽商交底。将设计变更的结果向参与施工的人员做统一说明，便于统一口径，避免差错。

4）分项工程技术交底。分项工程技术交底主要包括施工工艺、技术安全措施、规范要求、操作规程和质量标准要求等。

对于重点工程、工程重要部位、特殊工程、推广与应用新技术、新工艺、新材料、新结构的工程，在技术交底时更需要做全面、明确、具体、详细的技术交底。

（2）技术交底的表现形式。技术交底应根据工程施工技术的复杂程度，采取不同的形式。一般采用文字、图表形式交底，或采用示范操作和样板的形式交底。随着虚拟建造技术在施工管理中的应用，对于复杂的项目，还可以将虚拟建造技术用于技术交底。不过，书面交底仅仅是一种形式，技术管理的大量工作是检查、督促。在施工过程，反复检查技术交底的落实情况，加强施工监督，对中间验收要严格，从而保证施工质量。

混凝土工程技术交底记录见表10-1。

表10-1　混凝土工程技术交底记录

单位工程名称：　　　　　　　　　　　　　　　　交底日期：

施工部位及结构名称：　　　　　　　　　　　　　工程数量：

1. 混凝土配合比

混凝土强度等级	水泥：水：砂：石子	水泥用量/kg	水 泥 品 种	坍 落 度

2. 浇筑方法：

浇筑顺序	
分层厚度	
施工缝位置	
劳动力组织	
预计浇筑时间	
注意事项	

交底人：　　　　　　　　　　　　　　　　被交底人：

3. 设计变更与洽商记录

（1）设计变更。在工程施工过程，设计变更是经常发生的，原因有多方面，施工单位应该配合甲方按照程序做好设计变更工作。所有设计变更均须由设计单位或设计单位代表签字（或盖章），通过建设单位提交给施工单位。施工单位直接接受设计变更是不适合的。具体的变更做法是：

1）对于变更较少的设计，设计单位可以通过变更通知单，由施工单位自行修改，在修改的地方加盖图章，注明设计变更编号。若变更较大，则需设计单位附加变更图，或由设计单位另出设计图。

2）设计变更若与以前洽商记录有关，要进行对照，看是否存在矛盾或不符之处。

3）若施工中的设计变更对施工产生直接影响，如施工方案、施工机具、施工工期、进度安排、施工材料，或提高建筑标准，增加建筑面积等，涉及工程造价与施工预算，应及时与建设单位联系，根据承包合同和国家有关规定，商讨解决办法。

4）若设计变更与分包单位有关，应及时将设计变更有关文件交给分包施工单位。

5）设计变更的有关内容应在施工日志上记录清楚，设计变更的文本应登记、复印后存入技术档案。

（2）洽商记录。在施工中，建设、施工、设计三方应经常举行会晤，解决施工中出现的各种问题。会晤洽谈的内容应以洽商记录方式记录下来。

1）洽商记录应填写工程名称、洽商日期和地点、参加人数、各方参加者姓名。

2）在洽商记录中，应详细记述洽谈协商的内容及达成的协议或结论。

3）若洽商与分包商有关，应及时通知分包商参加会议，并参加洽商会签。

4）涉及其他专业时，应请有关专业技术人员会签，并发给该专业技术人员洽商单，注意不同专业之间的影响。

5）原洽商条文在施工中因情况变化需再次修改时，必须另行办理洽商变更手续。

6）洽商中凡涉及增加施工费用，应追加预算的内容，建设单位应给予承认。

7）洽商记录均应由施工现场技术人员负责保管，作为竣工验收的技术档案资料。

4. 隐蔽工程的检查与验收

隐蔽工程检查与验收，是指本工序操作完成以后将被下道工序掩埋、包裹而无法再检查的工程项目，在隐蔽之前所进行的检查与验收。它是建设工程施工中必不可少的重要过程，是对施工人员是否认真执行施工验收规范和工艺标准的具体鉴定，是衡量施工质量的重要尺度，也是工程技术资料的重要组成部分，又是工程交工使用后工程检修、改建的依据。

（1）隐蔽工程检查与验收的项目。隐蔽工程检查与验收的项目包括土建工程、给水排水与暖通工程、电气工程中各种项目的隐蔽工程，例如地槽，基础，钢筋工程，防水工程，暗敷管道工程，消防系统中消火栓、水泵接合器等设备的安装与试用情况，锅炉工程、电气工程暗配线等。

（2）隐蔽工程检查验收记录。隐蔽工程检查记录由施工技术员或单位工程技术负责人填写，必须严肃认真、正规全面，不得漏项、缺项。经检查合格的工程，应及时办理验收记录和签字。隐蔽工程检查验收记录内容如下：

1）单位工程名称及编号，检验日期。

2）施工单位名称。

3）验收项目的名称，在建筑物中的部位，对应图纸的编号。

4）隐蔽工程检查验收的内容、说明或附图。

5）材料、构件及施工试验的报告编号。

6）检查验收意见。

7）各方代表及负责人签字，包括建设单位、施工单位以及质量监督管理和设计部门等。

5. 技术复核及技术核定

（1）技术复核。技术复核是指在施工过程中，对重要的和涉及工程全局的技术工作，依据设计文件和有关技术标准进行的复查和核验。其目的是为了避免发生影响工程质量和使用的重大差错，以维护正常的技术工作秩序。复核的内容视工程的情况而定，一般包括建筑物位置坐标、标高和轴线、基础、模板、钢筋、混凝土、大样图及主要管道、电气等及其配合，见表10-2。建筑企业应将技术复核工作形成制度，发现问题及时纠正。

表 10-2　技术复核项目及内容

项　　目	复　核　内　容
建（构）筑物定位	测量定位的标准轴线桩、水平桩、轴线标高
基础及设备基础	土质、位置、标高、尺寸
模板	尺寸、位置、标高、预埋件和预留孔、牢固程度、模板内部的清理工作及湿润情况
钢筋混凝土	现浇混凝土的配合比，现场材料的质量和水泥品种强度等级，预制构件的位置、标高、型号，搭接长度、焊缝长度、吊装构件的强度
砌体	墙身轴线、皮数杆、砂浆配合比
大样图	钢筋混凝土柱、屋架、吊车梁及特殊项目大样图的形状、尺寸、预制位置
其他	根据工程需要复核的项目

（2）技术核定。技术核定是在施工过程中，如发现施工图仍有差错，或因施工条件发生变化，材料和半成品等不符合原设计要求，采用新材料、新工艺、新技术及合理化建议等各种情况或事先未能预料的各种原因，对原设计文件所进行的一种局部修改。技术核定是施工过程中进行的一项技术管理工作。

为避免发生重大差错，在分项工程正式施工前，应按标准规定对重要项目进行复查、核校。主要复查项目有建（构）筑物位置、模板、钢筋混凝土、砖砌体、大样图、主要管道、电气等。

6. 工程技术档案制度

工程技术档案是指反映建筑工程的施工过程、技术、质量、经济效益、交付使用等有关的技术经济文件和资料。工程技术档案可分别由建设单位和施工单位保管。

（1）工程交工验收后交由建设单位保管的技术档案。包括：①竣工图和竣工项目一览表（竣工工程名称、位置、结构、层、工程量或安装工程的设备、装置的数量等）；②图纸会审记录、设计变更和技术核定单；③材料、构件和设备的质量合格证明；④隐蔽工程验收记录；⑤工程质量检查评定和事故处理记录；⑥设备调试、试压、试运转等记录；⑦永久性测量基准点的位置，建筑物和构筑物施工测量定位记录，沉陷、变形观测记录；⑧主要结构和部位的试件、材料试验及检查记录；⑨施工和设计单位提出的建筑物、构筑物、设备使用注意事项的文件；⑩其他有关该项工程的技术决定。

（2）由建筑企业保存的施工组织与管理方面的工程技术档案。包括：①施工组织设计文件；②新结构、新技术、新材料、新机械的试验研究资料及其经验总结；③重大质量安全事故分析及其补救措施记录；④有关技术管理的经验总结；⑤重大技术决定及施工日志；⑥大型临时设施档案，如工棚、食堂、仓库、围墙、刺丝网、变压器、水电管线的设计和总平面布置图、施工图，跨度在 9m 及 9m 以上的木屋架的计算书；⑦为工程交工验收准备的资料，如施工执照，测量记录，设计变更洽商记录，材料试验记录（包括出厂证明），成品及半成品出厂证明检验记录，设备安装及暖气、卫生、电气、通风的试验记录，以及工程检查、验收记录等。

10.2　建设工程材料与采购管理

10.2.1　材料管理的意义与任务

1. 材料管理的意义

施工生产的过程同时也是材料消耗的过程，材料是生产要素中价值量最大的组成要素，因此，加强材料的管理是生产的客观要求。加强材料管理是改善企业各项技术经济指标和提高经济效益的重要环节。材料管理水平的高低，会通过工作量、劳动生产率、工程质量、成本、流动资金占用的多少和周转速度等各项指标直接影响到企业的经济效益。因此，材料管理工作直接影响到企业的生产、技术、财务、劳动、运输等各方面。

2. 材料管理的任务

材料管理工作的任务，一方面要保证生产的需要，另一方面要采取有效措施降低材料的消耗，加速资金的周转，提高经济效益，其目的就是要用最少的资金取得最大的效益。具体要做到：

（1）按期、按质、按量、适价、配套地供应生产所需的各种材料，保证生产正常进行。

（2）经济合理地组织材料供应，减少储备，改进保管，降低消耗。

（3）监督与促进材料的合理使用和节约使用。

10.2.2　材料的计划管理

1. 材料需用计划

材料需用计划是根据工程项目有关合同、设计文件、材料消耗定额、施工组织设计及其施工方案、进度计划编制的，用以反映完成工程项目以及相应计划期内所需材料品种、规格、数量和时间要求的文件。

对于整个工程项目而言，在确定材料需用量时，通常应根据不同的特点，来选择不同方法。一般的确定方法有定额计算法、动态分析法、类比计算法和经验估计法。

材料需用量根据计划工程量、材料消耗定额或历史消耗水平来计算。

在已有材料消耗定额时，材料需要量按下式计算

$$材料需要量 = 计划工程量 \times 材料消耗定额 \tag{10-1}$$

在没有材料消耗定额时，采用间接计算法，主要有动态分析法和类似工程对比法。

动态分析法是以历史上实际材料消耗水平为依据，考虑到计划期影响材料消耗变动的因素，利用一定的比例或系数对上期的实际消耗进行修正。其计算公式为

$$材料需用量 = 计划期工程量 \times \frac{上期实际消耗量}{上期实际完成工程量} \times 调整系数 \tag{10-2}$$

在式（10-2）中，调整系数是根据降低材料消耗的要求、节约措施及消除上期实际消耗中的不合理因素确定的。

类似工程对比法是根据对同类工程实际消耗材料的对比分析计算而得，其计算公式为

$$材料需用量 = 计划工程量 \times 类似工程材料消耗定额 \times 调整系数 \tag{10-3}$$

式（10-3）中，调整系数可根据该工程与类似工程有关质量、结构、工艺等差异的对比分析确定。

综合分析以上所述各种方法，定额计算法作为一种直接计算的方法，其结果比较准确，但要求具有相应、适当的材料消耗定额。动态分析法简便、适用，但具有一定的误差，多用于缺少材料消耗定额、只有对比期材料消耗数据的情况，而且其结果的精度与两期数据的可比性关系密切。类比计算法的误差较大，多用于计算新工程、新工艺等对于某些材料的需用量。

另外还可以考虑用经验估计法，它是由计划人员根据以往经验来估算材料需用量的方

法。由于经验估计法对计划人员要求高、科学性差，因此一般是作为一种补充方法，主要用于不能采用其他方法的情况。

2. 材料供应计划

材料供应计划是根据材料需用计划和可供应货源编制的，用以反映工程项目所需材料来源的文件。

（1）材料供应数量的确定。材料的供应数量，应在计划期材料需用量的基础上，预计各种材料的期初储存量、期末储备量，经过综合平衡后，加以确定。其计算公式为

$$\text{计划期内材料供应量} = \text{期内需用量} - \text{期初存储量} + \text{期末储备量} \tag{10-4}$$

在式（10-4）中，某种材料的期末储备量需要考虑经常储备和保险储备，并主要取决于供应方式和现场条件，一般可按下式计算

$$\text{期末储备量} = \text{日需用量} \times (\text{供应间隔天数} + \text{运输天数} + \text{入库检验天数} + \text{生产前准备天数}) \tag{10-5}$$

（2）材料储备量的确定。材料储备量按下式计算

$$\text{计划期初库存量} = \text{编制计划时实际库存量} + \text{期初前预计到货量} - \text{期初前预计消耗量} \tag{10-6}$$

$$\text{计划期末库存量} = (0.5 \sim 0.75) \times \text{经济库存量} + \text{保险储备量} \tag{10-7}$$

上式中，乘以系数（0.5～0.75）是因为库存量是一个变量，在计划期末不可能恰好处在最高库存，故取经济库存的平均值或偏大一些。

（3）材料申请采购量的确定。材料申请采购量按下式计算

$$\text{材料申请采购量} = \text{材料需要量} + \text{计划期末库存量} - (\text{计划期初库存量} - \text{计划期内不合用数量}) - \text{企业可利用资源}$$

（4）材料供应计划的平衡。材料供应计划平衡的具体内容包括：总需要量与资源总量的平衡，品种需要与配套供应的平衡，各种用料与各个工程的平衡，公司供应与项目经理部供应的平衡，材料需要量与资金的平衡等。而且，在材料供应计划执行过程中，应进行定期或不定期的检查。在涉及设计变更、工程变更时，必须做出相应的调整和修改，制定相应的措施，以书面形式及时通知有关部门，并妥善处理，积极解决材料的余缺。

3. 材料采购计划

材料采购计划是根据材料供应计划编制的，反映施工承包企业或项目经理部需要从外部采购材料的数量、时间等的文件。它是进行材料订货、采购的依据。

材料采购量可按下式计算

$$\text{材料采购量} = \text{材料需要量} + \text{期末库存量} - (\text{期初库存量} - \text{期内不可用数量}) - \text{可利用资源总量} \tag{10-8}$$

在式（10-8）中，某种材料的期内不可用数量是指在库存量中，由于材料规格、型号不符合任务需要而扣除的数量；可利用资源总量是指经加工改制的呆滞物资、可利用的废旧物资以及采取技术措施可节约下来的材料等。

4. 材料节约计划

材料节约计划是根据材料的耗用量、生产管理水平以及施工技术组织措施编制的，反映工程项目材料消耗或节约水平的文件。

节约材料的具体途径，应当因企业、项目以及项目经理部等具体情况而异，但根据科学

合理的材料节约计划，借助 ABC 分类法把握重点材料，运用存储理论优化订购数量，通过技术、经济、组织等综合措施（例如改进施工方案、研究材料代用），往往可以取得较好的工作成效。

由于用量和价格变化均可导致材料费用的变化，因此，可用下式评价材料节约计划的执行效果

$$材料成本降低额 =（材料计划用量 - 材料实际用量）\times 材料价格 + \\ （材料计划价格 - 材料实际价格）\times 材料实际用量 \tag{10-9}$$

在式（10-9）中，前者反映了主要由于内部原因造成的材料消耗的"量差"带来的节约或超支，后者则反映了由于内部和市场原因造成的材料消耗的"价差"带来的节约或超支。因此，高水平的材料管理工作应贯穿于材料管理的所有环节。

10.2.3 材料的采购管理

1. 采购方式的选择

材料采购的主要方式包括购买和租赁两类。前者通过支付全部款项实现了所有权的转移，主要用于大宗材料的购买；后者通过支付租金取得了相应期限内的使用权，主要用于周转材料和大中型工具。无论是购买还是租赁，均可通过公开招标、邀请招标和协商议标这三种方式实现交易。

公开招标具有投标人竞争比较充分、招标人选择余地大，有利于保证采购质量、缩短供货期、节约费用等优点。但是，也存在着招标工作量大、组织复杂、费时较多，以及投入的人力、物力等社会资源较多等缺点。因此，在材料管理中，该方式主要适用于重大工程项目中使用的大宗材料的采购。

邀请招标具有节省招标所需的费用、时间，较好地限制投标人串通抬价等优点。但同时具有竞争不充分、不利于招标人获得最优报价等不足。因此，在材料管理中，该方式主要适用于大中型项目中使用的，已经达到招标规模和标准的大宗材料的采购。

协商议标既具有节约时间的优点，也具有缺乏竞争性的缺点。根据我国现行规定，重要设备、材料等货物的采购，单项合同估算价在 100 万元人民币以上的，必须采用公开招标或邀请招标方式。因此，在材料管理中，该方式主要适用于未达到招标规模和标准的一般材料的购买或租赁。

2. 采购数量的确定

适宜的材料采购数量，不仅可以避免资金大量积压、享受价格优惠，而且可以保证工程建设的需要。采购数量的确定，可采用定量订购法和定期订购法。

（1）定量订购法。定量订购法是指当材料库存量消耗达到安全库存量之前的某一预定库存量水平时，按一定批量组织订货，以补充、控制库存的方法。定量订购示意如图 10-2 所示，图中，A 是预定的库存量水平，即订购点；B 是安全库存量；Q 是订购批量。

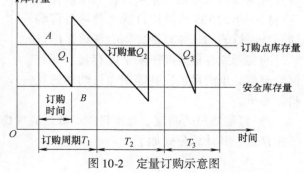

图 10-2 定量订购示意图

1）订购点的确定。一般来讲，某种材料的订购点（A）可按下式计算

$$订购点 = 日平均需要量 \times 最长订购时间 + 安全库存量 \tag{10-10}$$

在式（10-10）中，最长订购时间是指从开始订购到验收入库为止所需的订货、运输、验收以及可能的加工、准备时间；安全库存量（B）是为了防止缺货、停工待料风险而建立的库存，通常按材料平均日需要量与根据历史资料、到货误期可能性等估算的平均误期天数之积计算。

由于安全库存量对于材料采购具有重要影响，因此应综合考虑仓库保管费用和缺货损失费用而科学地加以确定。例如，当安全库存量大时，缺货概率小、缺货损失费用小，但仓库保管费用增加；反之亦然。当缺货损失费用期望值与仓库保管费用之和最小时，即为最优安全库存量。

2）经济订购批量的确定。经济订购批量（EOQ）是指某种材料订购费用和仓库保管费用之和为最低时的订购批量，其计算公式如下

$$经济订购批量 = \sqrt{\frac{2 \times 年需要量 \times 每次订购费用}{材料单价 \times 仓库保管费率}} \tag{10-11}$$

式（10-11）中，每次订购费用是指每次订购材料运抵仓库之前所发生的一切费用，主要包括采购人员工资、差旅费、采购手续费、检验费等；仓库保管费率是指仓库保管费用占库存平均费用的百分率。仓库保管费主要包括材料在库或在场所需的流动资金的占用利息、仓库的占用费用（折旧、修理费等）、仓库管理费、燃料动力费、采暖通风照明费、库存期间的损耗以及防护、保险等一切费用。

由于订购时间不受限制、适应性强，定量订购法在材料需要量波动较大时，可根据库存情况考虑需要量变化趋势，随时组织订货、补充库存，并可以适当减少安全库存量。但是，此法要求外部货源充足以及对库存量的不间断盘点；而且当库存量达到订购点时即组织订货，将会加大材料管理的工作量，以及订货、运输费用和采购价格。因此，该方法主要适用于高价物资，安全库存少、需严格控制、重点管理的材料，以及需要量波动大或难以估计的材料，不常用或因缺货造成经济损失较大的材料等。

（2）定期订购法。定期订购法是按事先确定的订购周期，例如每季、每月或每旬订购一次，到达订货日期即组织订货的方法。如图10-3所示，定期订购的订购周期相等，但每次订购数量不等。

1）订购周期的确定。首先用材料的年需要量除以经济订购批量求得订购次数，然后再以一年的365天除以订购次数可得订购周期。而订购的具体日期，则应考虑提出订购时的实际库存量要高于安全库存量，即其保险储备必须满足供应间隔期和订购期的材料需要量。

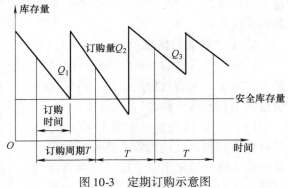

图10-3　定期订购示意图

2）订购数量的确定。每次订购的数量应考虑下次到货前材料的需用数量、订货时的实际库存量。其计算公式如下

订购数量 = (订购天数 + 供应间隔天数) × 日平均需要量 + 安全库存量 − 实际库存量

(10-12)

在式（10-12）中，供应间隔天数是指相邻两次到货之间的间隔天数。

由于通常是在固定的订货期间对各种材料统一组织订货，所以定期订购法无须不断盘点各种材料库存，可以简化订货组织工作，降低订货费用。而且，该方法可事先与供货方协商供应时间，有利于实现均衡、经济生产。但是，其保证程度相对较低，故定期订购法主要用于需要量波动不大的一般材料的采购。

3. 材料采购程序

在材料的实际采购过程中，通常按以下程序开展工作：①明确材料采购的基本要求、采购分工及有关责任；②进行采购策划，编制采购计划；③进行市场调查，选择合格的产品供应单位，建立名录；④通过招标或协商议标等方式，进行评审并确定供应商；⑤签订采购合同；⑥运输、验收、移交采购材料；⑦处置不合格产品；⑧采购资料归档。

10.2.4　材料库存及现场管理

1. 材料库存管理

（1）库存费的构成。对材料进行一定数量的库存，就要有一定的库存费用。库存费用的构成如下：

库存费用 = 订购成本 + 存货成本 + 缺货成本

企业要保持生产的正常进行，必须建立一定的库存。但是，库存量必须经济合理，不宜多也不宜少，这样才能使企业获得良好的经济效益，因此必须对库存进行严格的控制和管理。

（2）平均库存量。平均库存量是指库存量的平均数，有如下类型：

1）若一定时间内进货一次，而且每日使用量相等，则库存量与时间呈线性关系，平均库存量等于初期库存量的一半，如图10-4所示。

2）若一定时间内进货一次，而且使用量受季节与生产不均衡性影响，其库存量与时间成一曲线关系，如图10-5所示，平均库存量等于曲线下面积除以时间 T。

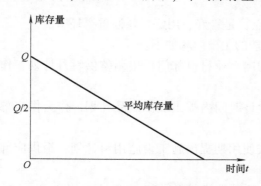
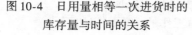

图 10-4　日用量相等一次进货时的
库存量与时间的关系

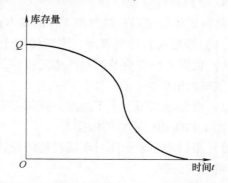

图 10-5　季节与生产不均衡时库存量与时间的关系

3）若一定时间内进货不止一次，但各批次进货数量相等，且每日等量使用，则平均库存量等于每批进量的一半，如图 10-6 所示。

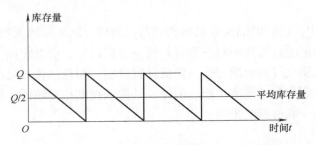

图 10-6　多次进货日用量相等时库存量与时间的关系

2. 材料仓库管理

材料仓库管理工作对保证材料及时供应、合理储备、加速材料周转、减少材料损耗、节约合理用料、降低成本有着重要的意义。材料仓库管理主要包括以下工作。

（1）材料验收入库。材料验收应以合同为依据，检验到货的名称、规格、数量、质量、价格、日期等。通常情况下应进行全数检查；对数量较大而协作关系稳定、证件齐全、运输良好、包装完整者可采用抽检。只有单据、数量、质量验收无误，才能办理入库手续。验收入库后，应立即记账、立卡、建档。

（2）材料保管维护。材料保管维护的基本要求是：合理存放，妥善维护，加强账、卡、物的管理，达到节省库存容量、入库和领用方便、节省人力消耗、减少库存损耗的目的。

（3）材料的发放。材料发放的基本要求是：按质、按量、齐备、准时，有计划地发放材料，确保生产一线的需要，严格出库手续，防止不合理领用，促进材料的节约和合理使用。

（4）清仓盘点和多余材料处理。仓库材料流动性大，为了及时掌握材料的变动情况，应认真做好清仓盘点工作。清仓盘点的主要要求是：检查账、物是否相符；各种材料有无超储积压、损坏、变质；检查安全设施和库存设备有无损坏；核定库存资金的占用量。对超储呆滞的多余材料应及时处理。

3. 材料现场管理

材料现场管理是材料管理工作的基本落脚点，是管好、用好材料的重要环节。

（1）现场材料计划管理。现场材料计划管理的主要内容如下：

1）根据工程变更及调整的施工预算，及时向企业材料部门提出调整供料月计划，作为动态供料的依据。

2）根据施工图、施工进度，在加工周期允许时间内提出加工制品计划，作为供应部门组织加工和向现场送货的依据。

3）根据施工平面图对现场设施的设计，按使用期提出施工设施用料计划，报供应部门作为送料的依据。

4）按月对材料计划的执行情况进行检查，不断改进材料供应。

（2）现场材料验收、保管、发放和核算。这方面工作的主要内容如下：

1）验收。材料进场时必须根据进料计划、送料凭证、质量保证书或产品合格证，进行材料的数量和质量验收。验收工作按质量验收规范和计量检测规定进行。验收内容包括品种、规格、型号、质量、数量、证件等。对不符合计划要求或质量不合格的材料应拒绝验收。

2）保管。现场材料要加强保管，做到防火、防盗、防雨、防变质、防损坏，建立健全保管制度。现场材料的放置要按平面布置图实施。对于各种工具，可采取随班组转移的办法，按定额配给班组，增强职工的责任感，减少混用和丢失。

3）发放。现场应严格限额领料，凡有定额的工程用料，凭限额领料单领发材料。施工设施用料也实行定额发料制度，以设施用料计划进行总控制。超限额的用料，用料前应经有关人员批准，填制限额领料单，并注明超耗原因。周转材料按工程量、施工方案编报需用计划，做好回收验收记录。建立维修制度，按规定进行报废处理。

4）核算。施工过程中要坚持材料的中间核算，以便及时发现问题，努力节约，防止材料超用。工程完工后，在组织工料消耗与分析的基础上，按单位工程核算材料消耗，并分析原因，总结经验。

（3）材料的使用认证。要重视材料的使用认证，以防错用或使用不合格的材料。

1）对主要装饰材料及建筑配件，应在订货前要求厂家提供样品或看样订货；主要设备订货时，要审核设备清单是否符合设计要求。

2）对材料性能、质量标准、适用范围和施工要求必须充分了解，以便慎重选择和使用材料。

3）凡是用于重要结构、部位的材料，使用时必须仔细地核对、认证，其材料的品种、规格、型号、性能有无错误，是否适合工程特点和满足设计要求。

4）新材料应用必须通过试验和鉴定；代用材料必须通过计算和论证，并要符合结构构造的要求。

5）材料认证不合格时，不许用于工程中。有些不合格的材料，如过期、受潮的水泥是否降级使用，亦需结合工程的特点予以论证，但决不允许用于重要的工程或部位。

10.3 建设工程机械设备管理

10.3.1 机械设备管理概述

1. 机械设备管理的意义

施工现场机械设备，通常是指施工机械，以及为施工服务的运输、加工与维修设备等各种生产性机械设备。它包括起重机械、挖掘机械、土方铲运机械、桩工机械、钢件混凝土机械、木工机械，以及各类汽车、动力设备、焊接切割机械、锻压铸造热处理设备、金属切削机床、测试仪器和科学试验设备等。施工机械设备管理的意义在于按照机械设备运转的客观规律，通过对施工所需要的机械设备进行合理配置，优化组合，严密地组织管理，使操作人员科学地应用装备，从而达到用少量的机械去完成尽可能多的施工任务，大大地节约资源，提高企业经济效益的目的。

2. 机械设备管理的内容和任务

机械设备管理的内容包括机械设备运动的全过程，即从选择机械设备开始，经生产领域的使用、磨损、补偿，直至报废退出生产领域为止。机械设备运动的全过程包括两种运动形态：一是机械设备的物质运动形态，包括设备选择、进场验收、安装调试、合理使用、维护修理、更新改造、封存保管、调拨报废和设备的事故处理等；二是设备的价值运动形态，即资金运动形态，包括机械设备的购置投资、折旧、维修支出、更新改造资金的来源和支出等。

机械设备的管理应包括这两种运动形态的管理。在实际工作中，前者一般叫机械设备的使用业务管理（或叫设备的技术管理），由机械设备管理部门承担；后者是机械设备的经济管理，构成企业的固定资金管理，由企业的财务部门承担。

因此，机械设备管理的主要任务就是：正确选择施工机械，保证机械设备经常处于良好状态，并提高机械设备的效率，适时地改造和更新机械设备，提高企业的技术装备程度，以达到机械设备的寿命周期费用最低，设备综合效能最高的目标。

10.3.2　机械设备的合理装配

1. 机械设备装备的依据和原则

机械设备的合理装备总体上的原则，应当是技术上先进，经济上合理，生产上适用。结合建筑生产的特点和我国建筑机械设备的生产供应等条件，建筑企业机械的装备应该考虑以下原则：

（1）贯彻机械化、半机械化与改良工具相结合的方针。

（2）坚持土洋结合，中小为主，国产机械为主。

（3）建筑企业的机械装备应有重点，一般顺序是：①不用机械不能完成的作业；②不用机械就不能保证和提高质量的作业；③劳动强度大的工种。符合这一要求的有五大工种，即土石方开挖、混凝土作业、运输装卸、起重吊装、装修。

（4）一定要讲求经济效益，充分体现机械化的优越性。机械化的优越性不仅是机械的先进性，还要表现出经济上的合理性。

2. 机械设备的选择

当企业需要自有装备并购置机械时，必须从技术、经济以及使用维修等多方面综合进行考虑，认真进行选择和评价。要对比各种方案，选出最优方案，使有限的机械设备投资发挥最大的效益。机械设备选择应考虑的因素主要有以下几种。

（1）生产率。生产率指机械设备的生产效率，它是以单位时间内完成的产量来表示。

（2）可靠性。可靠性指机械设备使用中性能发挥稳定可靠，不易出现故障。

（3）节能性。节能性指机械设备要节省能源消耗，一般以机械设备单位开动时间的能源消耗量表示。

（4）安全性。安全性指生产时对安全的保证程度，显然是越安全越好。

（5）成套性。成套性指机械设备要配套。

（6）环保性。环保性指对环境的影响。

（7）灵活性。根据建筑生产的特点，对建筑机械的要求是轻便、灵活、多功能、适用性强、结构紧凑、重量轻、体积小以及易于拆装等。

（8）耐用性。耐用性指机械设备的使用寿命要长。

（9）维修性。维修性指维修的难易程度。机械设备的购置价格、使用费用、维修费用的多少，要求做到在整个寿命周期中费用最少。

3. 机械的装备形式和相应的管理体制

由于不同的机械装备形式（自有、租赁、承包）有不同的经济效果，因而建筑机械按不同的形式进行装备也就具有客观的必然性。

（1）自有机械的装备形式。建筑企业应根据工程任务和施工技术的预测，对于常年大量使用的机械设备宜自己装备。自有机械的经济界限，应是保证机械的利用率和效率都在60%以上。

（2）租赁与承包形式。企业自行拥有机械在经济上不合理时，就应由专门的租赁站和专业机械化施工公司装备。属于这种情况的机械主要是大型、操作复杂、专用、特殊的机械，或对本企业来说，利用率不高的设备。

机械的管理体制由不同的装备形式决定，一般应与施工管理体制相适应，但最主要的是取决于经济效益。哪些机械宜于分散管理，哪些机械宜于集中管理，总是有一定经济界限的：从机械本身来看，分散和集中管理哪一种体制的三率（完好率、利用率、效率）更高；从企业来看，哪一种体制能给企业带来经济上的效益更大。一般对于中小型、常用和通用的机械，由建筑施工企业分散使用，分级进行管理。大型、专用、特殊的机械设备，宜于集中使用，集中管理。

10.3.3 机械设备的使用管理

1. 机械设备的合理使用

机械设备的合理使用，是机械设备管理中的重要环节，为此必须做好以下几个方面的工作。

（1）要根据施工任务的特点、施工方法及施工进度要求，正确地配备各种类型的机械设备，使所选择的机械设备技术性能既能满足施工生产活动的要求，又能获取最大的经济效益。

（2）要根据机械设备的性能及保修制度的规定，恰当地安排工作负荷。做好使用前的检查保养，及时排除故障，不带故障作业。

（3）要贯彻"人机固定"的原则。实行定人、定机、定岗位责任制的"三定"制度。实行"三定"制度能够调动机械操作者的积极性，增强责任心，有利于熟悉机械特性，提高操作熟练程度，精心维护保养机械设备，从而提高机械设备的利用率、完好率和设备产出率，并有利于考核操作人员使用机械的效果。

（4）要严格贯彻机械设备使用中的有关技术规定。机械设备购置、制造、改造之后，要按规定进行技术试验，鉴定是否合格；在正式使用初期，要按规定进行走合运行，使零件磨合良好，增强耐用性；机械设备冬期使用时，应采取相应的技术措施，以保证设备正常运转等。

（5）要在使用过程中为机械设备制造良好的工作条件，要安装必要的防护、安保等装置。

（6）要加强对机械管理和使用人员的技术培训。通过举办培训班、岗位练兵等形式，有计划有步骤地开展培训工作，以提高实际操作能力和技术管理业务水平。

（7）建立机械设备技术档案，为合理使用、维修、分析机械设备使用情况提供全面历史记录。

2. 机械设备的检查维护与修理管理

机械设备的管理、使用、保养与修理是几个互相影响不可分割的方面。

（1）企业应建立健全机械设备的检查维护保养制度和规程，实行例行保养、定期检查、强制保养、小修、中修、大修、专项修理相结合的维修保养方式。根据设备的实际技术状况，施工任务情况，认真编制企业年度、季度、月度的设备保修计划，严格落实。

（2）对于大型机械、成套设备、进口设备要实行每日检查与定期检查，按需修理的检修制度，对中小型设备、电动机等实行每日检查后立即修理的制度。

（3）企业要结合社会性的设备修理资源与自身能力，建立健全机械设备维护保养与修理的保证体系。需要依靠社会修理的设备，应委托有相应修理资质与能力的单位修理。建立设备修理检查验收制度，核实设备修理项目完成情况，结合市场行情核销设备修理费用。

（4）企业要结合设备修理，搞好老旧设备的技术改造工作。

机械设备的检查、保养、修理要点见表10-3。

表 10-3　机械设备的检查、保养、修理要点

类　别	方　式	要　点
检查	每日检查	交接班时，操作人员和日常保养结合，及时发现设备不正常状况
	定期检查	按照检查计划，在操作人员参与下，定期由专职人员全面了解设备及实际磨损，决定是否修理
保养	日常保养	简称"例保"，操作人员在开机前、使用间隙、停机后，按规定项目的要求进行。贯彻十字方针：清洁、润滑、紧固、调整、防腐
	强制保养	又称定期保养，每台设备运转到规定的时限，必须进行保养，其周期由设备的磨损规律、作业条件、维修水平决定。大型设备一般分为一至四级，一般机械为一至二级
修理	小修	对设备全面清洗，部分解体，局部修理，以维修工人为主，操作工参加
	中修	每次大修中间的有计划、有组织的平衡性修理。
	大修	对机械设备全面解体修理，更换磨损零件，校调精度，以恢复原生产能力

3. 机械设备的更新与改造

机械设备在使用（或闲置）过程中，会发生逐渐的损耗。这种磨损有两种形式，一种是有形损耗，一种是无形损耗。有形损耗是使用过程中的使用磨损和闲置过程中的自然磨损。对有形损耗，有一部分可以通过修理得到修复和补偿。无形损耗是由于科学技术进步，不断出现更完善、生产效率更高的机械设备，使原有机械设备价值下降，或由于生产同样机械设备的价值不断下降，而使原有机械设备贬值。对于无形磨损的补偿办法是技术更新，用结构更先进、技术更完善、生产效率更高、耗费原材料和能源更少、外形更新颖的新设备更换那些技术陈旧的老设备。

为了尽快改变机械设备老旧杂的落后面貌，提高机械化施工水平，对现有的机械设备既要采取"以新换旧"的措施，还要"改旧变新"，即对老旧杂的机械设备进行技术改造。

机械设备的技术改造具有投资少、时间短、收效快、经济效益好的优点。但在进行中应注意以下几点：要同整个企业的技术改造相结合，提高企业生产能力；要以降低消耗，提高效率，达到最大经济效益为目的；在调查研究的基础上，做好全面规划，根据需要和资金、技术、物质的可能，有重点地进行。

机械设备改造的具体方法很多，如：改造设备的动力装置，提高设备的功率；改变设备的结构，满足新工艺的要求；改善零件的材料质量和加工质量，提高设备的可靠性和精度；安装辅助装置，提高设备的机械化、自动化程度；另外还有为改善劳动条件、降低能源和原材料消耗等对设备进行的改造。

10.4 建设工程分包与劳务管理

10.4.1 工程分包概述

1. 分包的必要性

随着工程项目施工日益复杂化、系统化、专业化，工程分包施工亦随之迅速发展，总包通常将承揽的工程分包给各种各样的专门工程公司。这种分包体系能够分散总包的风险，并能确保有必要技术的工人和机器设备等。随着建筑市场的发展与建筑技术的进步，国家有关产业政策已明确将建筑施工企业分成两大类，即具有独立承包资格的施工企业与分包施工企业。同时我国《建筑法》就工程施工总承包与分包也做了相关的规定，为两种工程承包方式提供了法律支持。目前分包完成的合同额已占到总包合同额的 50% ~ 80%。

2. 分包的分类

（1）按分包范围。按分包范围，分为一般性工程项目分包和专业项目分包。一般性工程项目分包适用于技术较为简单、劳动密集型工程项目，一般将分包商作为总承包商施工力量或资源调配的补充；专业项目分包适用于技术含量较高、施工较复杂的工程项目。

（2）按发包方式。按发包方式，分为指定分包和协议分包。指定分包是指业主在承包合同中规定的由指定承包商施工部分项目的分包方式。协议分包是指总包单位与资质条件、施工能力适合分包项目的分包商协商而达成的分包方式。

（3）按分包内容。按分包内容，分为综合施工分包和劳务分包。综合施工分包是指分包项目的整个施工过程及施工内容全部由分包商来完成，通常称为"包工包料"承包方式。劳务分包是指分包商仅负责提供劳务，而材料、机具及技术管理等工作由总包方负责的承包方式。

3. 分包商的选择

总承包商在决定对部分工程进行分包时应相当慎重，要特别注意选择有影响、有经济技术实力和资信可靠的分包商，并应该在共担风险的原则下强化经济制约手段。按照国际工程惯例，在选定分包商之前必须得到业主和监理工程师的书面批准。

10.4.2 分包合同

1. 分包合同的签订

分包合同签订前要先研究各种合同关系。分包合同大多采用固定总价合同，为此在签订分包合同时，需按照固定总价合同的条件，认真进行合同的起草。明确分包商的队伍情况，包括施工人员、相应的加工场地和合作伙伴等。分包商还有一个问题是材料的采购供应。材料、设备是大宗货物，在工程建设中，资金比重很大，占到 60% ~ 70%。大宗的材料采购，需要良好的材料商合作，以保证工程的进展。

2. 分包合同的内容

（1）明确分包的工程范围、内容及为承建工程所承担的一些义务和权利，对于各专业的工程界面应有明确的划分和合理的搭接。要在合同内容中强调工种间的技术协调。各工种或各分包合同所定义的各专业工程（或工作）应能共同构成符合目标的工程技术系统。

（2）明确分包工程技术与质量上的要求。

（3）明确分包的价格。分包合同一般是在总包合同签订后再签订。在总包合同签订后，等于对分包合同有了总的制约。总包商通常要尽量压低分包商的价款，而分包商应本着充分理解总承包商的前提下，与总包商进行价款谈判，尽量与总包商合作，最后形成双方都满意的分包合同价款。

（4）明确时间上的要求。分包合同强调与其他工种配合上的时间关系，明确各种原因造成工期延误的责任等。

（5）明确工程设计变更等问题出现后的处理方法。

（6）其他方面。建筑施工承包合同都具有风险。总承包商在分析合同时，往往会将一些不利的施工风险分散于下属分包单位。另外，文明施工、安全保护、企业形象设计（CI）等方面也要在合同中有所体现。

3. 签订分包合同的注意事项

（1）分包合同签订前应得到业主的批准，否则不得将承包工程的任何部分进行分包。分包虽经业主批准，但并不免除总包方相对于业主的任何责任及义务。分包商对总包商负责，总包商对业主负责，分包商与业主不存在直接的合同关系。

（2）分包单位营业资料齐全，资质与分包工程相符。

（3）分包合同条款清晰、责权明确、内容齐全、严密，少留活口；价格、安全、质量、工期目标明确。当对格式条款的理解不一致时，应按不利于提供格式条款方的理解进行处理。

（4）分包合同的签订人应为法人代表或法人代表委托人，合同内容合法，意见一致，否则合同无效。

（5）分包合同应采用书面形式，双方应本着诚实守信原则、严格按合同条款办事。

（6）为保障合同目标的实现，合同条款对分包方提出了较多约束，但总包方要加强对分包方的服务与指导，尽量为分包方创造施工条件，帮助分包方降低成本、实现效益，最终实现"双赢"，以顺利实现合同目标。

10.4.3　工程分包的管理

1. 对分包的技术管理

总包方应该发挥自身的技术优势，为分包方提供技术支持。其内容包括：向分包方进行施工组织设计和技术交底；帮助分包方研究确定工艺、技术、程序等施工方案；帮助解决分包方施工中遇到的矛盾和问题，如图纸矛盾、各分包之间互相干扰等；统一指挥和协调各分包商之间水、电、道路、施工场地和材料设备堆场等的布置和使用。总包还要求分包方认真保管有关的技术和内业资料。

2. 对分包的质量管理

对分包的质量管理是分包管理的重点。总包方有专职质检员对分包商的施工质量进行监督与认可，要求各分包商应配备足够合格的现场质量管理人员；要求分包商对产品质量进行检查，并做好检查记录，凡达不到质量标准的，总包方不予以签证并促其整改；对一些成品与半成品的加工制作，总承包也应抽派人员赶赴加工现场进行检查验证。总包检查合格后，报监理核验。加强对分包材料、设备的质量管理，分包商采购的材料、设备等的产地、规格、技术参数必须与设计及合同中规定的要求一致，不符合要求的材料、设备必须退场；加强对成品、半成品保护，已完成并形成系统功能的产品，经验收后，分包商应立即组织人力并采用相应的技术手段进行产品保护。

3. 对分包的进度管理

总包要明确要求各分包商的施工总工期和节点工期按合同严格执行，要求分包与总包方安排的施工节拍与区域一致。当情况有变化，需要调整进度计划时，必须经双方协调，并得到总承包的同意，报监理和业主签认。

4. 对分包的文明施工与安全管理

各分包商要在总包指导下，按照总包制订的统一的现场安全文明管理体系执行。建立健全各项工地安全施工和文明施工的管理制度；各分包方要加强对材料、设备、成品和半成品的看护，加强对本单位施工人员的安全生产监督管理。总包方也有专职安全员进行现场监督检查，发现隐患或违章将予以严肃处理。分包商必须遵守合同中有关文明施工的规定，做到工完场清。教育并监督现场施工人员遵纪守法。

10.4.4　建筑劳务管理

1. 建筑劳务的组织形式

随着我国建筑业的不断改革和开放，建筑业产业结构发生了深刻变化。其中，最为明显的是建筑施工企业管理层和劳务层的"两层分离"。"两层分离"使得大量的施工劳务从建筑施工企业里剥离出来。此外大量的农村剩余劳动力涌进了城市的建筑施工行业，成为劳务层的主力。在目前我国 4000 多万的建筑大军中，劳务层人员占到约 80%。劳务分包人员大多数为农民工，他们的劳务组织结构较为松散，作业队伍规模普遍较小，人员流动性大，作业队伍不稳定，技术水平参差不齐，劳动者权益难以得到保证。不发、克扣、拖欠工资等现象较为严重，劳资纠纷经常发生，社会保险、意外伤害保险等难以落实，已成为社会不稳定的一个因素。因此科学、有效、规范地对建筑劳务进行管理对于提高施工质量、技术水平、安全生产、劳务权益保护以及社会稳定等具有重要意义。

施工劳务的组织有三种形式：①施工企业直接雇佣劳务，指与施工企业签订有正式劳动合同的施工企业自有的劳务；②成建制的分包劳务，指从施工总承包企业或专业承包企业那里分包劳务作业的分包企业，成建制的分包劳务使劳务能够以集体的、企业的形态进入二级建筑市场；③零散用工，一般是指建筑企业为完成某项目而临时雇佣的不成建制的施工劳务。

2. 建筑劳务管理工作的内容

建筑劳务的管理涉及政府、行业、总包和分包等众多部门。从总承包商的角度，一方面要加强对建筑劳务的技术与质量管理，保证劳务能够按照设计要求完成合格的建筑产品；另一方面要给劳务以合理的报酬与待遇。总承包企业与劳务企业是合同关系，双方的责、权、利必须靠公平、详尽的合同来约束。具体的管理工作有以下几方面：

（1）总承包单位要求劳务公司提供足够的、技术水平达到要求的、人员相对稳定的劳动力，并对现场作业的质量、工人的安全教育、工人的调配负责。总承包单位对现场的组织、技术方案的制定，工程进度的管理，材料供应及质量、设备投放，安全、文明施工设施的落实及管理等负全责。

（2）总承包单位要关心劳务工人的生产和生活，要为劳务工人提供宿舍、食堂、娱乐用房等设施，否则应向劳务公司支付费用；劳务公司除自备工具及小型机械外，其余机械均由总承包商提供。因工程停工、窝工而给劳务公司造成的损失，分包合同应有明确约定。

（3）总承包商必须按月支付劳务公司的劳务费，最多拖欠的劳务费不得超过劳务公司注册资本的1倍，拖欠的劳务费必须在工程完工后半年内付清。劳务公司必须按月向工人支付工资，每月支付工资总量不得低于该工人完成工作量的90%，当年所欠薪金，必须在年底前结清。

10.5 建设工程资金管理

10.5.1 施工项目资金管理概述

建设项目的所有活动最终反映到资金方面，如物质的采购、工资的发放、机具的购置等均离不开资金的运行。因此，作为项目资源重要一环的资金管理对项目的正常运行至关重要。项目资金管理，是指项目经理部对项目资金的计划、使用、核算、防范风险的管理工作。施工项目资金管理的主要环节包括：施工项目资金的预测与对比，项目资金计划和资金使用管理。

项目实施过程中资金流动所涉及的主要各方及项目资金流动过程如图10-7所示。

图 10-7　资金流动示意图

10.5.2 施工项目资金运动

1. 项目资金运动的过程

项目资金随着不同施工阶段施工活动的进行而不断地运动。从资金的货币形态开始，经过施工准备、施工生产、竣工验收三个阶段，依次由货币转化为储备资金、生产资金、成品资金，最后又回到货币资金的形态上来。这个运动过程称为资金的一次循环。

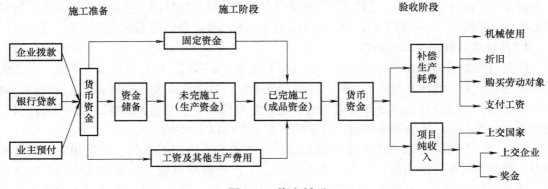

图 10-8　资金循环

（1）施工准备阶段。在这一阶段主要是筹集资金，并用它来购买各种建筑材料、构配件、部分所需的固定资产及机械零配件、低值易耗品、征购或租用土地、建筑物拆迁、临时设施以及支付工资等其他项目费用。目前项目资金筹措的渠道主要有企业本部的直接拨给、项目业主单位的工程预付款和银行贷款。在实际工作中，有的企业为了促使项目管理水平的提高，加强项目的独立核算，将无偿的直接拨款也改为资金的有偿使用。

（2）在施工生产阶段。资源（劳动力、资金和材料等）储备通过物化劳动和活劳动不断消耗于项目的施工之中，从而逐渐形成项目实体。储备资金随着施工活动的进行而逐渐转化为生产资金，固定资金也以折旧的形式渐渐进入工程成本。当施工阶段结束时，资金形态则由生产资金转化为成品资金。

（3）验收交付阶段。这一阶段项目已部分或全部满足设计和合同的要求。这时就要及时和业主办理验收交付手续，收回工程款，资金形态也由成品资金转化为货币资金。如果收入量大于消耗量，项目就能盈利，否则就会出现亏损。随即，就要对资金进行分配，应正确处理国家、企业、施工项目、职工个人之间的经济关系。

2. 施工项目资金运动所体现的经济关系

施工项目参与各方经济关系示意如图 10-9 所示。

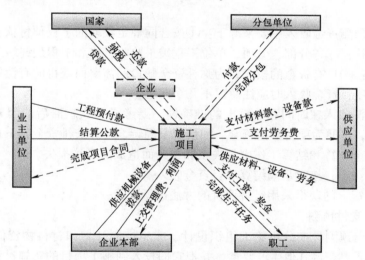

图 10-9　施工项目参与各方经济关系示意图

3. 施工项目资金运动规律

（1）空间并存和时间继起。项目资金不仅要在空间上同时并存于货币资金、固定资金、储备资金、生产资金、成品资金等资金形态，而且在时间上要求各种资金形态相互通过各自的循环，保证各种资金形态的合理配置和资金周转的畅通无阻，这是项目施工活动顺利进行的必要条件。

（2）收支的协调平衡。施工项目资金的收支要求在数量上和时间上的协调平衡。资金的收支平衡，主要取决于供应、施工、验收移交活动的平衡。在供应活动中，项目要购买各种材料，应注意储备的限度，避免因物资积压而使资金周转滞缓。施工阶段是形成建设工程实体的过程，应科学组织与管理项目施工，力求以较少的消耗取得较多的成果。验收移交阶段应按照设计要求、合同规定和实际完成数量，及时同业主单位进行计量计价，实现工程价款的收入，完成一次资金的循环。

（3）一致与背离的关系。由于结算的原因而造成收入和支出在时间上的背离，如已完工程未及时验收移交，或验收后未收到工程价款，材料购进而未支付货款；由于损耗的原因而造成收入和支出在价值上的背离，如固定资产磨损、无形磨损、仓储物资的自然损耗等；由于组织管理的原因而形成收入和支出在数量上的背离，如改善劳动组织，工人劳动积极性提高，使得劳动效率提高。

以上各项项目资金运动的规律，是对施工项目总体考查而言的。项目管理人员必须深刻认识和研究这些资金运动的规律，自觉利用它们来为施工项目管理服务。

10.5.3　施工项目资金的预测和对比

1. 项目资金收入预测

在施工项目实施过程中，首先要取得资金要素，然后再取得其他生产要素，这种资金要素的取得就是施工项目资金收入。项目资金收入一般是指预测收入。项目资金是按合同收取的，在实施项目合同过程中，应从收取预付款开始，每月按进度收取工程进度款，直到最后竣工结算。

施工项目的预测资金收入主要来源于：①按合同规定收取的工程预付款；②每月按进度收取的工程进度款；③各分部、分项、单位工程竣工验收合格和工程最终竣工验收合格后收取的竣工结算款；④自有资金的投入或为弥补资金缺口的需要而获得的有偿资金。

在实际获得项目资金收入时应注意以下几个问题：

（1）资金预测收入在时间和数额上的准确性，要考虑到收款滞后的因素，要注意尽量缩短这个滞后期，以便为项目筹措资金、加快资金周转、合理安排资金打下良好的基础。

（2）避免资金核算和结算工作中的失误和违约而造成的经济损失。

（3）按合同约定，按时足额结算项目资金收入。

（4）对补缺资金的获得采用经济评价的方法进行决策。

2. 项目资金支付预测

项目资金支出预测是在分析施工组织设计、成本控制计划和材料物资储备计划的基础上，用取得的资金去获得其他生产要素，并把它们投入到施工项目的实施过程中，以达成项目目标。我们把除资金以外其他生产要素的投入计为项目资金的支付。项目资金支出应根据成本费用控制计划、施工组织设计和材料、设备等物资储备计划来完成预测工作，根据以上计划便可以预测出随工程进度，每月预计的人工费、材料费、机械费等直接费和措施费、管理费等各项支付。

施工项目资金预测支付主要包括以下款项：①消耗人力资源的支付；②消耗材料及相关费用的支付；③消耗机械设备、工器具等的支付；④其他直接费和间接费用的支付；⑤其他施工措施费和按规定应缴纳的费用；⑥自有资金投入后利息的损失或投入有偿资金后利息的支付。

在进行资金支付预测时应注意以下问题：①从施工项目的运行实际出发，使资金预测支付计划更接近实际；②应考虑由于不确定性因素而引起资金支付变化的各种可能；③应考虑资金支出的时间价值。测算资金的支付是在筹措资金和合理安排调度资金的角度考虑的，故应从动态角度考虑资金的时间价值，同时考虑实施合同过程中不同阶段的资金需要。

3. 资金收支对比分析

资金收支对比分析是确定应筹措资金数量的主要依据。将施工项目资金收入预测累计结果和支出预测累计结果进行对比分析，在相应时间的收入与支出资金数之间差即应筹措的资金数量。

施工项目资金收支对比分析可以通过资金收入支出曲线图分析。如图 10-10 所示，将施工项目资金收入预测累计结果和支出预测累计结果绘制在一个坐标图中，以纵坐标表示累计施工资金，横坐标表示进度。图中曲线 A 表示项目资金预计收入曲线，曲线 B 表示项目预计资金支出曲线。

图中 A、B 曲线上的 a、b 值，是对应工程进度时点的资金收入与支出，且资金支付需求大于资金的获得需求，说明资金处于短缺的状态，也即应筹措的资金数量。

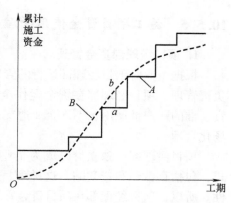

图 10-10　施工资金收入和支出预测曲线

10.5.4　项目资金计划

1. 支付计划

承包商工程项目的支付计划包括：人工费支付计划；材料费支付计划；设备费支付计划；分包工程款支付计划；现场管理费支付计划；其他费用计划，如上级管理费、保险费、利息等各种其他开支。

2. 工程款收入计划

承包商工程款收入计划即为业主的工程款支付计划，它与以下两个因素有关。

（1）工程进度：即按成本计划确定的工程完成状况。

（2）合同确定的付款方式：工程预付款（备料款、准备金）；按月进度付款；按形象进度付款；其他形式带资承包。

3. 现金流量

在工程款支付计划和工程款收入计划的基础上可以得到工程的现金流量，它可以通过表或图的形式反映。通常按时间将工程支付和工程收入的主要费用项目罗列在一张表中，按时间计算出当期收支相抵的余额，再按时间计算到该期末的累计余额。在此基础上即可绘制现金流量图。

4. 融资计划

（1）项目融资计划的确定，即何时需要注入资金才能满足工程需要，这可由现金流量表得到。通常在安排工程的资金投入时要考虑到一些不确定因素（风险），留一定余地。例如考虑到物价上涨，特殊的地质条件、计划和预算的缺陷等。

（2）融资方式。项目融资是现代战略管理和项目管理的重要课题。对一个建设工程项目，特别是大型的工业项目、基础设施建设项目，采用什么样的资本结构，如何取得资金，不仅对建设过程，而且对项目建成后的运行过程都极为重要。它常常决定了项目以及由项目所产生的企业的性质。现在的融资渠道有很多，例如：自有资金；世行贷款、亚行贷款；国内外商业银行贷款；外国政府各种形式的信贷；发行股票；发行债券；合资经营；各种形式的合作开发，如各种形式的 BOT 项目；国内的各种形式的基金；国际租赁等。但每一渠道有它的特殊性，通常要综合考虑风险、资本成本、收益等各种因素，确定本项目的资金来源、结构、币制、筹集时间，以及还款的计划安排等，确定符合技术、经济和法律要求的融资计划。

10.5.5　施工项目资金使用管理

1. 项目经理部资金管理

根据企业对项目经理部运行的管理规定，项目实施过程中所需资金的使用由项目经理部负责管理，项目经理部在资金运作全过程中都要接受企业的管理。企业本着对存款单位负责、谁的账户谁使用、不许企业透支、存款有息、借款付息、违规罚款的原则，实行金融市场化管理。

项目经理部以独立身份成为企业内部银行的客户，并在企业内部银行设立项目专用账户，包括存款贴和贷款贴，这样项目经理部在施工项目所需资金的运作上具有相当的自主性。所以，项目经理部在项目资金管理方面，除了要重视资金的收支预测与支出控制外，还必须建立健全项目资金管理责任制。

2. 施工项目资金的计收规定

项目经理部的收款工作从承揽工程并签订合同开始，直到工程竣工验收、结算收入，以及保修一年期满收回工程尾款。主要包括以下内容：新开工项目按工程施工合同收取的预付款；根据月度统计报表送监理工程师审批的结算款；根据工程变更记录和证明发包人违约的材料，计算的索赔金额，列入当期的工程结算款；施工中实际发生的材料价差；工期奖、质量奖、技术措施费、不可预见费及索赔款；工程尾款应于保修期完成时取得保修完成单后及时回收工程款。

3. 资金使用

项目经理部按公司下达的用款计划控制资金使用，以收定支，节约开支；按会计制度规定设立财务台账，记录资金支出情况，加强财务核算，及时盘点盈亏。具体包括以下内容：

（1）确定由项目经理为理财中心的地位，哪个项目的资金则主要由该项目支配。

（2）项目经理部在企业内部银行开独立账户，由内部银行办理项目资金的收、支、划、转，并由项目经理签字确认。

（3）内部银行实行"有偿使用""存款计息""定额考核"等办法。项目资金不足时，应书面报项目经理审批追加，审批单交财务，做到支出有计划，追加按程序。

（4）项目经理按月编制资金收支计划，由公司财务及总会计师批准，内部银行监督执行，每月都要做出分析总结。

（5）项目经理部要及时向发包方收取工程款，做好分期结算，增（减）账结算，竣工结算等工作，加快资金入账的步伐，不断提高资金管理水平和效益。

（6）建设单位所提供的"三材"和设备也是项目资金的重要组成，经理部要设置台账，根据收料凭证及时入账，按月分析使用情况，反映"三材"收入及耗用动态，定期与交料单位核对，保证资料完整、准确，为及时做好各项结算创造先决条件。

（7）项目经理部应每月定期召开请业主代表参加的分包商、供应商、生产商等单位的协调会，以便更好地处理配合关系，解决甲方提供资金、材料以及项目向分包、供应商支付工程款等事项。

复习思考题

1. 施工项目资源管理的内容有哪些？
2. 施工项目技术管理的基础工作和基本工作主要包括哪些？
3. 材料采购的数量可以用哪些方法来确定？具体是怎么确定的？
4. 如何合理使用机械设备？
5. 签订分包合同有哪些注意事项？
6. 如何进行施工项目资金的使用管理？

第11章

建设工程施工合同管理

11.1 建设工程施工合同管理概述

11.1.1 施工合同概述

1. 合同与施工合同

合同，又称合约或者契约。根据《中华人民共和国合同法》的规定，合同指的是"平等主体的自然人、法人、其他组织（包括中国的和外国的）之间设立、变更、终止民事权利义务关系的协议"。

建设工程施工合同指发包人与承包人之间为完成商定的建设工程项目，确定双方权利与义务的合同。合同当事人在施工合同的策划、起草、商谈、签订、履行、解释和争议解决过程中应当遵守自由、法律、诚实信用、公平以及效率的原则。

各施工合同文件应能相互解释和补充。我国建设工程施工合同文件的组成与解释顺序为：合同协议书与合同条件；中标函；投标书及其附件；本合同专用条款；本合同通用条款；本工程所适用的标准、规范及有关技术文件；设计施工图；工程量清单；工程报价单或预算书。

合同实施过程中当事人各方可通过协商以变更合同内容，变更协议或文件的法律效力高于相关合同文件，且按照签署在后的协议优先的原则，后签的协议或文件的效力高于之前签署的协议或文件。

2. 施工合同管理

（1）施工合同管理的目标。施工合同管理是对工程合同的签订、履行、变更、索赔和争议解决等进行策划和控制的过程，是为项目总目标和企业总目标的实现服务的，也是工程项目管理的重要内容之一。

施工合同管理的目标包括：

1）确保整个工程项目在预定的成本范围与工期范围内完成，达到预定的质量和使用功能要求，实现工程项目的成本、进度、质量目标。

2）确保项目实施过程的顺利，合同争执少，各方之间能互相协调，都能圆满地履行合同义务。

3）保证工程实施过程中合同的签订和执行都符合法律的要求。

4）在工程结束时使业主与承包商都达到较高的满意度。业主按计划获得一个合格的工程，达到投资目的；承包商在获得合理的价格和利润的同时也赢得信誉，建立了双方友好合作关系。

（2）施工合同管理的流程。施工合同管理贯穿于工程项目的决策、计划、实施和结束的全过程，其工作任务与流程具体有：

1）项目决策阶段的合同总体策划。

2）项目计划、实施准备阶段的工程招标投标与签约管理。

3）项目实施阶段的合同实施控制。每个合同都有一个独立的实施过程，包括合同分析、合同交底、合同监督、合同跟踪、合同诊断、合同变更管理和索赔管理等工作，是施工合同管理的重点。

4）项目结束阶段的合同后评价工作。

11.1.2　承包商的主要合同关系

承包商（即承包人）是工程承包合同的执行者，完成承包合同所确定的工程范围内的施工、竣工和保修任务，提供完成工程目标所需的劳动力、施工设备、材料及管理人员，因此承包商有自己复杂的合同关系，如图 11-1 所示。

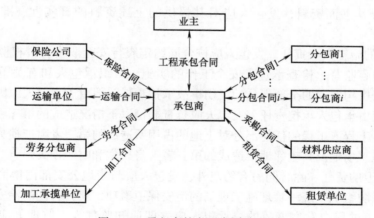

图 11-1　承包商的主要合同关系图

11.2 建设工程施工合同与物资采购合同

11.2.1　施工承包合同的主要内容

为了规范和指导合同当事人双方的行为，避免合同纠纷，解决合同文本不规范、条款不完备等一系列问题，国际工程界的许多著名组织，如国际咨询工程师联合会（FIDIC）、美国建筑师学会（AIA）、英国土木工程师学会（ICE）等，都编制了指导性的合同示范文本，用以规定合同双方的一般权利和义务，引导和规范建设行为。

我国住房和城乡建设部和国家工商行政管理总局修订的《建设工程施工合同（示范文本）》（GF—2017—0201）适用于房屋建筑工程、土木工程、线路管道和设备安装工程、装修工程等建设工程的施工承发包活动。

为规范施工招标、投标活动，国家发展和改革委员会、财政部、建设部等多部门联合编制了《标准施工招标资格预审文件》和《标准施工招标文件》，自2008年5月1日施行。国务院有关行业主管部门可依据《标准施工招标文件》并结合本行业施工招标特点和管理需要，编制行业标准施工招标文件。《标准施工招标文件》中"通用合同条款"的主要内容归纳如下。

1. 词语定义与解释

《标准施工招标文件》中"通用合同条款"中，明确了"监理人"是指在专用合同条款中指明的，受发包人委托对合同履行实施管理的法人或其他组织。总监理工程师（总监）是指由监理人委派常驻施工场地对合同履行实施管理的全权负责人。

2. 发包人的责任与义务

（1）发包人的责任。发包人的责任主要有：

1）除专用合同条款另有约定外，发包人应根据工程的施工需要，负责办理取得出入施工场地的专用和临时道路的通行权，以及取得为工程建设所需修建场外设施的权利，并承担有关费用。承包人应协助发包人办理上述手续。

2）发包人应在专用合同条款约定的期限内，通过监理人向承包人提供测量基准点、基准线和水准点及其书面资料，发包人应对其提供的上述资料的真实性、准确性和完整性负责。

3）发包人的施工安全责任。发包人应按合同约定履行安全职责，授权监理人按合同约定的安全工作内容监督、检查承包人安全工作的实施，组织承包人和有关单位进行安全检查，并对其现场机构雇佣的全部人员的工伤事故承担责任，但由于承包人原因造成的发包人人员工伤的，应由承包人承担责任。发包人应负责赔偿以下情况造成的第三者人身伤亡和财产损失：第一，工程或工程的任何部分对土地的占用所造成的第三者财产损失；第二，由于发包人原因在施工场地及其毗邻地带造成的第三者人身伤亡和财产损失。

4）治安保卫的责任。除合同另有约定外，发包人应与当地公安部门协商在现场建立治安管理机构或联防组织，统一管理施工现场的治安保卫事项，履行合同的治安保卫职责。

5）工程施工过程中发生事故的，承包人应立即通知监理人，监理人应立即通知发包人。发包人和承包人应立即组织人员和设备进行紧急抢救和抢修，减少人员伤亡和财产损失，防止事故扩大，并保护事故现场，并按国家有关规定，及时如实地向有关部门报告事故发生情况与所采取的措施。

6）发包人应将其持有的现场地质勘探资料、水文气象资料提供给承包人，并对其准确性负责。承包人对其阅读上述有关资料后所做出的解释与推断负责。

（2）发包人的义务。发包人的义务主要有：

1）在合同履行过程中遵守法律。

2）按合同约定委托监理人向承包人发出开工通知。

3）向承包人提供施工场地以及施工场地内的地下管线与设施等资料。

4）协助承包人办理有关施工证件和批件。

5）组织设计单位向承包人进行设计交底。

6）按合同约定及时向承包人支付合同价款。

7）按合同约定及时组织竣工验收。

8）发包人还应履行合同约定的其他义务。

（3）发包人的违约。发包人的违约情形主要有：

1）发包人未能按合同约定支付预付款或合同价款，或因发包人原因导致付款延误的。

2）因发包人原因导致停工的。

3）监理人无正当理由在约定期限内未发出复工指示，导致承包人无法复工的。

4）发包人无法继续履行合同，或明确表示不履行合同，或实质上停止履行合同的。

5）发包人不履行合同规定的其他义务。

3. 承包人的责任与义务

（1）承包人的一般责任与义务。承包人的一般责任与义务主要有：

1）在合同履行过程中遵守法律。

2）按有关法律规定纳税，应缴纳的税金包括在合同价格内。

3）按合同约定以及监理人的指示，实施、完成各项承包工作。

4）对施工作业和施工方法的完备性与安全可靠性负责。

5）保证工程施工和人员的安全。

6）负责施工现场及其周边环境与生态的保护工作。

7）避免施工对公众和他人的利益造成损害。

8）按监理人的指示为他人在施工场地或附近实施与工程有关的其他各项工作提供方便。

9）承包人应履行合同约定的其他义务。

（2）承包人的其他责任与义务。承包人的其他责任与义务有：

1）承包人不得将工程主体、关键性工作分包给第三人；除专用合同条款另有约定外，未经发包人同意，承包人不得将工程的其他部分或工作分包给第三人。

2）承包人应在接到开工通知后28天内，向监理人提交承包人在施工场地的管理机构以及人员安排的报告。承包人也应向监理人提交施工场地人员变动的报告。

3）承包人应对施工场地和周围环境进行查勘，并收集有关地质、水文、气象条件、交通条件、风俗习惯和其他为完成合同工作有关的当地资料。在全部合同工作中，应视为承包人已充分估计了应承担的责任和风险。

4. 进度、质量、费用控制的主要条款内容

（1）进度控制的主要条款。具体内容如下：

1）进度计划。承包人应按专用合同条款约定的内容和期限，编制详细的施工进度计划和施工方案说明并报送监理人。经监理人批准的施工进度计划称合同进度计划，是控制合同工程进度的依据。承包人可按专用合同条款的约定向监理人申请对合同进度计划进行修订。

2）开工日期与工期。监理人在获得发包人同意后，应在开工日期7天前向承包人发出开工通知。工期自监理人发出的开工通知中载明的开工日期起计算。

3）工期调整与暂停施工。工期调整包括发包人的工期延误、异常恶劣的气候条件、承包人的工期延误、工期提前等详细条款。暂停施工包括发包人与承包人暂停施工的有关责任、监理人的暂停施工指示、暂停施工后的复工等详细条款。

（2）质量控制的主要条款。具体内容如下：

1）承包人的质量管理与质量检查。承包人应在施工场地设置专门的质量检查机构，配备专职质量检查人员，建立完善的质量检查机制。承包人应按合同约定对材料、工程设备以及工程的所有部位及其施工工艺进行全过程的质量检查和检验，并详细记录，编制工程质量报表报送监理人审查。

2）监理人的质量检查。监理人有权对工程的所有部位及其施工工艺、材料和工程设备进行全过程的质量检查和检验，监理人的检查和检验不免除承包人按合同约定应负的责任。

3）工程隐蔽部位覆盖前的检查。经承包人自检确认工程隐蔽部位具备覆盖条件后，承包人应通知监理人在约定的期限内检查。监理人检查确认质量不合格的，承包人应在监理人指示的期限内返工，然后由监理人重新检查。条款也约定了监理人未到场检查、承包人私自覆盖等情形的处理。

4）清除不合格工程。由承包人原因（包括使用不合格的材料或设备、施工不当等）造成工程不合格的，监理人发出指示要求承包人采取补救措施直至工程质量达到合同约定的标准，同时承包人承担增加的费用和（或）工期延误。由发包人提供的材料或工程设备造成工程不合格，并需要承包人补救的，发包人应承担由此引起的费用和（或）工期延误，同时支付承包人合理利润。

（3）费用控制的主要条款。具体内容如下：

1）预付款。预付款用于承包人为合同工程施工购置材料和施工设备、修建临时设施以及组织施工队伍进场等。预付款的额度和预付办法在专用合同条款中约定，必须专用于合同工程。

2）工程进度付款。包括付款周期、进度付款申请单与付款证书、支付时间以及付款修正等。

3）质量保证金。监理人应从第一个付款周期开始，在发包人的进度付款中，按专用合同条款的约定扣留质量保证金，直至扣留的质量保证金总额达到专用合同条款约定的金额或比例为止。质量保证金的计算额度不包括预付款的支付、扣回及价格调整的金额。

4）竣工结算。包括竣工付款申请单、竣工付款证书及支付时间等条款。

5）最终结清。包括最终结清申请单、最终结清证书及支付时间等条款。

5. 竣工验收

竣工验收指承包人完成了全部合同工作后，发包人按要求进行的验收。国家验收是指政府有关部门依据法律、规范、规程和政策要求，针对发包人全面组织实施的整个工程正式交付投入运营前的验收。需要进行国家验收的，竣工验收是国家验收的一部分，竣工验收所采用的各项验收和评定标准应符合国家验收标准。竣工验收主要包括的条款有：

（1）承包人向监理人报送竣工验收申请报告的条件。

（2）验收。监理人应审查承包人按要求提交的竣工验收申请报告的各项内容并进行处理。

（3）单位工程验收。发包人根据合同进度计划安排，在全部工程竣工前需要使用已经竣工的单位工程时，或承包人提出经发包人同意时，可进行单位工程验收。

（4）施工期运行。在施工期运行中发现工程或工程设备损坏或存在缺陷的，由承包人按合同规定进行修复。

（5）试运行。除专用合同条款另有约定外，承包人应按专用合同条款约定进行工程及工程设备试运行，负责提供试运行所需人员、器材和必要条件，并承担全部试运行费用。

（6）竣工清场。除合同另有约定外，工程接收证书颁发后，承包人应按要求对施工场地进行清理，直至监理人检验合格为止，竣工清场费用由承包人承担。

（7）施工队伍的撤离。施工队伍的撤离分为工程接收证书颁发后 56 天内撤离与缺陷责任期满时撤离两种情形。

6. 缺陷责任与保修责任

缺陷责任与保修责任主要包括的条款有：

（1）缺陷责任期的起算时间。缺陷责任期从工程通过竣工验收之日起计算，合同当事人应在专用合同条款中约定缺陷责任期的具体期限（最长不超过 24 个月）。

单位工程先于全部工程进行验收，经验收合格并交付使用的，该单位工程缺陷责任期自单位工程验收合格之日起计算。因承包人原因导致工程无法按合同约定期限进行竣工验收的，缺陷责任期从实际通过竣工验收之日起计算。因发包人原因导致工程无法按合同约定期限进行竣工验收的，在承包人提交竣工验收报告 90 天后，工程自动进入缺陷责任期；发包人未经竣工验收擅自使用工程的，缺陷责任期自工程转移占有之日起开始计算。

（2）缺陷责任。在缺陷责任期内，由承包人原因造成的缺陷，承包人应负责维修，并承担鉴定及维修费用。承包人维修并承担相应费用后，不免除对工程的损失赔偿责任。发包人有权要求承包人延长缺陷责任期，并应在原缺陷责任期届满前发出延长通知，但缺陷责任期（含延长部分）最长不能超过 24 个月。

（3）进一步试验和试运行。任何一项缺陷或损坏修复后，经检查证明其影响了工程的使用性能，承包人应重新进行合同约定的试验和试运行，全部费用由责任方承担。

（4）缺陷责任期终止证书。除专用合同条款另有约定外，承包人应于缺陷责任期届满后 7 天内向发包人发出缺陷责任期届满通知，发包人应在收到缺陷责任期届满通知后 14 天内核实承包人是否履行缺陷修复义务，并向承包人颁发缺陷责任期终止证书。

11.2.2　施工专业分包合同的主要内容

施工专业分包合同是承包人与分包人之间为施工任务的分包所签订的合同，是工程施工合同或工程总承包合同（即在分包合同中被称为"主合同"）的配套使用文本。作为主合同的分包合同，它对主合同有依附的性质，同时与主合同在内容上、程序上保持了相容性和一致性。

为规范管理各种工程中普遍存在的专业分包工程，减少或避免争议纠纷，建设部和国家工商行政管理总局于 2003 年发布了《建设工程施工专业分包合同（示范文本）》和《建设工程施工劳务分包合同（示范文本）》。

施工专业分包合同中条款的主要内容归纳如下：

1. 工程承包人（总承包单位）**的主要责任和义务**

（1）承包人应提供总包合同（有关承包工程价格的内容除外）供分包人查阅。

（2）项目经理应按分包合同约定及时向分包人提供其所需的指令、批准、图纸等，并履行其他约定义务。

（3）承包人的有关工作。具体包括：

1）向分包人提供与分包工程相关的各项证件、批件与有关资料。

2）组织分包人参加图纸会审，向分包人进行设计图交底。

3）提供本合同专用条款约定的设备和设施，并承担因此发生的费用。

4）向分包人提供确保分包工程施工所需的施工场地与通道。

5）负责整个施工场地的管理工作，协调分包人之间的配合。

2. 专业工程分包人的主要责任和义务

（1）分包人对有关分包工程的责任与义务。除本合同条款另有约定外，分包人应履行并承担总包合同中与分包工程有关的承包人的所有责任与义务，同时应避免因分包人自身行为或疏忽造成承包人违反总包合同中约定的承包人义务的情况发生。

（2）分包人与发包人的关系。分包人必须服从承包人转发的发包人或监理人与分包工程有关的指令，未经承包人允许，分包人不得以任何理由与发包人或监理人发生直接工作联系，否则分包人将被视为违约，并承担违约责任。

（3）承包人指令。针对分包工程范围内的所有工作，承包人可随时向分包人发出指令，分包人应执行承包人依据分包合同所发出的所有指令。

（4）分包人的有关工作。具体包括：

1）按分包合同的约定进行分包工程的设计（有约定时）、施工、竣工和保修。

2）在合同约定的时间内向承包人提供工程进度计划及相应进度统计报表。

3）在合同约定的时间内向承包人提供详细施工组织设计。

4）遵守政府有关主管部门对施工场地交通、环境保护和安全文明生产等的管理规定。

5）分包人应允许承包人、发包人、监理人及其三方中任一方授权的人在工作时间内，合理进入分包工程施工场地或材料存放地点。

6）已竣工工程未交付承包人之前，已完分包工程的成品保护工作由分包人负责，保护期间发生损坏则分包人自费予以修复。

3. 合同价款及支付

（1）分包工程合同的计价方式应与总包合同约定的方式相一致。

（2）分包合同价款与总包合同相应部分价款无任何连带关系。

（3）合同价款的支付。在分包合同的支付程序中，分包人提出的付款申请时间要比主合同规定早，而付款时间要比主合同规定的长，以保证承包人在获得业主的支付后再给分包人支付。

4. 合同终止与索赔

（1）若按主合同规定对承包人的雇佣终止或主合同终止，承包人应立即通知分包人停止按分包合同对分包人的雇佣，若由于主合同原因造成对分包人雇佣终止，承包人应按条款向分包人赔偿。若由于分包人的违约行为导致主合同终止，则承包人可通知终止分包合同。

（2）分包人要积极配合承包人做好主合同的索赔工作。关于主合同承包人向业主索赔的一些干扰事件，分包人与承包人是连带的，风险共担，利益共享。索赔程序上，分包人索赔常是承包人向业主索赔的一部分，故分包合同定义的索赔程序与施工合同相似，但时间定义上比主合同短。

11.2.3　施工劳务分包合同的主要内容

施工劳务作业分包是指施工承包单位或专业分包单位（两者均可作为劳务作业的发包人）将其承包工程中的劳务作业发包给劳务分包单位（即劳务作业的承包人）完成的活动。

施工劳务分包合同中条款的主要内容归纳如下。

1. 工程承包人的主要义务

（1）组建与工程相适应的项目管理组织，全面履行总（分）包合同，组织实施施工管理的各项工作，对工程的工期和质量向发包人负责。

（2）在劳务分包人施工前期，向其提供具备施工条件的场地、能源供应、通信、施工道路畅通、相应工程资料、生产及生活临时设施。

（3）负责编制施工组织设计，统一制定各项管理目标，组织编制施工计划、物资需用量计划表，实施对工程质量、工期、安全生产、文明施工、计量检测与实验化验的控制、监督、检查和验收。

（4）负责工程测量定位、技术交底，组织图纸会审，统一安排技术档案资料的收集整理及交工验收。按时提供施工图，及时交付材料、设备，所提供的施工设备、材料、安全设施能保证施工需要。

（5）按合同约定，向劳务分包人支付劳动报酬。

（6）负责与发包人、监理、设计及与有关部门联系，协调现场工作关系。

2. 劳务分包人的主要义务

（1）对劳务分包范围内的工程质量向工程承包人负责。未经工程承包人授权或允许，不得擅自与发包人及有关部门建立工作联系。自觉遵守法律法规及有关规章制度。

（2）严格按照设计施工图、施工验收规范、技术要求及施工组织设计认真组织施工，确保工程质量达标；科学安排进度，保证工期；落实安全措施，确保施工安全；加强现场管理，做到文明施工。

（3）自觉接受工程承包人及有关部门的管理、监督和检查，同时与现场其他单位协调配合。

（4）劳务分包人必须服从工程承包人转发的发包人及监理人的指令。

（5）除非合同另有约定，劳务分包人应对其作业内容的实施、完工负责，劳务分包人应承担并履行总（分）包合同约定的、与劳务作业有关的所有义务及工作程序。

3. 保险

（1）劳务分包人施工开始前，工程承包人应获得发包人为施工场地内自有人员及第三人人员生命财产办理的保险；运至施工场地用于劳务施工的材料和待安装设备由工程承包人办理或获得保险；工程承包人必须为租赁或提供劳务分包人使用的施工机械设备办理保险，并支付保险费用。以上均不需劳务分包人支付保险费用。

（2）劳务分包人必须为从事危险作业的职业人员办理意外伤害保险，并为施工场地内自有人员生命财产和施工机械设备办理保险，并支付保险费用。

（3）保险事故发生时，劳务分包人和工程承包人有责任采取必要措施以避免或减少损失。

4. 劳务报酬及最终支付

（1）劳务报酬可采用以下方式中的任一种：

1）固定劳务报酬（含管理费），施工过程中不计算工时和工程量。

2）约定不同工种劳务的计时单价（含管理费），按确认的工时计算劳务报酬，工时和工程量由劳务分包人每日将提供劳务人数报工程承包人确认。

3）约定不同工作成果的计件单价（含管理费），按确认的工程量计算劳务报酬，工时和工程量由劳务分包人按月或旬、日，将完成的工程量报工程承包人确认。

（2）劳务报酬可采用固定价格或变动价格。若采用固定价格，则除合同约定或法律、政策变化导致劳务价格发生变化以外，均为一次包死，不再调整。在合同中可约定对固定劳务报酬或单价可以调整的情形。

（3）全部工作完成并经工程承包人认可后14天内，劳务分包人向工程承包人递交完整的结算资料，双方按劳务分包合同约定的计价方式进行劳务报酬的最终支付。工程承包人收到劳务分包人递交的结算资料后14天内进行审核，给予确认或修改意见。工程承包人确认结算资料后14天内向劳务分包人支付劳务报酬尾款。

11.2.4　物资采购合同的主要内容

工程建设过程中的物资包含建筑材料（含构配件）和设备等，材料和设备的费用在工程总投资中的占比一般在60%以上。建筑材料和设备采购需要与工程施工过程相协调，并且需要多批次、连续和动态地供应。

物资采购合同分为建筑材料采购合同和设备采购合同，其合同当事人为供货方和采购方（需方）。供货方一般为物资供应商或建筑材料和设备的生产厂家，采购方一般为建设单位（业主）、项目总承包单位或施工承包单位。供货方应对其生产或供应的产品质量负责，而采购方则应根据合同的规定进行验收。建筑材料的采购供应方式按货源不同分为公开招标、询价-报价方式和直接采购方式等。设备的采购供应方式分为委托承包、按设备包干和招标投标等方式。

1. 建筑材料采购合同的主要内容

（1）标的。标的是材料采购合同的主要条款，主要包括：材料的名称（注明牌号、商标）、品种、型号、规格、等级、花色以及技术标准或质量要求等。标的物的质量应符合国家或行业现行有关质量标准和设计要求，标的物的技术指标需在合同中明确规定。对需要包装的材料，合同必须规定包装标准和包装物的供应、回收和相关费用承担方。

（2）数量。合同中应明确规定所采用的计量方法与计量单位，并按统一标准注明。材料的需要量一般不是准确数字，实际工程中会因工程变更造成材料需要量的增减。对于某些材料还需在合同中明确自然损耗的规定及计算方法。

（3）交付与运输方式。交付方式有采购方到约定地点提货或供货方负责将货物运送至指定地点两类。合同中应明确规定所采用的运输方式、指定的送达地点，有些材料还需规定送达的具体施工部位。

（4）价格与结算。材料价格一般由供需双方通过招标投标或协商确定，有国家定价的材料应按国家定价执行。采购合同大多采用单价合同形式，单价是固定的，但材料单价可以是综合单价。

合同中应明确规定结算的时间、方式与手续，以及供应量的确认方式、计量方法，规定质量保证金的扣付与退换，明确是验单付款还是验货付款。合同价款结算一般按实际供应量与合同规定的单价进行结算，可采用按月结算、按批量结算或最后一次性结算等方式。

（5）交货期限。合同应明确规定具体的交货时间。若分批交货，则应注明各个批次的交货时间。采购方应在供应前规定期限内以书面形式向供应方提供材料供应计划，供应计划包括材料的供应时间、数量、送达地点、质量要求等。供应方收到供应计划书面通知后应做好各种准备，及时将材料送达。

（6）验收。合同中应明确规定货物的验收依据、验收方式与验收内容。验收依据主要有：采购合同，供货方提供的发货单、计量单、装箱单等有关凭证，合同约定的质量标准，产品合格证、检验单及其他技术文件，当事人双方封存的样品等。验收方式有驻厂验收、提运验收、接运验收和入库验收等方式。采购方有权进行合同或规范规定以外的检验或增加检验次数，若材料经检验证明质量符合合同要求，则检验费用由采购方承担，否则由供应方承担。

（7）违约责任。当事人任何一方不能正确履行合同义务时，都可以通过违约金的形式承担违约赔偿责任，违约金比例由双方协商确定并在合同中标明。供应方的违约行为可能包括：不能按期供货，不能供货，供应的货物有质量缺陷或数量不足等。采购方的违约行为可能包括：不按合同要求接收货物，逾期付款或拒绝付款等。当双方对材料质量有争议时，应以合同规定的质量检测机构的鉴定结果为准。

2. 设备采购合同的主要内容

设备采购合同的一般条款可参照建筑材料采购合同的一般条款，包括：产品（成套设备）的名称、品种、型号、规格、等级、技术标准或技术性能指标；数量和计量单位；包装标准及包装物的供应与回收；交货单位、交货方式、运输方式、交货地点、接（提）货单位、接（提）货期限；验收方式与检验；技术服务；产品价格；结算方式；违约责任等。此外在合同中还应注意以下几方面：

（1）设备价格与支付。设备采购合同价格应根据承包方式确定，用按设备费包干的方式以及招标方式确定合同价格较为简捷，而按委托承包方式确定合同价格比较复杂。通常采用固定总价合同，在合同交货期内价格不进行调整。合同价内应包括设备的税费、运杂费、保险费等与合同有关的其他费用。合同价款的支付一般分为三次：第一次，在设备制造前，采购方支付设备价格的10%作为预付款；第二次，在供货方按要求送达货物时，采购方支付该批设备的80%；第三次，剩余的10%作为设备保证金，待保证期满，采购方签发最终验收证书后支付。

（2）设备数量。除列明成套设备名称、套数外，还需明确规定随主机的辅机、附件、易损耗备用品、配件和安装修理工具等，并在合同后附详细清单。

（3）技术标准。应在合同中注明成套设备系统的技术性能，以及各部分设备的主要技术标准和技术性能。

（4）现场服务。合同中若约定设备安装工作由采购方负责，则可要求供应方提供技术人员现场服务。应在合同中规定现场服务的内容，以及供应方技术人员在现场服务期间的工作条件、生活待遇及费用等。

（5）风险和所有权。若成套设备涉及进出口等环节，应对其风险及所有权的转移在合同中做出具体约定，并在运输过程中投保，对有关的税费和关税做出约定。

（6）验收及保修。合同中应详细注明成套设备验收办法，且在全部安装完成后，供应方和采购方一般应共同参加试车调试的检验工作，试验合格后双方在验收文件上签字，正式移交采购方进行生产运行。若检验不合格，原因属于设备质量问题的，应由供货方负责修理、更换并承担全部费用；若原因出自施工质量问题，由安装单位负责拆除后纠正缺陷。合同中还应约定成套设备的保修期限、费用承担者等。

11.2.5　工程承包联合体合同的主要内容

在现代大型和特大型工程中，联合体承包经常出现。联合体承包是指两家或两家以上的承包单位签订承包联合体合同，组成 JV 联合体，联合投标，与业主签订总承包合同。联合体成员之间的关系是平等的，按各自完成的工程量进行工程款结算，按各自承担的工程范围或投入资金的比例分割利润。由于联合体是临时组织而不是经济实体，没有法人资格，工程结束后就会解散，故通过联合体合同保证工程承包合同主体是非常重要的。

联合体合同通常在工程承包合同投标前就需签订，作为工程承包合同的一个附件。只有总承包合同签订，联合体合同才真正有效；签订总承包合同后，只有总承包合同结束时，联合体才能解散。

通常联合体承包合同包括了施工劳务人员、材料、机械、包装费、装卸费和运输费、保险、缺陷维修、违约责任等条款，同时还应注意以下条款。

1. 联合体的基本情况与成员概况

简要介绍联合体的基本情况，包括联合体名称、通信地址、工程名称、联合的目的等。还应介绍联合体成员概况，各联合体成员的公司信息；列出联合体成员之间的出资份额比例，划分各成员权利和义务，特别注意利润、亏损、担保责任和保险都按出资比例确定。

2. 投标工作

确定在投标工作中联合体成员各方的义务与责任，有时这些内容通过一个独立的协议定义而不出现在联合体合同中。

3. 联合体工程范围和联合体的财务

应在合同中明确联合体的工程范围以及各成员的工程范围。明确规定联合体的组织机构和组织人员，以及他们的权利和责任。

应在合同中明确联合体施工过程中特殊工作的报酬、联合体财务核算、资金使用、财务计划的规定。

4. 担保和联合体合同权益的转让

联合体成员必须提交与出资比例相对应的担保，费用由该成员或联合体承担。某联合体成员转让联合体合同权益的要求，必须在其他联合体成员一致书面同意时才有效。

5. 联合体成员退出相关问题

合同中应明确有联合体成员退出时的规定，包括：其他成员的权利和义务、退出者债权的计算、财产分配、后期工程实施和其他责任的费用、退出引起的费用、退出联合体的证明等。

11.3 | 建设工程施工合同计价方式

施工承包合同可按计价方式可分为单价合同、总价合同和成本加酬金合同三类。

11.3.1　单价合同

单价合同（Unit Price Contract）最为常见，适用于项目周期长、发包工程内容和工程量初期较难确定的情况，可根据计划工程内容和估算工程量，在合同中明确工程内容的单位价格（如每米、每平方米或每立方米的价格）。单价合同的特点是单价优先，业主给出的工程量仅限于参考，实际工程款则按实际完成的工程量和承包单位所报的单价计算。

由于单价合同允许工程量变化而调整工程总价，业主和承包人都不存在工程量方面的风险，因此较为公平。但采用单价合同时，发包人需要组织核实已完成的工程量，协调工作多；同时用于计算应付工程款的实际工程量可能超过计划工程量，使得实际投资容易超过计划投资，不利于投资控制。对于承包人而言，单价风险则由承包人承担，比如某项目结算时单价存在误写，将某分项工程单价 500 元/m³ 误写为 50 元/m³，则实际工程中按 50 元/m³ 结算。

单价合同又分为固定单价合同和变动单价合同。采用固定单价合同时，无论发生任何影响价格的因素，单价都不调整，故只适用于工期较短、工程量变化幅度不大的项目。采用变动单价合同时，合同双方可约定单价调整的情况，承包人风险较小。

11.3.2　总价合同

总价合同（Lump Sum Contract）也称总价包干合同，是指根据合同规定的工程施工内容和有关条件，业主按合同确定的总价支付给承包人，价格不因环境变化和工程量增减而变化。总价合同特点是总价优先，通常只有设计变更或业主要求变更，或符合合同规定的调价条件（如法律变化）时，才允许调整合同价格。若由于承包人的失误导致投标价计算错误，合同总价不予调整。

总价合同的特点是：业主风险较小，承包人承担较多风险；评标时业主易于迅速确定报价最低的投标人；在施工进度上极大地调动承包人的积极性；业主更容易对项目进行控制。

总价合同又分为固定总价合同和变动总价合同。

1. 固定总价合同

固定总价合同的总价一次包死，固定不变。在国际上，此类合同因有较成熟的法规和较多先例经验而被广泛采用。在固定总价合同中承包人承担了全部的价格风险和工程量风险，承包人在报价时对一切费用的价格变动因素以及不可预见因素做了充分估计，并将其包含在合同价格之中。价格风险有报价计算错误、漏报项目、物价和人工费上涨等；工程量风险有工程量计算错误、工程范围不确定、工程变更或由于设计深度不够所造成的误差等。

固定总价合同适用于以下情形：工程量小、工期短、工程条件稳定的；工程范围清楚明确，工程设计详细，图纸完整的；工程结构及技术简单，风险小，报价估算方便的；投标期相对宽裕，承包人可对现场、工程量认真调查、复核的；合同条件完备，双方的权利和义务关系清楚明确的。

2. 变动总价合同

变动总价合同也称为可调总价合同，合同价格是以设计图及规定、规范为基础，按时价进行计算，得到包括全部工程任务和内容的暂定合同价格，合同价格相对固定。由于通货膨胀等原因导致所使用的工、料成本增加，在合同履行过程中是可按照相应规定进行总价调整的。规范中规定的合同价款调整情形有：第一，法律、行政法规和国家有关政策变化影响合同价款；第二，工程造价管理部门公布的价格调整；第三，一周内非承包人原因的停水、停电、停气造成的停工累计超过 8 小时；第四，双方约定的其他因素。

工程施工承包招标时，施工期限一年左右的项目一般采用固定总价合同，通常不考虑价格调整问题，以签订合同时的总价为准，物价上涨的风险全部由承包人承担。但对于工期在一年半以上的工程项目，应考虑价格变化问题。

11.3.3 成本加酬金合同

成本加酬金合同也称为成本补偿合同，指工程施工的最终合同价格按工程的实际成本再加上一定的酬金进行计算。在合同签订时，工程实际成本常常不能确定，只能确定酬金（间接费和利润）的取值比例或计算原则。

由于合同价格按承包人的实际成本结算，业主承担了全部价格风险和工程量风险，承包人则没有控制成本的积极性，甚至会期望提高成本以达到提高自己经济效益的目的，这样会损害工程的整体效益，所以此类合同的使用应受到严格限制。对承包人而言，此类合同的风险比固定总价合同要低，利润较有保证，故承包人比较有积极性；缺点则是合同的不确定性大，由于设计未完成，无法准确确定合同的工程内容、工程量、工期，进度计划较难安排。

成本加酬金合同适用于招投标阶段工程范围无法界定，无法准确估价的；工程特别复杂，工程技术、结构方案不能预先确定的；时间急，工期紧的，如抢险、救灾工程。

成本加酬金合同也有不同的形式，例如：成本加固定费用合同，酬金是固定金额的；成本加固定比例费用合同，酬金是固定比例的。此外还有成本加奖金合同、最大成本加费用合同等。

下表 11-1 是三种合同的比较。

表 11-1　三种合同比较

合同种类	总价合同	单价合同	成本加酬金合同
适用范围	广泛	工程量暂不确定的工程	紧急工程、保密工程等
业主的风险	较小	较大	很大
承包人的风险	大	较小	无
设计深度要求	施工图设计	初步设计或施工图设计	各设计阶段

11.4 建设工程施工合同实施管理

施工合同实施是指工程建设项目的发包人（业主）和承包人依据合同规定的时间、地点、方式、内容和标准等要求，各自完成合同义务的行为。施工合同实施管理是指项目管理组织为了保证合同约定的各项义务的全面履行及各项权利的实现，基于合同分析，对合同实施过程进行全面监督、跟踪、诊断和采取纠正措施的管理活动。由于承包人最根本的合同义务是实现成本、质量和进度三大目标，故合同实施管理具有综合性、专业性、动态性的特点。

11.4.1　建立合同实施管理体系

在现代工程中，施工合同管理极为困难和复杂，日常事务性工作繁多，而建立合同实施管理体系有助于工作的规范化和秩序化。这方面的主要工作有：

1）进行合同交底，落实合同责任，实行目标管理。

2）建立合同管理工作程序，实行定期和不定期的协商会议制度，建立合同实施工作程序。

3）建立合同文档系统，注重工程原始资料的收集与整理。

4）在合同实施过程中实行严格的检查验收制度。

5）建立报告和行文制度，各方沟通以书面形式进行并作为最终依据。

11.4.2　施工合同实施监督

合同签订后，合同中的各项任务的执行要落实到具体的项目经理部或项目参与人员身上。承包人对合同实施监督是为保证完成自己的合同责任，主要工作有：

1）提供必要的组织支持和资源供应保障。

2）进行合同范围内的协调工作，明确合同实施中的责任界面。

3）合同工作指导与合同解释。

4）检查、监督各工程小组和分包人的合同实施情况。

5）对业主提出的工程款账单和分包人提交的收款账单进行审查和确认。

6）合同管理人员对有关合同的任何变更、有关指令的审查和分析。

7）施工项目部对环境有监控责任。

11.4.3　施工合同跟踪与控制

1. 施工合同跟踪

施工合同跟踪既指承包人的合同管理职能部门对合同执行者（项目经理部或项目参与人）的履约情况进行跟踪、监督和检查，又指合同执行者本身对合同计划的执行情况进行的跟踪、检查和对比。合同跟踪应注意以下两方面：

（1）合同跟踪的依据。合同跟踪的依据是指合同以及依据合同而编制的各种计划文件，各种实际工程文件（如原始记录、报表、验收报告等），以及管理人员对现场的直观了解（如现场巡视、交谈、会议、质量检查等）。

（2）合同跟踪的对象。合同跟踪的对象包括：承包的任务，如工程施工的质量是否符合合同要求，工程进度是否符合预定计划，工程施工任务是否全部完成，成本的增加和减少；工程小组或分包人的合同实施情况；业主和监理人的工作是否达到合同要求；工程整体实施状况。

2. 合同实施的偏差分析与偏差处理

通过合同跟踪可能会发现合同实施中存在偏差，即工程实施的实际情况偏离了工程计划和工程目标。此时应及时分析偏差原因，采取措施以纠正偏差，避免损失。

（1）偏差分析。合同实施的偏差分析包括：

1）偏差产生的原因分析。将合同实际执行情况与合同计划进行对比，分析差异的产生原因。原因分析可采用鱼刺图、因果关系分析图（表）、成本量差、价差、效率差分析等定性或定量方法。

2）合同实施偏差的责任分析。以合同为依据，分析合同偏差的引起者、承担责任者。

3）合同实施趋势分析。分析合同偏差纠正措施的执行结果与趋势，包括：最终的工程状况，如总工期的延误情况、总成本的超支情况等；承包人将承担的后果，如被罚款、被起诉，对承包人企业形象、信用的影响；以及最终工程经济效益（利润）水平。

（2）纠偏措施。依据合同实施偏差分析的结果，承包人应采取相应纠偏措施，可分为：

1）组织和管理措施，如增加人员投入，调整人员安排，调整进度计划等。

2）技术措施，如变更技术方案，采用新的高效率的施工方案等。

3）经济措施，如增加投入，改变投资计划，对员工进行经济激励等。

4）合同措施，如进行合同变更、签订附加协议、协商、索赔等。

11.4.4 施工合同变更管理

合同变更是指合同成立后和履行完毕前，由双方当事人依法对合同内容进行的修改，实质上是对合同的修改和补充，是合同双方新的要约和承诺。工程变更一般指工程施工过程中，依据合同约定对施工程序、工程内容、质量要求等做出的变更，工程变更属于合同变更。

1. 工程项目变更的原因

工程项目变更的原因一般有以下几方面：

（1）由于业主要求的变化、对建筑的新要求，或设计的错误，设计人员、监理人、承包人事先未能很好地理解业主的意图，工程设计在合同签订时不可能十分完备。

（2）工程自然环境和社会环境的变化，预定的工程条件不准确，或发生了未预见事件，要求原实施方案或计划变更。

（3）合同条款出现问题，如工程合同出现考虑不周、错误、含混不清或二义性的条款，必须修改合同条款。

（4）其他原因，如新技术、新知识的产生与应用使得有必要改变原设计、原实施方案等。

2. 变更范围和承包人合理化建议

依据我国《标准施工招标文件》中的通用条款规定，除专用合同条款另有约定外，在履约中发生下列情形之一，应按规定进行变更：①取消合同中任一项工作，但被取消的工作不能转由发包人或其他人实施；②改变合同中任一项工作的质量或其他特性；③改变合同工程中的基线、标高、位置或尺寸；④改变合同中任一项工作的施工时间或改变已批准的施工工艺或顺序；⑤为完成工程需要追加的额外工作。

在合同履行过程中，经发包人同意，监理人可按合同规定的变更程序对承包人做出变更指示，承包人应遵照执行。应注意变更指示只能由监理人发出，变更指示应说明变更的目的、范围、内容以及变更的工程量及其工期进度和技术要求，并附上有关图纸和文件。

在合同履行过程中，承包人可以对发包人提供的施工图、技术要求及有关工程方面提出合理化建议，以书面形式提交监理人，由发包人与监理人协商是否采纳建议。若建议被采纳并构成变更的，监理人应按合同约定的程序向承包人发出变更指示。如果承包人提出的合理化建议降低了工程成本、缩短了工期或提高了经济效益，发包人可按国家有关规定或合同专用条款的约定给予奖励。

3. 变更程序

工程实施过程中，工程参加者各方定期组织会议，研究讨论新出现的问题及解决办法，会形成工程变更。对于重大的合同变更，由合同双方签署变更协议确定。较为重大的、需要多次协商的问题，通常在最后一次会议上签署变更协议。

合同变更应有正规的程序。对承包人而言，最理想的变更程序是先估价后变更，在变更执行前合同双方已就工程变更所涉及的费用增加和工期延误的补偿问题达成一致。通常的变更程序是：

（1）在履约过程中可能发生前述范围内的变更时，监理人向承包人发出变更意向书，发包人同意承包人依据变更意向书要求提交的变更实施方案的，监理人向承包人发出变更指示。若承包人收到监理人的变更意向书后认为该项变更难以实施，应立即通知监理人并说明原因与依据。

（2）在履约过程中发生前述范围内的变更后，监理人依据合同条件按合同约定的程序直接向承包人发出变更指示。

（3）在承包人收到监理人按合同约定发出的图纸和文件，经检查认为存在前述范围内情形的，承包人向监理人提出书面变更建议。监理人应在收到书面建议后应与发包人共同研究，确认变更存在的，监理人应在收到承包人书面建议后 14 天内做出变更指示；研究后不同意作为变更的，监理人需对承包人进行书面答复。

除合同另有约定外，承包人应在收到变更指示或变更意向书后的 14 天内，向监理人提交变更报价书，报价书包括详细列明的变更工作价格组成及其依据，以及必要的施工方案和施工图。变更影响工期的，承包人应提出调整工期的详细方案。监理人则在收到承包人变更报价书后的 14 天内，根据合同约定的变更估价原则，商定或确定变更价格。

4. 合同变更中承包人应注意的问题

（1）对业主或监理人（工程师）的口头变更指示，承包人按合同规定也应遵照执行，但应根据合同规定的相关程序向监理人提交口头变更指示确认函，要求监理人书面确认。

（2）监理人所做的工程变更不能免去承包人的合同责任，所以承包人应对已收到的变更指示，特别对重大的变更指示或在施工图上做出的修改意见应予以核实。对涉及双方责权利关系的重大变更或超过合同范围的变更，必须有业主的书面指令、确认或双方签署的变更协议。工程变更若超出合同所规定的工程范围，承包人有权不执行变更或坚持先定价后变更。

（3）工程变更的实施、价格谈判和业主批准这三者在时间上是矛盾的。若工程变更已成为事实，监理人再发出价格和费率的调整通知，随后的价格谈判迟迟未协商一致，或业主对承包人的补偿要求不批准，承包人往往处于不利地位，此时可采取的措施有：控制（拖延）施工进度，等待谈判结果；争取以计时工或按承包人的实际费用支出计算费用补偿；收集整理完整的变更实施记录、照片、文件，请业主及监理人签字，为索赔准备相应的材料，保留索赔权。

（4）注意工程中因变更产生的返工、停工、窝工、修改计划等引起的损失，建立严格的书面文档记录、收发和资料收集、整理、保管制度。

11.5 │ 建设工程施工合同的索赔

施工合同索赔一般指在合同履行过程中，合同当事人一方因对方不履行或未能正确履行合同，或由于其他非自身原因而受到经济损失或权利损害，通过合同约定的程序向对方提出费用或工期补偿要求的行为。索赔是一种正当的权利要求。

11.5.1 施工合同索赔的分类

从不同角度或标准分析，索赔的分类见表 11-2。

表 11-2 施工索赔分类表

分类标准	索赔分类	说　明
按索赔的要求或目的分类	工期索赔	非承包人原因造成工期延误，承包人要求业主延长工期，推迟竣工日期。相对应地，业主可以向承包人索赔缺陷责任期
	费用索赔	承包人要求业主补偿因索赔事件引起的额外支出或费用损失，调整合同价格
按索赔依据的理由分类	合同内索赔	发生了在合同规定的给予承包人补偿的范围内的索赔事件，承包人可以根据合同规定提出索赔要求。合同内索赔最为常见
	合同外索赔	工程实施过程中发生的索赔事件的性质超出合同范围，在合同中没有具体依据，一般需根据适用于合同关系的法律解决索赔问题
	道义索赔	承包人的索赔没有合同依据，如业主未违约或业主不应承担责任。可能是由承包人应负责的风险或报价失误等引起承包人的重大损失，并极大地影响承包人的财务能力与履约能力，甚至危及承包企业的生存。承包人提出要求，希望业主从道义上，或从工程整体利益的角度给予补偿
按索赔的处理方式分类	单项索赔	在一项索赔事件发生时或发生后的有效期内，立即进行的索赔。特点是索赔事件原因单一、责任明确、处理容易
	总索赔	也称一揽子索赔。承包人在竣工前就工程实施过程中未解决的各单项索赔，综合起来提出的总索赔。特点是索赔复杂，各单项索赔间相互影响，处理难度大

在施工承包合同执行过程中，合同的双方即业主和承包人均可向对方提出索赔要求。对承包人而言，一般只要不是承包人自身责任造成工期延长和成本增加，都可以按合同规定提出索赔要求，包括三种情况：①业主或业主代表违约，未能履行合同义务；②业主行使合同规定的权利如业主指示变更工程等；③发生合同规定的应由业主承担责任的事件。

11.5.2 施工合同索赔的依据和证据

索赔的依据有：合同文本及附件，招标文件，政策法规文件，工程建设惯例等。

索赔证据指合同当事人用来支持其索赔成立的，或与索赔有关的证明文件和资料，通常是工程项目实施过程中产生的工程信息和资料文件。索赔证据很大程度上影响了索赔的成功与否。索赔证据应具有真实性、及时性、全面性、关联性、有效性。常见的索赔证据主要有：

（1）各种合同文件，包括施工合同协议书及其附件、中标通知书、投标书、标准和技术规范、图纸、工程量清单、工程报价单或预算书、施工过程中的补充协议等。

（2）经过发包人或监理人批准的承包人的施工进度计划、施工方案、施工组织设计等。

（3）施工日记和现场记录，现场实施情况记录，有关设计交底、设计变更、施工变更指令，建筑材料和施工设备的采购、验收与使用的凭证、材料供应清单、合格证书等。

（4）备忘录。对监理人或业主的口头指示和电话应随时用书面记录，并给予书面确认。

（5）工程各项会议纪要，工程往来函件、通知、答复，工程有关照片和录像等。

（6）发包人或监理人发布的各种书面指令和确认书、工程签证，以及承包人的要求、请求等。

（7）气象报告和资料，投标前发包人提供的参考资料和现场资料等。

（8）工程会计核算资料、财务报告，各种验收报告和技术鉴定等。

（9）其他，如政府发布的物价指数、汇率，市场行情资料等。

11.5.3　施工合同索赔事件及索赔前提条件

1. 索赔事件

索赔事件也称干扰事件，指在工程实施中使工程实际条件与合同约定的情况不相符，进而引起费用和工期变化的事件，它们是索赔的起因和索赔处理的对象。一般承包人可以提起索赔的事件有：

（1）发包人违反合同约定，或没有正确履行合同义务，或发包人与监理人超越合同规定的权利不适当地干扰了承包人的施工过程与施工方案，造成承包人费用的损失与工期的延误。

（2）因工程变更（包括设计变更、发包人或监理人提出的变更以及承包人提出并经监理人批准的变更）造成承包人费用的损失与工期的延误。

（3）合同缺陷，如条款不全、错误、矛盾、二义性等。

（4）发包人提供了错误的数据、资料等，或发包人及监理人做出了错误的指令。

（5）发包人要求加快进度，指令承包人采取加速措施，引起承包人费用增加。

（6）项目进行合同规定以外的检验并且检验合格，或非承包人原因导致的项目缺陷的修复引起的费用。

（7）发生了发包人的风险事件和不可抗力事件，或一个有经验的承包人无法预见的任何自然力作用等，使工程中断或合同终止。

2. 承包人索赔成立的前提条件

承包人索赔成立时，应同时具备以下条件，缺一不可：

（1）与合同对照，索赔事件已造成承包人工程项目以外的支出或直接工期损失。

（2）造成费用增加或工期延误的原因是按合同规定的不属于承包人的行为责任或风险责任。

（3）承包人必须按合同规定的程序和时间提交索赔意向通知和索赔报告。

11.5.4　施工合同索赔的计算

1. 工期索赔计算

工期索赔的目的是从导致工期延误的因素中找出可以索赔的事件，从而取得业主对合理延长工期的合法性确认。常用的工期索赔的计算方法有：

（1）网络分析法。网络分析法是通过分析索赔事件发生前后网络计划工期的差异以计算索赔的工期，可用于各类工期索赔。

（2）对比分析法。对比分析法适用于索赔事件仅影响单位工程或分部分项工程的工期，计算式为

$$总索赔工期 = 原合同总工期 \times \frac{额外或新增工程价格}{原合同总价} \qquad (11\text{-}1)$$

（3）劳动生产率降低计算法。该法适用于索赔事件干扰正常施工导致劳动生产率降低以至于工期拖延的情形，计算式为

$$索赔工期 = 计划工期 \times \left(\frac{预期劳动生产率 - 实际劳动生产率}{预期劳动生产率}\right) \qquad (11\text{-}2)$$

（4）列举汇总法。可一一列举工程施工过程中因恶劣气候、停水、停电及意外风险等因素造成全面停工而引起的停工天数，累计汇总成总索赔工期。

2. 费用索赔计算

（1）费用索赔及其构成。费用索赔是指承包人要求业主对索赔事件引起的直接和间接损失给予合理的经济补偿。表 11-3 列出了常见各类索赔事件的费用损失项目的构成。

表 11-3　索赔事件的费用损失项目构成

索　赔　事　件	可能的费用损失项目
工期延长	（1）人工费增加；（2）材料费增加；（3）施工机械设备停置费；（4）现场管理费增加；（5）因工期延长和通货膨胀使原工程成本增加；（6）相应保险费、保函费用增加；（7）分包商索赔；（8）总部管理费分摊；（9）推迟支付引起的兑换率损失；（10）银行手续费和利息支出
业主指令工程加速	（1）人工费增加；（2）材料费增加；（3）机械使用费增加；（4）因加速增加现场管理人员的费用；（5）总部管理费增加；（6）资金成本增加
工程中断	（1）人工费；（2）机械使用费；（3）保函费、保险费、银行手续费；（4）贷款利息；（5）总部管理费；（6）其他额外费用
工程量增加或附加工程	（1）工程量增加所引起的索赔额，其构成与合同报价组成相类似，工程量增加小于合同总额的 5%，为合同规定的承包商应承担的风险，不予补偿；工程量增加超过合同规定的范围，承包商可要求调整单价，否则合同单价不变 （2）附加工程的索赔额，其构成与合同报价组成相类似

（2）费用索赔额的计算。费用索赔额的计算包括：总索赔额的计算，人工费索赔额的计算，材料费索赔额的计算，机械费索赔额的计算，管理费索赔额的计算，利润索赔额的计算和利息索赔额的计算。

1）总索赔额的计算。总索赔额的计算有总费用法和分项法两种方法。

① 总费用法。总费用法适用于采用总索赔的情形，即发生多次索赔后各单项索赔间相互影响，无法区分，需重新计算该工程项目的实际总费用，用其减去中标合同价中的估算总费用得到索赔总款额，即

$$索赔款额 = 实际总费用 - 合同价中估算费用 \qquad (11\text{-}3)$$

采用总费用法的需要满足以下条件：

第一，合同实施过程中所发生的总费用是准确的，工程成本核算符合会计原则，实际总

成本与合同价中总成本的内容项目一致。

第二，承包人的报价合理，能反映实际情况。若报价计算不合理则不能用此法，因为这里会包括承包人为中标而压低报价的情况，压低报价属于承包人承担的风险。

第三，费用损失的责任或索赔事件的责任属于非承包人的责任，也不是应由承包人承担的风险。

第四，由于多项索赔事件的性质而不能逐项精确计算出承包人损失的款额。

② 分项法。分项法也称实际费用法，即根据索赔事件所造成的损失或成本增加，按费用项目逐项进行分析、计算各索赔金额后汇总求和。分项法能反映实际，虽计算复杂但仍被广泛使用。

2）人工费索赔额的计算。计算各项索赔费用的方法与工程报价时计算方法基本相同。人工费索赔额计算分两种情形。

① 由增加或损失的工时计算，即

$$额外劳务人员雇佣、加班人工费索赔额 = 增加工时 × 投标时人工单价 \quad (11\text{-}4)$$

$$闲置人员人工费索赔额 = 闲置工时 × 投标时人工单价 × 折扣系数（一般为 0.75）$$
$$(11\text{-}5)$$

② 由劳动生产率降低导致额外支出人工费的索赔计算，分别计算出正常施工期内和受干扰施工期内的平均劳动生产率，求得劳动生产率降低值，则可通过下式求出索赔额

$$人工费索赔额 = \frac{计划工时 × 劳动生产率降低值}{正常情况下平均劳动生产率} × 相应人工单价 \quad (11\text{-}6)$$

3）材料费索赔额的计算。计算材料费索赔额需要明确所增加的材料用量和相应材料单价。实际增加的材料用量依据增加的工程量及相应材料消耗定额规定的材料消耗量确定。材料价格不涉及价格上涨时，按投标报价中材料价格计算；涉及价格上涨时，材料价格需按其构成与可靠的订货单、采购单或官方公布的材料价格涨价指数重新计算。材料费索赔额的计算式为

$$材料价格 = （供应价 + 包装费 + 运输费 + 运输损耗费）× （1 + 采购保管费率）- 包装品回收值$$
$$(11\text{-}7)$$

$$材料费索赔额 = 材料价格 × 增加的工程量 × 每单位工程量材料消耗量标准 \quad (11\text{-}8)$$

4）机械费索赔额的计算。计算机械费索赔额按具体情况分为三种情形：

① 工程量增加时，按报价单中的机械台班费用单价和相应工程增加的台班数量计算增加的施工机械使用费。若因工程量变化，双方协议对合同价进行调整，则按调整后的新单价计算。

② 若由于非承包人原因导致施工机械窝工闲置，对于承包人自有的机械设备，窝工机械费仅按折旧台班费计算；对于承包人租赁使用的设备，如果租赁价格合理并有租赁收据，则按租赁价格计窝工机械费。

③ 施工机械降效。如果实际施工中因非承包人的原因导致施工机械效率降低，引起工期拖延，最终会增加相应施工机械费用，可按以下式计算

$$实际台班数量 = 计划台班数量 × \left(1 + \frac{原定效率 - 实际效率}{原定效率}\right) \quad (11\text{-}9)$$

其中，原定效率指合同报价中所报的施工效率，实际效率指受干扰后的现场设计施工效率。

$$增加机械台班数量 = 实际台班数量 - 计划台班数量 \tag{11-10}$$

$$机械降效增加机械费 = 机械台班单价 \times 增加机械台班数量 \tag{11-11}$$

5）管理费索赔额的计算。费用索赔中管理费的计算分为工地管理费和总部管理费。

① 工地管理费。工地管理费是按人工费、材料费、施工机械使用费之和的一定比例计取，承包人完成额外工程或附加工程时索赔的工地管理费也按相同比例计取。若因非承包人原因导致工期拖延，由此增加的工地管理费可按原报价中的工地管理费平均计取，计算式为

$$索赔的工地管理费总额 = \frac{合同价中工地管理费总额}{合同总工期} \times 工程延期的天数 \tag{11-12}$$

② 总部管理费。总部管理费有多种计算方法，此处以按原合同价中总部管理费平均计取为例，计算式为

$$总部管理费 = \frac{合同价中总部管理费总额}{合同总工期} \times 工程延期的天数 \tag{11-13}$$

6）利润索赔额的计算。利润索赔额的计算通常与原中标合同价中的利润率保持一致，计算式为

$$利润索赔额 = 合同价中的利润率 \times (直接费索赔额 + 管理费索赔额) \tag{11-14}$$

7）利息索赔额的计算。因非承包人原因的索赔事件导致承包人的融资成本增加时，承包人的利息索赔额可采用以下方法计算：①按当时的银行贷款利率计算；②按当时的银行透支利率计算；③按合同双方协议的利率计算。采用的方法应在合同文件的专用条款或投标书附录中加以明确。

11.5.5　施工合同索赔的程序

1. 索赔程序

索赔工作的第一步是工程实施过程中发生索赔事件或承包人发现索赔机会后提出索赔意向。按我国《建设工程施工合同（示范文本）》的规定，在索赔事件发生后 28 天内，承包人向监理人发出索赔意向通知书，说明发生索赔事件的事由。一般索赔意向通知书仅简明扼要地表明索赔事件的情况描述、发展动态及对成本与工期的不利影响，以及索赔依据和理由，并保留索赔的权利，但不涉及索赔的金额问题。依据规定，承包人未在规定时间内发出索赔意向通知书的，丧失要求追加付款和（或）延长工期的权利。

承包人应在索赔意向通知书发出后的 28 天内，向监理人正式递交有关索赔资料与索赔通知书，即索赔报告，内容包括详细的索赔理由以及要求追加的付款金额和（或）延长的工期，并附必要的记录和证明材料。当索赔事件具有连续影响时，承包人应按合理的时间间隔，阶段性地继续递交延续索赔报告，内容包括连续影响的实际情况记录与累计追加的付款金额和（或）延长的工期。另外，在索赔事件的影响结束后的 28 天内，承包人应向监理人递交最终索赔报告。

相对应地，当发生发包人的索赔事件后，依据规定监理人应及时书面通知承包人，详细说明发包人有权得到的索赔金额和（或）延长缺陷责任期及依据，发包人提出索赔的期限和要求与承包人提出索赔的期限和要求相同，延长缺陷责任期的通知则应在缺陷责任期届满前发出。

监理人在收到承包人递交的索赔报告和有关资料后的 28 天内未给予答复或未对承包人

作进一步要求，视为认可该项索赔。若不能直接解决该项索赔，需将未解决的索赔问题提交会议协商解决。

若合同双方不能通过协商解决索赔问题，则可由第三方（如有关主管部门）进行调解。按规定，若索赔事件当事人不愿和解、调解或和解、调解不成的，当事人可按专用条款内约定的仲裁或诉讼的方式解决索赔争端。

对于承包人提出索赔的期限也有规定：承包人按合同约定接受了竣工付款证书后，应被认为已无权再提出在合同工程接收证书颁发前所发生的任何索赔。承包人按合同约定提交的最终结清申请单中，只限于提出工程接收证书颁发后发生的索赔，提出索赔的期限自接受最终结清证书时终止。

2. 索赔资料的准备与索赔报告内容

索赔资料的准备工作有：①调查和跟踪干扰事件，掌握事件产生的详细经过与发展动态；②分析干扰事件产生的原因以划清各方责任，确定索赔依据，并收集充分的索赔证据；③分析和计算损失或损害，确定工期索赔和费用索赔值；④编写索赔报告。

索赔报告的主要内容包括以下几个方面。

（1）总述部分。概述索赔事件发生的时间和过程；承包人为索赔事项付出的努力和额外支出；承包人的具体索赔要求。

（2）论证部分。论证部分是索赔报告的关键部分，目的是说明承包人自己有索赔权。

（3）索赔款项（或工期）计算部分。计算能得到的索赔金额和（或）延长的工期，计算结果要准确，要用合同规定的或法规规定的公认合理的计算方法，并进行适当的分析。

（4）证据部分。应引用充分有效的、可信的证据，重要的证据资料还需附以文字说明或确认件。

承包人编写索赔报告时还应注意责任分析应清晰准确，应当强调：索赔事件的引起并不是承包人的责任，事件具有不可预见性，事件发生后尽管采取了有效措施也无法制止，索赔事件导致承包人费用增加、工期拖延的严重性，索赔事件与索赔金额的因果关系等。同时，索赔报告应当简洁并条理清晰，各种结论、定义准确，承包人在报告中还应避免使用强硬的不友好的抗议式语言。

3. 对承包人提出索赔的处理程序

监理人依据发包人的委托或授权，对承包人的索赔要求进行审核和质疑。对承包人提出索赔的处理程序如下：

1）监理人收到承包人提交的索赔通知书（即索赔报告）后 14 天内完成审查并报送发包人。监理人对索赔报告存在异议的，有权要求承包人提交全部原始记录副本。

2）发包人应在监理人收到索赔报告或进一步证明索赔的有关材料后的 28 天内，由监理人向承包人出具经发包人签认的索赔处理结果。发包人逾期答复的，则视为认可承包人的索赔要求。

3）承包人接受索赔处理结果的，索赔款项在当期进度款中进行支付；承包人不接受索赔处理结果的，按合同约定的争议解决办法处理争议。

11.5.6 反索赔

反索赔就是对于合同一方当事人在合理合法的前提下对于另一方当事人的索赔要求进行

适当的反驳、应对和防范。反索赔包括两个方面：防止对方提出索赔以及反击或反驳对方的索赔要求。

应采取积极防御的策略以防止对方提出索赔，首先，自身应严格履行合同规定的义务，做到自己不违约，并加强合同管理，不给对方留下用于索赔的依据。其次，若干扰事件确实在工程实施过程中发生了，应立即进行合同分析研究，收集证据，为索赔和反索赔做好准备。

对于反击或反驳对方的索赔要求，则应采取适当措施：

1）寻找并利用对方在工程实施过程中的失误，直接向对方提出索赔，目的是对抗或平衡对方的索赔要求，使得在最终解决索赔时两方互相让步或互不支付。

2）认真研究分析对方的索赔报告，寻找报告中存在的漏洞，进而反击对方不合理的索赔要求，减轻自己的责任以减免损失。

11.6 建设工程合同后评价

合同后评价是合同管理的一项关键工作，其任务是将合同签订和履行过程中的得失、经验等总结出来，作为以后合同管理工作的借鉴。对承包人而言，合同后评价的工作内容有：

1）合同签订情况评价。包括：该合同环境调查、实施方案、工程预算与报价等方面的问题和经验教训；合同谈判中的问题；各相关合同间的协调问题等。

2）合同执行情况评价。包括：合同执行过程中出现的特殊情况及处理措施；合同风险控制的得失与经验等。

3）合同管理工作评价。包括：对合同管理本身的工作评价；合同管理程序的缺陷与改进方法；索赔处理和纠纷处理的经验教训等。

4）合同条款分析。包括：对本工程有重大影响的合同条款的表达和执行的利弊得失；具体的合同条款如何表达的更为有利等。

复习思考题

1. 我国建设工程施工合同文件由哪些部分组成的？
2. 施工合同管理的目标是什么？
3. 施工承包合同中，承包人的责任与义务有哪些？
4. 简述施工专业分包合同与施工劳务分包合同的主要内容。
5. 简述物资采购合同的主要内容。
6. 单价合同、总价合同与成本加酬金合同各适用于什么情况？各自有哪些特点？
7. 施工合同实施管理的步骤有哪些？
8. 工程项目变更的原因有哪些？合同变更的范围包括哪些情形？
9. 承包人可以提起索赔的事件有哪些？
10. 工期索赔如何计算？
11. 简述合同后评价的主要工作内容。

第 12 章

施工管理中的组织、领导与沟通

12.1 施工项目组织机构

12.1.1 组织机构的形式

1. 直线职能型组织

直线职能型组织是现代工业中常用的一种组织结构形式，它以直线制为基础，在各级领导下，设置相应的部门，即在直线制组织统一指挥的原则下，增加了参谋机构。在大型工业工程施工中这种组织结构形式尤为普遍。它一般设有三个管理层次：一是施工项目经理部，主要负责施工项目的调控和决策管理工作；二是施工项目专业职能管理部门，主要负责施工项目内部专业管理业务；三是施工项目的具体操作队伍。在此类组织结构中，直线人员是直接参与实现组织目标的人员，而职能人员是间接参与为实现组织目标服务的人员。目前，这种形式仍被我国绝大多数企业采用。这种组织结构中除了直线人员外，还需要职能人员的参与和服务，他们与直线人员共同工作，是直线型组织结构的一种改进型。直线职能型组织结构如图 12-1 所示。

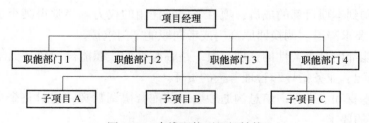

图 12-1　直线职能型组织结构

直线职能型组织的优点是：既保证了企业管理体系的集中统一，又能在各级行政主管负责人的领导下，充分发挥各专业管理部门的作用，因此它比较适合于规模较大的综合性的项目。缺点是：各职能部门之间的配合和协作性较差，没有系统安全的观念；职能部门的许多工作要向上层领导报告请示之后才能予以处理，这点使高层领导纠缠于琐碎的日常管理事务中，加重了其工作负担，使其对企业的长远发展疏于考虑；同时也降低了办事效率，增加了管理成本，尤其对安全管理不利。

直线职能型组织结构是一种典型的施工项目组织结构形式，在施工企业内部人才比较紧张，高素质、高水平的专业技术施工人才紧缺的情况下，它有利于集中各方面、各专业管理力量、积累经验、强化管理，满足工程施工的各方面要求，有利于施工单位在较短的时间内，集中企业内部有限的人力、物力、财力实现专业化的施工管理和统一指挥的很好结合。

2. 矩阵型组织

矩阵式组织形式是在直线职能制垂直形态组织系统的基础上，再增加一种横向的领导与系统（图12-2）。其高级形态是全球性的矩阵组织结构，当前这一组织结构模式已在全球性的大公司如菲利普、雀巢、杜邦等公司组织中应用。在建设工程的施工过程中，它是施工企业在承接大型专业化施工项目或综合性施工项目的情况下，由各个专业职能部门和生产要素管理部门抽出施工力量组成项目作业层的一种方式。

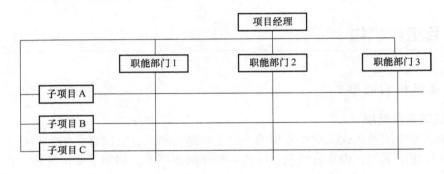

图 12-2　矩阵型组织结构

（1）矩阵型组织的特点。具体如下：

1）职能部门的结合部与项目组织机构同职能部门数相同，多个项目与职能部门的结合呈现矩阵状。

2）把职能原则和对象原则结合起来，既发挥职能部门的纵向优势，又发挥项目组织的横向优势。

3）对于借调到本项目部的成员，项目经理有任用的权力。当觉得某个成员不得力或人力不足时，可以要求辞退、调换回原部门或者向职能部门求援。

4）专业职能部门是永久性的，项目组织是临时性的。职能部门负责人对参与项目组织的人员有组织调配、业务指导和管理考查的责任。

5）要求在垂直和水平方向信息沟通顺畅以及配合协调默契，这对整个项目组织的管理能力提出了较高的要求。

（2）矩阵型组织的优点。具体如下：

1）有利于全方位的人才培养。能够让不同专业知识背景的人在实践中拓宽知识面，在合作中相互取长补短，增长才干。

2）提高了人力的利用率，可以实行多个项目的高效率管理，项目组织具有较高的弹性。由于从各方面抽调来的人员有信任感、荣誉感，使他们增加了责任感，激发了工作热情，促进了项目的发展。它还加强了不同部门之间的配合和交流，弥补了直线职能结构中各部门相互脱节的缺陷。

（3）矩阵型组织的缺点。具体如下：

1）管理人员同时参与几个项目，身兼数职，常常不能将所有精力集中在一个项目上，容易顾此失彼，影响工程的顺利开展。

2）项目组织中的每个成员都处于双重领导的状态下，若原职能部门的领导和项目经理在某些具体问题上产生分歧，当事人便无所适从。为了防止这一类事件的发生，有必要加强部门负责人和项目经理之间的沟通，与此同时，还要制定严格的规章制度，明确每个成员的权限和职责，以便其有章可循。

3）矩阵式组织结构形式对领导者的素质、项目的管理水平、企业内部的管理水平、组织机构内部人员的工作能力和办事效率、信息沟通渠道的畅通等都有着较高的要求，因此在开展施工组织时，要按分层授权、精干组织、理顺关系、疏通渠道的特点进行组织。

4）由于人员来自职能部门，且仍受职能部门控制，故不能将全部心思放在项目中，往往使项目组织的作用发挥受到影响。

3. 项目型组织

项目型组织形式是指创建独立项目团队，这些团队的经营与企业组织的其他单位分离，有自己的技术人员与管理人员，企业分配给项目团队一定的资源，然后授予项目经理执行项目的最大自由。

（1）项目型组织形式的优点。具体如下：

1）项目经理对项目拥有绝对的领导权。

2）项目从职能部门移植出来以后，沟通的渠道缩短了。

3）如果需要连续进行几个相似的项目，那么项目型组织多多少少会培养出一些有特长的专家来。

4）项目团队如果有强烈的认同感，其成员就会迸发出一种强烈的责任感。

5）由于权力集中，所有进行快速决策的能力便得到加强。

6）命令具有统一性。

7）从结构上看，项目组织非常简单并富有灵活性，也便于理解和实施。

8）项目型组织结构保证了项目决策的全面性。

（2）项目型组织形式的缺点。具体如下：

1）当企业有多个项目时，每个项目有自己一套独立的班子，这将导致不同项目的重复努力和规模经济的丧失。

2）将项目从职能部门的控制中分离出来，这种做法具有优越性，但也有一定的不利之处，特别是当项目具有高科技特征时。

3）在项目型组织结构中，项目只承担自己的工作，成员与项目之间及成员相互之间都有着强烈的依赖关系，但项目成员与公司的其他部门之间却容易出现一条明显的分界线，削弱项目团队与公司组织之间的有效融合。

4）项目型组织结构容易造成在公司规章制度执行上的不一致。

5）对项目组成员来说，缺乏一种事业的连续性和保障，项目一旦结束，返回原来的职能部门可能会比较困难。

项目型组织结构如图 12-3 所示。

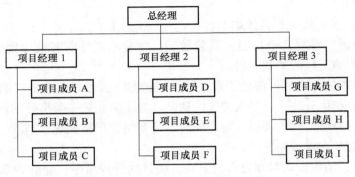

图 12-3　项目型组织结构

4. 复合型组织

复合式项目的结构有两种含义：一是指在公司的项目组织结构形式中有职能式、项目式或矩阵式中的两种及以上的组织结构形式；二是指在一个项目的组织结构形式中包含上述两种及以上结构的模式，例如职能式项目组织结构的子项目采取项目式组织结构。

复合式项目组织结构的最大特点是方式灵活。公司可根据具体项目与公司情况确定项目管理的组织结构形式，而不受现有模式的限制。因此，在发挥项目优势与人力资源优势等方面有方便灵活的特点。

但是，复合式组织结构也因过于灵活而产生不足，即在公司的项目管理方面容易造成管理混乱，项目的信息流、项目的沟通容易产生障碍，公司的项目管理制度不易较好地贯彻执行。

12.1.2　施工项目经理的任务、职责和权限

建筑施工企业项目经理，是指受企业法定代表人委托对工程项目施工过程全面负责的项目管理者，是建筑施工企业法定代表人在工程项目上的代表人。

在国际上，施工企业项目经理的地位和作用，以及其特征如下：

（1）项目经理是企业任命的一个项目的项目管理班子的负责人（领导人），但它并不一定是（多数不是）一个企业法定代表人在工程项目上的代表人，因为一个企业法定代表人在工程项目上的代表人在法律上赋予其的权限范围太大。

（2）他的任务仅限于主持项目管理工作，其主要任务是项目目标的控制和组织协调。

（3）在有些文献中明确界定，项目经理不是一个技术岗位，而是一个管理岗位。

（4）他是一个组织系统中的管理者，至于是否他有人权、财权和物资采购权等管理权限，则由其上级确定。

我国在施工企业中引入项目经理的概念已多年，取得了显著的成绩。但是，在推行项目经理负责制的过程中也有不少误区，例如，企业管理的体制与机制和项目经理负责制不协调，在企业利益与项目经理的利益之间出现矛盾；不恰当地、过分扩大项目经理的管理权限和责任；将农业小生产的承包责任机制应用到建筑大生产中，甚至采用项目经理抵押承包的模式，抵押物的价值与工程可能发生的风险不相当等。

1. 施工项目经理的任务

在一般的施工企业中设工程计划、合同管理、工程管理、工程成本、技术管理、物资采

购、设备管理、人事管理、财务管理等职能管理部门（各企业所设的职能部门的名称不一，但其主管的工作内容是类似的），项目经理可能在工程管理部，或项目管理部下设的项目经理部主持工作。施工企业项目经理往往是一个施工项目施工方的总组织者、总协调者和总指挥者，他所承担的管理任务不仅依靠所在的项目经理部的管理人员来完成，还依靠整个企业各职能管理部门的指导、协作、配合和支持。项目经理不仅要考虑项目的利益，还应服从企业的整体利益。企业是工程管理的一个大系统，项目经理部则是其中的一个子系统。过分地强调子系统的独立性是不合理的，对企业的整体经营也会是不利的。

项目经理的任务包括项目的行政管理和项目管理两个方面，其在项目管理方面的主要任务是：施工安全管理；施工成本控制；施工进度控制；施工质量控制；工程合同管理；工程信息管理；工程组织与协调等。

2. 施工项目经理的职责

项目经理应履行下列职责：

（1）项目管理目标责任书规定的职责。

（2）主持编制项目管理实施规划，并对项目目标进行系统管理。

（3）对资源进行动态管理。

（4）建立各种专业管理体系，并组织实施。

（5）进行授权范围内的利益分配。

（6）收集工程资料，准备结算资料，参与工程竣工验收。

（7）接受审计，处理项目经理部解体的善后工作。

（8）协助组织进行项目的检查、鉴定和评奖申报工作。

项目经理应承担施工安全和质量的责任，要加强对建筑业企业项目经理市场行为的监督管理，对发生重大工程质量安全事故或市场违法违规行为的项目经理，必须依法予以严肃处理。

项目经理对施工承担全面管理的责任：工程项目施工应建立以项目经理为首的生产经营管理系统，实行项目经理负责制。项目经理在工程项目施工中处于中心地位，对工程项目施工负有全面管理的责任。项目经理由于主观原因，或由于工作失误有可能承担法律责任和经济责任。政府主管部门将追究的主要是其法律责任，企业将追究的主要是其经济责任。但如果由于项目经理的违法行为而导致企业的损失，企业也有可能追究其法律责任。而在国际上，由于项目经理是施工企业内的一个工作岗位，项目经理的责任则由企业领导根据企业管理的体制和机制，以及根据项目的具体情况而定。企业针对每个项目有十分明确的管理职能分工表，在该表中明确项目经理对哪些任务承担策划、决策、执行、检查等职能，其将承担的则是相应的策划、决策、执行、检查的责任。

3. 施工项目经理的权限

项目经理应具有下列权限：

（1）参与项目招标、投标和合同签订。

（2）参与组建项目经理部。

（3）主持项目经理部工作。

（4）决定授权范围内的项目资金的投入和使用。

（5）制定内部计酬办法。

（6）参与选择并使用具有相应资质的分包人。

（7）参与选择物资供应单位。

（8）在授权范围内协调与项目有关的内、外部关系。

（9）法定代表人授予的其他权力。

12.2 施工管理中的领导

领导在管理学中是管理的职能之一，它是一种行为和影响力。这种行为和影响力可以引导和激励人们去实现组织目标。领导这个词通常具有两层含义，其一，作为名词，领导是指在组织中确定和实现组织目标的领导者；其二，作为动词，领导是指领导者所从事的活动，也就是领导者运用组织所赋予的职权和个人的影响力，去指挥、带领、引导和鼓励组织内每个成员和全体成员为实现既定的目标而努力的过程。

领导职能研究的主要内容有两方面：一方面是研究领导者的特质，也就是一个成功的领导者需要具备哪些素质；另一方面是研究领导者的行为，也就是如何通过指挥激励沟通协调等工作具体实现领导的目标。

建设工程施工管理的领导也包括两方面的基本内容，即项目管理领导者——项目经理的特质，以及项目经理在工程建设过程中如何开展指挥、激励、沟通等工作。要成为一个建设工程项目的领导者首先要具备一定的特质，其管理素质组织能力、知识结构、经验水平、领导艺术等都对项目管理的成败具有决定性的影响。领导或是领导班子是项目管理的神经中枢，也是决策指挥系统，在具备了一定的素质之后，还要学会如何正确地实施领导工作实现项目的最终目标。建设项目的领导者需要管理的内容十分繁杂，从项目的总体规划、前期工作，到建设招标、施工计划、现场管理；从质量、进度、投资控制，到安全环保、科研攻关、竞赛考评、计量支付；从队伍建设、廉政建设，到职工的衣食住行、教育培训、关系协调等。

12.2.1 领导理论概述

领导是管理的重要职能。在某些条件下有效的领导往往能够弥补资源的不足。组织的运行效率和效果影响着组织目标的实现。而组织的运行是有其成员的行为决定的。组织成员的工作和行为又受到领导者及其领导行为的引导、调节和控制。

1. 领导的含义

从字义上分析，一般说来，所谓领导，可以解释为率领、引导的意思。领导这种社会现象存在于现实生活中任何一个以人为中心的组织中，而以人为中心的组织是由维持其生存、运作、发展的众多因素组成的。其中的主导因素就是领导，他支配整个组织的意志和权力，对其他的所有因素都不同程度地发挥影响。组织的发展要靠所有因素的共同作用，也要靠主导因素的指挥、激励和沟通作用，两种作用，缺一不可。

目前关于领导的含义比较有代表性的观点主要有以下三种：

第一种是服务论或活动论。有人认为，领导就是服务，还有人认为，领导一层意思指对生产过程以及建立在生产活动基础上的社会生活过程的组织、指挥、管理和协调；另一层意思则是通过拥有一定的权力，履行一定职责权限的人为社会的全体成员服务。

第二种是行为论和关系论。该理论认为领导首先是政治行为，其次是确立与实现组织目标的行为，即领导是职责、艺术与影响力的综合体。还有人认为，领导是社会当中，人与人之间关系的一种特殊形式，即一定的人和集体通过一定的方式率领并引导另外一些人或集体在向共同趋向的目标前进的过程中体现出来的一种关系。

第三种是过程论。领导是领导者运用说服能力使别人心悦诚服的过程，是领导者通过一定的方式对被领导者施加影响并共同作用于客体对象，以实现某一既定目标的行动过程。很多时候领导是依靠自身的人格魅力、声望、影响力等，来启发组织和控制群体行为的过程。

归纳起来，领导就是在社会活动中，具有影响力的领导者或领导者集体，在一定的组织环境下，通过指挥、激励、沟通等途径，带领组织成员（被领导者）实现组织目标的过程。领导活动是一个复杂的动态交流系统，它由领导者、被领导者和环境三大要素组成。

（1）领导者。领导者是一个组织正常运转和发展的发动者和推动者。领导者通过计划、组织、指导和监督组织成员的活动，发展和维持成员之间的团结以及调动其工作积极性，使之成为一个有机的整体。在大多数情况下领导者是以个人的形式出现的，但这并不排斥组织或集体成为领导者。在某些情况下领导者是以集体或组织的形式出现的。在现代企业中领导者已经变成了"领导层"，他们在具体的领导活动中具有举足轻重的作用。

（2）被领导者。被领导者是具体工作的执行者。被领导者主要负责上级交给的具体任务。尽管由于所属层级的不同任务的大小有所差异，但都是具体工作的执行者，他们都处于被支配的地位。尽管他们有时也对工作具有一定的主动权，但是，他们仍然是在领导者的具体指导下进行的。因此，在行动上被领导者总是跟随在领导者的后面，执行领导者的命令。被领导者随着业绩的上升或知识、经验及技能的积累，也可能变成领导者。

（3）领导环境。领导环境是指制约和推动领导活动开展的各类自然要素和社会要素的组合，是政治、经济、文化、法律、科学技术和自然要素影响领导行为模式的组织内部和外部的环境氛围与条件。它与领导者、被领导者共同构成了领导活动的基本要素。自然要素、政治法律环境、社会文化环境、科学技术环境都是领导环境，它们从不同的角度影响着领导行为的实施。

从领导者与被领导者的关系角度来讲，领导者处于领导活动的主体地位，因为他是领导活动的发起者与组织者。但是，如果仅仅这样理解领导会带来很大的局限性，因为领导活动只有发起人是无法完全实现的，必须依赖于下属积极的执行和推动。因此，从领导者和被领导者与目标的关系角度着眼，领导者与被领导者共同构成领导活动的主体。其中领导者在领导活动中起到核心作用，具有组织赋予的职位和权力，并能够向下属证明自己作为领导者的价值。被领导者接受和认同领导者的影响，放弃决策自由；而被领导者的主体地位，在一定程度上也是不可替代的，其积极程度是领导活动顺利展开的关键。环境是指独立领导者之外的客观存在，是对领导活动产生影响的各种因素的总和。领导者只有正确认识环境、适应环境、利用和改造环境，才能实现自己的预定目标。这三个要素缺一不可，它们相互结合才能构成有效的领导活动。

从领导的产生和发展来看领导活动，具有两重基本属性，即自然属性和社会属性。恩格斯把领导活动看成是人们在实践中维护共同利益的需要。因此，无论在哪种社会形态。只要有社会分工协作，就需要有领导者来指挥、激励和协调大家的活动。这种指挥、激励和协调的属性，就是领导的自然属性，它在各个社会领导活动中都是共同的，是不受社会政治经济关系决定的一般属性。同时领导活动反映了社会中掌握着生产资料和领导权力的阶级集团的利益，具有社会属性。

2. 领导职能与领导力

亨利·法约尔首先提出了管理职能的概念，他将管理活动分为五个职能，即计划、组织、指挥、协调和控制。随着管理学科理论的发展，当今管理学界公认的四大管理职能是计划、组织、领导和控制，领导包含了指挥、沟通和协调的内容，而激励作为领导的重要手段，也被视为领导职能的工作内容。

领导力可以被形容为一系列行为的组合和一种影响力，这些行为和影响力将会激励人们自愿跟随领导去实现组织目标，不是简单的因为上下级的指令关系产生的服从。由此可见，一个头衔或职务不能自动创造一个领导。领导力的来源，除了头衔或职务以外，还有一些与个人魅力、个人素质密切相关的"软因素"。

领导力的来源包括两大类，第一类称为权力性来源，又称强制影响力因素，包括传统因素、职位因素和资历因素等；第二类称为非权力性来源，又称自然影响因素，包括品德因素、才能因素、知识因素、感情因素和作风因素等。

（1）权力性来源。这是由领导者依据其职位、资历取得的权利，带有强迫性和不可抗拒性，以外推力的形式发生作用。权力性来源与领导者的个性和行为表现无关，主要由以下几个方面构成：

1）传统因素。传统观念中，管理者相对于被管理者高人一等，这就是传统因素造成的管理者的影响力，使下级对上级有一种服从感。

2）职位因素。社会分工产生了管理职权，使某个岗位的角色，拥有一定的法定权力。让被管理者产生一种敬畏感。

3）资历因素。同样职位的管理者，有管理者的资历和经历不同，产生的领导力也是不同的。一般资历更深厚、经历更丰富的管理者的领导力更强。

（2）非权力性来源。这些来源产生的领导力是一种自然形成的影响力，既没有正式的规定，也没有上下级授予的形式。非权力性来源与领导者本人的素质、行为密切相关，被领导者是从内心自愿的接受领导。

1）品德因素。领导者的品格、道德、思想面貌反映出领导者的基本素质和价值观，使被领导者发自内心地对领导产生敬爱感。

2）才能因素。领导者在工作时间中所表现出来的才干和能力，使被领导者对领导者产生敬佩感。

3）知识因素。领导者所具有的科学知识和专业基础知识，使被领导者信赖领导者的指引。

4）感情因素。领导者和被领导者之间关系融洽，互相视对方为朋友，甚至亲如家人，使被领导者对领导者产生一种亲切感。

5）作风因素。领导者的作风，或称为领导风格，对其领导力有重要影响，如实行民主管理，使被领导者参与管理与决策，产生一种"主人翁"式的参与感。

12.2.2　项目经理的特质

项目管理实践表明，并非任何人都可以做合格的项目经理。项目经理角色定位及项目管理特点，要求项目经理必须具备相应的素质和能力，拥有良好的道德品质、健康的体魄、全面的理论知识、系统的思维能力、娴熟的管理能力、积极的创新能力、卓越的领导能力以及丰富的项目管理经验。概括起来项目经理应该具备政治素质、知识素质、能力素质和身体素质。

1. 政治素质

项目经理必须积极贯彻党的路线、方针、政策，最密切地联系劳动群众，知道并理解群众的利益，赢得他们的绝对信任；能把人们团结在自己周围；受过科学的教育，在技术上和生产组织上是内行，具有行政工作能力。作为社会公民，项目经理应懂得社会公德和道德标准，根据奉行多年的原则标准，知道生活中什么东西为重为大。所有明智的领导者都有自己的道德准则，都有自己的是非观。

2. 知识素质

项目经理应具有管理、技术两大方面的理论知识。要想不断地提高自己，获取新的知识，项目经理必须对自己有深入的了解，清楚认识自己的缺点与优点。这要求他们终生不渝地进行探索和发现，还必须能够适应新的条件。他们所领导的机构也要有这样的能力，必须不断地改善和创新。项目经理还必须鼓励下属更新思想观念，学习掌握新技能。

3. 能力素质

首先项目经理应具有解决问题的能力和以目标为导向的工作作风。高效的项目经理通常具有高出常人的智慧，通过分析当前的情况迅速解决复杂问题，即项目经理具备良好的逻辑思维能力、形象思维能力，以及将两种思维能力辩证统一于项目管理活动中的系统思维能力。解决问题的目的在于实现项目的预期目标，因此解决问题的能力必须与以目标为导向结合起来。

其次，项目经理必须在遵守科学规律及法律要求的前提下，自信其行为是正确的。由于项目管理是在一定的约束下达到项目的目标，要求项目经理必须果断采取措施，并对自己的观点和判断饱含信心，以保证在信息不完备的情况下及时采取措施并随着新信息的发现而纠正措施，而非在寻找完美方案时无休止的犹豫。当然，任何行为都应该是在法律的框架之内的。自信的项目经理对项目团队充分授权，从而激励团队协作。

第三，项目经理应具有高超的洞察力和沟通能力。项目经理应当高瞻远瞩，从整体上洞察项目团队如何适应组织，同时洞察项目的多个目标，并使之保持平衡，此外，还要了解项目的具体工作以及工作如何实现项目目标。项目经理应当具备在项目组织的各个层次上与别人交流的人际交往能力。在项目环境中，尽管项目组织有专业分工，但项目经理不可能脱离传统的组织结构而存在，因而项目经理必须利用沟通跨越两个组织间的障碍。

4. 身体素质

项目经理必须具有连续工作和高压下管理项目的能力，这就需要项目经理精力旺盛，并且拥有健康的身体素质。健康的身体素质，不仅指生理素质，还指心理素质。项目经理在处理属于自己职责范畴内的工作时必须积极主动。一个组织的能力大小在于其员工的参与意识和奉献精神，项目经理在组织中要调动员工积极性，使他们劲儿往一处使，激发起全部门所有员工全身心的参与奉献。

12.2.3　项目经理的领导风格

项目经理领导风格是项目成功的一个因素，不同的项目经理领导风格适合不同的项目。依据有关研究，项目经理的领导风格分为四类。

1. 自由放任式

放任式领导作风的领导者很少行使自己的职权，而给予下属充分的自由度，允许团队成员自我管理，有助于培养下属的独立性和管理能力。但这类领导者大都处于被动地位，很少或基本上不参加下属的活动，下属各自为政，容易造成意见分歧，决策难以统一。因此，这种领导作风在组织中，尤其是建设项目组织中很少应用，除非下属的管理能力很强，并具有高度的工作热忱。

2. 民主式

民主式又称群体参与式，指项目经理在采取行动方案或做出决策之前听取下属的意见，然后决定最佳做法。这种领导风格的好处在于集思广益，能制定出质量更好的决策，同时还能使决策得到认可和接受，减少执行阻力。但是会导致耗用时间多，项目经理周旋于各种意见之间，难以下决策。

3. 专制式

专制式的项目经理经常以命令的方式告诉团队成员做什么以及如何做，并要求下属不容置疑地遵从命令。专制式领导的主要优点是：决策制定和执行速度快，可以使问题在较短时间内得到解决。主要缺点是：下属依赖性大，领导者负担较重，容易抑制下属的创造性和工作积极性。

4. 权威式

权威式领导一般是理想主义者，他通过让员工们了解自己的工作是整个组织宏伟蓝图的一部分来激励他们，实现员工对组织的目标和战略的认同达到最大化。权威型项目经理在确定目标时，往往会给下属留下足够的空间保留自己的想法，并给予其创新体验和冒一定风险的自由。

总之，项目经理领导能力的发挥，不仅取决于其拥有权力的大小，同时也受项目任务的性质以及项目团队成员特征等因素的影响。大多数管理学者都认为，并不存在适合于所有情况的最好的项目团队领导风格。有效的领导风格要取决于领导者个人特征、团队成员特征、领导者和团队成员的相互关系等。

12.3 施工管理中的沟通与协调

12.3.1 项目沟通协调管理的定义

工程项目参与方众多，各方既有共同目标，又有各自目标，既有整体利益，又有各自利益。项目各参与方之间存在着相互依存的利益关系，因此，需要参与方沟通和协调，最大限度减少冲突。工程项目沟通协调是指在整个项目生命周期内，项目各参与方之间的项目知识、信息等在组织内部和组织之间进行共享、交换和传递的过程。它是项目计划、实施、控制、决策等的基础和重要手段。

项目沟通协调管理是指广泛采用各种协调理论分析工具和技术实现手段，通过协商、协议、沟通、交互等协调方式，对项目相关的部门和活动进行调节和协商，调动一切相关组织的力量，使之紧密配合与协作，提高其组织效率，最终实现组织的特定目标和项目、环境、社会、经济相互间可持续发展的一种管理思想和方法。这主要是从过程管理的本质来定义的，实际上，项目沟通协调管理的内容非常多。

12.3.2　项目沟通协调管理框架体系

尽管沟通协调在项目管理中的重要作用已经被广泛地认识，但因为项目沟通协调的不确定性，所以难以用量化的方法规范沟通协调模式，不过仍然可以利用共同的维度来描述整体的沟通协调状况。如图 12-4 所示，项目沟通协调三维图以项目经理为坐标原点，三条坐标轴分别为项目团队、项目干系人、项目生命周期。项目沟通协调三维图将项目沟通协调在项目团队、涉及干系人及所处项目阶段上进行具体定位，为项目沟通协调管理的执行提供依据。具体要素说明如下：

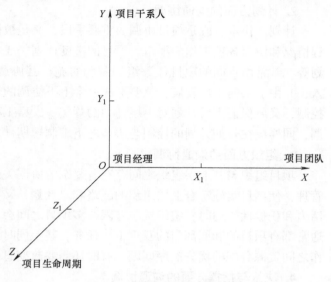

图 12-4　项目沟通协调三维图

（1）原点 O：项目经理。项目经理是项目沟通协调的核心，也是所有信息的中心枢纽，在项目沟通协调管理中起着举足轻重的作用。项目经理在项目沟通协调中的中心作用正是项目沟通区别于其他管理沟通的重要特征之一，项目经理的沟通协调能力与项目的成功率有着重要的相关性。

（2）X 轴：项目团队。X 轴的各坐标点即项目团队的成员，X 轴代表项目团队的内部沟通协调。其主要功能是协调人际关系，统一项目组织成员对项目目标的认识，营造良好的项目沟通协调环境，增加成员之间的相互联系和理解，激励项目成员的工作积极性和创新性，提高项目成员的工作效率。

（3）Y 轴：项目干系人。Y 轴的各坐标点由各类项目干系人构成，Y 轴代表项目的外部沟通协调。其主要功能是协调项目各干系人的关系，建立彼此的信任感，降低项目风险，树立项目组织自身的信誉度，从而促进项目目标的顺利实现。

（4）Z 轴：项目生命周期。其坐标主要包括项目启动、计划、实施、收尾四个阶段。Z 轴代表项目沟通协调的全过程管理。每一阶段的沟通协调管理面临不同的项目任务，其落脚点和侧重点是不相同的。将项目生命周期引入沟通协调坐标轴，强调一种动态变化，强调项目沟通协调的纵向适应性。

12.3.3　项目沟通协调管理的内容

1. 目标方面的沟通协调

项目实施目标确定后，要分解和确定各下属任务组的分项目标，同时在项目任务组与职能部门之间建立有效的沟通渠道。项目实施过程中，项目的目标及其实施活动必须要通过交流和沟通协调。项目三大目标的各个层次、相关细节都应当清楚、明确，并确保所有人对此都达成一致意见。目标方面的协调主要应把握三点：一是强制性目标与期望目标发生冲突时，必须要满足强制性目标的要求；二是如果强制性目标之间存在冲突，说明施工方案或措施本身存在矛盾，需重新制定方案，或者取消某个强制性目标；三是期望目标的冲突，又分定量目标因素冲突和定性目标因素冲突两种情况。对定量的目标因素之间存在的冲突，可采用优化的办法，追求技术经济指标最有利的解决方案；对定性的目标因素之间存在的冲突，可通过确定优先级或权重，寻求它们之间的平衡。

2. 计划方面的沟通协调

计划工作本身既是项目协调的重要手段，又是被协调的对象。计划是项目相关方通报工程情况和协商各项工作的渠道。项目的进度计划、成本计划、质量计划、财务计划、采购计划等，常常由不同的项目任务组编制和实施，其协调工作自然很繁重。计划逐渐细化、深入，并由上层向下层发展，就要形成一个上下协调的过程，既要保证上层计划对下层计划的控制，又要保证下层计划对上层计划的落实。大型工程项目还存在长期计划和短期计划的协调，同样应在长期计划的控制与协调之下编制短期计划。

3. 组织方面的沟通协调

项目组织与其上层组织之间存在着复杂的协调关系。项目组织既要保证对项目进行全面管理，使项目实施符合上层组织的战略和总计划，又要保证项目组的自主权，使项目组织有活力和积极性。同时，组织资源有限，多项目之间会存在复杂的资源配置问题。项目参与者通常都有项目的和原部门的双重工作任务，甚至同时承担多项目任务，不仅存在项目和原工作之间资源分配的优先次序问题，有时还需要改变思维方式。

4. 决策与指挥方面的沟通协调

决策的质量和实行的可能性往往关系到项目组织的协调成果。决策与指挥的任务主要是处理好任务完成过程中的不同矛盾和存在的意见分歧，决策失误或者是长时间议而不决，将会使管理的职能作用难以发挥，给项目协调带来障碍。项目指挥中的协调工作包括：为项目实施制定出远景规划，并传达给项目团队和所有参与者；处理项目实施过程中的变化；同项目干系人建立利益网络，为项目工作制定领导体系；保证良好的项目环境，识别可能影响项目的因素，通过协调消除这些影响等。

5. 合同关系的沟通协调

合同关系的沟通协调管理内容具体、面宽、工作量大。由于项目的复杂性，在进行项目三大目标控制与协调时，合同关系既是非常重要的依据，又存在着许许多多的冲突，因此必须通过合同明确各方的权利、责任和义务。项目参与各方的主要合同关系如图 12-5 所示。

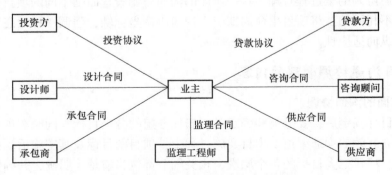

图 12-5 项目参与各方的合同关系

一般地，项目的技术难度越高、规模越大，合同的完备性就越差。项目中的分歧和争议通常由合同文件不完备、类型不恰当、技术规范要求不明确等引起的，此类争议可以通过谈判解决。项目实施中，要始终从项目整体目标出发，使控制、协调的范围包含所有的参与单位和个体，并使各参与方形成良好的双向信息交流，从而形成完整的控制体系和协调体系。合同当事人之间发生纠纷应及时协商，取得一致意见。若协商不成功，任何一方均可向合同管理机关申请调解或仲裁，也可进行法律诉讼。

12.3.4　项目沟通管理的过程

项目沟通管理由沟通计划编制、信息发布、执行报告、管理收尾四部分组成。项目沟通管理包含了确保项目信息及时适当地产生、收集、传播、保存和最终配置所必需的过程。项目沟通协调管理过程贯穿于项目的整个生命周期中。每个阶段基于项目实施的需要，可能包括一个或多个的个人或者成员组的工作。

1. 沟通计划

每个项目都应有一个与之相应的沟通计划，主要包括五方面内容：第一，描述信息收集和文件归档的结构，详细规定收集和储存各类信息的方法，采用的过程应涵盖对已公布材料的更新、纠正、收集和发送，统一的信息、文档格式和固定的存放位置可确保建档和归档工作顺利进行；第二，描述各种信息的接收对象、发送时间和发送方式；第三，确定传递重要项目信息的格式；第四，创建信息日程表，该表记录重要沟通信息的发送时间及重要沟通的发生时间，确保不会延误重要的沟通协调过程；第五，获得信息的访问方法，即不同身份的工作人员对不同种类沟通信息的访问权限。沟通计划编制常常与组织计划联系在一起，决定工作人员在沟通协调中扮演的角色和承担的责任。

（1）沟通计划输入。沟通计划输入包括沟通需求，沟通技巧、制约因素和假设因素。

1）沟通需求。沟通需求是项目干系人信息需求的总和，需要结合所需信息的类型和格式以及信息的数值分析来定义。项目资源只有通过信息沟通才能获得扩展，缺乏沟通会影响效率，甚至导致失败。决定项目沟通协调顺利进行所需要的信息有：

① 项目组织和项目干系人责任关系。

② 与该项目相关的纪律、行政部门和专业。

③ 项目所需人员的配置情况，一般这些信息记录在项目组织计划中。

④ 外部信息需求，即与客户沟通协调过程中发生的信息需求。

2）沟通技巧。沟通技巧是在项目干系人之间传递信息所使用的技术和方法，不同方法可能差异很大。从简短的谈话到长时间的会议，从简单的书面文件到在线进度表和数据库，从普通的电话到先进的视频电话，影响项目沟通技巧的因素包括：

① 信息需求的即时性：项目的成功是取决于即时通知、频繁更新的信息，还是通过定期的报告就已足够。

② 技术的有效性：现有的沟通协调管理系统是否运行良好，还是需要做一些调整。

③ 预期的项目人员配置：计划的沟通协调系统是否与项目参与方的经验和知识相兼容，是否还需要进一步的培训和学习。

④ 项目工期的长短：现有的技术在项目结束前是否已经变化而必须要采用更新的技术。

3）制约因素。制约因素是限制项目管理小组做出选择的因素。例如，如果需要大量采购项目资源，那么处理合同信息就需要更多考虑。当项目按照合同顺利执行时，特定的合同条款也会影响沟通计划。

4）假设因素。假设因素是为制订项目计划而被假定为正确、真实和确定的因素。假设通常包含一定程度的风险，它们可在这里被识别，也可作为风险识别过程的输出。

（2）沟通计划的工具和方法

项目干系人分析。主要分析项目干系人在项目组织中的位置、作用，确定他们真正的信息需求。通过对具有不同需求的项目干系人的分析，了解不同项目干系人的信息需求，确定适当的信息技术和沟通途径，有条理、有逻辑地满足他们各自的需求。分析时应考虑那些适合于项目且能提供所需要信息的方法和技术，避免在不需要的信息和不适当的技术上浪费资源。

（3）沟通计划的输出。根据项目的需要，沟通管理计划可以是正式的或非正式的，可以是详细的或提纲式的。沟通管理计划是整个项目计划的一个附属部分。它主要提供：

1）收集和归档的结构，详细规定用来收集和储存各类信息的方法。采用的过程包括收集和发送对以前已公布材料的更新和纠正。

2）发送结构，详细规定信息状况报告、数据、进度报告、技术资料等的流向，采用什么方法（如书面报告、会议等）来发送各类信息。该结构必须与项目组织结构图中定义的职责和报告关系一致。

3）待发送信息的说明，包括格式、内容、详细级别、使用的协议定义。

4）生产进度计划，显示每种类型的沟通在何时进行。

5）在计划的沟通中获取信息的方法。

6）随着项目的进展，更新和细化沟通协调管理计划的方法。

2. 信息发送

信息发送是将需要的信息及时地传送给项目干系人的过程，它包括实施沟通管理计划以及对未预期的信息需求做出反应。项目信息可使用多种方法发送，包括项目会议、复印文件发送、共享的网络电子数据库、传真、电子邮件、电视会议等。

（1）信息发送的输入。具体如下。

1）工作结果。它是项目开发各个阶段产生的相应文档和信息，或与项目开发过程紧密相关的有用信息，是信息发送的物质基础。

2）沟通管理计划。它记录信息、接收人、信息正确的发送时间和发送格式，是信息发送的依据。

3）项目计划。它是在项目投标过程中，经过详细分析、论证，为整个项目开发而编制的计划方案，它在信息发送中起参考作用。

（2）信息发送的工具和方法。具体如下。

1）沟通技巧。这里所讨论的沟通技巧与前面沟通计划输入中的沟通技巧不同，前面更多强调的是沟通中信息传播的途径，而这里的沟通技巧偏重于通过沟通方式来交换信息。信息发送者有责任使信息清晰、完整且没有歧义，以便接收者能正确接收并正确理解。接收者要确保完整接收和正确理解信息。项目沟通方式可分以下几种类型：

① 书面的报告、呈报材料等和口头的指示、通知等

② 内部的项目范围内和外部的与客户、媒体、公众的沟通。

③ 正式的报告，情况介绍会、讨论等和非正式的备忘录、专门的谈话等。

④ 垂直的组织内上下级之间和水平的组织内同级之间的沟通。

2）项目管理信息系统。项目管理信息系统是用于收集、综合、散发及其他过程结果的工具和技术的总和。它主要包括信息检索和信息发送两个子系统，前者主要包括手工档案系统、电子文本数据库、项目管理软件以及可查询技术文件的系统，如工程制图、设计规范、测试计划等技术文档系统。这种信息共享的方式不但使用户得到想要的沟通信息，也确保了信息的正确性，避免传递时产生的信息失真。后者主要包括项目会议、复印文件发送、共享的网络电子数据库、传真、电子邮件、声音邮件、电视会议和项目内部局域网。通过这些发送方式可将信息快速地传送给项目干系人。

（3）信息发送的输出。主要有以下内容：

1）项目记录。项目记录可以包括信函、备忘录、报告和说明项目的文件，应尽可能有组织地、尽量完整地保存这些信息。

2）项目报告。关于项目状态或问题的正式报告。

3）项目介绍。项目团队为所有项目干系人提供正式或非正式的信息的方式。由于信息与听众的需求有关，介绍的方法应该适当。

3. 执行报告

执行报告一般应提供范围、进度计划、成本、质量等信息，许多项目还要求提供风险和采购的信息。执行报告包括收集和发布执行信息，向项目干系人提供为达到项目目标如何使用资源的信息。这些信息有助于项目干系人了解目前项目资源的使用情况及项目的进展情况，以便安排下一步的沟通协调管理工作。执行报告可以是综合性的，也可以针对某一特例。这些过程主要包括：

1）状况报告：描述项目当前的状况，例如，与进度计划和预算指标有关的状态。

2）进展报告：描述项目小组已完成的工作。

3）预测：对未来项目的状况和进展做出预计。

（1）执行报告的输入。主要有以下内容：

1）项目计划。项目计划包括评估项目执行的各种基准。

2）工作结果。已全部或部分完成的子项目，已发生或已分担的成本等都是项目计划执行的结果。工作结果应在沟通管理计划规定的框架内汇报。工作结果中精确一致的信息对执行报告的使用价值是很重要的。

3）其他项目记录。在评估项目执行时还需要考虑到项目背景等信息。

（2）执行报告的工具和方法。具体如下。

1）执行复查。执行复查是为评估项目状况和进展而举行的会议。执行复查一般与下面讨论的一个或多个执行报告的方法一起使用。

2）偏差分析。偏差分析是指把项目的实际结果与计划或预期结果做比较。最常用的是对成本和进度的偏差进行分析，但是范围、质量和风险与计划之间的偏差也同样重要。

3）趋势分析。趋势分析指检查项目结果以确定执行是在改进还是在恶化。

4）挣值分析。挣值分析是衡量执行时最常用的方法。它把范围、成本和进度等度量标准结合起来，帮助项目管理小组评估项目执行。它需要先确定三个衡量值：挣值、计划值和实际成本。

（3）执行报告的输出。主要有以下内容：

1) 执行报告。执行报告对收集的信息进行组织和总结，并提出分析结果。执行报告按照沟通管理计划的规定提供各项目干系人所需求的符合详细等级的信息。执行报告的通用形式包括横道图（也称甘特图）、曲线、直方图和表格等。

2) 变更请求。通过对项目执行情况的分析，常常要对项目的某些方面做出变更，这些变更请求将由各类变更控制程序处理，如范围变更处理、进度控制等。

4. 管理收尾

管理收尾是为项目或阶段正规化完成而产生、收集与发布信息的过程。每个项目都需要收尾，每个项目阶段的完成也要求管理收尾过程。管理收尾过程并非项目完成时候才执行，而应在项目每个阶段结束的时候进行。管理收尾过程将检验项目的产出并进行相关的文档备份工作。不是所有的项目都按合同进行，但所有项目都应有管理收尾过程。管理收尾包括对项目结果的鉴定和记录，以便由发起人、委托人或客户正式接受项目产品。管理收尾还包括项目记录的收集，对符合最终技术规范的保证，对项目的成功、效果及取得的教训进行分析，以及这些信息的存档。这些存档文件将供以后项目参考。管理收尾过程收集所有的项目记录并进行检验以保证及时更新和准确性。项目记录必须准确识别出项目要产出的产品或服务的最终技术指标。管理收尾要保证这些信息准确地反映出项目的真正结果。

12.4 冲突管理

12.4.1 冲突理论概述

1. 冲突的定义

关于冲突的定义，学者的意见并不一致，大体可以归纳成三种不同的看法。一种观点认为冲突是一种敌对的情绪，即将冲突定义为某一关系中两个或两个以上的参与者关于目标和价值的不一致，包括相互控制的企图和敌对的情绪。另一种观点认为冲突是一种互动过程，这种观点认为冲突是两个或两个以上主体基于对客体所期望结果或处置方式互不相容、互相排斥而引起的心理上、行为上的矛盾对立过程。第三种是认为冲突是一种状态或形式，即由于个人或群体内部、个人或群体之间互不相容的目标、认识或感情并引起对立或敌对的相互行动的一种不和谐的状态。

总之，冲突应包含以下一些基本要素：

（1）冲突是不同主体或同一主体内部的不同价值取向，对特定客体处置方式的分歧而产生的心理、行为的对立或者相互作用状态。

（2）冲突是行为层面的人际冲突与意识层面的心理冲突的复合，是矛盾表面化和激化的过程。可表现为相互之间的争执、摩擦，也可以是对立的、不相容的力量的相互干扰、争斗等。

（3）冲突的主体可以是组织、群体，也可以是个人。冲突的客体是利益、权力、资源、目标、意见、价值观、感情、方法、信息、关系、程序等。

（4）冲突是一个互动的过程，它是人与人、人与组织、人与群体、群体与群体、组织与组织之间的相互关系和相互作用的过程，冲突主体之间实现双向互动。

（5）冲突的各方既存在相互对立的关系，又存在相互依赖的关系，任何冲突事件都是这两种关系的对立统一体。现实中的冲突通常伴随着竞争和合作等形式发生。无论是合作还是竞争，都可能出现冲突。

2. 冲突的分类

在一般项目中，最常见的冲突类型包括以下几种。

（1）人力资源冲突。如果项目组的人员来自其他职能和人力支持部门，或者需要用到其他职能部门或直线部门的人员来对项目进行支持，但是这些人员的归属仍然是其原先的职能和人力支持部门，这时不同的人员配备就会引发冲突。

（2）技术见解和性能权衡的冲突。在以技术为导向的项目中，争执的原因可能来自技术争议、技术权衡、性能要求和达到绩效所采取的方式。

（3）管理程序的冲突。有些管理和行政方面的冲突会因为如何对项目进行管理这些问题而引发，即对项目经理的报告关系的定义，对责任、界面关系、项目范围、运营要求、执行计划、与其他小组的工作协商和行政支持的流程等的定义。

（4）人际关系的冲突。两个或两个以上人员在交往时，由于工作或生活目标、价值理念、行事风格等互不相同，从而产生人际之间的冲突。

（5）成本的冲突。涉及项目利益相关者之间、各种项目工作分包的支持部门和项目团队团员之间，其成本估算常常会引发冲突。

（6）项目优先级的冲突。对于不同类型项目、成功完成项目所必须进行的工序和任务的重要程度，项目的参与者们的看法是有所区别的。在项目团队和支持小组之间，以及项目团队内部，都会产生优先级冲突。

（7）进度计划的冲突。在建设项目实施过程中，实际施工的工程进度与预先计划的工程进度之间存在差异。一般来说是实际施工进度落后于计划的工程进度，造成上、下工序施工相互干扰，使工程施工无法按照计划完成，从而引发进度与计划的冲突，进一步影响到项目的正常运行。

（8）个性的冲突。与"技术"的纷争相比，争议更多地围绕着人与人之间关系、不同项目团队成员性格的差异而产生，个性常常是以"自我为中心"的，从而产生冲突。

（9）跨文化冲突。这是由于人们的文化背景显著不同而出现组织文化的冲突。管理学研究表明，在注重个体价值取向的文化背景下，人们通常会鼓励竞争行为；在群体价值取向占支配地位的文化背景下则注重合作精神。当来自多种不同文化背景的管理人员或员工在跨国项目上一起共事合作时，跨文化冲突就是一个冲突源，它将随时引发矛盾和冲突。

3. 冲突过程研究

罗宾斯在其著作中指出，冲突的过程主要有五个阶段：潜在对立，认知介入，冲突意向，冲突行为，冲突结果。

根据 Louis R. Pondy 提出的"五阶段模式"，建设施工项目冲突形成过程可以描述为冲突主体对于冲突问题的发现、认识、分析、处理、解决的全过程和所有的相关工作。就冲突的形成过程和存在形态而言，冲突的存在和冲突管理的研究对象应当包括潜在冲突、知觉冲突、意向冲突、行为冲突和结果冲突。冲突行为强度的连续体如图 12-6 所示。

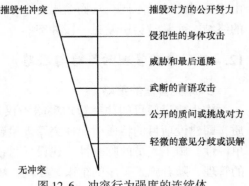

图 12-6　冲突行为强度的连续体

（1）潜在冲突形态。潜在冲突形态是冲突的萌生阶段或潜伏期。其主要表现为发生互动关系的不同主体，彼此间存在和积累了能够引发冲突的一些前提条件，但这些前提条件不一定会导致冲突，却聚集了产生冲突的必要条件。一旦这类条件积聚到位，或者交互作用主体对潜在的不一致或对立处理不当，冲突的过程就会开始，互动作用主体之间潜在的冲突、潜在的对立或不一致就会逐渐转化成显在的冲突、显在的对立或不一致。

（2）知觉冲突形态。知觉冲突形态是冲突的认知期或对冲突的根源和条件——潜在冲突的认识和感觉阶段。也就是说在这一阶段，冲突主体意识到客观存在的对立或不一致，开始推测辨别是否会有冲突，是什么性质类型的冲突，以及冲突会引起什么样的结果等。冲突的主体也已明显体验到紧张或焦虑，从而使冲突问题与矛盾明朗化，潜在冲突会向显在冲突发生变化。在此阶段，冲突的主体会在感知潜在冲突的基础上去分析和界定冲突，形成个性化的冲突认知与定性，这极大地影响到后续的冲突行为和冲突的可能解决办法。

（3）意向冲突形态。意向冲突形态又被称为冲突的行为意向阶段。在此阶段，冲突主体主要是在自身的主观认知、情感与外显的行为之间，做出究竟应采取何种行为的决策或特定行为意图取向的选择。也就是说，冲突主体在知觉冲突的基础上，开始酝酿和谋求有利于自身的处理冲突的行动策略和可能的冲突处理方式。显然，冲突主体的实际行动与行为意向并非一回事，两者虽然关系密切，但由于主客观多种因素的制约、影响和变化作用，两者之间并不存在必然的因果关系。然而，冲突主体恰当或不恰当的行为意向选择，往往导致其采取正确或不正确的冲突行为和后果。

（4）行为冲突形态。行为冲突形态又称为冲突的公开表现阶段或行为阶段。在该阶段，不同的冲突主体会在自己行为意向和其他因素的导引下，正式做出一定的有利于自己的冲突行为，力图贯彻己方意志，阻止或影响对方的目标实现。也就是说，冲突的主体在此阶段自觉或不自觉地采取了公开的冲突处理行动，从而使潜在的冲突演变成为明显可见的公开冲突。此时的冲突往往带有互动性、对立性和刺激性，一方有所作为就会引起对方的反应行为，冲突的各主体处于一种公开可见的相互作用与施加影响的互动过程，从而形成了人们通常最容易认识、感受和强调的冲突表现形态。

（5）结果冲突形态。结果冲突形态又称冲突的结果影响和结局阶段。在此阶段，冲突的结果一般表现为两种结局，其作用性质不同。一是功能正常的建设性冲突，促进了群体或组织绩效的提高；二是功能失调的破坏性冲突，降低或破坏了群体或组织绩效的提高。冲突的最后结果又会间接或直接地影响到冲突的主体，并反馈而形成新的冲突的前提条件，酿造新一轮"潜在冲突"。冲突主体在冲突结果中会有不同的损益，冲突主体在一场冲突结束后由于面对的结局不同，从而会出现不同的反应或后续行为，所以冲突的结果并不意味着冲突的终结，而常常会引发另一段冲突。

12.4.2 冲突管理的策略与思路

1. 冲突管理的策略

作为建设项目的冲突管理策略不仅具有一般冲突管理策略的特征，还具有其本身的特质，即建设项目的特质引起冲突管理策略的特质。建设项目具有一定的特点，如建设项目的单一性，施工人员的临时性，建设项目地点的随机性等，并且，建设项目管理是一个过程化的管理，随着施工工序的结束，在同一项目上，项目相应的管理也随之完成，不再重复。因此，建设项目上的冲突管理也同样具有冲突的单一性、冲突地点的随机性和冲突的及时性等特点，于是，在建设项目的冲突管理策略上，我们也必须注意：冲突是一个过程化的概念；对参与项目建设的人员组成要进行清楚的分析；冲突的临时性决定冲突管理策略的方式性。

研究结果表明，在冲突解决过程中，管理人员主要运用了下列一些策略。

（1）整合策略。例如，"双方开诚布公地讨论，争取达成共识""在不影响工作的情况下，可以采取自己的工作方式""努力找出符合双方意愿的解决办法"等。

（2）控制策略。在使用控制策略时有两种倾向：一是武断控制，如"坚持已见，不让步""据理力争""不听取意见的话就辞职不干"；二是温和控制，如"尽量说服""提供事例逐步影响对方""不正面发生冲突，应迂回行动"等。

（3）折中策略。例如，"沟通讨论，各退一步""寻求一个中间指标""要求从轻处理"等。

（4）回避策略。例如，"不必介入对抗""随便怎样做都行""除非万不得已，不同对方发生矛盾""事情很为难，还是上级出面为好"等。

（5）顺从策略。采用顺从策略有两种情况：一是认为对方正确而服从，如"服从外方管理规范，改变传统习惯与观念"等；二是为了达成统一意见或因为对方构成某种威胁而有保留地服从对方，如"为了与外方更协调地工作，还是将就行事"等。

（6）上级裁决或集体决策策略。在解决与同级的冲突时，把问题交给上级裁决。在解决分歧时，倾向于让高层管理部门或职工大会讨论；在处理与外方的冲突时，提出由董事会决定或由工会出面解决。大多数运用这一策略的人都具有很高的回避倾向，因此，可视为回避策略表现。

（7）权变策略。在冲突解决中并不是简单采用某一种策略，而是基于对冲突问题和情景特征的分析，分别或先后采取不同的策略。其基本特征是，策略受情景因素的影响，并随冲突解决中问题的发展而变化，典型的表现为"如果……，我会……；如果……，我会……"。当集中于冲突问题的特征时，将根据问题的不同情况分别采用不同策略。当集中于冲突中对方的特征时，大多数权变策略的运用表现为：从控制策略，转变到整合策略，再过渡到顺从策略。

（8）多重策略。为了达到多种目的，在冲突解决中同时采用多个策略。例如，态度上不让步（控制策略），具体办法可商量（折中策略）；表面上服从对方（顺从策略），暗中和对方较劲（控制策略）；用强硬的办法（控制策略）引起对方重视和认真协商（整合策略）等。

企业的中、高层管理人员在管理决策任务冲突中，冲突管理策略使用频次从高到低依次为顺从策略、控制策略、整合策略、折中策略、回避策略。大多数人使用了单一策略，有相当数量的管理人员在冲突解决过程中使用了权变策略，也有采用多重策略。

2. 冲突管理思路

从冲突解决问题的过程来分析，冲突管理过程大体有以下几个阶段：

首先，对冲突问题进行知觉和分析，包括发生冲突的原因、冲突的大小和复杂程度、问题的紧要程度，甚至会提及这个问题在项目团队中的普遍程度。

其次，对整个情景及其变化做出分析，主要包括：

1）对冲突各方的正确性与合理性进行判断。

2）对双方之间关系的知觉，尤其是考虑对方的级别（如是上级、同级还是下级，以及是中方还是外方），双方个人关系以及对于关系的影响。

再次，对冲突解决结果做出预期，如解决方案是否合理，结果是否对发展有利，决策将引起对方的行为反应等。

最后，对方采取的策略，是否改变自己的策略等。

研究表明，管理人员在选择冲突解决策略时主要遵循了以下几种思路：

1）问题解决思路。集中于冲突问题本身，如项目施工中的技术冲突问题的解决。

2）关系思路。关心冲突解决对双方关系的影响，如认为不会因为工作中的某些事情而影响个人之间的关系。

3）权力思路。从双方或自己所处的权力地位入手思考，如认为施工方应该服从业主方、工程监理方和工程设计方。

4）结果思路。从结果的利弊角度思考，更多地从决策冲突问题的直接后果对于建筑企业声誉或个人利益的影响来考虑问题。

5）规则思路。从寻求判断双方的正误（谁更有理）的角度思考，往往理性地对双方观点或做法做出权衡。如果对方更正确，就会采用顺从策略；如果认为自己更有理，就会导致竞争或控制的策略。

6）程序思路。从过程周全（妥善解决）的角度思考，往往要把冲突问题先弄清楚，同时注意考虑各方观点，认真协商做出选择。采用此思路时，一般都具有多种目标或动机，而且不容易单纯采用控制策略。

从总体情况来看，管理人员在冲突解决过程中的思路主要集中在考虑如何更好地解决问题（问题解决思路）、冲突双方是什么样的关系（权力思路）、谁可能更正确一些（规则思路），而关系思路和程序思路则运用较少。当冲突问题涉及人事决策情景时，关系思路就有了相对明显的表现。在处理同外方之间的冲突时，还存在相当程度的"圈子"意识和"价值前提"的影响。

12.4.3 冲突解决方式

冲突管理使项目经理陷入一种不确定的境地，以至于不得不选取一种解决冲突的方法，许多研究表明，经理们通过多种解决冲突的方式来着手处理和解决冲突，例如，Blake 和 Mouton 就描述了五种处理冲突的方式。依据具体情况、冲突的种类以及与谁冲突，这些方法被证明都是有效的。

1. 退出

退出是指从一项现实或潜在的争端中退出或放弃。退出常常被当作一种临时解决问题的方法，问题及其引发的冲突还会接连不断地产生。有人把退出看作是面对困境时的怯懦和不得不的表现。管理者采取这一态度并不能解决问题，甚至可能给组织带来不利的影响，但在以下情况下采取回避的管理方式可能是有效的：当你无法获胜的时候；当利害关系不明显的时候；当利害关系明显，但你未做好准备的时候；为了赢取时间；为了消磨对手的意志；为了保持中立或者保持声誉；当你认为问题会自行解决的时候；当你通过拖延能获胜的时候。

2. 缓和

缓和是指弱化或者回避出现差异的部分，突出共同的部分。这种方法是指努力排除冲突中的不良情绪，它的实现要通过强调意见一致的方面，淡化意见不一致的方面。缓和并不足以解决冲突，但却能够说服双方继续留在谈判桌上，因为还存在解决问题的可能。在缓和过程中，一方可能会牺牲自己的利益以满足对方的需求。采取这一方式的主要目的是降低冲突的紧张程度，因而是着眼于冲突的感情面，而不是解决冲突的实际面，所以这种方式自然成效有限。当以下情况发生时，采取缓和的管理方式可有临时性的效果：为了达到一个全局目标；为以后的长期交易先做出让步；当利害关系不明显的时候；当责任有限的时候；为了保持融洽；为了表示友好（显的宽宏大量）；无论如何你都会失败的时候；为了赢得时间。

3. 妥协

妥协是指通过相互探讨寻求能给争执的各方带来一定程度满足的解决方案，以"平等交换"的态度为特征。妥协是为了寻求一种解决方案，使得各方在离开的时候都能够得到一定程度的满足。妥协常常是正视的最终结果。有人认为妥协是一种"平等交换"的方式，能够导致"双赢"结果的产生。根据是维斯有关妥协在谈判中的作用的观点："谈判已成为自由社会中不可缺少的必要程序。它使我们在妥协彼此的利益冲突时，了解到彼此的共同利益，而这种方法几乎比人们截至目前所采取的其他方法更为有效"。另一些人认为妥协是"双败"，因为任何一方都没有得到自己希望的全部结果。妥协方式适用于以下情况：当冲突各方都希望成为赢家的时候；当你无法取胜的时候；当其他人的力量与你相当的时候；为了保持与竞争对手的联系；当你对自己是否正确没有把握的时候；如果你不这么做就什么也得不到的时候；当利害关系一般的时候；为了避免给人一种"好斗"的印象。

4. 强制

强制是指以他人的潜在损失为代价，把自己的观点强加给他人，常常以竞争和"输-赢"情形为特征。这种方法是指一方竭力将自己的方案强加于另一方。当一项决议在最低可能的水平上达成时，强制的方法最能奏效。冲突得越厉害，就越容易采取强制的方式。强制的结果就是一种"输-赢"的局面，一方的获胜以另一方的失败为代价，因此，经常采用这种解决冲突的管理方式往往会导致负面的效果。在以下情况下，这种方式具有一定的作用：当你是正确的时候；正处于一种生死存亡的局面；当利害关系很明显的时候；当基本原则受到威胁的时候；当你占上风的时候；为了获得某个位置和某项权力；短期的一次性交易；当关系并不重要时；当明白这是在进行比赛的时候；当需要尽快做出一项决策的时候。

5. 正视

正视是指直接面对冲突，通过某种解决问题的方式使争执的各方消除其争端。这种解决问题的方法是：冲突的各方面对面地会晤，共同了解冲突的内在原因，分享双方的信息，共同寻求对双方都有利的方案，尽力合作解决争端。此方法应当侧重于解决问题，而不是争斗。这一方法采用的是协作与协同，因为各方都需要获得成功。这一方法适用于：当你和冲突方至少都能得到所需要的，甚至能得到更多时；为了降低成本；为了建立共同的权力基础；为了攻击共同的敌人；当技术较为复杂时；当时间足够时；有信任时；当你相信他人的能力时；当最终目标还有待于认识时。

12.5 │ 绩效与激励

项目绩效管理与项目目标能否实现息息相关，要想项目目标顺利圆满地完成，就必须重视项目各阶段的绩效情况。通常情况下，绩效管理主要为组织目标服务，绩效管理水平的高低不仅直接对组织所订计划能否实现产生影响，还能影响到团队及个人对组织目标做出的贡献情况。绩效管理以集体的战略目标为基础，对组织或个人设定绩效计划，再用客观、合理的计算方法，对绩效实施过程个人的各方面指标进行评测，不仅激励员工积极性，还能提高组织绩效管理水平。

12.5.1 施工项目绩效考核体系

项目建设期主要进行项目施工、项目竣工验收以及项目的移交等各方面的工作。由于项目建设周期长的特点，此阶段对项目管理人员来说是巨大的挑战，因为此阶段需要面临很多不确定因素的影响以及难以预测到的风险。因此，此阶段的绩效管理必须紧紧围绕五大目标进行，同时还必须对各方面目标可能存在的风险进行管理，这对项目绩效考核人员来说也是巨大的挑战。因此，从施工、造价、技术、质量以及环境这五方面出发，建立施工项目绩效考核指标体系，如图 12-7 所示。

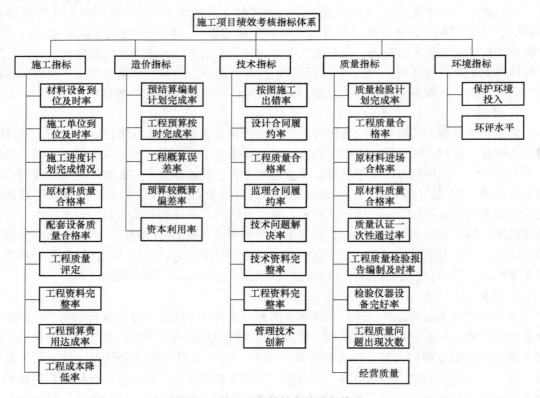

图 12-7 施工项目绩效考核指标体系

12.5.2 施工项目绩效管理模式

为了实现建设企业的战略目标，通过对建设企业的实际绩效管理过程进行现状分析，根据企业整体战略目标以及员工的职责规范，对其建立科学、合理的绩效考核指标体系，以实现企业员工的全面绩效考核，并根据考核结果分析员工日常工作中存在的问题并提出解决措施，从而形成绩效考核以及绩效反馈的循环过程。

1. 保持员工绩效目标与企业整体目标的一致

在制定部门及员工绩效考核指标时，首先应该以项目整体绩效目标为基础，然后将项目战略目标分解至各部门，再对其逐级分解至各部门员工。在制定部门及员工绩效考核指标体系时，始终保证项目的战略目标与部门和员工的绩效目标一致。同时，指标设定过程后还必须紧紧围绕项目的实际情况，对相应的绩效考核对象进行实际和广泛的调查，收集部门及岗位信息并进行大量沟通，使绩效考核指标既能符合项目的战略目标，也能符合部门和员工的自身实际情况，从而使部门和员工的绩效目标与项目战略目标保持一致，而且保证绩效考核指标的合理全面性。

2. 建立员工与部门、公司领导之间的双向沟通交流机制

传统绩效管理过程中，话语权在部门及公司领导手中，在制订员工的绩效考核计划时，往往不参考员工的实际绩效水平，且多数为硬性规定，员工必须严格按照计划执行，这样不仅不利于员工绩效水平的提高，而且对公司和部门的绩效水平提高也不会起到很大的帮助。动态绩效管理在制订员工绩效计划及反馈绩效考核结果时，都能形成员工与领导之间的双向互动交流。员工能够在绩效计划制订过程中根据自身的绩效水平，对部门领导设定的绩效目标进行适当的修改，使绩效考核过程更加合理；绩效结果的反馈过程中，员工也能提出考核结果中不合理的部分。通过这种方式建立一个员工和领导之间公平沟通和交流的平台，从而保证员工与领导之间的信息能良好传达，最终保证企业战略目标的顺利实现。

3. 重视绩效结果反馈过程

与传统绩效考核过程相比，动态绩效考核对绩效结果反馈过程与绩效考核过程同等看重。考虑到绩效考核结果对绩效水平提高的重要影响，动态绩效考核在保证绩效考核过程科学、合理、客观的前提下，对绩效考核结果的应用比较重视。绩效考核结果能够全面反映员工及部门在考核期内的绩效水平，可以针对部门和员工的绩效情况，分析部门和员工在日常工作中存在的缺陷和不足，并制定相应的奖惩措施，从而提高部门和员工的绩效水平，最终提高项目的整体绩效水平。

4. 循环的绩效管理流程

绩效管理应该是从绩效计划的制订到绩效结果反馈过程的循环的过程，得到绩效考核结果并不意味着绩效管理工作的结束，而是下一个绩效管理工作周期的开始。绩效考核结果是被考核对象在上一个考核周期内的绩效情况的反映，而绩效考核结果反馈过程的结束正是一个新考核周期的开始。通过绩效考核计划制订、考核计划实施、绩效考核过程、绩效考核结果应用四个步骤的不断往复实施，形成一种动态绩效管理流程。

12.5.3　施工项目绩效管理流程

传统绩效管理的基本流程是：首先项目管理者确定项目战略目标和阶段性（年度和月度）经营目标，然后将项目目标逐级分解至下属各组织或各个相关部门，相关组织及部门再将本部门目标分解到员工个人，然后进行绩效辅导流程，通过各级主管对下属员工的绩效跟踪与辅导，并不断根据员工绩效现状提出工作改进计划，最终提高工作业绩。基于建设项目的绩效管理流程在总体步骤方面与传统的绩效管理相一致，分为绩效计划、绩效实施、绩效考核、绩效结果运用四个步骤，但总体来说每个步骤的完成方式都体现出了基于建设项目组合管理的特色。

动态绩效管理过程主要由绩效计划的制订、绩效计划实施、绩效考核过程、绩效结果的应用四个方面构成。四个过程不断循环，同时各个过程之间紧密联系，形成动态的绩效管理过程，如图 12-8 所示。

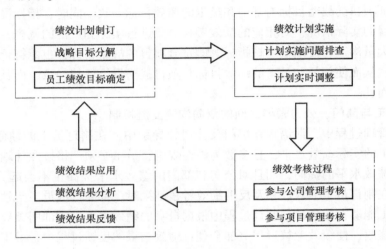

图 12-8　动态绩效管理流程

1. 绩效计划制订

在绩效管理流程中，绩效计划处于第一个环节，发生在新的绩效期间的开始。针对建设项目来说，绩效计划则应该是项目组建初期，项目团队开始组建时发生。管理者在制订绩效计划时，基本参考的是项目整体战略目标以及逐级细化的岗位工作职责。在此阶段，为实现绩效考核的公平和公正性，项目绩效管理者和被管理者之间需要在被管理者绩效期望方面达成一致的意见。在协商一致的基础上，被管理者需要针对自身的预期工作目标做出承诺。即在项目组建初期，建设企业高层管理者应该与项目负责人就项目绩效计划达成共识，并根据绩效计划制定详细、明确的绩效目标。这样基于绩效计划制定绩效目标，不仅有利于评定绩效计划的完成情况，还能保证部门绩效计划在日后的绩效管理工作中的指导性作用，从而保证其权威性。同时，要想实现项目绩效计划的开展以及绩效目标的达成，还需要管理者和被管理者的共同投入和参与。绩效管理工作是基于工作执行者和管理者之间的共同协调，由两者共同承担，并且绩效计划的过程是连续性、动态性的过程。项目绩效计划必须根据项目的变动随时、动态地进行调整，而不是始终固定不变的。

2. 绩效计划实施

项目绩效计划制订完后，各项目就要按计划开展工作。由于项目建设和运行过程要围绕国家政策变动、用户需求、外界环境的变换随时进行调整，绩效计划制订后并非不能改变。项目的整体目标有一定的权威性，一旦项目整体目标设定，除非是在严重不可抗力的影响下，这个目标是不可随意更改的，但是在项目各阶段进行的过程中，可以根据实际情况修改阶段性目标，以更好地完成整体目标。

在绩效实施的过程中，管理者应该就工作的进展情况、潜在的工作障碍与问题、员工取得的成绩等问题，及时同工作执行者进行沟通与指导。这个过程应该贯穿于绩效管理的始终，是一个循环往复的过程。通过沟通及时发现员工工作中出现的问题，管理者可对执行者进行正面的指导，以帮助其了解自身出现的问题和努力的目标。通过沟通执行者的个人目标同组织目标达成一致，有利于绩效的提高。

3. 绩效考核

绩效考核是绩效管理体系中的核心部分，是指通过检查和记录员工日常工作中的表现，对员工担任职务职责的履行程度以及绩效目标完成情况进行客观的考核和评价的过程。绩效考核的合理性、公正性是保证员工工作效率和组织稳定的重要基础。

基于建设企业的绩效考核过程，考核对象不仅仅局限于传统员工，还包括项目、部门绩效目标完成情况。通过绩效考核过程，识别出影响战略目标、部门绩效目标、员工绩效目标的因素，明确哪些方面完成情况较好，哪些方面完成情况与预期相差较多。这就要求绩效考核指标的设置应该尽可能全面、科学、合理，应该能够反映出被考核对象不同方面的目标期望，并对每个指标分配一个合理的权重。同时，在实际项目绩效考核中，项目负责人需要依项目情况、考核规模、考核计划、考核目标以及考核指标体系，选取适用的绩效考核方法，目前应用较多的为360°绩效考核办法。

4. 绩效考核结果应用

项目绩效考核结果的应用是绩效情况反馈的过程，在绩效管理中处于十分重要的地位。绩效考核结果主要用于项目资源调配、绩效制度优化、绩效奖金分配和薪酬调整、员工职务和职位的调整等方面。

12.5.4　施工项目的激励机制

1. 激励的含义

激励指根据对象的需要，用刺激调动人的动机，使之产生内在动力，进而使期望目标实现的过程。所以，激励的前提条件是必须满足对象的需要，如果被激励的对象没有需要或没有满足需要，那么其过程是不可能完成的，也就是说激励的对象不会处在积极的状态中。激励包括三大要素——努力、目标和需要。

激励的过程就是激励对象存在没有满足的需要，而这种没有满足的需要使之处于紧张的状态，也就是说会产生寻求解除紧张的内在动力和寻找满足需要的特定目标。如果达到了目标，则需要就会得到满足，紧张感也就会降低。在此过程中，作为管理者就必须找到激励对象的目标，使个人目标与组织目标相一致，或者引导他设立符合组织需要的目标，进而调动积极性。

2. 施工项目团队的激励

团队建设活动没有一个确定的定式，主要是根据实际情况进行具体的分析和组织。团队建设就是对团队成员进行一定的激励，使每一个员工都会主动工作。团队管理就是绩效评价、结果反馈与沟通，对在绩效考核中发现的问题及时纠偏，以达到持续改进的目的，进而使项目目标快速实现。对员工进行奖惩主要依据绩效评价的结果，让员工感到干好干坏就是不一样。

（1）规划。根据项目的规模大小、特点以及专业复杂程度不同，选择适合的组织结构，并明确需要哪些专业人才、所承担的职责以及隶属关系，制订好人员匹配计划、培训计划、奖励计划等。

（2）组建。根据人员匹配计划，通过一定的方式来获得所需要的人，即从公司内部调配和从外部市场招聘。

1）从公司内部调配。在公司人力资源部的支持下，根据项目特点，合理分派相关人员到项目部去工作，特殊人才要通过公平合理的竞争调配。这样调配员工有利于项目的快速启动，成员之间比较熟悉，也就容易沟通。但是员工在项目经理部时会有一种临时性的思想，即项目成功与否，最终会回到原来的工作岗位。

2）招募。目前许多的企业因工程项目的不确定性，不想养固定的员工，会选择从外部人力资源市场招募，招之即来，完工即走。从公司内部调配的人不需要考虑项目结束后何去何从的问题，但招募的人要考虑完工后的出路，不能全身心地投入工作，所以在项目后期，项目经理要考虑外来招募的员工思想负担。

（3）团队建设与员工激励。在正常运作时，会出现一些的问题，例如，如何将各种资源合理安排建设好。针对员工沟通不到位、团队成员相互不了解情况，积极性还没有调动起来等问题，必须采取以下措施进行团队建设：

1）召开会议。会议是团队成员之间相互交流、沟通认识的过程。项目经理应该带头创造一个良好的会议氛围，让成员之间能平等交流，发表见解，增进友谊，形成和谐氛围。

2）赢得承诺。遵循"3C"原则，即"Clarity""Commitment""Consequence"，可以归纳为首先提出明确的目标并得到承诺，根据考核结果给予相应的奖惩。

3）矛盾协调。项目部每个成员的文化知识、个体性格、专业技能等不相同，存在差异，理解项目目标时站的角度不一样，彼此之间沟通不到位，分工负责不够细导致责任划分不明确等，就会产生矛盾。如何协调好这些矛盾，项目经理应多动脑子，引导成员的个人目标与项目目标一起实现，如果要想更好地实现其个人目标就必须将项目目标实现好。个人目标的实现与所付出的代价是成正比的。

4）员工培训。培训包括旨在提高项目团队技能的所有活动。培训可以是正式的，如教室培训、利用计算机培训，也可以是非正式的，如其他队伍成员的反馈。如果项目团队缺乏必要的管理技能或技术技能，那么这些技能必须作为项目的一部分被开发，或必须采取适当的措施为项目重新分配人员。培训的直接和间接成本通常由执行组织支付。

（4）团队管理与员工激励。团队管理是指用绩效评价的手段，对员工的工作成果进行评价，科学合理地评估团队成员的绩效并得出结论，将结果与个人目标挂钩，及时提供反馈，提出纠偏的办法，协调解决各种问题，以提高整体绩效。作为项目经理部的管理层，应该适时了解员工的工作态度和工作成果，通过交谈和观察，拉近彼此之间的距离，提高凝聚力。通过对比分析，找出业绩差距，及时发现存在的问题，进行纠偏。其目的就是将绩效作为依据，为下一步的工作开展提高更真实的信息，使工作有的放矢，不盲目，并将团队成员的各项激励标准与考核结果挂钩，使之快速提高整体的绩效，以实现整体目标。

在项目的人力资源管理中，团队建设的效果会对项目的成败起到很大的作用。特别是某些较小的项目，项目经理可能是由技术骨干转换过来的，对于团队建设和一般管理技能掌握得不是很多，经常容易造成团队成员之间的关系紧张，最终影响项目的实施。这就更加需要掌握更多的管理知识以适应项目管理的需要。

复习思考题

1. 施工项目的组织机构有哪几种形式？各自的特点是什么？
2. 项目经理的任务、职责和权限分别是什么？
3. 如何理解领导的内涵？领导活动有哪些要素？
4. 项目经理需要具有什么样的特质？其领导风格可以分为哪几类？
5. 项目沟通协调管理的内容是什么？
6. 项目沟通管理的过程是什么？
7. 冲突解决方式有哪些？
8. 冲突管理策略可以分成哪些类型？
9. 施工项目绩效考核指标体系包括什么？
10. 绩效管理流程可分为几个部分？各部分分别包含哪些内容？
11. 怎样对施工项目团队进行激励？

第13章

建设工程施工信息管理

13.1.1 施工信息及其分类

1. 信息的概念

1948 年，数学家香农在题为《通信的数学理论》的论文中指出："信息是用来消除随机不定性的东西"。创建一切宇宙万物的最基本万能单位是信息。当今社会，信息一词已经被科研人员，工程技术人员和管理人员广泛采用。日常生活中，与信息密不可分又很容易混淆的词是数据，在管理信息系统的概念里，信息和数据具有完全不同的定义。

数据（Data）是用来记录客观事物的性质、状态的符号，是可以被识别的抽象的符号。数据的形式较为多样，例如字母、数字或者图像、声音。信息（Information）是加工的数据，能够反映客观事物的状态及事实。信息能对其接收者产生影响，对接收者的决策行为有价值。

数据和信息的区别与联系常用图 13-1 表示。

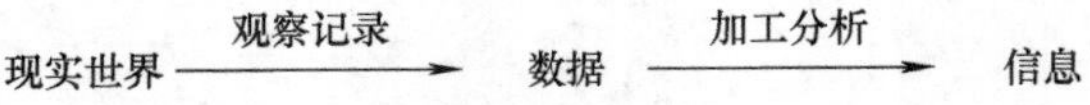

现实世界 —观察记录→ 数据 —加工分析→ 信息

图 13-1 数据和信息的区别与联系

通过信息的定义，能够看出信息区别于数据的三大特征：

（1）事实性。信息最基本的性质就是能够反映事物和现象的本质。不符合事实的信息既没有价值，又可能对他人造成伤害。例如虚报工程量和进度，成本造假等。

（2）时效性。信息的价值在一定时期内有效，即信息的利用不能滞后于信息的产生太长时间，若超过了一定的时限，信息将失去其价值或者价值减少。

（3）共享性。由于信息本身是可以扩散的，信息从一个信息源传播到多个信息的接收端，能够被多个接收者共享。这也是信息区别于其他实体和能量的特性。信息如果被多个接收者共享，还能通过接收者间的交流使信息的价值提高。

2. 施工信息的概念和分类

施工信息是指在施工过程中产生的对施工管理业务活动有价值的信息。

（1）按照信息记录形式，施工信息可以分为以下几种：

1）文本信息。文本信息包括施工工作条例、施工组织设计、施工记录、施工报表、施工信件等。

2）口头信息。口头信息包括口头分配任务、指示、工作汇报、工作检查、谈判、工作讨论以及工作会议等信息。

3）电子信息。施工过程中大量的信息被电子化，如电子文档、电话、录音、邮件等形式记录的信息。

（2）从施工管理的角度，施工信息可以分为以下几种：

1）成本费用信息。成本费用信息包括施工估算、概算、预算、资金使用计划、各类成本支出等。

2）进度计划与控制信息。这类信息涉及施工进度的规划、计划，以及采购计划、施工日志、实际施工进度等。

3）质量控制信息。例如施工质量要求、施工质量规范、施工质量标准、施工质量检查、质量报告、质量问题等。

4）合同管理信息。合同管理信息是指施工中涉及的合同文本、建设法规、招标投标文件、签证、工程索赔等。

13.1.2　施工信息管理

1. 施工信息管理概述

施工信息管理是指对施工过程中产生的信息进行收集、传递、加工、存储以及维护和使用。施工信息管理的目的是使管理人员能够及时准确地获取施工计划与控制信息，以便做出有效的决策。为了达到施工信息管理的目的，就要把握施工信息管理的各个环节，掌握施工信息的来源，对施工信息进行及时分类，掌握和运用好信息管理的手段和工具，掌握施工信息管理的流程。

施工中伴随着大量的信息产生，即随着施工项目的启动和实施，施工中的文件、报告、合同、照片、影像等各种介质的信息便不断产生，施工信息管理的质量和效率直接影响其他管理过程的质量和效率。目前，利用先进的 IT（Information Technology）对施工中的信息进行管理已成为趋势。

2. 施工信息管理的流程

施工信息管理应当包括从施工信息的收集开始，到使用结束的整个过程的管理，共分为以下五个主要阶段，如图 13-2 所示。

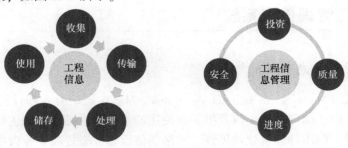

图 13-2　施工信息的处理过程和施工信息的管理

（1）信息收集阶段。施工信息收集阶段首先要明确信息的来源，信息从何处收集。除此之外，还要确定信息的需求，即收集什么信息。施工信息的收集，要进行信息规划，建立信息收集渠道，明确施工信息的收集部门、信息收集的方法、收集信息的规格与形式等。施工信息收集最重要的是保证所需要的施工信息完整、准确并且及时。

（2）信息传输阶段。施工信息的传输也要建立信息传递的渠道，明确各种施工信息应当传输到何地、何人接收、何时传输以及传输的方法等。将施工管理人员、各个部门所需的信息及时准确地传输。

（3）信息处理阶段。原始的数据必须经过加工和处理后才能成为有用的信息。有效的信息处理对于做出正确的决策是很重要的。由于施工管理人员可以分为不同的层次，例如高级、中级和一般管理人员，不同层级的人员所需的信息也不同，因此在信息处理阶段，要明确每个层级的管理人员所需的信息的形式和格式。施工信息应当自下而上进行浓缩，自上而下进行细化。

（4）信息储存阶段。施工信息常常会保存起来以备后续利用。信息储存应当明确信息储存的部门，信息储存的介质，信息如何分类，储存多长时间，是否保密等，对施工信息进行系统有规律地储存。

（5）信息使用阶段。信息的使用阶段是使信息发生价值的最重要的阶段，施工信息的接收人利用信息为管理决策提供参考和帮助。

3. 施工信息管理的组织

对于规模小的施工项目，没有必要单独成立一个部门进行施工信息的管理。但是对于周期长、规模大的施工项目，信息管理对于施工管理的作用就显得很重要，此时的施工信息管理应当成为一个独立的管理环节并且应当有专门的管理组织和管理人员。施工信息管理的组织可以按照以下几种形式进行规划：

（1）专门的施工信息管理机构。对于大型的施工项目，可以在项目的组织中设立专门的信息管理机构，称为项目信息中心或者信息办公室等，保证施工信息管理有充足的人员编制进行专职管理，当项目人员编制有限时，可以和原有的档案管理部门合并。

（2）设立信息领导小组。施工信息管理领导小组应当以项目经理为核心，统一部署施工信息的管理工作。领导小组中可以设立信息管理总监，协助项目经理制定施工信息管理岗位职责，以及施工信息收集、传输、处理、储存和使用的程序。

（3）设立施工信息员。在施工管理的各个部门中可以设立专职的信息员，例如在财务、质量、合同、物资、档案等部门中设立施工信息员。信息员受部门领导和信息总监的双重领导，从上而下建立施工信息管理组织体系。

13.2 | 建设工程施工管理信息系统

13.2.1　施工管理信息系统的概念

管理信息系统（Management Information System，MIS）是指由人和计算机等组成的可以进行信息收集、传输、储存、加工以及维护和使用的系统，它是以人为主导，以科学的管理理论和制度为基础，利用计算机软件硬件、网络通信设备，来提高企业效率、支持高层决策的人机系统。管理信息系统的概念自 1961 年被 J. D. Gallagher 提出以来，已经被世界各国、各个行业广泛使用。后来，计算机网络技术的飞速发展，从技术角度为实现施工管理信息系统的应用提供了可能和保障。

施工管理信息系统是管理信息系统在施工中的应用，它是针对施工业务管理的人机系统。施工管理信息系统对施工活动中产生的信息、施工管理人员所需的信息进行及时收集和加工，以支持施工管理人员进行施工规划和施工控制，进行质量、进度和成本管理。施工管理信息系统将多个子系统集成到一起，使得管理人员可以在一个系统中管理多项业务活动；同时施工管理信息系统使信息格式统一，简化了施工信息收集工作，降低了信息成本。

13.2.2　施工管理信息系统的功能系统规划

施工管理信息系统是一个大系统，功能需求多，数据流程复杂，因而施工管理信息的建立要以整个系统为对象，从系统的角度总体部署目标和实施方案并论证可行性，为施工管理信息系统的设计和实施奠定基础。一般而言，一个较为完整的施工管理信息系统应当包括：成本控制系统，进度控制系统，质量安全控制系统，合同管理系统，其他系统等。施工管理信息系统功能结构如图 13-3 所示。

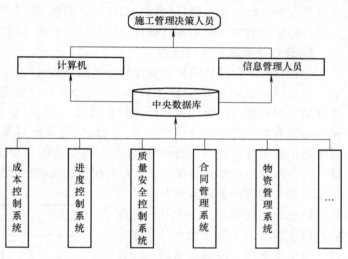

图 13-3　施工管理信息系统功能结构

（1）成本控制系统。成本控制系统主要包括成本计划，成本对比，成本分配分析，成本报表、报告的生成。

（2）进度控制系统。进度控制系统包括：编制进度计划并计算关键线路；对施工的实际进度进行记录和统计分析；对实际进度与计划进度进行动态比较；对施工进度变化趋势做出预测；进度计划的定期调整；施工进度各类数据的查询；提供多种工程进度报表，绘制网络图和横道图。

（3）质量安全控制系统。质量安全控制系统的功能主要包括：施工项目质量要求和质量标准的制定；分项工程、分部工程和单位工程的验收记录和统计分析；工程材料验收记录；设计质量的鉴定记录；安全事故的处理记录；提供多种工程质量报表。

（4）合同管理系统。合同管理系统的功能主要包括：提供和选择标准的合同文本；合同文件、资料的管理；合同执行情况的跟踪和处理过程的管理；对于涉外施工项目，还应当包括涉外合同的外汇折算；国内外经济法规的查询；提供各种合同管理报表。

13.2.3　施工管理信息系统案例

本节以广东省某建筑工程公司的施工管理信息系统为例，介绍该企业的施工管理流程和施工管理信息系统的功能。

该企业已经建立覆盖企业内部各单位的网络环境，并建立了较为完整的信息安全体系，信息化基础条件较好；在网络环境与安全体系的基础上，开展了企业门户网站、邮件系统、办公自动化系统等基础应用建设，同时，财务系统、人力资源系统也相继建成并投入应用，促进了企业工程数字化、管理信息化的进程。由于该企业对项目的管理手段落后，无法掌握所有的工程项目进度、成本、质量，以及项目成本核算的收入和利润，不能实现业务流程及多个项目数据的集中管理，因此，该企业迫切需要利用信息化手段来解决上述问题，提高管理效率和水平。该企业主要的施工管理业务流程主要体现在以下两个方面。

1. 施工预算及编制调整流程

制定施工预算初稿，在系统中编制施工预算，并审批和修改。施工预算如果无法审批通过，则重新修改施工预算，如果审批通过则正式生效。执行施工预算，在系统中记录成本实际执行情况。制定施工预算调整，编制施工预算调整表，审批通过后正式生效，替换原施工预算并开始执行。施工预算执行总结初稿，编制施工预算执行总结，发布施工预算执行情况总结，将实际成本与施工预算进行对比分析，形成总结报告，并实现信息共享。

2. 分包商审定及评估流程

分包商审定及评估流程主要评价分包商履约过程。项目部在系统中填写分包商履约评价表，给出评价意见（即合格/不合格）。对分包商评价进行初审，分公司汇总所属项目部本年度的分包商履约评价记录，给出评价意见（即合格/不合格）。合格分包商评审，由总公司汇总所有本年度分包商评价记录，给出最终评价意见（即合格/不合格）。如果合格，则系统自动设置分包商为"合格分包商"，否则系统自动设置分包商为"不合格分包商"。更新公司合格分包商库并发布。系统对有权限人员提供合格分包商台账查询。

根据企业的业务流程和基本的施工管理信息的功能需求，企业开发的施工管理信息系统的主要功能包括：采购管理、分包商管理、供应商管理、项目进度管理、项目质量管理、项目 HSE 管理、项目资金管理、项目机构与人员管理、项目设备管理、项目材料管理和项目成本管理。施工管理信息系统实现了对项目施工生产阶段的各项业务活动及相关信息传递与共享。该系统的功能结构如图 13-4 所示。

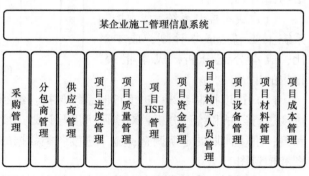

图 13-4　某施工企业施工管理信息系统功能结构图

（1）采购管理。采购管理是指对工程项目材料、服务采购的业务活动及相关信息的传递与共享进行管理。采购管理模块能够实现对物资基础信息的管理，对材料需求计划进行提交审批；制订物资采购计划并提交审核；和供应商签订采购合同，跟进采购执行状况，查看历史采购价格；制定分包需求计划、分包合同，对分包采购执行状况跟踪等。

（2）分包商管理。分包商管理是指全局统一的分包商管理。功能内容包括分包商基础信息管理和分包商评价管理。

（3）供应商管理。供应商管理是指全局统一的供应商管理。功能要求主要是对供应商基础信息进行增删、修改、维护、查询，以及对供应商进行评价管理。

（4）项目进度管理。项目进度管理是指对工程项目进度进行管理。按照项目进度的业务过程，能够实现项目的分解，制订项目计划并维护，对工程产值计划进行分析管理，并且对进度异常的情况进行处理并记录，同时还提供进度分析和预警的功能。

（5）项目质量管理。项目质量管理是指对工程项目质量进行管理。功能内容包括：项目质量目标管理，项目质量问题管理，项目质量检查管理，项目质量事故管理等。

（6）项目 HSE 管理。项目 HSE 管理是指对工程项目 HSE 进行管理。功能内容包括：项目安全目标管理，危险源及环境因素管理，安全问题管理，安全检查管理，安全事故管理等。

（7）项目资金管理。项目资金管理是指对工程项目资金进行管理。功能内容包括：项目月资金预算管理，付款管理，收款管理等。

（8）项目机构与人员管理。项目机构与人员管理是指对工程项目机构与人员进行管理。功能内容包括：项目组织机构设置，项目人员基础信息管理，项目人员清单等。

（9）项目设备管理。项目设备管理是指对工程项目设备进行管理。功能内容包括：对设备基本信息的查询增删维护，支持设备维修管理记录的导入与导出，支持清单查看和维护。

（10）项目材料管理。项目材料管理的内容包括：材料需求管理，材料进场验收管理，材料仓储管理，材料领用管理，周转性材料管理等。目前，项目部的材料进场验收管理、材料仓储管理、材料领用管理基本采用各分公司自行实施的"物资管理系统"进行管理。

（11）项目成本管理。项目成本管理的内容主要包括：施工预算（目标成本）编制与调整，成本执行，成本分析等。实现了预算编制、预算调整、预算执行、预算分析的管理控制体系。

13.3 建设工程施工管理常用软件

13.3.1 项目管理类软件

1. Oracle Primavera P6

Primavera 公司成立于 1983 年，在被 Oracle 公司收购之前，它是全球最大的专业项目管理解决方案提供商。被 Oracle 公司收购以后，Primavera 获得了强大的技术和资金的支持，运用 Oracle 强大的数据库和中间件技术，并结合多年的工程建设项目管理经验和先进的技术框架体系，建立了一套全面完整的企业级项目管理解决方案。从产品发展历程上看，Primavera 公司的项目管理解决方案经历了 P3EC/EXP 工具类项目管理软件阶段、P6 专业项目管理软件阶段和 P6 企业项目组合管理软件三个阶段。本文主要介绍最新的 P6 企业项目组合管理软件（Oracle Primavera P6 Enterprise Project Portfolio Management，Oracle Primavera P6 EPPM）的功能。

Primavera P6 EPPM 是用于对单项目、项目群和项目组合进行优选、规划、管理和评估的一个强大、可靠、简便易用的解决方案。它是一个基于云部署的 Saas（软件即服务）模式的解决方案，它提供完全基于 Web 的解决方案来管理任何规模的项目，可适应各种水平的项目复杂性，并且可通过智能化扩展来满足企业和项目团队中各种不同角色、职能或技能水平的需求。Primavera P6 EPPM 还是一款集成化的项目组合管理解决方案，通过基于角色的功能来匹配各项目组成员的不同需求和职责。它可为管理人员提供企业项目绩效的实时视图，赋予项目参与者适当的可用性、功能性和灵活性来有效执行项目，同时使企业各级员工能够分析、记录和传递可靠信息以及做出及时决策。它的主要功能介绍如下。

（1）计划与进度管理。该功能使得用户能够对项目进行提前计划，跟踪与分析执行情况。该功能是一个具有进度时间安排与资源控制功能的多用户、多项目系统，支持多层项目分层结构、角色与技能导向的资源安排、记录实际数据、自定义视图以及自定义数据。对于需要在某个部门内或整个组织内同时管理多个项目和支持多用户访问的组织来说，更为适合。它支持企业项目结构（EPS），该结构具有无限数量的项目、作业、目标项目、资源、工作分解结构（WBS）、组织分解结构（OBS）、自定义分类码、关键路径法（CPM）计算与平衡资源。应用 P6 软件制作的施工进度计划表如图 13-5 所示。

代码	施工项目	工期	开工时间	完工时间	单位	工程量	天平均强度
施工准备期							
施工准备							
A100	工程开工	0	10-09-25			0	0.00
A110	施工准备	30	10-09-25	10-10-24	项	1	0.03
沙坪泵站岸墙工程							
施工导流							
B100	围堰填筑	10	10-10-05	10-10-14	M^3	7,932	793.20
B110	围堰防护	20	10-10-15	10-11-03	项	869	43.45
B120	高喷防渗墙	30	10-10-15	10-11-13	M	13,106	436.87
B125	围堰拆除	10	11-04-01	11-04-10	M^3	7,932	793.20
主副厂房							
B130	基坑开挖(-4.0以上)	20	10-10-15	10-11-03	M^3	100,000	5,000.00
B135	厂房基础灌注桩施工	25	10-11-04	10-11-28	M^3	3,884	155.36
B140	基坑开挖(-4.0以下)	7	10-11-29	10-12-05	M^3	34,460	4,922.86
B150	集水井钢板桩施工	3	10-12-06	10-12-08	项	1	0.33
B160	集水井结构砼施工	7	10-12-09	10-12-15	M^3	176	25.14
B170	基础回填石渣	5	10-12-23	10-12-27	M^3	2,159	431.80
B180	C10垫层砼施工	3	10-12-28	10-12-30	M^3	201	67.00
B190	主副厂房底板砼施工	10	10-12-31	11-01-09	M^3	3,343	334.30
B195	泵站预埋件施工	89	11-01-02	11-03-31	项	1	0.01
B200	中间层流道及水下墙砼施工(3.4	28	11-01-10	11-02-06	M^3	4,651	166.11
B210	操作层水下墙及梁板(3.4~7.1)	10	11-02-07	11-02-16	M^3	265	26.50
B220	主厂房柱及牛腿施工(7.1~17.8)	17	11-02-17	11-03-05	M^3	425	25.00
B230	副厂房柱、梁、板施工	8	11-02-17	11-02-24	M^3	218	27.25
B235	电气设备安装	30	11-02-25	11-03-26	项	1	0.03
B240	主厂房天车梁吊装	2	11-03-13	11-03-14	项	1	0.50
B245	安装间及厂房屋面施工	10	11-03-05	11-03-14	项	1	0.10
B250	天车轨道安装及填充细石砼	4	11-03-15	11-03-18	项	1	0.25
B255	天车安装及调试	12	11-03-19	11-03-30	项	1	0.08
B260	机组二期砼浇筑	75	11-04-10	11-06-23	M^3	167	2.23
B265	1#机组安装及调试	35	11-03-31	11-05-04	项	1	0.03
B270	2#机组安装及调试	35	11-04-26	11-05-30	项	1	0.03
B280	3#机组安装及调试	35	11-05-22	11-06-25	项	1	0.03
B290	1、2、3#机组联合运行及调试	5	11-06-26	11-06-30	项	1	0.20

图 13-5　应用 P6 软件制作的施工进度计划表

（2）预算与成本。Primavera P6 EPPM 可准确计划、跟踪和分析项目、项目群和项目组合的财务绩效。企业能在计划阶段评估预算，然后随着项目进展进行调整。此外，Primavera P6 EPPM 有助于在预算发生变更时对其进行记录，然后使用这些变更信息计算项目的最新预算金额。它还可记录每月支出的预算资金，跟踪当前与未分配的差额，并汇总到每个项目、项目群或项目组合的每月支出计划中。

（3）资源管理。Primavera P6 EPPM 为管理人员提供的界面中自动填充了自己在各项目中分配的任务，让他们能够轻松跟踪、捕获和分析团队成员在项目工作上花费的时间。而团队成员可以记录项目时间（即花在各项任务上的时间）和非项目时间（如个人休假时间）。此外，他们还可以直接向项目经理提供额外信息，包括文档更新、状态通知和其他相关反馈。通过支持自上而下和自下而上的资源请求和人员配备流程，Primavera P6 EPPM 使项目和资源经理能够轻松组配最佳项目团队。它可帮助管理人员选择合适的技能组合，并确定项目团队成员现在及未来的可用性。通过 Primavera P6 EPPM 提供的对资源和角色利用的图形化分析，项目经理能够轻松传达资源信息和技能信息，同时资源经理能够轻松为每个项目确定具有合适技能组合的最佳资源。结果就是，能够更好地利用有限的技能资源，以确保项目成功完成。

（4）协作与内容管理。Primavera P6 EPPM 新增了业务流程自动化功能，可促进基于团队的协作，进而改进决策、简化协调并提高团队效率。它通过图形化工作流建模和交互式可配置表单轻松地将协作和通信（交流）纳入典型工作流程中，不需要项目团队成员放下手头工作进行沟通和协作，消除了停工执行这些工作所浪费的时间。该解决方案在电子邮件和移动设备中的集成，可改进项目经理、排程员和现场人员之间基于单个活动进行的沟通，支持现场人员与项目经理间的双向交流和反馈，这样，所有项目团队成员都能获得最新项目信息和进度情况。从而确保项目进度安排有序推进并最大限度地减少项目延迟。

（5）规划与风险管理。许多企业在任何时候都有数百甚至数千个项目正在开展中。这些项目跨越一般的业务层级和指挥链，为整个企业带来管理挑战。Primavera P6 EPPM 的规划和进度安排模块可帮助企业管理层应对该挑战。Primavera P6 EPPM 提供多用户、多项目功能（可基于用户定义的数据扩展功能），因此非常适合需要同时管理多个项目并支持多用户同时访问的企业。此外，它还提供进度安排和资源控制功能并支持多层项目层次结构、资源进度安排、数据捕获和自定义视图。其强大的功能（包括行业标准风险管理和强大的报告与分析）使项目驱动型企业能够创建资源经过优化、风险经过调整的切实可行的计划，设法更加高效地交付项目，而且永远都不会对意外问题、风险或下行趋势感到惊讶。

（6）报表编制与分析。Primavera P6 EPPM 允许通过电子邮件、内容信息库、文件共享和打印机来调度和提供及时、相关的项目信息。用户可以通过其集成的报告系统从 150 多个标准化报告中进行选择或者生成 .pdf、.csv 和 .xml 等各种格式的自定义报表。此外，还提供了一个强大的 Primavera Analytics 插件，使用户能够创建有关项目和项目群的运营报告和商务智能。

2. Microsoft Project

微软（Microsoft）的 Project 软件是 Office 办公软件的组件之一，是一个通用的项目管理工具软件，目前最新版本是 Project 2016。Project 项目管理软件集成了国际上许多现代的、成熟的管理理念和管理方法，能够帮助项目经理高效准确地定义和管理各类项目。根据美国项目管理协会的定义，项目的管理过程被划分成五个阶段（过程组）。这些过程组是相互联系的：一个过程组的输出可能是另外一个过程组的输入，并且这些过程有可能是连续的。微软的 Project 软件能够在这五个阶段中分别发挥重要的作用。

（1）建议阶段：确立项目需求和目标；定义项目的基本信息，包括工期和预算；预约人力资源和材料资源；检查项目的全景，获得干系人的批准等。

（2）启动和计划阶段：确定项目的里程碑、可交付物、任务、范围；开发和调整项目进度计划；确定技能、设备、材料的需求。

（3）实施阶段：将资源分配到项目的各项任务中；保存比较基准，跟踪任务的进度；调整计划以适应工期和预算的变更。

（4）控制阶段：分析项目信息；沟通和报告；生成报告，展示项目进展、成本和资源的利用状况。

（5）收尾阶段：总结经验教训；创建项目模板；整理与归档项目文件。

使用 Project 软件，不仅可以创建项目、定义分层任务，使项目管理者从大量烦琐的计算绘图中解脱出来，而且还可以设置企业资源和项目成本等基础信息，轻松实现资源的调度和任务的分配。在项目实施阶段，Project 能够跟踪和分析项目进度，分析、预测和控制项目成本，以保证项目如期顺利完成，资源得到有效利用，提高经济效益。

13.3.2 算量造价类软件

1. Navisworks Quantification

在 Navisworks 2014 中，增加了一个算量功能 Quantification（图 13-6），该功能部分源自于 Autodesk Quantity Takeoff 软件。通过 Quantification 功能可将聚合模型中的数量引入项目中。Quantification 的功能包括：

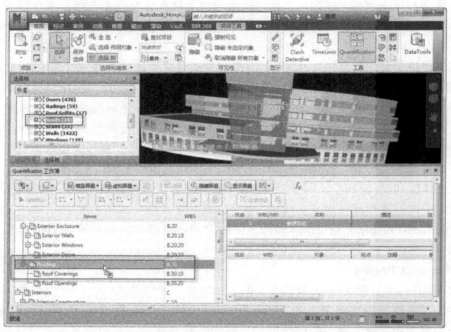

图 13-6　Navisworks Quantification 算量功能

（1）完全自动化的模型算量。Quantification 使用对象属性生成详细的材质估算，模型算量使用嵌入在设计源文件中的属性来创建算量数据，它将从模型提取对象，并在 Quantification 工作簿中将对象显示为项目。

（2）支持虚拟算量。这使用户能够在没有模型属性或几何图形的情况下生成对象的算量数据，执行虚拟算量添加未链接到模型对象的算量项目，或其中的项目显示在模型中但不包含关联属性的算量项目。可以将测量工具与虚拟算量结合使用，并将视点与虚拟算量项目相关联。

（3）将视点附着到各个算量项目。

（4）使用测量工具将属性手动集成到虚拟算量中。

（5）使用 Quantification 工作簿中的一系列图形警报分析对算量所做的更改。

（6）以电子表格的形式导出算量数据，从而能在 Quantification 之外处理原始数据。

2. 广联达算量和广联达造价

广联达软件是由广联达股份有限公司设计出品的工程造价软件。在三维算量方面，广联达算量系列软件有土建算量 GCL、钢筋算量 GGJ、安装算量 GQI、精装算量软件 GDQ，此外还有图形对量、计价等功能，如图 13-7 所示。广联达软件采用自主知识产权的三维图形平台，提供二维 CAD 导图算量、绘图输入算量、表格输入算量等多种算量模式，结合各省市计算规则和清单、定额库，运用三维计算技术实现工程量自动统计、按规则扣减等功能，解决土建、钢筋、安装等不同专业的工程造价人员在招标投标、过程提量、结算对量等过程中的手工统计繁杂、审核难度大、工作效率低等问题。广联达研发的三维精确计算方法，当规则要求按实计算工程量时，可以三维精确扣减按实计算，得到各类构件的精确的计算结果。用户不仅可以在三维模式下绘制构件、查看构件，还可以在三维中随时进行构件编辑，包括构件图元属性信息、图元的平面布局和标高位置，真正实现了所得即所见，所见即能改。

图 13-7 广联达算量和计价产品

在造价方面，广联达计价软件 GBQ 是广联达建设工程造价管理整体解决方案中的核心产品，主要通过招标管理、投标管理、清单计价三大模块来实现电子招投标过程的计价业务，支持清单计价和定额计价两种模式。其中，广联达清单计价软件是"广联达"专门针对清单计价推出的软件，它融计价、招标管理、投标管理于一体，以工程量清单计价和定额计价为业务背景，采用统一管理平台，追求造价专业分析精细化，实现批量处理工作模式，帮助工程造价人员在招投标阶段快速、准确地完成招标控制价和投标报价工作。

在基于 BIM 算量和造价方面，广联达算量系列软件具备设计 BIM 模型一键导入、CAD 识别建模、手工建模多种建模优势，可以方便高效地完成工程造价 BIM 模型的建立，支持土建、安装、钢筋、精装、市政等多个专业。以土建为例，可以通过三维绘图导入 BIM 设计模型（支持国际通用接口 IFC 文件、Revit、ArchiCAD 文件）、识别二维 CAD 图建立 BIM 土建算量模型；模型整体考虑构件之间的扣减关系，提供表格输入辅助算量；三维状态自由绘图、编辑，高效且直观、简单；运用三维布尔技术轻松处理跨层构件计算，彻底解决困扰用户难题；提量简单，无须套做法亦可出量；报表功能强大，提供做法及构件报表量，满足招标方、投标方各种报表需求。

3. 鲁班算量和鲁班造价

鲁班算量软件可以对建设项目多专业进行算量，包括鲁班土建、鲁班钢筋和鲁班安装。

鲁班土建为基于 AutoCAD 图形平台开发的工程量自动计算软件，它利用 AutoCAD 强大的图形功能并结合了我国工程造价模式的特点及未来造价模式的发展变化，内置了全国各地定额的计算规则，最终得出可靠的计算结果并输出各种形式的工程量数据。软件采用了三维立体建模的方式，使整个计算过程可视化。通过三维显示的土建工程可以较为直观的模拟现实情况。其包含的智能检查模块，可自动化、智能化检查用户建模过程中的错误。其最大的特点是能够识别 CAD 并转化，大大提高预算的速度。只要建好算量模型，工程量计算自动完成非常快捷。现在设计院出图全部采用 CAD 电子图，且很多造价工程师都可以拿到 CAD 图，利用 CAD 转化功能不但能加快建模速度，还能省去偏心定位等复杂情况的手工调整。同时，对于图中一些表格类型的数据也能直接转化到软件中，生成对应的构件属性，节省了人工录入的时间。

鲁班钢筋基于国家规范和平法标准图集，采用 CAD 转化建模，绘图建模，辅以表格输入等多种方式，整体考虑构件之间的扣减关系，解决造价工程师在招标投标、施工过程阶段钢筋工程量控制和结算阶段钢筋工程量的计算问题。软件自动考虑构件之间的关联和扣减，用户只需要完成绘图即可实现钢筋量计算，内置计算规则并可修改。强大的钢筋三维显示，使得计算过程有据可依，便于用户查看和控制。鲁班钢筋软件内置了现行的钢筋的相关规范，对于不熟悉钢筋计算的预算人员来说非常有用，其可以通过软件更直观地学习规范，也可以直接调整规范设置，适应各类工程情况。

鲁班安装是基于 AutoCAD 图形平台开发的工程量自动计算软件，其广泛运用于建设方、承包方、审价方等多方工程造价人员对安装工程量的计算。鲁班安装可适用于 CAD 转化、绘图输入、照片输入、表格输入等多种输入模式，在此基础上运用三维技术完成安装工程量的计算。鲁班安装可以解决工程造价人员手工统计繁杂、审核难度大、工作效率低等问题。传统的工程量计算，安装预算人员统计设备、部件、管道配件等都要从设计图中一个一个的点数，然后分类别统计列于表格中，大型工程系统复杂程度可想而知，而且点数这种简单的机械劳动枯燥无味。鲁班安装通过智能识别，可一键将安装各专业设备构件转化过来，计算后区分型号、区分楼层、区分系统，统计形成报表。

鲁班造价是基于 BIM 技术的图形可视化造价产品，它完全兼容鲁班算量的工程文件，可快速生成预算书、招标投标文件。软件功能全面、易学、易用，内置全国各地配套清单、定额，一键实现"营改增"税制之间的自由切换，无须再做组价换算；智能检查的规则系统，可全面检查组价过程、招投标规范要求出现的错误。鲁班造价为工程计价人员提供概算、预算、竣工结算、招标投标等各阶段的数据以供编审、分析积累与挖掘利用，满足造价人员的各种需求。

13.3.3　施工文档管理类软件

施工过程中的电子文档格式多种多样，例如有 Word、Excel 等常用的办公软件文件，也有例如 DWG 等专业的施工图文件，还有其他多媒体文件。多数施工企业对文档管理工作不重视，意识懈怠，文档管理专业程度不够，普遍存在文档信息更新不及时、保存方式不合理、信息残损缺失、数据不安全易泄漏等一系列问题。一方面是文档管理工作枯燥，员工缺少热情，容易产生懈怠；另一方面是由于文档管理工作不能快速促进业务改进或直接带来收益，企业员工往往忽视其重要性。这些都影响着文档管理工作的专业化进程。由于文档管理工作缺少管理经验与先进工具支持，企业文档管理水平整体落后。一些企业仍然采用共享文件夹和 FTP 服务器这样的传统文件管理方式，文件的安全性无法保障、文件被修改后无法存储历史版本、文件被删除无法恢复导致文件的丢失等诸多问题与安全隐患仍存在。伴随互联网技术的发展与企业业务的深入，共享文件夹和 FTP 服务器已经无法满足日益增长的文件存储、共享及应用需求。这个时候，引进一个高效专业的文档管理系统，显得迫切与关键。本节以多可文档管理系统为例对施工文档管理系统的特点进行介绍。

多可文档管理系统是由北京联高软件开发有限公司开发的基于 Web 的文档管理系统。经过数年的不断完善和客户的反馈，多可软件不断进步，现已被金融、电力、通信、制造业、建筑业等众多行业的几百家单位应用。

（1）丰富的传输方式。系统提供批量文档传输工具，可以一次批量导入文件，也可定时导入文件。系统提供快速导入功能，可以在服务器端选择服务器路径快速导入超大批量文件，实现文档大规模导入。文件上传时系统自动对比文件，同一文件夹下同一个文件只上传一次。IE10 版本支持文件直接拖拽功能。

（2）多样的文件查看方式。资源管理器式的文档管理模式，树形结构显示，同时提供文件夹排序、文件夹描述和文件夹模板功能。提供"详细""缩略图""列表"三种浏览方式，自动显示缩略图、签出人、文档摘要等信息。提供文件详细描述信息，系统自动显示文件概要。

（3）Offcie、PDF、CAD 等文件预览。预览时可以执行拷贝、复制、粘贴、打印、另存文件等命令。支持常用的图形格式，如 Photoshop（.psd）、AutoCAD（.dwg，.dxf）、Proe（.prt，.pcl，.prn，.plt）、Protel（.pcb，.dxp）、SolidWorks（.sldprt，.sldasm，.slddrw）等文件预览。支持 AVI、MP4、FLV 等常见多媒体文件预览及播放。

（4）文件修改及版本控制。支持常用文件在线修改，修改前的文件自动备份为旧版本。提供版本控制功能，用户可以签出且锁定文件，签入文件时自动形成历史版本。系统提供历史版本文件的预览、回滚和本地文件的对比等版本控制的操作。

（5）全文检索。支持 Office、PDF、文本、HTML、邮件、程序文件的标题和文件内容的正文搜索。支持多条件文件搜索。

（6）文件审核。支持文件上传、修改、下载、预览审核。当系统启动审核功能后，文档需要审核才能使用。用户可以自己设置审核流程。

（7）回收站。支持文件回收站功能和回收站中恢复文件功能。

13.3.4　协同平台类 App

当今社会处于互联网时代，许多以往的 PC 桌面版本施工管理软件已经不能满足协同管理的要求，在这种背景下，许多移动协同管理软件应运而生，例如北京北森云计算股份有限公司开发的 tita，江苏乐建网络科技有限公司推出的工程宝。这类软件各有特点，下文分别介绍两者的主要功能。

1. tita

tita 基于 PDCA 质量管理理论，帮助企业在线管理工作计划。它通过任务推进、项目管理、发布进展、总结报告等过程操作来帮助计划的完成，实现管理的 PDCA 循环，达成个人与企业的工作目标。基本功能包括任务指派、周报月报、报表统计、基础文件管理、分享沟通、同事通讯录、后台管理等。tita 支持在 PC 端网页、平板电脑网页使用，同时支持手机客户端 IOS、Android 系统使用，数据实时同步。

（1）计划管理。帮助企业在线管理工作计划。在工作计划中记录年度、季度、月度、周目标计划，通过对计划的分解来实现计划落地。通过查看团队计划来了解整体执行情况，从而实现组织高效管理。

（2）项目管理。让项目中每个人的工作进展都一目了然，让管理者更直观地盘点整个工作成果。根据项目进展和分工不同，用户可以在项目下给自己或其他成员安排近期要完成的任务，设定截止日期，形成周密的 todo 列表，管理者可以要求团队每天更新工作进展，保持项目进度可见可控。

（3）团队管理。统一的团队工作执行报表和人员管理有助于提升组织效率，通过计划分解有效地追踪整条工作线索，让工作可控并实时反映现实与目标的差距，提升企业执行力。

2. 工程宝

工程宝是一款基于互联网 + 工程的移动项目管理平台（图 13-8）。基于 SaaS 服务模式、以工程项目管理功能为核心的工程宝，从根本上帮助工程施工企业实现互联网转型，使项目管理更轻松。工程宝的主要功能有：

图 13-8　移动项目管理平台——工程宝

（1）施工日志。方便领导系统查阅所有项目资料，项目信息清晰全面，可轻松调阅。施工日志有以下特点：按照各省规定模板制作；可根据项目地址自动获取天气情况；可记录当天主要施工内容以及当天人、材、机用量；可拍照上传形象进度；记录可自动形成模板打印，方便项目现场填报以及领导查阅。

（2）项目巡检。施工现场发现问题随时记录，及时整改，快速高效。

（3）项目文档。项目上所发生的文档可以附件形式上传，方便随时查阅；管理支持多种附件格式，如 Excel、Word、PPT、JPG 等。

（4）安全和质量管理。遵循安全检查、安全整改、整改回复的 PDCA 循环，可手机直接拍照上传要求整改的内容，提高工作效率。

（5）现场用章。现场用章情况要详细记录用章人员、类别、审批领导等信息。

（6）项目成员。管理员可设定项目内部不同人员的角色和权限，以便更好地开展工作。项目成员可随时查看项目内部人员通讯录，并支持一键拨号功能。

（7）项目报表。项目现场人、材、机的全面统计，以报表形式呈现，可导出，可打印。

（8）现场人员日志。现场"八大员"每天工作计划、执行、总结等情况记录。管理人员可通过此项内容随时随地地了解各层各级人员的工作内容及状态，并且针对项目情况随时分析，及时把控。

13.4　BIM 在建设工程施工管理中的应用

13.4.1　BIM 的含义和特点

建筑信息模型，英文为 Building Information Model 或者 Building Information Modeling。两者有不同的含义：Building Information Model 是指建筑信息模型，是一个设施物理特征和功能特性的数字化表达，是该项目相关方的共享知识资源，它为项目全寿命期内的所有决策提供可靠的信息支持；而 Building Information Modeling 是指建筑信息模型应用，是建立和利用项目数据在其全寿命期内进行设计、施工和运营的业务过程，它允许所有项目相关方通过不同技术平台之间的数据互用，在同一时间利用相同的信息。美国国家标准NBIMS 对 BIM 的定义是，BIM 是一个设施（建设项目）物理和功能特性的数字表达；BIM 是一个共享的知识资源，是一个分享有关这个设施的信息，为该设施从概念到拆除的全生命周期中的所有决策提供可靠依据的过程；在项目不同的阶段，不同利益相关方通过在 BIM 中插入、提取、更新和修改信息，可以支持和反映其各自职责的协同作业。总体来说，BIM 具有七大特点。

1. 可视化性

在 BIM 建筑信息模型中，因为整个过程都是可视化的，所以，不仅可视化的效果可以用作效果图的展示及报表的生成，而且项目设计、建造、运营过程中的沟通、讨论、决策都可以在可视化的状态下进行。即：模拟三维的立体事物可使项目在设计、建造、运营等整个建设过程可视化，方便进行更好的沟通、讨论与决策。

2. 可协调性

各专业项目信息出现"不兼容"现象，如管道与结构冲突，各个房间出现冷热不均，预留的洞口没留或尺寸不对等情况。对此，可使用 BIM 协调流程进行协调综合，减少不合理变更方案或者问题变更方案。基于 BIM 的三维设计软件在项目紧张的管线综合设计周期里，能提供清晰、高效率的与各系统专业有效沟通的平台，更好地满足工程需求，提高设计品质。

3. 可模拟性

BIM 可利用 4D 施工模拟相关软件，根据施工组织安排进度计划安排，在已经搭建好的模拟的基础上加上时间维度，分专业制作可视化进度计划，即 4D 施工模拟。一方面可以知道现场施工，另一方面为建筑、管理单位提供非常直观的可视化进度控制管理依据。4D 模拟可以使建筑的建造顺序清晰，工程量明确，把 BIM 模型跟工期联系起来，直观地体现施工的界面、顺序，从而使各专业施工之间的施工协调变得清晰明了。通过 4D 施工模拟与施工组织方案的结合，能够使设备材料进场、劳动力分配、机械排版等各项工作的安排变得最为有效、经济。在施工过程中，还可将 BIM 与数码设备相结合，实现数字化的监控，更有效地管理施工现场，监控施工质量，使工程项目的远程管理成为可能，从而使项目各参与方的负责人能在第一时间了解现场的实际情况。

4. 可优化性

现代建筑的复杂程度大多超过参与人员本身的能力极限，BIM 及与其配套的各种优化工具提供了对复杂项目进行优化的可能。

5. 可出图性

基于 BIM 应用软件可实现建筑设计阶段或施工阶段所需工程图的自动出具。如综合管线图、综合结构留洞图、碰撞检测错误报告和建议改进方案等使用的施工图。

6. 造价精准性

BIM 可利用 Revit、Tekla、MagiCAD 等已经搭建完成的模型，直接统计生成主要材料的工程量，辅助工程管理和工程造价，有效地提高工作效率。BIM 技术的运用可以提高施工预算的准确性，对预制加工提供支持，有效地提高设备参数的准确性和施工协调管理水平。充分利用 BIM 的共享平台，可以真正实现信息互动和高效管理。

7. 造价可用性

采用 BIM 技术对施工图进行深度优化，可节省更多的工程材料，节省造价。通过 BIM 技术可以非常准确地深化钢筋、现浇混凝土的设计，并且所有深化、优化后的施工图都可以从 BIM 模型中自动生成。深化人员可以创建建筑钢筋信息并且使用其他的设计软件来分析。

13.4.2 BIM 应用的相关软硬件及功能

1. BIM 应用的相关软件及功能

BIM 软件主要由 5 家公司提供，并各具特色，如图 13-9 和 13-10 所示。

Autodesk 公司提供的 Revit 系列建模软件可以对建筑、结构和机电进行建模，并整合到一个完整的模型文件中进行管理，利用 Navisworks 进行多专业模型的碰撞检查、工程量统计和 4D 模拟等。Autodesk 公司还提供了 Green Building Studio 软件用来进行建筑性能分析，主要用在绿色建筑方面。

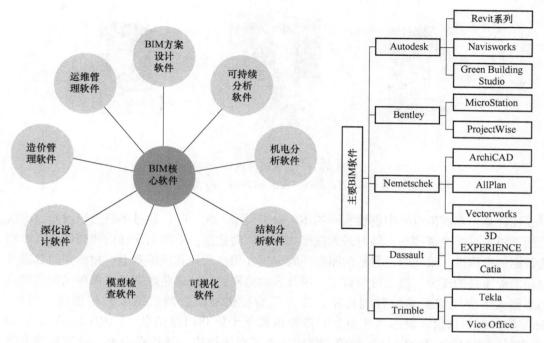

图 13-9　BIM 核心软件　　　　　图 13-10　BIM 软件的主要提供商和典型软件

Bentley 公司提供的软件在工厂设计、基础设施领域有很大的优势。

Nemetschek 公司通过收购 Graphisoft 公司，进而将 ArchiCAD、AllPlan 以及 VectorWorks 三者结合到一起。ArchiCAD 仅限于建筑设计及建筑专业的建模，AllPlan 主要市场在德国，而 VectorWorks 用户主要分布在美国。

Dassault 公司的 Catia 软件是全球最高端的机械设计制造软件，在航空航天、汽车等领域有接近垄断的市场地位，目前 Catia 已经被应用到建筑行业对超大规模的建筑进行建模和信息管理。

2. BIM 应用的相关硬件及功能

BIM 不仅有丰富的软件，还可以和许多硬件设备一起使用。常用的 BIM 相关硬件设备有建筑放样机器人、三维激光扫描仪和 3D 打印机。

（1）BIM 放样机器人。传统机电管线施工，借助 CAD 图使用卷尺等工具纯人工现场放样的方式，存在放样误差大、无法保证施工精度，且工效低等缺点。BIM 放样机器人利用其快速、精准、智能、操作简便、劳动力需求少的优势，将 BIM 模型中的数据直接转化为现场的精准点位。目前提供 BIM 放样机器人的厂商并不多，天宝 RTS 系列放样机器人能够帮助承包商高效地执行放样操作，这比利用传统的机械系统辅助住宅和建筑施工要简单高效得多。天宝 RTS 系列放样机器人专为混凝土、MEP 和普通建筑承包商设计，能够提供具体的施工功能并实现单人放样操作，以最大的灵活性执行所有的施工放样和测量任务，并最大限度地节约成本，产品如图 13-11a 所示。

（2）三维激光扫描仪。三维激光扫描仪，是一种可以用来采集和获取物体表面三维数据的扫描仪器。它用来侦测并分析现实世界中物体的外观数据，搜集到的数据常被用来进行

图 13-11　BIM 硬件设备
a) BIM 放样机器人　b) 三维激光扫描仪　c) 3D 打印机

三维重建计算，在虚拟世界中创建实际物体的数字模型。使用时，通过手握三维激光扫描仪的把柄，对着目标平滑移动，即时采集三维物体的表面数据。手的运动远近和高低不会影响采集数据的准确性。采集时，目标的图像同时显现在用户的计算机屏幕上，扫描完的数据可以自动消除重叠的部分，极大地节省了三维数据的建模时间。这些数据可以保存成标准的点云图形格式，应用在其他软件程序中。许多厂商提供高精度的三维激光扫描仪。例如，Trimble GX 3D 扫描仪，使用高速激光和摄像机捕获坐标和图像信息；FARO Laser Scanner Focus S 350 扫描仪（图 13-11b）能够在恶劣环境下完成扫描，且具有尘土、碎屑和溅水防护功能，能够通过更高的距离精度和角精度获取逼真的扫描数据。这些设备所提供的格式都能被常见的 BIM 软件如 Revit 等导入后进行处理和使用。

（3）3D 打印机。3D 打印（3 Dimensional Printing）是一种以数字模型文件为基础，运用粉末状金属或塑料等可黏合材料，通过逐层打印的方式来构造物体的技术。3D 打印机如图 13-11c 所示。3D 打印是制造业领域正在迅速发展的一项新兴技术，但是目前已经应用到了建筑业，并因为其具有比传统建造模式节约成本和时间且更加环保等优点而得到广泛的推广。3D 打印在建筑工程领域的应用不仅仅局限于整体的 3D 打印建筑，而且在复杂构件制作、微缩模型（方案展示模型、风洞模拟模型、沙盘等）制作等方面均有应用，将 BIM 模型直接用 3D 打印机打印出来，可作为方案交流、对外展示用。在装配式建筑中，BIM 技术与 3D 打印集成应用是指在装配式结构设计完成后，采用 3D 打印技术打印出各类预制构件，就是用 3D 打印机把 BIM 模型直接打印出预制外墙板、内墙板、预制阳台、叠合梁、叠合板等预制构件，用等比例缩小的实物展现构件的设计细节，提前发现设计中的"错漏碰缺"等问题。还可以打印 BIM 沙盘，就如同战争时期的作战沙盘一样，项目平时把这个 BIM 沙盘放在会议室当作施工部署、场地布置和调整的工具。如办公区临时建筑、塔式起重机、钢筋车间、堆场、机械等均可手动调整，在沙盘上对现场的布置进行部署、规划和演练，可以更加直观、深刻地反映项目场地布置和 CI 设计情况，实时反映现场的最新动态，找出最优方案，优化资源配置，有效节约成本，提升项目品质。

13.4.3　基于 BIM 的施工管理

1. BIM 在深化设计和施工预制中的应用

运用 BIM 技术创建的虚拟建筑模型中包含着丰富的非图形数据信息，通过提取模型中的数据，建筑师可以根据自己的需要在任何时候生成任意视图。在深化设计阶段可对复杂构件和复杂节点如大难度吊装、隐蔽工程等情况，使用 BIM 如 Revit 等软件进行施工模拟，供设计深化交底和施工指导使用，以达到增加复杂建筑系统的可施工性，提高施工生产效率，增加复杂建筑系统的安全性。

对于深化设计，需要逐步积累一套独有的族库，如参数化标准典型节点、标准构件以及预留预埋件按照特性、参数等属性分类归档到数据库，储存到企业信息化平台，方便在以后的工作中，可直接调用族库数据，并根据实际情况修改参数，可有效提高工作效率。族库由专门的库管理员完成建库和维护工作，其他 BIM 设计人员可直接使用，对于 BIM 建模人员，只需要在界面搜索调用即可。用深化设计软件生成 3D PDF 文件，同时可导出构件图、生产数据、物料清单信息等。对于施工预制，项目施工管理人员根据项目布置图规划安排施工安装顺序，并以任务分配书的形式提交给生产管理人员并确定生产时间，生产管理人员根据生产计划和工作日程安排，将深化设计数据转换成流水线机械能够识别的格式后进入生产阶段，这样能大大提高生产效率，极大地避免了重复劳动，节省了人力/财力。

2. BIM 在施工场地规划中的应用和虚拟施工

施工场地布置是项目施工的前提，合理的布置方案能够在项目开始之初，从源头减少安全隐患，方便后续施工管理，降低成本。传统二维模式下静态的施工场地布置是由编制人员在编制投标文件的施工组织设计时，基于对该项目特点及施工现场环境情况的基本了解，依靠经验和推测对施工场地各项设施进行布置设计，而在进行实际场地布置的却是现场的技术负责人等，他们往往并不会认真参考之前的场地布置方案设计，而是依据现场情况及自己的施工经验指导现场的实际布置。因为是凭经验和感觉，所以很难分辨其布置方案的优劣，更不能在早期发现布置方案中可能存在的问题。运用 BIM 工具可以对施工场地布置方案中难以量化的潜在空间冲突进行量化分析，在开工前，由有经验的工程师根据现场环境及项目具体情况对各阶段分别设计多种不同的 BIM 模型场地布置方案，对关键位置进行冲突检测，综合考量施工设施费用、施工占地利用率、施工场内运输量、施工管理效率、施工安全因素五大指标来比选不同的方案。采用 BIM 能快速精准地表达施工空间冲突指标，能进一步完善场地布局方案评估模型。

在建设工程中采用 BIM 虚拟施工技术进行项目管理，公司管理层能随时了解现场信息，及时、准确地下达指令，减少了沟通的成本，实现集约化管理，提高工作效率和管理水平，有效地节约施工管理费用。

BIM 虚拟施工技术在工程未建设前，对整个施工过程进行模拟，可以实现工程的精细化管理。虚拟施工根据 BIM 技术模型进行方案优化，提前反映施工难点，借助施工模拟动画展现施工工艺流程，进行可视化交底。BIM 虚拟施工技术通过形象的虚拟现实展示，将复杂空间的设计和标准变得更加直观，方便施工作业人员的理解运用，有效解决了因阅图或管理人员与劳务工人之间因对施工图、规范理解的不同而产生的施工错误。

利用 BIM 技术与进度、造价信息等进行关联，可以快速、准确获得工程基础数据并拆分实物量，随时为制订采购计划和项目限额领料提供及时、准确的数据支撑，为公司对项目成本管控提供技术支持。

虚拟施工技术将建设工程的整个施工过程、材料使用详尽地记录在案，可随时重现施工过程，作为检查、改进和责任追溯的依据，提高了各参建单位的质量意识。

利用虚拟仿真技术，可以进行方案优化，例如对工程中的大型设备安装，3D 模型将以动态的方式展现设备吊装过程，中途若有碰撞发生，程序将自动发出警报，技术人员即可修改塔式起重机或吊运机械的参数，直至吊装模拟圆满为止，技术人员可依据模拟路径和吊装设备完善吊装方案及选用吊装设备。

3. 基于 BIM 的 4D 和 5D 应用

三维可视化的数据模型集成了项目构件的几何、物理、空间和功能等信息，在此基础上添加时间维度可进行施工模拟，论证施工方案的可行性。但 3D 和 4D 技术侧重于模拟建筑项目施工过程的可施工性和各种改进方案的可行性，在实际的施工项目中，除了施工进度外，施工成本、工程预算、资源用量以及合同等方面的管理也是保证施工按期完成的必要条件。在 4D 基础上关联成本信息，形成 5D 信息模型。以 BIM 模型为载体的 BIM5D 信息集成平台包括 5D 信息模型、进度信息、成本信息、质量信息和合同信息等，在此平台可实现施工过程的精细化资源动态控制。BIM5D 信息集成流程如图 13-12 所示，国内某 BIM5D 系统如图 13-13 所示。

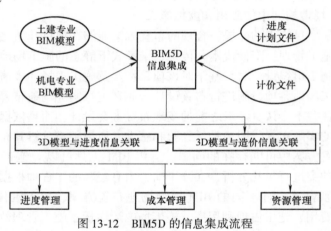

图 13-12　BIM5D 的信息集成流程

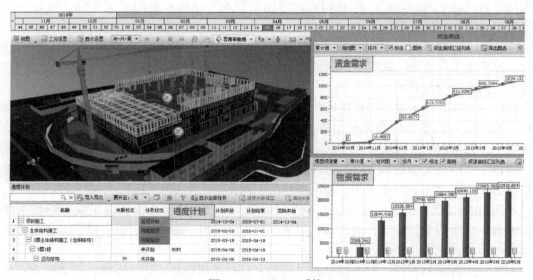

图 13-13　BIM5D 系统

（1）3D 模型关联进度计划。具有类型、材料、几何、工程量和其他属性信息的 3D 模型关联进度信息，就能形成以项目构件为基础，WBS 为核心的 4D 信息模型。图 13-14 所示为 3D 模型关联进度计划的原理，即 4D 模型集成的原理。4D 模型附加了包含各施工任务的计划与实际开始与结束的时间信息的进度计划。通过 WBS 与 3D 模型关联，可模拟施工的整个流程，提取 WBS 节点下构件的工程量，对比任务的计划完成时间与完成时间，避免因工作面冲突等原因影响施工进度。

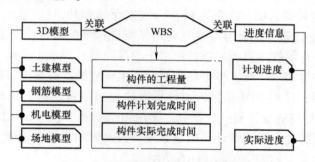

图 13-14　3D 模型关联进度计划的原理

（2）3D 模型关联计价文件。3D 模型关联计价文件是指：导入计价文件后，将清单计价文件与 3D 模型中的构件进行关联匹配，选择需套用的工程消耗量定额，定额中包含了该工作所需的人工、材料和机械工日（用量、台班），如图 13-15 所示。完成 3D 模型与计价文件的关联后，根据 WBS 分解的内容可计算出每个工序的成本和资源用量，实现施工成本的跟踪对比。3D 信息模型和各数据文件以 WBS 为核心，相互关联形成 5D 信息模型，再集合其他工程信息，在一个以 BIM 模型为载体的信息集成平台对施工项目的过程数据集成，通过 BIM 模型载体实时动态查询各个任务的工程量、进度和资源用量等信息，实现施工过程的动态管理。

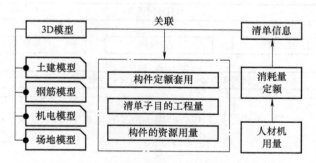

图 13-15　3D 模型关联造价信息的原理

4. 基于 BIM 的施工信息管理平台

在对传统的项目信息管理的分析中可以看出，目前的建设项目信息管理存在着项目参与各方各自为政，信息传递效率低、信息流失严重导致建设项目信息管理困难等不足，而基于 BIM 模型的项目信息管理可以很好地将项目的建设、设计、施工、监理等各建设方及决策、招标投标、施工、运维等各阶段的信息进行整合和集成存储在 BIM 平台，以方便信息的随时调运。

　　与此同时，不同的软件服务商在数据标准、存储方式等方面往往存在一定的兼容性问题，使得信息共享性差、数据利用率低。随着企业全面信息化时代的到来，需要由过去单一的管理模式、个体化的工作方式向协同化的方向转变。随着技术的发展，云计算因其强大的计算能力、高效的性能、更高的安全性，可以为建筑施工企业带来更为廉价和高效的信息化解决方案，降低企业的信息化成本。

　　在云计算环境下，基于 BIM 的施工信息管理平台的基本思想是以数据共享服务为核心，通过 BIM 作为数据交换的桥梁，以云平台作为数据存储和共享的载体，将建筑施工企业的各类数据进行 规范化处理，整合为可重复使用、符合标准的服务，使其能够被重新组合和应用，使得业务协同化的管理思想能够贯穿整个项目周期。建设工程施工项目的过程管理涉及设计、施工、维护等多个环节，每个环节都会产生相应的工程数据。BIM 信息的创建主要集中在建筑设计阶段，这些 BIM 信息以 IFC 标准建立和存储。基于 BIM 的施工信息管理平台可以将建筑 3D 模型与进度计划进行融合，实现施工动态模拟和现场综合管理。平台的主要功能模块包括项目管理、模型管理、质量管理、进度管理、安全管理、成本管理、工程量统计与动态管理等，平台的架构如图 13-16 所示。

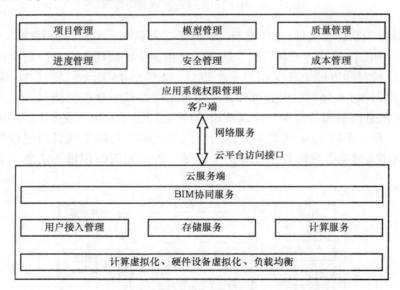

图 13-16　基于 BIM 的施工信息管理云平台架构

复习思考题

1. 什么是信息？信息与数据的区别是什么？
2. 施工管理信息系统包含哪些内容？
3. 施工管理信息系统的结构如何？功能分别有哪些？
4. 常见的施工管理信息系统包括哪些？
5. 常见的 BIM 软件和硬件包括哪些？
6. BIM4D、BIM5D 的含义和原理是什么？

参 考 文 献

[1] 建筑施工手册编委会. 建筑施工手册 [M]. 5 版. 北京：中国建筑工业出版社，2012.

[2] 丁士昭，等. 建设工程施工管理 [M]. 北京：中国建筑工业出版社，2017.

[3] 全国一级建造师执业资格考试用书编写委员会. 建设工程项目管理 [M]. 北京：中国建筑工业出版社，2017.

[4] 曹吉鸣. 工程施工管理学 [M]. 北京：中国建筑工业出版社，2010.

[5] 成虎，等. 工程项目管理 [M]. 4 版. 北京：中国建筑工业出版社，2015.

[6] 乐云. 建设工程项目管理 [M]. 北京：科学出版社，2013.

[7] 李忠富. 建筑施工组织与管理 [M]. 3 版. 北京：机械工业出版社，2013.

[8] 杨晓林，李忠富. 施工项目管理 [M]. 北京：中国建筑工业出版社，2015.

[9] 中国（双法）项目管理委员会. 中国项目管理知识体系 CPMBOK2006 [M]. 北京：电子工业出版社，2006.

[10] 美国项目管理协会. 项目管理知识体系指南：PMBOK 指南 [M]. 许江林，等译. 5 版. 北京：电子工业出版社，2013.

[11] International Organization for Standardization. ISO9000 Quality Management System Fundamentals and Vocabulary [S]. 3rd ed Amsterdam：ISO Press，2005.

[12] 成虎. 工程合同管理 [M]. 2 版. 北京：中国建筑工业出版社，2011.

[13] 张健为，朱敏捷. 土木工程施工 [M]. 北京：机械工业出版社，2017.

[14] 生岛宣幸，古坂秀三. 建筑生产 [M]. 李玥，等译. 北京：中国建筑工业出版社，2012.

[15] Daniel W Harpin，Ronald W Woodhead. 建筑管理 [M]. 关柯，李小冬，关为泓，等译. 北京：中国建筑工业出版社. 2004.

[16] 重庆大学，同济大学，哈尔滨工业大学. 土木工程施工 [M]. 2 版. 北京：中国建筑工业出版社，2008.

[17] 任强，陈乃新. 施工项目资源管理 [M]. 北京：中国建筑工业出版社，2004.

[18] 姚刚，华建民. 土木工程施工技术与组织 [M]. 重庆：重庆大学出版社，2013.

[19] 林孟洁，彭仁娥，刘孟良. 建筑施工组织 [M]. 长沙：中南大学出版社，2013.

[20] 高辉. 大型工程项目施工方案优化研究 [D]. 南京：河海大学，2007.

[21] 茹望民. 建筑施工组织 [M]. 武汉：武汉理工大学出版社，2011.

[22] 穆静波. 土木工程施工组织 [M]. 上海：同济大学出版社，2009.

[23] 张艳. 基于安全理念的工程项目施工组织及应用研究 [D]. 长沙：中南林业科技大学，2013.

[24] 张长友. 土木工程施工技术 [M]. 2 版. 北京：中国电力出版社，2013.

[25] 许坎坎. 建设项目施工阶段参与方协调管理研究 [D]. 青岛：青岛理工大学，2013.

[26] 潘璠. 施工项目全过程施工管理及目标控制 [D]. 成都：西南交通大学，2005.

[27] 黄任远. 工程项目施工方案优化研究 [D]. 绵阳：西南科技大学，2012.

[28] 马筠强. 基于 BIM 的施工现场布置优化研究 [D]. 哈尔滨：哈尔滨工业大学，2016.

[29] 石林林，丰景春. DB 模式与 EPC 模式的对比研究 [J]. 工程管理学报，2014（6）：81-85.

[30] 王廷魁，郑娇. 基于 BIM 的施工场地动态布置方案评选 [J]. 施工技术，2014，43（3）：72-76.

[31] 郑栋升. BIM 技术在施工方案优化中的应用研究 [J]. 建筑工程技术与设计，2017（8）：36-40.

［32］舒畅，陈甫亮．基于 BIM 技术的施工方案优化研究［J］．湖南城市学院学报（自然科学版），2016，25（1）：5-7.

［33］张建平，韩冰，李久林，卢伟．建筑施工现场的 4D 可视化管理［J］．施工技术，2006，35（10）：36-38.

［34］王大成．工程项目沟通协调管理研究［D］．保定：华北电力大学，2009.

［35］徐德利．建筑施工项目冲突管理问题研究——以 1#综合实验楼项目为例［D］．济南：山东大学，2010.

［36］陈巍．江铜建筑公司工程项目管理人员激励模式的研究［D］．南昌：南昌大学，2010.

［37］王君．以目标为导向的建设企业项目绩效管理研究［D］．保定：华北电力大学，2015.